单类分类理论与算法

邢红杰 著

科学出版社
北京

内 容 简 介

单类分类广泛地存在于入侵检测、故障诊断等实际应用领域中，它能有效解决仅有一类样本用于训练分类器的问题和类别极端不平衡的问题.本书简要介绍了四类常用的单类分类器，重点介绍了基于信息理论学习的单类分类特征提取、鲁棒单类分类器和单类分类器集成，主要包括基于正则化相关熵的异常检测特征提取、基于可缩放 hinge 损失函数的鲁棒单类支持向量机、基于鲁棒 AdaBoost 的单类支持向量机集成、基于 Renyi 熵多样性度量的 SVDD 选择性集成. 另外，本书还介绍了基于深度学习的异常检测方法，并以基于支持域的单类分类器为基础，较系统地讨论了单类分类的主要问题.

本书可作为应用数学、计算机科学与技术、自动化等专业高年级本科生和研究生的教材或教学参考书，也可供相关领域的科研人员和工程技术人员阅读参考.

图书在版编目(CIP)数据

单类分类理论与算法/邢红杰著. —北京：科学出版社，2021. 6

ISBN 978-7-03-069201-6

Ⅰ. ①单…　Ⅱ. ①邢…　Ⅲ. ①模式分类器　Ⅳ. ①TP391.4

中国版本图书馆 CIP 数据核字（2021）第 113658 号

责任编辑：王丽平　范培培／责任校对：彭珍珍
责任印制：吴兆东／封面设计：无极书装

科学出版社 出版
北京东黄城根北街 16 号
邮政编码：100717
http://www.sciencep.com

北京虎彩文化传播有限公司 印刷
科学出版社发行　各地新华书店经销
*
2021 年 6 月第 一 版　开本：720 × 1000 1/16
2021 年10月第二次印刷　印张：16 3/4
字数：340 000

定价：118.00 元

(如有印装质量问题，我社负责调换)

前　言

传统的模式识别和机器学习方法一般需要两类样本或者多类样本, 并且要求各个类别中的样本个数大致相同. 然而, 在网络入侵检测、机械故障诊断、信用卡欺诈识别等应用领域, 往往会遇到极端情况, 即仅有一类样本可用于训练分类器. 在分类器训练完成之后, 待测样本可以被分类为正常数据或异常数据. 上述模式分类问题被称为单类分类. 它可以被看成介于监督学习和无监督学习之间的模式分类任务. 迄今为止, 已涌现了大量的单类分类方法, 并在许多实际问题中得到了成功的应用, 如文本分类、图像检索、医疗分析、垃圾邮件检测等.

虽然国内外学者对单类分类理论及应用都进行了大量的研究, 但仍然存在一些关键的问题需要解决. 首先, 在使用传统的单类分类方法处理高维数据时, 往往会遇到维数灾难问题. 一种可行的策略是对高维数据进行维数约简, 将高维数据投影到低维子空间. 因此, 维数约简的有效性是单类分类方法在处理高维数据时成功与否的关键. 其次, 在实际应用中, 对于单类分类, 由正常数据构成的训练集中往往存在噪声或离群点, 这势必会降低单类分类器的分类性能. 总体来看, 已有的改进方法均是减小噪声或离群点对单类分类器的影响, 使训练样本所含的信息量与它们构造单类分类器的作用成正比, 从而提高单类分类器的鲁棒性, 但是目前国内外的相关研究仍不成熟. 再次, 在处理单类分类问题时, 如果单类分类器的参数选取不当, 就不能对正常数据的分布很好地加以拟合, 构造出的分类边界就不够紧致. 此时, 可将多个单类分类器加以集成, 从而构造出更为紧致的分类边界. 对多个单类分类器加以集成是模式识别和机器学习领域一个新的研究方向, 目前该研究方向还没有成熟的理论和方法, 因此, 单类分类器集成是一个具有重要理论意义和应用前景的研究方向. 最后, 深度学习近年来得到了研究人员的广泛关注. 由于其能够提供端对端的学习方式, 因此它能够有效地学习蕴含在样本中的内在规律和表示层次. 随着深度学习的广泛研究, 基于深度学习的单类分类方法也日益得到关注.

本书主要介绍作者已公开发表和尚未公开发表的系列研究工作. 其内容安排如下: 第 1 章为绪论, 第 2 章为单类分类器, 第 3 章为单类分类的维数约简, 第 4 章为基于核的单类分类器, 第 5 章为单类分类器集成, 第 6 章为基于深度学习的单类分类器.

在此, 特别向为本书出版提供帮助的老师和学生表达谢意. 感谢我的学生赵浩鑫、陈雪芳、武建国、任焕如、安磊磊、胡金扣、魏勇乐、常剑荻、季满、刘伟涛、李立飞、郝忠、刘亚杰对本书作出的贡献. 感谢研究生赫子川、周士金、周佳航对书稿进行了校对. 感谢科学出版社王丽平老师提供的帮助.

本书的部分研究内容得到国家自然科学基金 (编号: 61672205) 和河北省自然科学基金 (编号: F2017201020) 的资助, 特此致谢.

由于作者学识和水平所限, 书中不妥之处在所难免, 敬请同仁及读者批评指正.

邢红杰

2020 年 7 月 6 日

符号说明

$\mathbf{x}$	输入向量
$f(\cdot)$	决策函数
$\mathrm{sign}(\cdot)$	符号函数
$\mathbf{D}$	训练样本集
σ	宽度参数
$\Re$	实数域
$\Re^d$	d 维实数域
$\mathbf{T}$	正常数据集
θ	阈值
$\boldsymbol{\mu}$	训练样本的均值
$\boldsymbol{\Sigma}$	训练样本的协方差矩阵
$T_{\max}$	最大迭代次数
$h_{ji(\mathbf{x})}(\cdot)$	近邻函数
$\mathbf{H}^{\dagger}$	矩阵 $\mathbf{H}$ 的广义逆
$\lceil\cdot\rceil$	取整运算符
$\mathbf{U}$	隶属度矩阵
$\varphi(\mathbf{x},t)$	水平集函数
$\mathbf{w}$	分离超平面的法向量
ρ	分离超平面的截距
$\lvert\cdot\rvert$	绝对值运算符
$\lVert\cdot\rVert_2$	欧氏范数运算符
ν	百分比估计参数
$K(\cdot,\cdot)$	核函数
ξ_i	松弛变量
C	折中参数
$\mathbf{x}_{SV}$	支持向量
$\mathbf{K}$	核矩阵
$\mathbf{W}$	投影矩阵
$\mathbf{S}$	相似度矩阵

$\mathbb{I}(\cdot)$	指示函数
$\mathbf{S}_w$	类内散度矩阵
$\mathbf{S}_b$	类间散度矩阵
$\mathbf{m}_T$	正常数据的均值
λ	拉格朗日乘子
$V_\sigma(A,B)$	随机变量 A 和 B 之间的相关熵
$E[\cdot]$	数学期望
τ	第 τ 次迭代
a^+	正常数据上的分类准确率
a^-	异常数据上的分类准确率
$\Phi(\cdot)$	势函数
$\mathbf{m}_\phi$	特征空间中训练样本的平均值
$\mathbf{I}$	单位矩阵
$\boldsymbol{\omega}$	局部保留权重向量
$den(\mathbf{x}_i)$	样本 $\mathbf{x}_i$ 的密度权重
$dis(\mathbf{x}_i)$	样本 $\mathbf{x}_i$ 的距离权重
$\mathbf{P}$	局部相关保留散布矩阵
$H_{hinge}(\cdot)$	hinge 损失函数
β	归一化常量
η	缩放比
$Card(\cdot)$	统计集合中元素个数的函数
$M_{t,s}$	聚类赋值变量
$\mathbf{V}_s$	码本 $\mathbf{w}_s$ 的 Voronoi 域
$e(\mathbf{x})$	测试输入向量 $\mathbf{x}$ 的量化误差
$\mathbf{F}$	特征集
$\mathbf{R}_i$	第 i 个旋转矩阵
D_t	第 t 次迭代的样本分布
$H(\cdot)$	OCSVM 集成中基分类器的线性组合
$\ell_\alpha(\cdot)$	修正的指数损失函数
$\ell_\beta(\cdot)$	平方损失函数
$\Pr_{\mathbf{x}\sim D}[\cdot]$	从训练集中随机均匀地选取一个示例的概率
$\varepsilon_{tr}(\cdot)$	集成的训练误差
$\varepsilon_{ex}(\cdot)$	集成的期望误差
$H_R(\cdot)$	Renyi 熵
$\hat{V}_{R^2}(X)$	统计变量 X 的信息势

r_k	第 k 个 SVDD 的半径
$\mathbf{a}_k$	第 k 个 SVDD 的中心向量
d_{ik}	第 i 个样本 $\mathbf{x}_i$ 在特征空间中的像和 $\mathbf{a}_k$ 之间的核距离
$\mathbf{L}$	拉普拉斯矩阵
$\\|\cdot\\|_1$	ℓ_1 范数
w_m	第 m 个基分类器的组合权重
E_m	第 m 个基分类器的集成误差
G	生成模型
D	判别模型
p_{data}	真实样本分布
p_z	噪声样本的先验分布
$\mathbf{W}_1$	输入层和隐含层之间的权重矩阵
$\mathbf{b}_1$	输入层和隐含层之间的偏置向量
$\mathbf{W}_2$	隐含层和输出层之间的权重向量
$\mathbf{b}_2$	隐含层和输出层之间的偏置向量
$\\|\cdot\\|_{2,1}$	矩阵的 $\ell_{2,1}$ 范数

目　录

第 1 章 绪　　论

分类问题是机器学习和模式识别的核心研究内容, 分类算法利用有监督学习方法学习一个映射函数, 并利用该映射函数将待分类样本的特征映射到有限类别集合中. 通常分类算法使用的训练样本至少包含两个不同的类别, 通过求解分类算法对应的优化问题得到用于决策的函数或模型.

当类别集合中仅有两个类别时, 所对应的分类任务被称为两类分类, 如垃圾邮件分类, 需要将一个文本邮件归为两类: 垃圾邮件和非垃圾邮件. 多类分类则是指类别集合中具有两个以上的类别, 如人脸识别, 需要判断一张图片中的人脸是谁的脸.

然而在某些情况下, 由于样本获取的难度太大或者代价较高, 只能获得一类样本或获得的样本类别极端不平衡. 例如在网络入侵检测模型的构建过程中, 绝大多数能够收集到的数据是非入侵情况下的网络通信数据. 因为只能利用一类样本训练分类器, 故称该分类问题为单类分类, 如网络入侵检测, 能够根据用户的行为或资源使用状况的正常程度来判断是否入侵, 它以系统、网络、用户或进程的正常行为建立轮廓模型, 即正常行为模式. 将与之偏离较大的行为解释为入侵.

1.1　两 类 分 类

在机器学习和模式识别研究领域中, 许多方法在模型构造过程中都假设训练样本仅有两个类别, 如对数几率回归[1−3]、支持向量机[4]、AdaBoost[5] 等.

1.1.1　例子 (蠓虫分类)

Af 是宝贵的传粉益虫, 而 Apf 则是某种疾病的载体毒蠓, 生物学家 Grogan 和 Wirth[6] 曾根据两种蠓虫 Af 和 Apf 的触角长度和翼长对它们的鉴别问题进行过研究. 现测得 9 只 Af 和 6 只 Apf 的触角长度和翼长, 如表 1.1 所示.

表 1.1　蠓虫 Af 和 Apf 数据集

类别	编号	1	2	3	4	5	6	7	8	9
Af	触角长度	1.24	1.36	1.38	1.38	1.38	1.40	1.48	1.54	1.56
	翼长	1.72	1.74	1.64	1.82	1.90	1.70	1.82	1.82	2.08
类别	编号	10	11	12	13	14	15			
Apf	触角长度	1.14	1.18	1.20	1.26	1.28	1.30			
	翼长	1.78	1.96	1.86	2.00	2.00	1.96			

这些数据可以综合为

$$\mathbf{D}=\{(\mathbf{x}_1,y_1),\cdots,(\mathbf{x}_{15},y_{15})\},\tag{1.1}$$

其中 $\mathbf{x}_i=(x_{i1},x_{i2})^{\mathrm{T}}$ 表示第 i 只蠓虫且 x_{i1} 和 x_{i2} 分别表示该蠓虫的触角长度和翼长, $y_i\in\{1,-1\}$ 表示该蠓虫的类别, 当 $y_i=1$ 时, 蠓虫 $\mathbf{x}_i$ 属于正类, 即为 Af; 当 $y_i=-1$ 时, 蠓虫 $\mathbf{x}_i$ 属于负类, 即为 Apf. 现在问题是, 对新来的一只蠓虫, 已知它的触角长度 x_1 和翼长 x_2, 试推断它是 Af 还是 Apf, 即求对应的类别标号 y 是 1 还是 -1.

这个问题是一个二维空间上的两类分类问题, 可以在平面直角坐标系中描述如下: 根据蠓虫的两个特征和类别标号, 把每个蠓虫用一个样本点来表示, 参看图 1.1. 样本点的两个坐标分别由两个特征确定, 点的形状由类别标号确定: Af 用 "+" 形点, Apf 用 "∘" 形点.

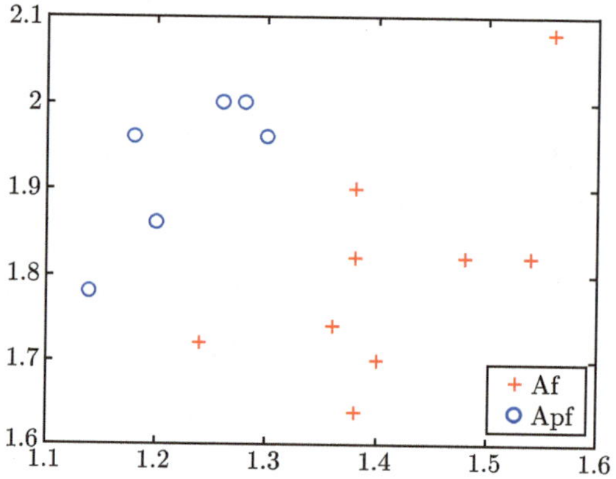

图 1.1　蠓虫 Af 和 Apf 数据集

新来一只蠓虫, 相当于给了平面上的一个点 $\mathbf{x}$, 现在的问题是要推断它属于正类 $(y=1)$ 还是负类 $(y=-1)$. 换言之, 需要把平面划分成两个部分, 使得当该点落入其中一部分时, 推断该蠓虫属于正类; 而落入另一部分时, 推断它属于负类, 关键是如何划分平面.

观察图 1.1 中标出的两类点, 可以考虑选择一条合适的直线 $\mathbf{w}^{\mathrm{T}}\mathbf{x}+b=0$ 把平面划分为两部分, 其中 $\mathbf{w}^{\mathrm{T}}\mathbf{x}$ 是 $\mathbf{w}=(w_1,w_2)^{\mathrm{T}}$ 和 $\mathbf{x}=(x_1,x_2)^{\mathrm{T}}$ 的内积. 把直线的两侧分别归为正类和负类. 或者说可以按下式推断点 $\mathbf{x}$ 所对应的 y:

$$y=f(\mathbf{x})=\operatorname{sign}\left(\mathbf{w}^{\mathrm{T}}\mathbf{x}+b\right),\tag{1.2}$$

其中 $\operatorname{sign}(\cdot)$ 为符号函数, 即

$$\operatorname{sign}(z)=\begin{cases}1, & z\geqslant 0,\\ -1, & z<0.\end{cases}\tag{1.3}$$

1.1.2 两类分类问题

前面讲的例子是一个具体的二维空间上的两类分类问题, 它包含两个特征 (即 $\mathbf{x} \in \Re^2$) 和 15 个样本点. 一般地, 考虑 d 维空间上的两类分类问题, 它包含 d 个特征 (即 $\mathbf{x} \in \Re^d$) 和 N 个样本点. 记这 N 个样本点的集合为

$$\mathbf{D} = \{(\mathbf{x}_1, y_1), \cdots, (\mathbf{x}_N, y_N)\} \in (\mathcal{X} \times \mathcal{Y})^N, \tag{1.4}$$

其中 $\mathbf{x}_i \in \mathcal{X} \subset \Re^d$ 是输入向量, 或称示例, 其分量称为特征, 或属性; $y_i \in \mathcal{Y} = \{1, -1\}$ 是输出, $i = 1, \cdots, N$. 这 N 个样本点构成的集合称为训练集. 这时的问题是, 对任意给定的一个新的示例 $\mathbf{x}$, 根据训练集, 推断它所对应的输出 y 是 1 还是 -1.

因此, 两类分类问题可以描述为:

根据给定的训练集 $\mathbf{D} = \{(\mathbf{x}_1, y_1), \cdots, (\mathbf{x}_N, y_N)\} \in (\mathcal{X} \times \mathcal{Y})^N$, 其中 $\mathbf{x}_i \in \mathcal{X} \subset \Re^d$, $y_i \in \mathcal{Y} = \{1, -1\}$, 寻找 $\mathcal{X} \subset \Re^d$ 上的一个实值函数 $g(\mathbf{x})$, 以便用决策函数

$$f(\mathbf{x}) = \text{sign}(g(\mathbf{x})) \tag{1.5}$$

推断任一示例 $\mathbf{x}$ 相对应的 y 值.

据此, 求解两类分类问题, 实质上是寻找一个把 $\Re^d$ 上的样本点分为两部分的规则. 解决该分类问题的方法可称为分类器. 当 $g(\mathbf{x})$ 为线性函数 $g(\mathbf{x}) = \mathbf{w}^{\mathrm{T}}\mathbf{x} + b$, 由决策函数 (1.5) 确定分类准则时, 称为线性分类器; 当 $g(\mathbf{x})$ 为非线性函数, 由决策函数 (1.5) 确定分类准则时, 称为非线性分类器. 不难想象, 对于图 1.1 所示的问题, 很容易用一条直线把训练集正确地分开 (即两类样本点分别在直线的两侧, 没有错分点), 其分类效果如图 1.2 所示.

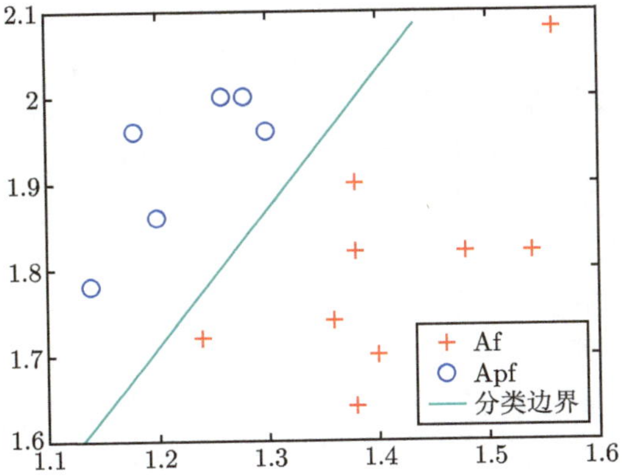

图 1.2 蠓虫 Af 和 Apf 数据集的分类效果

1.2 多类分类

多类分类问题在现实生活中常常存在, 与两类分类相比, 多类分类的分类模型更为复杂, 而且获得的分类效果更差. 在处理多类分类问题时, 往往采用两种方式: 一种是直接使用多类分类算法, 如决策树[7,8]、神经网络[9]、K 近邻分类器[10,11] 等; 另一种则是将多类分类问题分解为多个两类分类问题, 并分别使用两类分类算法, 如支持向量机.

1.2.1 例子 (鸢尾属植物分类)

鸢尾属 (*Iris*) 植物数据集[12] 是用于测试机器学习算法的常用数据集. 该数据集包括四个特征: 萼片长度、萼片宽度、花瓣长度和花瓣宽度, 用于描述鸢尾属植物的三个不同物种: Setosa, Versicolor 和 Virginica. 该数据集中每个物种有 50 个样本. 表 1.2 展示了该数据集中的部分样本.

表 1.2 *Iris* 数据集中的部分样本

编号	萼片长度	萼片宽度	花瓣长度	花瓣宽度	物种
1	5.1	3.5	1.4	0.2	Setosa
2	4.9	3	1.4	0.2	Setosa
3	7	3.2	4.7	1.4	Versicolor
4	6.4	3.2	4.5	1.5	Versicolor
5	6.3	3.3	6	2.5	Virginica
6	5.8	2.7	5.1	1.9	Virginica

该数据集可以综合为

$$\mathbf{D} = \{(\mathbf{x}_1, y_1), \cdots, (\mathbf{x}_{150}, y_{150})\}, \tag{1.6}$$

其中 $\mathbf{x}_i = (x_{i1}, x_{i2}, x_{i3}, x_{i4})^{\mathrm{T}}$ 表示第 i 个样本且 $x_{i1} \sim x_{i4}$ 分别表示该样本的萼片长度、萼片宽度、花瓣长度和花瓣宽度, $y_i \in \{1, 2, 3\}$ 表示该样本的类别, 当 $y_i = 1$ 时, $\mathbf{x}_i$ 属于物种 Setosa; 当 $y_i = 2$ 时, $\mathbf{x}_i$ 属于物种 Versicolor; 当 $y_i = 3$ 时, $\mathbf{x}_i$ 属于物种 Virginica. 现在的问题是, 对新来的一个样本, 已知它的萼片长度 x_1、萼片宽度 x_2、花瓣长度 x_3 和花瓣宽度 x_4, 试推断它属于 Setosa, Versicolor 还是 Virginica, 即求对应的类别标号 y 是 1, 2 还是 3.

这个问题是一个四维空间上的三类分类问题, 为了便于可视化, 仅考虑使用花瓣长度和花瓣宽度两个特征, 根据样本的特征和类别标号, 把每个样本用一个样本点来表示, 参看图 1.3. 样本点的两个坐标分别由两个特征确定, 点的形状由类别标号确定: Setosa 用 “+” 形点, Versicolor 用 “∘” 形点, Virginica 用 “*” 形点.

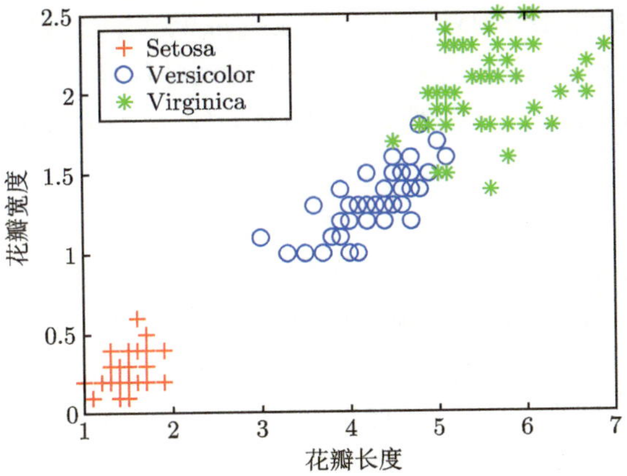

图 1.3 *Iris* 数据集

新来一个样本, 相当于给了平面上的一个点 $\mathbf{x}$, 现在的问题是要推断它属于 Setosa($y=1$), Versicolor($y=2$) 还是 Virginica ($y=3$). 可以通过两种途径确定 $\mathbf{x}$ 的类别标号. 一种是直接使用多类分类算法; 另一种是将此三类分类问题分解为三个两类分类问题, 然后对三个两类分类问题分别使用两类分类算法进行处理. 此处使用第一种途径中的多层感知器神经网络方法, 需将训练样本的类别标号由标量变为三维向量, 如 $y=1$ 可以转化为 $(1,-1,-1)^{\mathrm{T}}$, $y=2$ 可以转化为 $(-1,1,-1)^{\mathrm{T}}$, 而 $y=3$ 可以转化为 $(-1,-1,1)^{\mathrm{T}}$. 训练过程完成之后, 将 $\mathbf{x}$ 代入, 假设该多层感知器第 l 个输出节点上的输出表示为 $f(\beta_l-\theta_l)$, 其中 $f(\cdot)$ 为输出节点上的激活函数, β_l 表示第 l 个输出节点的输入, θ_l 表示该输出节点上的偏差项. 最终, $\mathbf{x}$ 的类别标号可以由下式求取:

$$\hat{y}=\arg\max_{l}\left(f(\beta_l-\theta_l)\right),\quad l=1,2,3. \tag{1.7}$$

1.2.2 多类分类问题

考虑 d 维空间上的多类分类问题, 它包含 d 个特征 (即 $\mathbf{x}\in\Re^d$) 和 N 个样本点. 记这 N 个样本点的集合为

$$\mathbf{D}=\{(\mathbf{x}_1,y_1),\cdots,(\mathbf{x}_N,y_N)\}\in(\mathcal{X}\times\mathcal{Y})^N, \tag{1.8}$$

其中 $\mathbf{x}_i\in\mathcal{X}\subset\Re^d$ 是输入向量, $y_i\in\mathcal{Y}=\{1,2,\cdots,K\}$ 是输出, $i=1,\cdots,N$. 该 N 个样本点构成训练集. 此时的问题为, 对任意给定的一个新的示例 $\mathbf{x}$, 根据训练集, 推断出它所对应的输出 y 是 $1,2,\cdots,K$ 中哪一个.

因此, 多类分类问题可以描述为:

根据给定的训练集 $\mathbf{D}=\{(\mathbf{x}_1,y_1),\cdots,(\mathbf{x}_N,y_N)\}\in(\mathcal{X}\times\mathcal{Y})^N$, 其中 $\mathbf{x}_i\in\mathcal{X}\subset\Re^d$, $y_i\in\mathcal{Y}=\{1,2,\cdots,K\}$, $i=1,2,\cdots,N$, 寻求决策函数 $f(\mathbf{x}):\mathcal{X}\to\mathcal{Y}$. 实质上, 求解多类分类问题, 就是寻找一个把 $\Re^d$ 上的点分成 K 个互不相交子集的规则.

1.2.2.1　直接法

对于多类分类任务, 有些两类分类方法可直接推广到多类分类, 如朴素贝叶斯分类器 [13,14]、对数几率回归、神经网络、K 近邻分类器等.

下面以神经网络中的多层感知器为例. 如 1.2.1 节所述, 训练集中的类别标号需要转化为向量形式, 如 $y_i=k$ 向量化为 $(-1,\cdots,-1,1,-1,\cdots,-1)^{\mathrm{T}}$, 其中 1 为向量的第 k 个元素, 而其余的元素均为 -1.

训练样本的输入向量为 d 维, 则多层感知器的输入层含有 d 个输入节点. 假设多层感知器只含有一个隐含层, 且该隐含层由 N_H 个隐含节点组成. 训练样本的类别标记已向量化为 K 维列向量, 则输出层含有 K 个输出节点. 若隐含层的激活函数为 sigmoid 函数, 则第 j 个隐含节点在第 i 个训练样本的输入向量上的输出为

$$\beta_j=\frac{1}{1+e^{\left(-\sum\limits_{i=1}^{d}w_{ji}x_i-w_{j0}\right)}},\tag{1.9}$$

其中 w_{ji} 是连接第 j 个隐含节点和第 i 个输入节点的连接权重, w_{j0} 是第 j 个隐含节点上的偏差项. 若输出节点上的激活函数采用线性函数, 则第 l 个输出节点上的网络输出为

$$\hat{y}_l=\sum_{j=1}^{N_H}v_{lj}\beta_j+v_{l0},\tag{1.10}$$

其中 v_{lj} 是连接第 l 个输出节点和第 j 个隐含节点的连接权重, v_{l0} 是第 l 个输出节点上的偏差项, 与公式 (1.7) 中的 θ_l 含义相同.

多层感知器的网络连接权重和偏差项学习完成之后, 对于待测示例 $\mathbf{x}$, 将其输入多层感知器, 由式 (1.10) 计算出 K 个输出值 $\hat{y}_1,\hat{y}_2,\cdots,\hat{y}_K$. 最终, 待测示例 $\mathbf{x}$ 的类别标号由下式给出

$$\hat{y}=\arg\max_{l}\{y_l\},\quad l=1,2,\cdots,K.\tag{1.11}$$

对于图 1.3 所示的问题, 可利用多层感知器作为多类分类器, 其分类效果如图 1.4 所示.

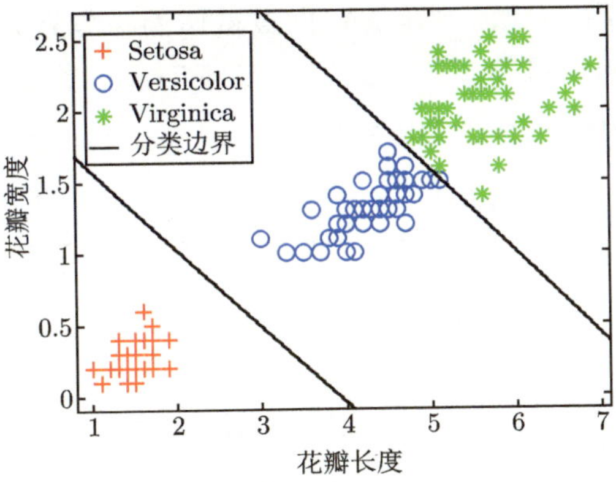

图 1.4 多层感知器在 *Iris* 数据集上的分类效果

1.2.2.2 拆解法

当使用两类分类算法处理多类分类问题时，通常是将多类分类问题分解为若干个该两类分类算法能够处理的两类分类子问题. 下面介绍三种常用的拆解法.

1) 一类对余类法

一类对余类法 (one-against-rest) 是最早出现也是目前应用最为广泛的分解法之一. 假设训练样本共有 K 个类别，则共需要构造 K 个两类分类器，其中第 i 个分类器把第 i 类同余下的各类划分开，训练时第 i 个分类器取训练集中第 i 类样本为正类，其余类样本为负类进行训练. 判别时，输入示例分别经过 K 个分类器共得到 K 个输出值 $f_i(\mathbf{x}) = \text{sign}(g_i(\mathbf{x}))$，若只有一个输出值为正值，则其对应类别为该示例的类别；若输出不止一个正值，或者没有一个输出为正值，则比较实值函数 $g_i(\mathbf{x})$ $(i = 1, 2, \cdots, K)$ 的输出值，最大者对应的类别作为输入示例的类别[15,16].

一类对余类法的算法如算法 1.1 所示.

算法 1.1 一类对余类法的多类分类算法

---

(1) 设已知训练集 $\mathbf{D} = \{(\mathbf{x}_1, y_1), \cdots, (\mathbf{x}_N, y_N)\} \in (\mathcal{X} \times \mathcal{Y})^N$，其中 $\mathbf{x}_i \in \mathcal{X} \subset \Re^d$，$y_i \in \mathcal{Y} = \{1, 2, \cdots, K\}$，$i = 1, \cdots, N$；

(2) 对 $j = 1, 2, \cdots, K$ 进行如下运算：把第 j 类训练样本用作正类，其余的 $K-1$ 类样本用作负类，用两类分类算法求出决策函数 $f_j(\mathbf{x}) = \text{sign}(g_j(\mathbf{x}))$；

(3) 对于输入示例 $\mathbf{x}$，判定其属于第 k 类，其中 k 是 $g_1(\mathbf{x}), \cdots, g_K(\mathbf{x})$ 中最大者的下标.

对于 K 类分类问题，因为只需训练 K 个两类分类器，则一类对余类法所得到的分类函数个数较少，其分类速度相对较快. 然而，其分解后的子问题中的两类样本不平衡，且在训练得到分类函数时，需要使用所有的训练样本，训练集规模较大[15].

对于图 1.3 所示的问题, 利用支持向量机作为两类分类器, 并使用一类对余类法构造基于支持向量机的多类分类器. 支持向量机的参数设置如下: 折中参数 C=1, 径向基核函数 $\exp\{-\gamma\|\mathbf{x}-\mathbf{y}\|^2\}$ 的宽度参数 γ=0.2, 分类效果如图 1.5 所示.

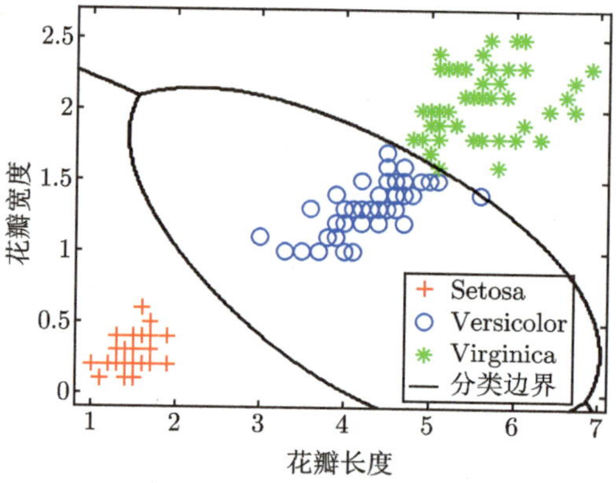

图 1.5　一类对余类法在 *Iris* 数据集上的分类效果

2) 一类对一类法

一类对一类法 (one-against-one) 也是基于两类分类的多类分类法, 其具体做法为: 考虑 K 类分类问题, 设训练集 $\mathbf{D}=\{(\mathbf{x}_1,y_1),\cdots,(\mathbf{x}_N,y_N)\}\in(\mathcal{X}\times\mathcal{Y})^N$, 其中 $\mathbf{x}_i\in\mathcal{X}\subset\Re^d$, $y_i\in\mathcal{Y}=\{1,2,\cdots,K\}$, $i=1,2,\cdots,N$. 对 $(i,j)\in\{(i,j)|i\leqslant j,\ i,j=1,2,\cdots,K\}$ 进行如下运算: 从训练集中抽取部分样本, 该部分样本必须满足 $y=i$ 和 $y=j$. 记 $\mathbf{D}_{i-j}$ 为这些样本组成的集合, 求出实值函数 $g_{i-j}(\mathbf{x})$ 和判定 $\mathbf{x}\in\mathcal{X}$ 属于第 i 类或第 j 类的分类函数, 此处使用的方法是解决两类分类问题的算法, 即

$$f_{i-j}(\mathbf{x})=\begin{cases} i, & g_{i-j}(\mathbf{x})>0, \\ j, & \text{其他}. \end{cases} \tag{1.12}$$

对于待分类的示例 $\mathbf{x}$, 若此分类函数判定 $\mathbf{x}$ 属于第 i 类则表示第 i 类得到一票. 最终把 $\mathbf{x}$ 判定给得票数最多的那个类别.

一类对一类法中, K 类分类问题的两类分类器个数共有 $\dfrac{K(K-1)}{2}$ 个. 相比一类对余类法, 该方法得到的分类函数的数目要大得多. 然而其每一个子分类问题的规模要小很多, 要学习的问题也相对简单.

对于图 1.3 所示的问题, 利用支持向量机作为两类分类器, 并使用一类对一类法构造基于支持向量机的多类分类器. 支持向量机的参数设置如下: 折中参数 C=1, 径向基核函数的宽度参数 γ=0.2, 分类效果如图 1.6 所示.

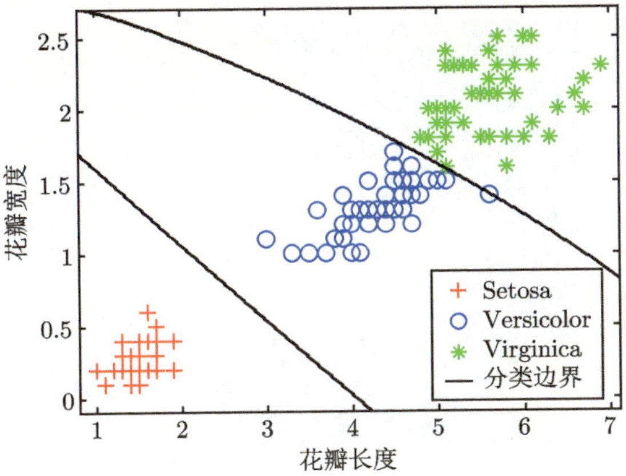

图 1.6 一类对一类法在 *Iris* 数据集上的分类效果

3) 纠错输出编码法

在多类分类问题中, 有很多构造两类分类问题的方法. 当构造出一系列合适的两类分类问题时, 对于每个两类分类问题都可以建立一个决策函数, 假设可以得到 L 个决策函数 $\{f^1, \cdots, f^L\}$. 如果这些决策函数完全正确, K 类中的每一类都对应一个元素为 -1 或者 1 的长度为 L 的数列. 按照 K 类中的类别顺序, 将这些类别所对应的数列排列起来, 便可得到一个 K 行 L 列的编码矩阵. 如这个矩阵可能是

$$\begin{pmatrix} 1 & -1 & -1 & \cdots & 1 \\ -1 & -1 & -1 & \cdots & -1 \\ \vdots & \vdots & \vdots & & \vdots \\ 1 & 1 & -1 & \cdots & 1 \end{pmatrix}. \tag{1.13}$$

对于待测示例 $\mathbf{x}$, 使用所得到的 L 个决策函数, 得到一个元素为 -1 或 1 的长度为 L 的数列, 将该数列与 (1.13) 所示的矩阵相比较. 即可判定出待测示例 $\mathbf{x}$ 的类别. 如果两类分类问题有比较合理的选择, 且又有准确的决策函数, 则所得数列仅会与矩阵 (1.13) 中的唯一一行相一致. 待测示例 $\mathbf{x}$ 的类别就是该行的行数. 然而, 由于求得的两类分类决策函数不可避免地存在误差, 因此实际的求解过程并不简单. 因为求得的两类分类决策函数总是会有误差的, 此时就需要研究更合理的判定方法了.

对于图 1.3 所示的问题, 利用支持向量机作为两类分类器, 决策函数个数 $L=3$. 支持向量机的参数设置如下: 折中参数 $C=1$, 径向基核函数的宽度参数 $\gamma=0.5$, 分类效果如图 1.7 所示.

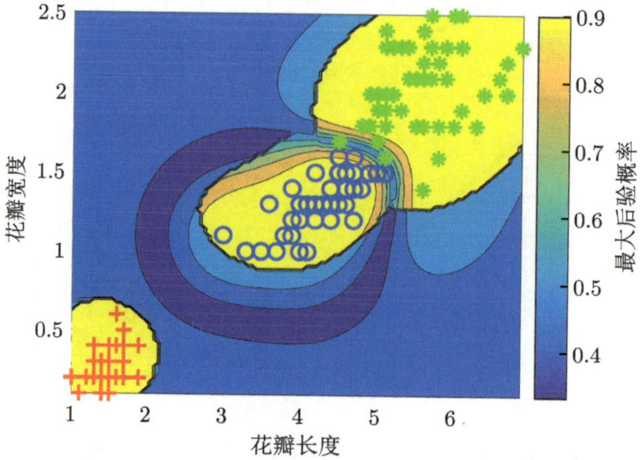

图 1.7 纠错输出编码法在 *Iris* 数据集上的分类效果

1.3 单类分类

单类分类 [17−19] 是机器学习和模式识别领域中一种特殊的分类任务, 在训练阶段仅有正类训练样本可用于构造描述模型, 在测试阶段所构造的描述模型能够将正类与未知的负类加以区分. 单类分类算法可用于离群点检测[20]、稀有类发现[21,22]、多类分类[23] 等多种任务. 在单类分类任务中, 正类样本通常对应着采样较充分、先验知识较多的类别, 负类样本通常对应采样较不充分甚至没有样本、先验知识较少甚至无法获取的类别[24].

1.3.1 例子 (*Square* 数据集)

Square 数据集[25] 中的样本点分布在四个长为 2.2 厘米且宽为 0.2 厘米的带状区域上, 这四个带状区域组成了一个正方形, 如图 1.8 所示. 该数据集中的 400 个样本点以等概率随机分布在四个带状区域上, 在图中用 “.” 形点表示.

这些数据可以综合为

$$\mathbf{T} = \{\mathbf{x}_1, \cdots, \mathbf{x}_{400}\}, \tag{1.14}$$

其中 $\mathbf{x}_i = (x_{i1}, x_{i2})^{\mathrm{T}}$ 表示第 i 个样本点, 所有样本点的类别标号均为 1, 称为正常数据或属于目标类. 现在的问题是, 对新来的一个样本点 $\mathbf{x}$, 已知它的二维坐标, 试推断它是正常数据还是异常数据 (或属于目标类还是非目标类), 即求对应的类别标号 y 是 1 还是 -1.

这个问题是一个二维空间上的单类分类问题. 需要使用训练集 $\mathbf{T}$ 学习一个描述模型, 使得所得描述模型将 $\mathbf{T}$ 中的所有样本点紧致地包围起来, 当待测示例

$\mathbf{x}$ 落入描述模型内部时, 推断其为正常数据或称之属于目标类; 而落入描述模型外部时, 推断它是异常数据或称之属于非目标类.

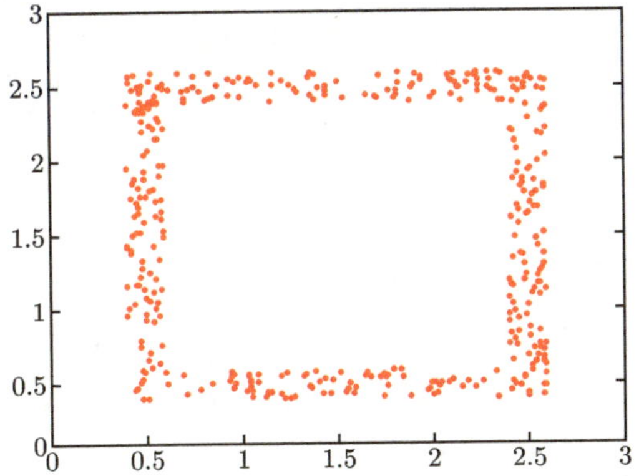

图 1.8 *Square* 数据集

1.3.2 单类分类问题

前面讲的例子是一个具体的二维空间上的单类分类问题, 它包含两个特征 (即 $\mathbf{x} \in \Re^2$) 和 400 个样本点. 一般地, 考虑 d 维空间上的单类分类问题, 它包含 d 个特征 (即 $\mathbf{x} \in \Re^d$) 和 N 个样本点. 记这 N 个样本点的集合为

$$\mathbf{T} = \{\mathbf{x}_1, \cdots, \mathbf{x}_N\} \in \mathcal{X}^N, \tag{1.15}$$

其中 $\mathbf{x}_i \in \mathcal{X} \subset \Re^d$ 是示例, 这 N 个样本点构成训练集. 需要注意的是训练集 $\mathbf{T}$ 中所有示例的类别标号均为 1, 即 $\mathbf{T}$ 中的示例均为正常数据或称它们属于目标类. 对任意给定的一个新的示例 $\mathbf{x}$, 根据训练集, 推断它所对应的输出 y 是 1 还是 -1, 即判定 $\mathbf{x}$ 为正常数据还是异常数据 (即判定 $\mathbf{x}$ 属于目标类还是非目标类).

因此, 单类分类问题可以描述为:

根据给定的训练集 $\mathbf{T} = \{\mathbf{x}_1, \cdots, \mathbf{x}_N\} \in \mathcal{X}^N$, 其中 $\mathbf{x}_i \in \mathcal{X} \subset \Re^d$, 寻找 $\mathcal{X} \subset \Re^d$ 上的一个实值函数 $g(\mathbf{x})$, 以便用决策函数

$$f(\mathbf{x}) = \mathrm{sign}(g(\mathbf{x})) \tag{1.16}$$

推断任一示例 $\mathbf{x}$ 相对应的 y 值.

据此, 求解单类分类问题, 实质上是寻找一个能够将 $\Re^d$ 上的示例紧密包围的描述模型. 解决该分类问题的描述模型被称为单类分类器. 对于图 1.7 所示的问题, 利用单类支持向量机[26] 作为单类分类器, 单类支持向量机的参数设置如下: 百分比估计参数 $\nu = 0.01$, 径向基核函数的宽度参数 $\gamma = 16$, 分类效果如图 1.9 所示.

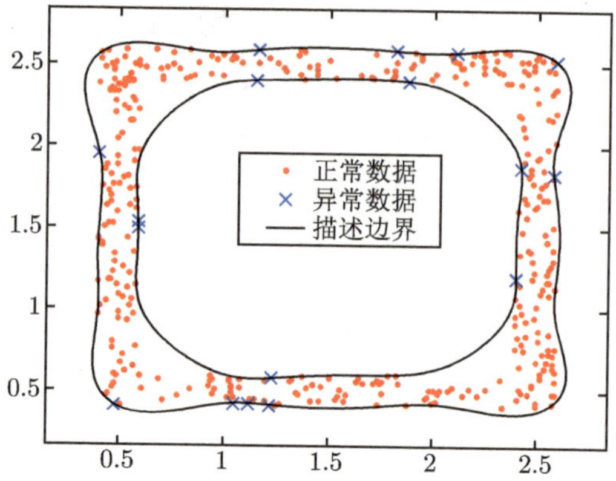

图 1.9　单类支持向量机在 *Square* 数据集上的分类效果

1.3.3　单类分类方法的分类

单类分类又被称为异常检测 (anomaly detection, novelty detection)[27]、离群点检测 (outlier detection)[28]、概念学习 (concept learning)[29]、数据描述[30]. 在不同的综述文献中, 对已有的单类分类方法有多种不同的划分方式. Tax[17] 在其 2001 年的博士学位论文中将单类分类方法分为三类: 基于密度的方法、基于边界的方法和基于重构的方法; Hodge 和 Austin[31] 则将离群点检测方法分为三大类: 无监督聚类、有监督分类和半监督识别. Chandola 等[32] 则将不同的异常检测技术分为分类、聚类、最近邻、统计方法、信息理论和谱理论六个领域. 潘志松等[18] 将单类分类方法分为四类: 密度估计法、基于神经网络的方法、基于聚类的方法和基于支持域的方法.

1.3.3.1　密度估计法

该类方法通常利用参数化或非参数化方法估计训练样本 (仅由正常数据构成) 的概率密度, 落在高密度区域的未知示例被判定为正常数据, 而落在低密度区域的未知示例则被判定为异常数据. 一般地, 需要设置一个密度阈值, 大于该阈值的未知示例为正常数据, 小于该阈值的被认为是异常数据 [33,34].

常用的密度估计法有: 高斯密度估计[35]、高斯混合模型[36]、Parzen 窗密度估计[27,37]. 此外, Breunig 等[38] 提出了基于样本点与其局部邻域样本点分隔程度的局部异常度 (local outlier factor, LOF), 并将其用于异常检测, 但是 LOF 本质上仍是利用 K 近邻估计样本点的密度. Park 等[39] 从理论和实验两方面对概率密度的最小体积集 (minimum volume set) 开展了研究, 此外, 将核密度估计器引入到优化问题中, 用于获取一个估计密度水平集.

Filippone 和 Sanguinetti[40] 在信息理论的框架中考虑了单类分类问题, 在训练集给定的条件下, 他们利用统计检验理论估计一个新样本点所携带信息成分的分布, 即计算由训练集估计所得密度与由训练集和测试集估计所得密度之间的 Kullback-Leibler (KL) 散度. 若 KL 散度值为零, 则待测样本被判定为属于目标类; 若 KL 散度值非零, 则待测样本被判定为属于非目标类. 一般情况下, 异常数据具有较低的后验概率, 根据此统计原则, Weinshall 等[41] 利用层次表示法为每个样本赋予一些概率值, 并据此判别和检测出不同类型的异常数据, 他们所提的方法旨在寻找一个描述水平, 其中异常数据具有充分大的概率值. 此外, 他们还利用有向图构造表示层次, 用于描述数据集中的子集-超子集关系. Kemmler 等[42] 提出了一种带有高斯过程先验的单类分类方法, 并考查了它对不同度量 (如预测分布的均值和方差) 的适应性, 高斯过程框架允许我们使用不同的近似方法处理暗含的分类问题. 此外, 基于所取得的度量, 他们讨论了所提方法与其他几个常用单类分类方法之间的关系, 例如, 当忽略训练样本之间的相关性时, 可以证明 Parzen 估计器是所提方法的一个特例. 当训练数据呈多峰分布或模型参数选取不当时, 传统单类分类器的分类性能就会降低, 为了解决上述问题, Zhang 等[43] 提出了无限贝叶斯单类支持向量机, 首先利用狄利克雷过程混合 (Dirichlet process mixture) 将输入数据分为一些聚类, 然后在每个聚类上学习一个修正的单类支持向量机. 聚类过程和修正的单类支持向量机在统一的贝叶斯框架下一起学习, 有效地保证了聚类的一致性和聚类间的线性可分性. 利用吉布斯采样技术对模型参数进行有效选取. 此外, 在修正的单类支持向量机中, 使用基于聚类结果的特征变换代替了传统单类支持向量机中的核变换.

当训练样本结构简单、维数较低且数量较多时, 密度估计法在处理单类分类时能够产生较好的分类效果. 然而, 当样本数量较少且维数较高时, 密度估计法则不能较好地反映样本的特征, 很难对训练样本的稀疏区域做出正确判断, 则会产生较差的分类效果.

1.3.3.2 基于神经网络的方法

迄今为止, 神经网络已被广泛地应用于单类分类. 与密度估计方法相比, 基于神经网络的单类分类方法需要优化较少的参数且不需要预先知道训练样本的先验假设. 常用的基于神经网络的单类分类方法有: 多层感知器、Hopfield 网络、径向基函数神经网络、自组织映射、振荡 (oscillatory) 网络等[44].

传统的多层感知器不能对独立于训练样本 (由正常数据构成) 之外的异常数据加以分类, 原因在于单类分类的训练阶段没有异常数据的任何信息. 针对单类分类问题, Nairac 等[45] 和 Bishop[35] 均设计了带有一个隐含层的多层感知器, 该带有一个隐含层的三层结构使得网络能够检测任意复杂的类别边界. 隐含层节点定义为输入的凸包, 而输出层将这些凸包组合在一起用于构造复杂的分类边界.

Japkowicz[46] 将自联想神经网络用于异常数据的识别, 在网络训练过程中自联想器能够减少隐含节点的个数, 从而产生一个瓶颈, 该瓶颈类似于主成分分析, 能够通过着重考虑关键属性并剔除冗余的属性. 该自联想器仅由正常数据加以训练, 训练完成后, 输出节点重新产生新的样例并用作网络的输入. 网络能够成功地对正常数据进行重构, 但是对于异常数据则会具有非常高的重构误差. Hopfield 网络也具有自联想性, Crook 和 Hayes[47] 使用预分类的正常数据训练 Hopfield 网络, 与多层感知器的输入逐层递传不同, 该网络的输入被同时应用到所有的节点上. 此外, 能量的计算则需要使用所有网络权重及其对应样本对之间的乘积和.

Albrecht 等[48] 在传统的径向基函数神经网络中添加了从输出层到隐含层之间的反向连接, 从而使所得网络自组织地形成一个贝叶斯分类器, 且能够用于异常检测. 潘志松等[49] 对自组织映射模型进行了改进, 将目标类训练样本输入到自组织映射网络中进行训练, 以有序方式映射到 Voronoi 空间上, 形成了仅包含目标类信息的自组织映射原型. Borisyuk 等[50] 提出了一种基于输入信号和振荡机制之间相位关系的稀疏分布记忆模型, 对于输入信号的存储, 所提模型包括输入信息的状态频率编码和网络振荡器之间的固有频率适应, 对于熟悉的刺激, 则使用共振放大机制加以响应. 为了取得较快的训练速度, Leng 等[51] 提出了基于极限学习机的单类分类器, 在基准数据集上的实验结果表明, 在训练速度上所提方法比自编码器快数百倍. 最近, 也出现了其他类型的单类极限学习机[52,53].

对于大规模和非线性的单类分类问题, 由于神经网络能够自适应地发现蕴含于正常数据中的内在特征, 基于神经网络的单类分类方法往往能够取得较好的分类效果. 然而, 该类方法需要解决各种阈值的选择问题, 以多层感知器为例, 对其进行训练之前, 需要确定隐含层的数量及每个隐含层中节点的数量, 目前只能通过试差法来确定合理的网络结构和规模.

1.3.3.3 基于聚类的方法

该类方法通常是利用聚类方法将正常数据划分为若干个簇, 若待测示例落入任何一个簇中, 则判定它为正常数据, 否则判定它为异常数据. 常用的基于聚类的单类分类方法有:K 均值、混合法、水平集法等.

Masud 等[54] 在概念漂流数据流中使用 K 均值聚类进行异常检测. 他们利用 K 均值聚类方法在训练数据周围构造决策边界, 并使用 K 近邻规则评估测试示例到各个聚类之间的距离, 如果距离待测示例最近的样本点不属于任何一个聚类, 则判定该待测示例为异常数据. Cabral 和 Oliveira[55] 在基于状态转换的时间序列中引入了基于混合法的异常检测方法. 首先利用滑动窗将时间序列表示为一个特征向量集, 使用层次聚类获取向量集, 将欧氏距离用作相似性度量. 然后, 在聚类后的样本集上通过对转换后的状态进行搜索序贯地构造规则. 在测试阶段, 将不属于该自动机的转换 (transitions) 分类为异常数据. Ding 等[56,57] 提出了基于水平集的异常检测器, 不管训练样本属于多少个聚类, 这些训练样本都被认为来自同一个类别. 根据数据分布, 所提方法能够将正常数据聚集为一个或者多个聚类, 从而使用一个或多个初始的决策边界包围这些正常数据. 然后, 为了更好地拟合数据分布, 利用聚类分裂 (或多聚类聚合) 对初始决策边界加以平滑的改进. 若待测示例包含于任何一个包围某个聚类的边界, 则它被判定为正常数据, 否则为异常数据.

上述基于聚类的单类分类方法均存在簇类数选择的开放问题, 所以它们仅适用于簇类数已知的情形. 近些年, 出现了一些联合使用聚类和集成的单类分类方法, 可以避开簇类数选取的问题. Krawczyk 等[58] 利用 K 均值、模糊 c 均值及核模糊 c 均值聚类方法将目标类划分成子集, 并通过熵函数选取划分子集的个数, 然后在每个子集上学习一个单类分类器, 最后利用多数投票、最大支持[59] 及误差修正输出编码[60] 作为组合多个单类分类器输出的集成策略. Liu 等[61] 提出了快速结构化集成单类分类算法, 所提算法使用样本个数和单类分类器的计算复杂度预先计算聚类簇个数, 该算法的两轮聚类流程能够有效避免过多聚类簇导致的描述区域空隙, 且它在聚类簇确定阶段采用的近似方法有效降低了基于聚类的集成单类分类算法的计算复杂度.

1.3.3.4 基于支持域的方法

该类方法主要是通过对正常数据的学习, 形成一个围绕目标类的边界或区域, 如超平面、超球等, 并通过最小化目标数据支撑域的体积, 达到错误接受率最小的目的. 常用的基于支持域的单类分类方法有: 单类支持向量机 (one-class support vector machine, OCSVM) 和支持向量数据描述 (support vector data description, SVDD).

基于支持向量机中的最大间隔理论, Schölkopf 等[26] 提出了 OCSVM, 它在高维的特征空间中寻找一个由支持向量的像所表示的超平面, 并最大化正常数据在该高维特征空间中的像与原点 (看作异常数据的代表) 之间的间隔. Tax 和 Duin[30] 提出了一种数据描述方法, 即 SVDD. 与 OCSVM 不同, SVDD 是在高维特征空间中寻找一个包含全部或大部分正常数据的像且体积最小的超球体. 若待测示例在特征空间中的像落入最优超球体外, 则它被判定为异常数据, 否则被判定为正常数据.

在 OCSVM 和 SVDD 基础上, 涌现了许多改进方法, 这些改进方法主要分为三类 [62]: ① 在训练数据集中引入未标号测试数据; ② 从训练集中选择特定的样本点进行训练; ③ 修改 OCSVM 或 SVDD 的优化目标. 这些方法的主要目标分为两类: 一类是降低 OCSVM 或 SVDD 的时间复杂度; 另一类是提高 OCSVM

或 SVDD 的分类精度. 其中第①类改进主要是为了提高分类精度, 第②类改进主要是为了降低时间复杂度, 而第③类改进两者皆有.

由于基于支持域的方法提供了直观的数据描述, 且借助于核技巧, 能方便地在高维特征空间中进行求解, 因此该类方法成为目前流行且使用最多的单类分类方法.

参考文献

[1] Press S J, Wilson S. Choosing between logistic regression and discriminant analysis. Journal of the American Statistical Association, 1978, 73: 699-705.

[2] Morgan G A, Vaske J J, Gliner J A, Harmon R J. Logistic regression and discriminant analysis: Use and interpretation. Journal of the American Academy of Child and Adolescent Psychiatry, 2003, 42: 994-997.

[3] Lisawadi S, Shah M K A, Ahmed S E. Model selection and post estimation based on a pretest for logistic regression models. Journal of Statistical Computation and Simulation, 2016, 86: 3495-3511.

[4] Vapnik V. The Nature of Statistical Learning Theory. New York: Springer-Verlag, 1995.

[5] Freund Y, Schapire R E. A decision-theoretic generalization of on-line learning and an application to boosting. Journal of Computer and System Sciences, 1997, 55(1): 119-139.

[6] Grogan W L, Wirth W W. A new American genus of predaceous midges related to Palpomyia and Bezzia//Proceedings of the Biological Society of Washington, 1981, 94(4): 1279-1305.

[7] Quinlan J R. Induction of decision trees. Machine Learning, 1986, 1(1): 81-106.

[8] Quinlan J R. C4.5: Programs for Machine Learning. Morgan Kaufmann, San Mateo, CA: Morgan Kaufmann Publishers, 1993.

[9] Hagan M T, Demuth H B, Beale M H. Neural Network Design. Boston: PWS Publishing Company, 2002.

[10] Hastie T, Tibshirani R. Discriminant adaptive nearest neighbor classification. IEEE Transactions on Pattern Analysis and Machine Intelligence, 1996, 18(6): 607-616.

[11] Dasarathy B V. Nearest Neighbor (NN) Norms: NN Pattern Classification Techniques. Los Alamitos, CA: IEEE Computer Society Press, 1991.

[12] Dua D, Graff C. UCI Machine Learning Repository [http://archive.ics.uci.edu/ml]. Irvine, CA: University of California, School of Information and Computer Science, 2019.

[13] Rish I. An empirical study of the Naïve Bayes classifier//IJCAI 2001 Workshop on Empirical Methods in Artificial Intelligence, 2001: 41-46.

[14] Domingos P, Pazzani M. On the optimality of the simple Bayesian classifier under zero-one loss. Machine Learning, 1997, 29(2/3): 103-130.

[15] 邓乃扬, 田英杰. 支持向量机: 理论、算法与拓展. 北京: 科学出版社, 2009.

[16] Rifkin R, Clautau A. In defence of one-vs-all classification. Journal of Machine Learning Research, 2004, 5(1): 101-141.
[17] Tax D M J.One-class classification: Concept-learning in the absence of counter-examples. Netherlands: Delft University of Technology, 2001.
[18] 潘志松, 陈斌, 缪志敏, 倪桂强. One-Class 分类器研究. 电子学报, 2009, 37(11): 2496-2503.
[19] Khan S S, Madden M G. One-class classification: Taxonomy of study and review of techniques. The Knowledge Engineering Review, 2014, 29(3): 345-374.
[20] Xi J. Outlier detection algorithms in data mining//Proceedings of the 2008 Second International Symposium on Intelligent Information Technology Application, 2008: 94-97.
[21] Pelleg D, Moore A. Active learning for anomaly and rare-category detection//Advances in Neural Information Processing Systems, 2004, 17: 1073-1080.
[22] He J R, Carbonell J. Nearest-neighbor-based active learning for rare category detection//Advances in Neural Information Processing Systems, 2007, 20: 633-640.
[23] Ban T, Abe S. Implementing multi-class classifiers by one-class classification methods//Proceedings of the 2006 IEEE International Joint Conference on Neural Network, 2006: 327-332.
[24] 刘家辰. 集成单类分类算法及其应用研究. 西安: 西安电子科技大学, 2015.
[25] Hoffmann H. Kernel PCA for novelty detection. Pattern Recognition, 2007, 40(3): 863-874.
[26] Schölkopf B, Williamson R C, Smola A J, Shawe-Taylor J, Plat J C. Support vector method for novelty detection//Advances in Neural Information Processing Systems, 2000, 12: 582-588.
[27] Bishop C M. Novelty detection and neural network validation. IEEE Proceedings-Vision, Image and Signal Processing, 1994, 141(4): 217-222.
[28] Ritter G, Gallegos M T. Outliers in statistical pattern recognition and an application to automatic chromosome classification. Pattern Recognition Letters, 1997, 18(6): 525-539.
[29] Japkowicz N. Concept-learning in the absence of counter-examples: An autoassociation-based approach to classification. New Jersey: Rutgers University, 1999.
[30] Tax D M J, Duin R P W. Support vector data description. Machine Learning, 2004, 54(1): 45-66.
[31] Hodge V J, Austin J. A survey of outlier detection methodologies. Artificial Intelligence Review, 2004, 22(2): 85-126.
[32] Chandola V, Banerjee A, Kumar V. Anomaly detection: A survey. ACM Computing Surveys, 2009, 41(3): 1-58.
[33] Tarassenko L, Hayton P, Brady M. Novelty detection for the identification of masses in mammograms//Proceedings of the Fourth International IEE Conference on Artificial Neural Networks, 1995: 442-447.

[34] Chawla A B. Learning from labeled and unlabeled data using graph min-cuts//Proceedings of the 18th International Conference on Machine Learning, 2001: 19-26.
[35] Bishop C. Neural Networks for Pattern Recognition. New York: Oxford University Press, 1995.
[36] Sain S, Gray H L, Woodward W A, Fisk M D. Outlier detection from a mixture distribution when training data are unlabeled. Bulletin of the Seismological Society of America, 1999, 89(1): 294-304.
[37] Yeung D Y, Chow C. Parzen-window network intrusion detectors//Proceedings of the Sixteenth International Conference on Pattern Recognition, 2002: 385-388.
[38] Breunig M M, Kriegel H P, Ng R T, Sander J. LOF: Identifying density-based local outliers//Proceedings of the 2000 ACM SIGMOD International Conference on Management of Data, 2000, 29(2): 93-104.
[39] Park C, Huang J Z, Ding Y. A computable plug-in estimator of minimum volume sets for novelty detection. Operations Research, 2010, 58(5): 1469-1480.
[40] Filippone M. Sanguinetti G. Information theoretic novelty detection. Pattern Recognition, 2010, 43(3): 805-814.
[41] Weinshall D, Zweig A, Hermansky H, Kombrink S, Ohl F W, Anemuller J, Bach J H, Gool L V, Nater F, Pajdla T, Havlena M, Pavel M. Beyond novelty detection: Incongruent events, when general and specific classifiers disagree. IEEE Transactions on Pattern Analysis and Machine Intelligence, 2012, 34(10): 1886-1901.
[42] Kemmler M, Rodner E, Wacker E S, Denzler J. One-class classification with Gaussian processes. Pattern Recognition, 2013, 46: 3507-3518.
[43] Zhang W, Du L, Li L, Zhang X, Liu H. Infinite Bayesian one-class support vector machine based on Dirichlet process mixture clustering. Pattern Recognition, 2018, 78: 56-78.
[44] Markou M, Singh S. Novelty detection: A review—part 2: neural network based approaches. Signal Processing, 2003, 83: 2499-2521.
[45] Nairac A, Townsend N, Carr R, King S, Cowley P, Tarassenko L. A system for the analysis of jet engine vibration data. Integrated Computer Aided Engineering, 1999, 6(1): 53-65.
[46] Japkowicz N, Myers C, Gluck M A. A novelty detection approach to classification// Proceedings of the 14th International Conference on Artificial Intelligence, 1995: 518-523.
[47] Crook P, Hayes G. A robot implementation of a biologically inspired method for novelty detection// Proceedings of TIMR-2001, Towards Intelligent Mobile Robots, 1995: 72-85.
[48] Albrecht S, Busch J, Kloppenburg M, Metze F, Tavan P. Generalized radial basis function networks for classification and novelty detection: Self-organization of optimal Bayesian decision. Neural Networks, 2000, 13: 1075-1093.
[49] 潘志松, 倪桂强, 谭琳, 胡谷雨. 异常检测中单类分类算法和免疫框架设计. 南京理工大学

学报, 2006, 30(1): 48-52.

[50] Borisyuk R, Denham M, Hoppensteadt F, Kazanovich Y, Vinogradova O. An oscillatory neural network model of sparse distributed memory and novelty detection. Biosystems, 2000, 58(1-3): 265-272.

[51] Leng Q, Qi H, Miao J, Zhu W, Su G. One-class classification with extreme learning machine. Mathematical Problems in Engineering, Hindawi Publishing Corporation, 2015, Article ID: 412957.

[52] Gautam C, Tiwari A, Leng Q. On the construction of extreme learning machine for online and offline one-class classification: An expanded toolbox. Neurocomputing, 2017, 261: 126-143.

[53] Dai H, Cao J, Wang T, Deng M, Yang Z. Multilayer one-class extreme learning machine. Neural Networks, 2019, 115: 11-22.

[54] Masud M M, Gao J, Khan L, Han J, Thuraisingham B M. Classification and novel class detection in concept-drifting data streams under time constraints. IEEE Transactions on Knowledge and Data Engineering, 2011, 23(6): 859-874.

[55] Cabral G G, Oliveira A L I. A hybrid method for novelty detection in time series based on states transitions and swarm intelligence//Proceedings of the 2010 International Joint Conference on Neural Networks, 2010: 1-8.

[56] Ding X, Li Y, Belatreche A, Maguire L P. Constructing the minimum volume surfaces using level set methods for novelty detection//Proceedings of the 2012 International Joint Conference on Neural Networks, 2012: 3158-3163.

[57] Ding X, Li Y, Belatreche A, Maguire L P. Novelty detection using level set methods with adaptive boundaries//Proceedings of the 2013 IEEE International Conference on Systems, Man and Cybernetics, 2013: 3020-3025.

[58] Krawczyk B, Woźniak M, Cyganek B. Clustering-based ensembles for one-class classification. Information Sciences, 2014, 264: 182-195.

[59] David M J T, Robert P W D. Combining one-class classifiers//Proceedings of the Second International Workshop on Multiple Classifier Systems, 2001: 299-308.

[60] Dietterich T G, Bakiri G. Solving multiclass learning problems via error-correcting output codes. Journal of Artificial Intelligence Research, 1995, 2: 263-286.

[61] Liu J, Miao Q, Sun Y, Song J, Quan Y. Fast structural ensemble for one-class classification. Pattern Recognition Letters, 2016, 80: 179-187.

[62] 尹传环, 牟少敏, 田盛丰, 黄厚宽. 单类支持向量机的研究进展. 计算机工程与应用, 2012, 48(12): 1-5, 91.

第 2 章　单类分类器

单类分类可被看作一种特殊的类别不平衡问题, 其类别不平衡比率 (IR) 趋近于正无穷[1]. 由于异常数据在训练集中的缺失, 单类分类问题所包含的数据信息较两类分类或多类分类问题大为减少, 这无疑大幅增加了分类器建模的难度. 尽管如此, 相关学者对这一难题开展了研究, 并提出了大量行之有效的单类分类器. 本章从密度估计、神经网络、聚类及支持域四个方向对主流的单类分类器加以介绍.

2.1　基于密度估计的单类分类器

概率密度估计方法用于估计一组数据集的概率密度分布, 分为非参数估计方法和参数估计方法. 非参数估计方法需要利用数据集本身的特点、性质来拟合分布, 如 Parzen 窗密度估计、K 近邻等. 参数估计方法则假定样本集符合某一概率分布, 然后根据样本集拟合该分布中的参数, 如高斯密度估计、高斯混合模型等.

2.1.1　Parzen 窗密度估计

Parzen 窗密度估计是一种非参数概率密度估计方法. 当已知样本集数据, 而不知道它所对应的分布情况时, Parzen 窗密度估计采用下式来估计它的概率密度:

$$\hat{p}(\mathbf{x}) = \frac{1}{N}\sum_{i=1}^{N}\phi(\mathbf{x}-\mathbf{x}_i), \tag{2.1}$$

其中, N 为训练样本个数, $\phi(\cdot)$ 为核函数. 因为该方法采用了核函数, 则 Parzen 窗密度估计也被称为核密度估计 (kernel density estimation, KDE)[2]. 在 Parzen 窗密度估计中, 最为常用的核函数是高斯核函数, 其表达形式如下

$$\phi(\mathbf{x}-\mathbf{x}_i) = \frac{1}{(2\pi)^{d/2}\sigma^d}e^{-\frac{\|\mathbf{x}-\mathbf{x}_i\|^2}{2\sigma^2}}, \tag{2.2}$$

其中, d 为样本维数, σ 为宽度参数. 将式 (2.2) 代入式 (2.1) 可得

$$\hat{p}(\mathbf{x}) = \frac{1}{N(2\pi)^{d/2}\sigma^d}\sum_{i=1}^{N}e^{-\frac{\|\mathbf{x}-\mathbf{x}_i\|^2}{2\sigma^2}}. \tag{2.3}$$

利用式 (2.3), 逐一计算训练集 $\mathbf{T}=\{\mathbf{x}_i\}_{i=1}^N$ 中每个样本的概率密度, 并进行升序排列. 设定阈值 θ, 将待测示例 $\mathbf{x}$ 代入式 (2.3) 计算其概率密度, 若所得概率密度大于阈值 θ, 则判定 $\mathbf{x}$ 为正常数据, 否则为异常数据.

Parzen 窗密度估计可以看作高斯混合模型的特殊情形, 当高斯混合模型中高斯函数的个数等于训练样本数且组合权重系数均为 $\dfrac{1}{N}$ 时, 高斯混合模型退化为 Parzen 窗密度估计.

基于 Parzen 窗密度估计的单类分类器存在以下不足: 因为计算测试示例的概率密度需要使用所有的训练样本, 所以当训练样本数量较大时, 会产生较高的测试复杂度; Parzen 窗密度估计的唯一参数为宽度参数 σ, 其值的选取直接影响 Parzen 窗密度估计的性能, 限制了基于 Parzen 窗密度估计的单类分类器的应用.

2.1.2 *K* 近邻

基于 Parzen 窗密度估计所利用的是整个训练集的全局分布信息, 同样也可以利用样本的局部信息来判定其是正常数据还是异常数据. 一般情况下, 密度高的区域样本比较稠密, 往往对应于目标类, 而低密度区域的样本则相对稀疏, 很可能对应着非目标类. Tax 和 Duin[3] 利用最近邻信息估计待测示例 $\mathbf{x}$ 的局部密度. 对于待测示例 $\mathbf{x}$, 设它到训练集中距离其最近的近邻 $NN^{tr}(\mathbf{x})$ 的距离为 d_1, 即

$$d_1=\left\|\mathbf{x}-NN^{tr}(\mathbf{x})\right\|. \tag{2.4}$$

然后, 将 $\mathbf{x}$ 的最近邻 $NN^{tr}(\mathbf{x})$ 与该近邻的最近邻 $NN^{tr}(NN^{tr}(\mathbf{x}))$ 之间的距离定义为 d_2, 即

$$d_2=\left\|NN^{tr}(\mathbf{x})-NN^{tr}(NN^{tr}(\mathbf{x}))\right\|. \tag{2.5}$$

当 $d_1 \gg d_2$ 时, 待测示例 $\mathbf{x}$ 被分类为异常数据. 下面使用距离 d_1 和 d_2 之间的商作为判定 $\mathbf{x}$ 是正常数据还是异常数据的标准, 记为

$$\rho_{NN}(\mathbf{x})=\frac{d_1}{d_2}. \tag{2.6}$$

设阈值为 θ, 若 $\rho_{NN}(\mathbf{x}) \leqslant \theta$, 则将待测示例 $\mathbf{x}$ 判定为正常数据, 否则判定为异常数据.

Breunig 等[4] 提出了基于样本点与其局部邻域样本点分隔程度的局部异常因子 (local outlier factor, LOF), 并用于异常检测, 其本质是利用 K 近邻估计样本点的局部密度. LOF 算法中每个样本被分配一个局部异常因子, 局部异常因子越大, 就认为它更可能是一个异常数据; 反之则可能性越小. 计算局部异常因子, 先产生所有样本的 MinPts-邻域 (同时得到 MinPts-距离), 并计算到其中每个样本的距离. 对低维数据, 可以利用网格来做最近邻查询, 然后计算每个样本的局部异常因子, 具体算法包括以下 5 个步骤.

(1) 计算样本 $\mathbf{p}$ 的 k-距离 (k-distance($\mathbf{p}$)), 其为 $\mathbf{p}$ 和某个样本 $\mathbf{o}$ 之间的距离, 此处 $\mathbf{o}$ 满足: 至少存在 k 个样本 $\mathbf{o}' \in \mathbf{T}\backslash\{\mathbf{p}\}$, 使得 $d(\mathbf{p},\mathbf{o}') \leqslant d(\mathbf{p},\mathbf{o})$, 并且至多存在 $k-1$ 个样本 $\mathbf{o}' \in \mathbf{T}\backslash\{\mathbf{p}\}$, 使得 $d(\mathbf{p},\mathbf{o}') < d(\mathbf{p},\mathbf{o})$.

(2) 计算样本 $\mathbf{p}$ 的 k-距离邻域 ($N_{k\text{-distance}}$):

$$N_{k\text{-distance}}(\mathbf{p}) = \{\mathbf{q}|d(\mathbf{p},\mathbf{q}) \leqslant k\text{-distance}(\mathbf{p})\}. \tag{2.7}$$

(3) 计算样本 $\mathbf{p}$ 相对于样本 $\mathbf{o}$ 的可达距离. 给定自然数 k，样本 $\mathbf{p}$ 相对于样本 $\mathbf{o}$ 的可达距离为

$$\text{reach-dist}_k(\mathbf{p},\mathbf{o}) = \max\{k\text{-distance}(\mathbf{o}), d(\mathbf{p},\mathbf{o})\}. \tag{2.8}$$

(4) 计算样本 $\mathbf{p}$ 的局部可达密度. 样本 $\mathbf{p}$ 的局部可达密度为样本 $\mathbf{p}$ 与它的 MinPts-邻域的平均可达距离的倒数.

$$\text{lrd}_{\text{MinPts}}(\mathbf{p}) = 1 \Bigg/ \left(\frac{\sum\limits_{\mathbf{o}\in N_{\text{MinPts}}(\mathbf{p})} \text{reach-dist}_{\text{MinPts}}(\mathbf{p},\mathbf{o})}{|N_{\text{MinPts}}(\mathbf{p})|} \right). \tag{2.9}$$

(5) 计算样本 $\mathbf{p}$ 的局部异常因子

$$\text{LOF}_{\text{MinPts}}(\mathbf{p}) = \frac{\sum\limits_{\mathbf{o}\in N_{\text{MinPts}}(\mathbf{p})} \dfrac{\text{lrd}_{\text{MinPts}}(\mathbf{o})}{\text{lrd}_{\text{MinPts}}(\mathbf{p})}}{|N_{\text{MinPts}}(\mathbf{p})|}. \tag{2.10}$$

异常因子接近 1 的样本, 说明它和周围样本的密度一致, 判定为正常数据; 异常因子越小, 说明它和周围样本的密度相差越大, 成为异常数据的可能性也就越大.

2.1.3　高斯密度估计

高斯密度估计属于非参数估计方法, 该方法最简单、最直接. 对于 d 维的待测示例 $\mathbf{x}$, 其多元高斯概率分布函数为

$$p_G(\mathbf{x};\boldsymbol{\mu},\boldsymbol{\Sigma}) = \frac{1}{(2\pi)^{d/2}|\boldsymbol{\Sigma}|^{1/2}} e^{-\frac{1}{2}(\mathbf{x}-\boldsymbol{\mu})^{\mathrm{T}}\boldsymbol{\Sigma}^{-1}(\mathbf{x}-\boldsymbol{\mu})}, \tag{2.11}$$

其中 $\boldsymbol{\mu}$ 为训练样本的均值, $\boldsymbol{\Sigma}$ 为训练样本的协方差矩阵.

对于待测示例 $\mathbf{x}$, 分类器定义如下

$$f(\mathbf{x}) = \begin{cases} 1, & p_G(\mathbf{x};\boldsymbol{\mu},\boldsymbol{\Sigma}) \geqslant \theta, \\ -1, & p_G(\mathbf{x};\boldsymbol{\mu},\boldsymbol{\Sigma}) < \theta. \end{cases} \tag{2.12}$$

其中 θ 是判断待测示例是正常数据还是异常数据的阈值, $f(\mathbf{x})$ 为判别函数, 1 代表 $\mathbf{x}$ 被判定为正常数据 (即属于目标类), -1 代表 $\mathbf{x}$ 被判定为异常数据 (即属于非目标类).

虽然高斯密度估计非常简单, 然而过分理想的高斯分布并不能拟合真实世界数据的分布. 若拟合非高斯分布的数据, 可能会出现描述边界不紧致的现象. 此外, 对于高维空间的密度估计, 由于存在维数灾难问题, 则需要大量的训练样本.

2.1.4 高斯混合模型

高斯混合模型 (Gauss mixture model, GMM)[5] 可以看作各高斯分量的线性组合, 目标是提供一种比单高斯模型 (即高斯密度估计) 更为精确的非参数估计方法. GMM 主要通过人为设定高斯分布的个数 K 来逼近数据可能出现的多峰分布, 其密度函数可表示为

$$p_{\mathrm{GMM}}(\mathbf{x}) = \sum_{k=1}^{K} \alpha_k p(\mathbf{x}; \boldsymbol{\mu}_k, \boldsymbol{\Sigma}_k) = \sum_{k=1}^{K} \frac{1}{(2\pi)^{d/2}\left|\boldsymbol{\Sigma}_k\right|^{1/2}} \alpha_k e^{-\frac{1}{2}(\mathbf{x}-\boldsymbol{\mu}_k)^{\mathrm{T}}\boldsymbol{\Sigma}_k^{-1}(\mathbf{x}-\boldsymbol{\mu}_k)}, \tag{2.13}$$

其中 α_k 为混合系数, 即对应高斯分量所占的比例. 在构造 GMM 前, 高斯分量的个数 K 通常需要预先指定.

GMM 在对待测示例进行判别时, 与高斯密度估计法几乎完全相同, 即首先通过对现有训练数据的最大似然估计确定自由参数的值, 求解时需要使用期望最大化 (expection maximization, EM) 迭代算法 [6]. 对于待测示例 $\mathbf{x}$, 根据其概率密度是否大于阈值 θ 来判定其是否与训练样本来自同一未知分布, 若大于 θ, 则判定 $\mathbf{x}$ 为正常数据, 否则判定 $\mathbf{x}$ 为异常数据.

由于 GMM 在参数优化过程中需要利用 EM 算法进行迭代寻优, 且该算法对初始点的启发式选取使算法极易陷入局部极小点而无法保证全局最优, 并且当训练样本的先验信息极少时, 所假设的特定参数形式不能真正找到数据的内在结构, 故基于 GMM 的单类分类器在实际应用中受到了很大的限制.

2.2 基于神经网络的单类分类器

神经网络由排列在一层或多层的处理单元互联而成, 它能够刻画输入变量和输出变量之间复杂的函数关系. 神经网络的连接权重利用训练样本进行调整, 以使误差函数在训练集上取得的误差达到最小. 迄今为止, 神经网络已被广泛地用于单类分类, 它们的优势在于不需要预知训练样本的先验信息, 并且需要调整的参数个数较少. 常用的基于神经网络的单类分类器有: 自联想神经网络、径向基函数神经网络、自组织映射神经网络、极限学习机等.

2.2.1　自联想神经网络

自联想神经网络 (auto-associative neural network, AANN) 可以看作一种特殊类型的多层感知器 (multilayer perceptron, MLP). 在将 MLP 用作单类分类器时, 通常有两种方式: ① 如果训练集中既有正常数据又有异常数据, MLP 被用作非线性分类器[7−9]; ② 如果训练集中仅有正常数据, MLP 通常被用作 AANN[10].

AANN 是由一个输入层、一定数量的隐含层和一个输出层组成, 它与 MLP 的不同之处在于其输出是对输入的一种重构, 图 2.1 展示了一个五层 AANN 的网络结构.

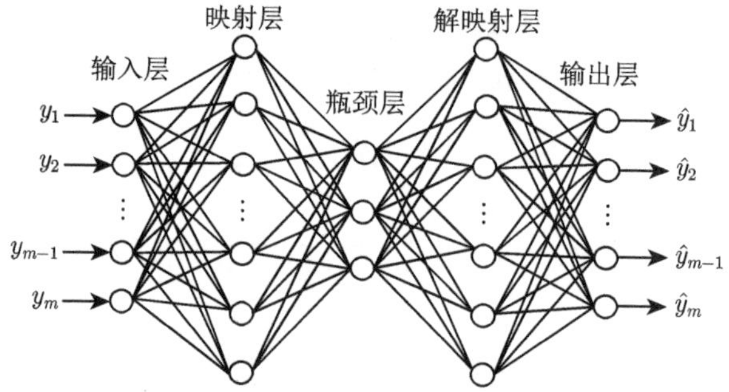

图 2.1　自联想神经网络

在图 2.1 中, AANN 的隐含层第一层叫作映射层. 映射层的节点传递函数可能是 sigmoid 函数也可能是其他类型的非线性函数. 隐含层第二层叫作瓶颈层. 瓶颈层中的节点个数是网络中最少的 (它的传递函数可能是线性的也可能是非线性的). 瓶颈层避免了那种很容易实现的一对一的输入和输出相等的映射关系, 它使网络对信号进行编码和压缩得到输入传感器数据的相关模型, 并在瓶颈层后进行解码和解压缩以产生输入信号的估计值. 隐含层的第三层或最后一层叫作解映射层, 解映射层的节点传递函数是非线性的 (通常是 sigmoid 函数).

设 AANN 共含有 L 层, 第 l 层所含节点个数为 N_l, 其中 $1 \leqslant l \leqslant L$, 当 $l=1$ 时为输入层, $l = L$ 时为输出层, $1<l<L$ 时为隐含层. 对于第 $l(1<l<L)$ 层中的第 i 个节点, 其输入可以表示为

$$z_i^l = \sum_{j=1}^{N_{l-1}} w_{ij}^l x_j^{l-1} + w_{i0}^l, \tag{2.14}$$

其中 w_{ij}^l 表示连接第 l 层中第 i 个节点和第 $l-1$ 层第 j 个节点的连接权重, x_j^{l-1} 为第 $l-1$ 层中第 j 个节点的输出, w_{i0}^l 为偏差项. 第 $l(1<l<N)$ 层中的第 i 个节点的输出则为

$$x_i^l = f(z_i^l), \tag{2.15}$$

其中 $f(\cdot)$ 为非线性函数, 如 sigmoid 函数:

$$f(z_i^l) = \frac{1}{1+e^{-z_i^l}}. \tag{2.16}$$

对于输出层的第 k 个节点, 其输出为 $\hat{y}_k = x_k^L = z_k^L$.

AANN 用误差反向传播 (back-propagation, BP) 算法来训练. 对于连接第 l 层中第 i 个节点和第 $l-1$ 层第 j 个节点的连接权重 w_{ij}^l, 其更新公式为[11]

$$w_{ij}^l(t) = w_{ij}^l(t-1) + \eta\delta_i^l(t)x_j^{l-1}(t), \tag{2.17}$$

其中 δ_i^l 是第 l 层中第 i 个节点上输出的误差, t 为迭代次数. δ_i^l 需要由网络输出和目标输出之间的已知误差 $\delta_k^L = y_k - \hat{y}_k$ 求取. 在更新公式 (2.17) 中引入动量项, 则带有动量项的权重改变量可以表示为

$$\Delta w_{ij}^l(t) = \eta\delta_i^l(t)x_j^{l-1}(t) + \alpha\Delta w_{ij}^l(t-1), \tag{2.18}$$

其中 α 为动量常数.

类似地, 第 l 层中第 i 个节点上的偏差项 w_{i0}^l 的更新公式为

$$w_{i0}^l(t) = w_{i0}^l(t-1) + \eta\delta_i^l(t) + \alpha\Delta w_{i0}^l(t-1). \tag{2.19}$$

通过大量的训练样本, AANN 尽可能地让输入和输出相等. 因此, 当正常数据输入到 AANN 中, 网络的输出将和输入相等, 它们之间的误差为 0, 从另一方面讲, 对于异常数据, 网络的输入和输出之间的误差将不为 0, 因此, 通过这种方法可以解决单类分类问题. 对于样本 $\mathbf{z}$, 若其对应的网络输出为 $\widehat{\mathbf{z}}$, 则 $\mathbf{z}$ 的异常指标 $\nu(\mathbf{z})$ 定义为

$$\nu(\mathbf{z}) = \|\mathbf{z} - \widehat{\mathbf{z}}\|. \tag{2.20}$$

据此, 若 AANN 学习足够充分, 对于训练集中的所有正常数据, 均有 $\mathbf{z}_p = \widehat{\mathbf{z}}_p$, $p = 1, 2, \cdots, N$. 所以, 对于待测示例 $\mathbf{z}$, 若 $\nu(\mathbf{z}) = 0$, 则判定其为正常数据; 若 $\nu(\mathbf{z})$ 非零, 则判定其为异常数据.

2.2.2 径向基函数神经网络

径向基函数神经网络 (radial basis function neural network, RBFNN) 是含有一个隐含层的三层前馈神经网络, 其网络结构如图 2.2 所示. 从输入层到隐含层的权值固定为 1, 偏差项固定为 0, 隐含层第 j 个节点到输出层第 k 个节点的连接权重为 $w_{kj}(k = 1, 2, \cdots, m; j = 1, 2, \cdots, n)$.

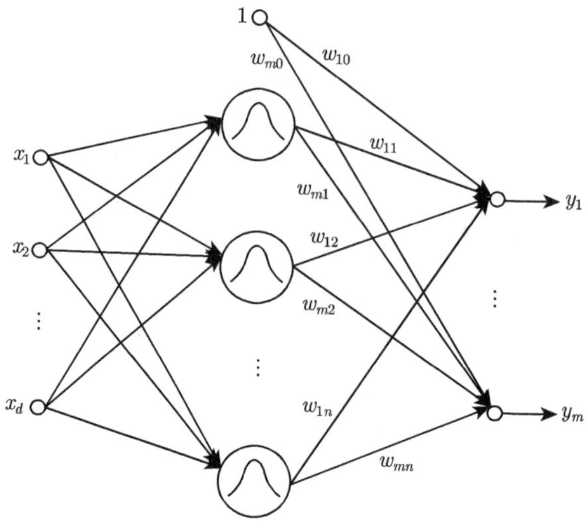

图 2.2　径向基函数神经网络

设网络的输入向量为 $\mathbf{x} = (x_1, x_2, \cdots, x_d)^{\mathrm{T}}$, 隐含节点采用高斯径向基函数, 则网络隐含层第 j 个节点的输出可以表示为

$$h_j(\mathbf{x}) = e^{-\frac{\|\mathbf{x}-\mathbf{c}_j\|^2}{2\sigma_j^2}}, \tag{2.21}$$

其中 $\|\cdot\|$ 为欧氏范数, $\mathbf{c}_j = (c_{j1}, c_{j2}, \cdots, c_{jd})^{\mathrm{T}}$ 为高斯径向基函数的中心向量, σ_j 为宽度参数. 网络输出层第 k 个节点关于向量 $\mathbf{x}$ 的输出 y_k 为

$$y_k(\mathbf{x}) = \sum_{j=1}^{n} w_{kj} h_j(\mathbf{x}) + w_{k0} = \sum_{j=1}^{n} w_{kj} e^{-\frac{\|\mathbf{x}-\mathbf{c}_j\|^2}{2\sigma_j^2}} + w_{k0}. \tag{2.22}$$

通常可以使用三阶段训练算法[12] 学习 RBFNN 中的参数. 在算法的第一阶段, 仅用输入向量集确定网络隐含节点的中心向量和宽度参数; 在第二阶段, 使用线性最小二乘法或者梯度下降法确定网络隐含层和输出层之间的连接权重及偏差项; 在第三阶段, 对网络当中的所有参数使用误差反向传播算法进行优化.

设训练样本集为 $\{(\mathbf{x}^{(p)}, \mathbf{t}^{(p)})\}_{p=1}^{N}$, 其中 N 为训练样本个数, $\mathbf{x}^{(p)} \in \Re^d$ 和 $\mathbf{t}^{(p)} \in \Re^m$ 分别为训练样本的输入向量和输出向量. 如上所述, 第一阶段需要确定 RBFNN 的中心和宽度参数. 确定隐含节点中心常用的两种方法为: 随机选取中心法和自组织选取中心法. 对于随机选取中心法而言, 从训练集中随机选取一定数目的训练样本作为隐含节点中心. 而自组织选取中心法则要用聚类算法 (如 K 均值) 确定隐含节点中心. 中心确定后, 需要确定隐含节点的宽度参数, 常用的方法有以下两种:

(1) $\sigma_1 = \sigma_2 = \cdots = \sigma_n = \dfrac{d_{\max}}{\sqrt{2n}}$, 其中 $d_{\max}$ 是所有中心之间的最大距离;

(2) $\sigma_j = \gamma \min(\|\mathbf{c}_j - \mathbf{c}_l\|), \quad l = 1, 2, \cdots, n$ 且 $l \neq j$, 其中 $\gamma > 0$ 决定聚类间的重叠程度.

第二阶段确定网络隐含层和输出层之间的连接权重及偏差项. 式 (2.22) 的矩阵形式为

$$\mathbf{Y} = \mathbf{H}\mathbf{W}^{\mathrm{T}}, \tag{2.23}$$

其中 $\mathbf{Y} = (y_{pk})_{N \times m}$ 且 $y_{pk} = y_k^{(p)}$ 为网络关于 $\mathbf{x}^{(p)}$ 的第 k 个输出, $\mathbf{H} = [\mathbf{1}, (h_{pj})_{N \times n}]$ 且$\mathbf{1}$ 是元素均为 1 的 N 维列向量, 而 $h_{pj} = h_j(\mathbf{x}^{(p)})$, $\mathbf{W} = [(w_{10}, w_{20}, \cdots, w_{m0})^{\mathrm{T}}, (w_{kj})_{m \times n}]$ 且其第一列元素为偏差项. 设网络训练的误差函数为

$$E(\mathbf{W}) = \|\mathbf{Y} - \mathbf{T}\|^2 = \left\|\mathbf{H}\mathbf{W}^{\mathrm{T}} - \mathbf{T}\right\|^2, \tag{2.24}$$

其中矩阵 $\mathbf{T} = (t_{pk})_{N \times n}$ 且 $t_{pk} = t_k^{(p)}$.

(1) 根据最小二乘方法, 有 $\mathbf{W} = \mathbf{H}^{\dagger}\mathbf{T}$, 其中 $\mathbf{H}^{\dagger} = (\mathbf{H}^{\mathrm{T}}\mathbf{H})^{-1}\mathbf{H}^{\mathrm{T}}$ 为 $\mathbf{H}$ 的伪逆.

(2) 根据梯度下降优化算法, 则有

$$w_{kj}(\tau+1) = w_{kj}(\tau) - \eta \frac{\partial E(\mathbf{W})}{\partial w_{kj}} = w_{kj}(\tau) - 2\eta \sum_{p=1}^{N} [y_k^{(p)} - t_k^{(p)}] h_j(\mathbf{x}^{(p)}),$$

而 $w_{k0}(\tau+1) = w_{k0}(\tau) - 2\eta \sum\limits_{p=1}^{N} [y_k^{(p)} - t_k^{(p)}]$, 其中 $\eta \in [0, 1]$ 为学习率. 据此可对权重 $w_{kj}(k = 1, 2, \cdots, m;\ j = 1, 2, \cdots, n)$ 和偏差项 $w_{k0}(k = 1, 2, \cdots, m)$ 进行训练.

第三阶段使用误差反向传播算法重新调整网络的所有参数, 包括隐含节点中心、隐含节点宽度参数、连接权重和偏差项. 设 RBFNN 的误差函数为误差平方和:

$$E(\mathbf{W}) = \frac{1}{2} \sum_{p=1}^{N} \sum_{k=1}^{m} [t_k^{(p)} - y_k^{(p)}]^2. \tag{2.25}$$

则优化各参数的迭代公式为

$$w_{kj}(\tau+1) = w_{kj}(\tau) - \eta \sum_{p=1}^{N} h_j(\mathbf{x}^{(p)}) [y_k^{(p)} - t_k^{(p)}], \tag{2.26}$$

$$w_{k0}(\tau+1) = w_{k0}(\tau) - \eta \sum_{p=1}^{N} [y_k^{(p)} - t_k^{(p)}], \tag{2.27}$$

$$c_{ji}(\tau+1)=c_{ji}(\tau)-\eta\sum_{p=1}^{N}\sum_{k=1}^{m}[y_k^{(p)}-t_k^{(p)}]w_{kj}h_j(\mathbf{x}^{(p)})\frac{x_i^{(p)}-c_{ji}(\tau)}{\sigma_j^2} \tag{2.28}$$

及

$$\sigma_j(\tau+1)=\sigma_j(\tau)-\eta\sum_{p=1}^{N}\sum_{k=1}^{m}[y_k^{(p)}-t_k^{(p)}]w_{kj}h_j(\mathbf{x}^{(p)})\frac{\sum_{i=1}^{d}[x_i^{(p)}-c_{ji}(\tau)]^2}{\sigma_j^3(\tau)}. \tag{2.29}$$

在将传统的 RBFNN 用于单类分类时，训练集中除了有正常数据外，还需要有少量的异常数据. 若训练集中仅有正常数据，则需要对传统 RBFNN 加以改进，使其适用于解决单类分类问题，常用的方法是将 RBFNN 与其他方法加以组合，如将 RBFNN 与支持向量数据描述 (support vector data description, SVDD) 相结合的 RBFSVDD[13]，将 RBFNN、马尔可夫链和熵组合在一起的异常检测方法[14].

2.2.3　自组织映射神经网络

自组织映射神经网络 (self-organizing map neural network, SOMNN) 是一种两层前馈神经网络，其网络结构如图 2.3 所示. 自组织映射神经网络的输入层由输入样本 $\{\mathbf{x}_i\}_{i=1}^{N}(\mathbf{x}_i\in\Re^d)$ 构成. 输出层的神经元 $\{\mathbf{w}_j\}_{j=1}^{K}$ $(\mathbf{w}_j\in\Re^d)$ 被放置在一维、二维或者更高维的网格中，通常被称为 Kohonen 层. 应用最为广泛的二维网格模型如图 2.3 所示. 与 RBFNN 不同，SOMNN 的输入均为样本向量，而非样本向量中的分量；此外，网络输入层和输出层之间不存在连接权重.

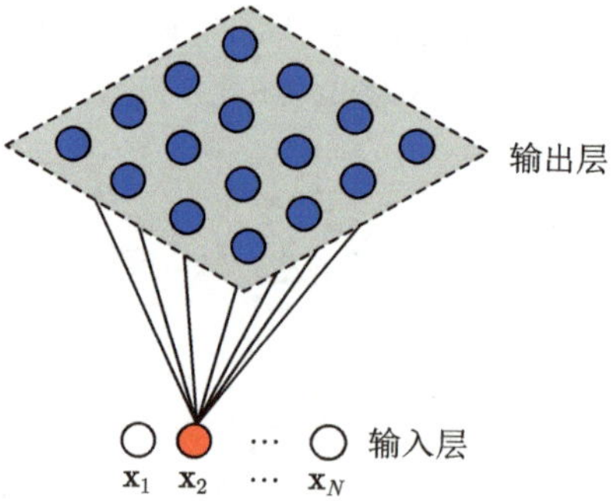

图 2.3　自组织映射神经网络

SOMNN 的学习算法属于无监督竞争学习算法，包括竞争、合作和突触调节三个主要过程[15].

(1) 在竞争过程中, 从训练样本中任意选取一个输入向量 $\mathbf{x}$ 作为自组织映射神经网络的输入, 计算输出层中所有神经元与 $\mathbf{x}$ 之间的欧氏距离, 如果

$$\|\mathbf{x}-\mathbf{w}_i\| = \min_j \|\mathbf{x}-\mathbf{w}_j\| = \min_j \sqrt{\sum_{k=1}^{d}(x_k - w_{jk})^2}, \quad j=1,2,\cdots,K, \tag{2.30}$$

其中 $\mathbf{x}=(x_1,x_2,\cdots,x_d)^{\mathrm{T}}$, $\mathbf{w}_j=(w_{j1},w_{j2},\cdots,w_{jd})^{\mathrm{T}}$, 则称 $\mathbf{w}_i$ 为与输入向量 $\mathbf{x}$ 对应的获胜神经元.

(2) 在合作过程中, 在获胜神经元邻域范围内的神经元称为兴奋神经元, 其位置由获胜神经元 $\mathbf{w}_i$ 确定. 因此, 近邻函数的选取在自组织映射神经网络中起着重要的作用. 一种常用的近邻函数是高斯函数, 其表达形式如下

$$h_{ji(\mathbf{x})} = \exp\left\{-\frac{\left\|\mathbf{r}_j - \mathbf{r}_{i(\mathbf{x})}\right\|^2}{2\sigma^2}\right\}, \tag{2.31}$$

其中离散向量 $\mathbf{r}_{i(\mathbf{x})}=(r_{i(\mathbf{x})1},r_{i(\mathbf{x})2})^{\mathrm{T}}$ 为获胜神经元 $\mathbf{w}_i$ 在二维网格中的位置, 即 $r_{i(\mathbf{x})1}$ 表示 $\mathbf{w}_i$ 在二维网格中的行数, $r_{i(\mathbf{x})2}$ 表示 $\mathbf{w}_i$ 在二维网格中的列数, 离散向量 $\mathbf{r}_j=(r_{j1},r_{j2})^{\mathrm{T}}$ 表示兴奋神经元 $\mathbf{w}_j$ 在二维网格中的位置, σ 为宽度参数, 它可以控制拓扑近邻的个数. 随着学习迭代次数的增加, σ 的值逐步减小, 拓扑近邻的个数 (兴奋神经元的个数) 也减少. σ 依赖于迭代次数 τ, 其表达形式如下

$$\sigma(\tau) = \sigma(0)\times\left(1-\frac{\tau}{T_{\max}}\right), \tag{2.32}$$

其中 $\sigma(0)$ 为宽度参数的初始值, $T_{\max}$ 为最大迭代次数. 因此, 拓扑近邻在第 τ 次的表达形式为

$$h_{ji(\mathbf{x})}(\tau) = \exp\left\{-\frac{\left\|\mathbf{r}_j - \mathbf{r}_{i(\mathbf{x})}\right\|^2}{2\sigma^2(\tau)}\right\}. \tag{2.33}$$

(3) 在更新过程中, 假定在第 τ 次迭代时兴奋神经元的权重向量为 $\mathbf{w}_j(\tau)$, 则二维网格上获胜神经元及其拓扑邻域内的兴奋神经元的权重向量在第 $\tau+1$ 步为

$$\mathbf{w}_j(\tau+1) = \mathbf{w}_j(\tau) + \eta(\tau)h_{ji(\mathbf{x})}(\tau)[\mathbf{x}-\mathbf{w}_j(\tau)], \tag{2.34}$$

其中 $\eta(\tau)=\eta(0)\times(1-\tau/T_{\max})$ $(0<\eta(\tau)<1)$ 为第 τ 次的学习率, 它随着迭代次数的增加而单调减小.

SOMNN 的学习算法可概括为以下 5 个步骤:

步骤 1 初始化所有的权重向量为 $\mathbf{w}_1(0),\mathbf{w}_2(0),\cdots,\mathbf{w}_K(0)$, 设置初始宽度参数 $\sigma(0)$、初始学习率 $\eta(0)$ 和最大迭代次数 $T_{\max}$;

步骤 2　对于第 τ 步迭代, 从训练集 $\{\mathbf{x}_i\}_{i=1}^N$ 中任选一个输入向量 $\mathbf{x}(\tau)$, 计算 $\mathbf{x}(\tau)$ 与所有权重向量的欧氏距离, 寻找获胜神经元

$$i(\mathbf{x}) = \arg\min_j \|\mathbf{x}(\tau) - \mathbf{w}_j(\tau)\|;$$

步骤 3　按下面的更新公式更新获胜神经元及其拓扑近邻

$$\mathbf{w}_j(\tau+1) = \mathbf{w}_j(\tau) + \eta(\tau)h_{ji(\mathbf{x})}(\tau)[\mathbf{x} - \mathbf{w}_j(\tau)];$$

步骤 4　按下面的更新公式分别更新学习率和拓扑近邻函数,

$$\eta(\tau) = \eta(0) \times \left(1 - \frac{\tau}{T_{\max}}\right) \quad 和 \quad h_{ji(\mathbf{x})}(\tau) = \exp\left\{-\frac{\left\|\mathbf{r}_j - \mathbf{r}_{i(\mathbf{x})}\right\|^2}{2\left[\sigma(0) \times \left(1 - \frac{\tau}{T_{\max}}\right)\right]^2}\right\};$$

步骤 5　判断迭代次数 τ 是否超过最大迭代次数 $T_{\max}$, 如果有 $\tau \leqslant T_{\max}$, 则令 $\tau = \tau + 1$, 转向步骤 2, 否则结束迭代过程.

当 SOMNN 训练完毕, 将待测示例输入 SOMNN, 计算其最匹配自组织映射单元的输出权重向量和该示例的欧氏距离, 设定一个阈值, 当计算出的距离大于该阈值时, 则认为是异常数据, 否则, 则认为是正常数据. 具体地说, 对于待测示例 $\mathbf{x}$, 计算它到各个权重向量之间的距离, 寻找最匹配的自组织映射单元对应的指标 $i(\mathbf{x})$, 即

$$i(\mathbf{x}) = \arg\min_j \|\mathbf{x} - \mathbf{w}_j\|, \quad j = 1, 2, \cdots, K. \tag{2.35}$$

令 $d = \left\|\mathbf{x} - \mathbf{w}_{i(\mathbf{x})}\right\|$. 设阈值为 θ. 若 $d > \theta$, 则将 $\mathbf{x}$ 判定为异常数据; 否则, 将 $\mathbf{x}$ 判定为正常数据.

2.2.4　极限学习机

极限学习机 (extreme learning machine, ELM) 是一种单隐含层的前馈神经网络, 其网络结构如图 2.4 所示. ELM 隐含层和输出层上的激活函数分别为 sigmoid 函数和线性函数, 即 $f(a) = \dfrac{1}{1+\exp\{-a\}}$ 和 $g(b) = b$, 其中 $a, b \in \Re$.

设训练样本集为 $\{\mathbf{x}_p, \mathbf{t}_p\}_{p=1}^N$, 其中 $\mathbf{x}_p \in \Re^d$, $\mathbf{t}_p \in \Re^m$. 对于输入向量 $\mathbf{x}_p$, 对应的网络输出为

$$\mathbf{y}_p = \sum_{j=1}^{N_H} \boldsymbol{\beta}_j f(\mathbf{w}_j \cdot \mathbf{x}_p + b_j), \quad p = 1, 2, \cdots, N, \tag{2.36}$$

其中 N_H 是隐含节点的个数, $\mathbf{w}_j$ 是连接第 j 个隐含节点和输入节点的权重向量, b_j 为第 j 个隐含节点的偏差项, $\mathbf{w}_j \cdot \mathbf{x}_p$ 为 $\mathbf{w}_j$ 和 $\mathbf{x}_p$ 的内积, $\boldsymbol{\beta}_j$ 是连接第 j 个隐含节点和输出节点的权重向量.

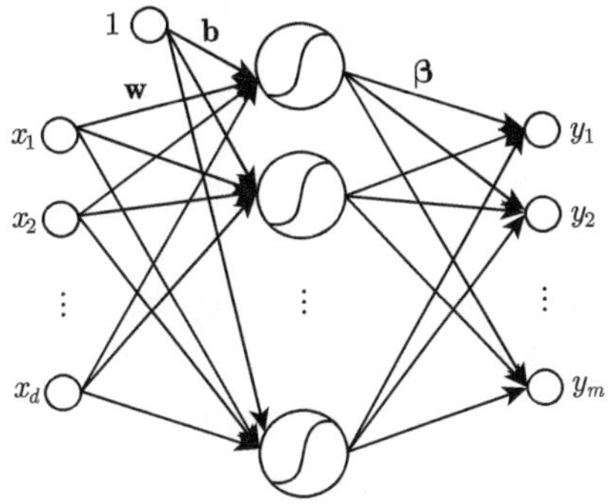

图 2.4 极限学习机

连接 ELM 输入层和隐含层的权重向量及偏差项是随机选取的, 故 ELM 的非线性系统可以转化为线性系统:

$$\mathbf{Y} = \mathbf{H}\boldsymbol{\beta}, \tag{2.37}$$

其中

$$\mathbf{H} = \begin{pmatrix} f(\mathbf{w}_1 \cdot \mathbf{x}_1 + b_1) & \cdots & f(\mathbf{w}_{N_H} \cdot \mathbf{x}_1 + b_{N_H}) \\ \vdots & \ddots & \vdots \\ f(\mathbf{w}_1 \cdot \mathbf{x}_N + b_1) & \cdots & f(\mathbf{w}_{N_H} \cdot \mathbf{x}_N + b_{N_H}) \end{pmatrix}, \tag{2.38}$$

$$\boldsymbol{\beta} = [\boldsymbol{\beta}_1, \cdots, \boldsymbol{\beta}_{N_H}]^{\mathrm{T}}, \quad \mathbf{Y} = [\mathbf{y}_1, \cdots, \mathbf{y}_N]^{\mathrm{T}}, \quad \mathbf{T} = [\mathbf{t}_1, \cdots, \mathbf{t}_N]^{\mathrm{T}}. \tag{2.39}$$

$\mathbf{H} = (h_{pj})_{N \times N_H}$ 为隐含层的输出矩阵, $\boldsymbol{\beta}$ 为连接隐含层到输出层的权重向量构成的矩阵, $\mathbf{Y}$ 为输出层的输出矩阵, $\mathbf{T}$ 为目标值矩阵.

ELM 训练的目标函数为

$$\min_{\boldsymbol{\beta}} \|\mathbf{H}\boldsymbol{\beta} - \mathbf{T}\|_F, \tag{2.40}$$

其中 $\|\cdot\|_F$ 为 Frobenius 范数.

采用最小二乘法求解优化问题 (2.40), 得到

$$\hat{\boldsymbol{\beta}} = \mathbf{H}^{\dagger}\mathbf{T}, \tag{2.41}$$

其中, $\mathbf{H}^{\dagger}$ 为矩阵 $\mathbf{H}$ 的广义逆, 可以采取多种方法计算矩阵的广义逆. 当 $\mathbf{H}^{\mathrm{T}}\mathbf{H}$ 为非奇异矩阵时, 可以采用正交投影的方法计算广义逆:

$$\mathbf{H}^{\dagger} = (\mathbf{H}^{\mathrm{T}}\mathbf{H})^{-1}\mathbf{H}^{\mathrm{T}}. \tag{2.42}$$

则最优权重矩阵由下式得到

$$\hat{\boldsymbol{\beta}} = (\mathbf{H}^{\mathrm{T}}\mathbf{H})^{-1}\mathbf{H}^{\mathrm{T}}\mathbf{T}. \tag{2.43}$$

为了使 ELM 能够处理单类分类问题, Leng 等[16] 定义了待测示例 $\mathbf{x}$ 与目标类之间的距离, 其表达形式如下

$$d_{\mathrm{ELM}}(\mathbf{x}|\mathbf{D},\boldsymbol{\lambda}) = \left|\sum_{j=1}^{N_H}\hat{\boldsymbol{\beta}}_j f(\mathbf{w}_j\cdot\mathbf{x}+b_j) - y\right|, \tag{2.44}$$

其中 $\mathbf{D}=\{\mathbf{x}_p\}_{p=1}^{N}$ 为仅由正常数据构成的训练集, $\boldsymbol{\lambda}$ 为网络中所有参数构成的向量, y 是目标类样本所对应的期望输出值.

在训练阶段, 因为仅有正常数据构成训练集, 则目标输出应该相同, 即

$$t_i = y, \quad \forall x_i \in \mathbf{D}, \tag{2.45}$$

其中 $y\in\Re$. 因此目标输出向量 $\mathbf{t}=(t_1,t_2,\cdots,t_N)^{\mathrm{T}}=(y,y,\cdots,y)^{\mathrm{T}}$. ELM 训练完成后, 将训练样本分别代入式 (2.44), 以计算其训练误差:

$$d_{\mathrm{ELM}}(\mathbf{x}_p|\mathbf{D},\lambda) = \left|\sum_{j=1}^{N_H}\hat{\boldsymbol{\beta}}_j f(\mathbf{w}_j\cdot\mathbf{x}_p+b_j) - y\right| = |\xi_p|, \tag{2.46}$$

其中 $|\xi_p|$ 表示第 p 个训练样本的训练误差. 将所有训练样本的训练误差按照从大到小的顺序降序排列 $\mathbf{d}=(d_1,d_2,\cdots,d_N)$, 给定排除样本比例 γ, 即从训练集中排除判定为属于异常类的样本个数与所有样本个数所占的比例. 决策阈值 θ 取为

$$\theta = d_{\lceil\gamma N\rceil}, \tag{2.47}$$

其中 $\lceil\cdot\rceil$ 为取整运算.

最终, 对于待测示例 $\mathbf{x}$, 其类别判别函数为

$$f(\mathbf{x}) = \mathrm{sign}\left(d_{\mathrm{ELM}}(\mathbf{x}|\mathbf{D},\lambda)-\theta\right). \tag{2.48}$$

因此, 若 $f(\mathbf{x})=+1$, 则将 $\mathbf{x}$ 判定为正常数据; 若 $f(\mathbf{x})=-1$, 则将 $\mathbf{x}$ 判定为异常数据.

2.3　基于聚类的单类分类器

聚类方法也可以对单类数据进行学习, 从而应用到单类分类的设计上. 该类方法假定目标类样本满足某种聚类假设, 对已有的聚类算法进行改进, 以满足单类分类的特殊要求. 常用的基于聚类的单类分类器有:K 均值、模糊 c 均值、水平集法等.

2.3.1 *K* 均值

K 均值 (K-means) 是用于解决聚类问题的一种简单的无监督学习算法. K 均值的目标函数由下面的平方误差函数给出

$$J=\sum_{j=1}^{K}\sum_{p=1}^{N}\left\|\mathbf{x}_p^{(j)}-\mathbf{c}_j\right\|^2, \tag{2.49}$$

其中 $\left\|\mathbf{x}_p^{(j)}-\mathbf{c}_j\right\|^2$ 为样本点 $\mathbf{x}_p^{(j)}$ 与其对应的聚类中心 $\mathbf{c}_j$ 之间的距离度量. 函数 (2.49) 被看作 N 个样本点到它们对应的聚类中心之间距离的指示器, 通过对其最小化可以使生成的簇尽可能紧凑.

K 均值算法由下面 4 个步骤构成:

步骤 1 从 N 个样本点 $\{\mathbf{x}_p\}_{p=1}^N$ 中随机选取 K 个作为初始聚类中心 $\mathbf{c}_1,\mathbf{c}_2,\cdots,\mathbf{c}_K$;

步骤 2 对于每个样本点 $\mathbf{x}_p$, 计算其与各个聚类中心 $\mathbf{c}_j$ 之间的距离并获取其类别标号

$$\omega(\mathbf{x}_p)=\arg\min_j\|\mathbf{x}_p-\mathbf{c}_j\|^2,\quad p=1,2,\cdots,N,\quad j=1,2,\cdots,K;$$

步骤 3 按下面的公式重新计算 K 个聚类中心:

$$\mathbf{c}_j=\frac{1}{N_j}\sum_{s:\ \omega(\mathbf{x}_s)=j}\mathbf{x}_s,$$

其中 N_j 为第 j 个聚类中包含的样本点个数;

步骤 4 重复步骤 2 和步骤 3, 直到达到最大迭代次数为止.

在将 K 均值算法用作单类分类器时, 需要预先指定排除样本比例 γ, 进而确定阈值 θ[17]. 给定由正常数据构成的训练集 $\{\mathbf{x}_p\}_{p=1}^N$, 使用 K 均值算法确定 K 个中心 $\{\mathbf{c}_j\}_{j=1}^K$ 和 K 个聚类. 计算训练集中所有样本点到它们对应中心的距离, 并按照从大到小的顺序降序排列 $\mathbf{d}=(d_1,d_2,\cdots,d_N)$. 与式 (2.47) 相同, 决策阈值 θ 取为 $\theta=d_{\lceil\gamma N\rceil}$.

对于待测示例 $\mathbf{x}$, 计算其到各个聚类中心的距离, 并从中找出最小距离. 若该最小距离大于 θ, 则将其判定为异常数据; 否则, 将其判定为正常数据.

2.3.2 模糊 *c* 均值

模糊 c 均值 (fuzzy c-means, FCM) 是用隶属度确定每个样本点属于某个聚类的程度的一种聚类算法, 它被认为是硬 c 均值 (hard c-means, HCM) 的一种改进算法. 给定 N 个样本点 $\{\mathbf{x}_p\}_{p=1}^N$, FCM 将它们分为 c 个模糊组, 求取每组的聚

类中心, 使得基于非相似性指标的目标函数达到最小. FCM 采用模糊划分, 并使用 [0,1] 内的隶属度值来确定每个给定样本点属于每个模糊组的程度. 与引入模糊划分相适应, 隶属度矩阵 $\mathbf{U}$ 中的元素 u_{ip} 要求属于区间 [0,1], 并满足下面的约束条件:

$$\sum_{i=1}^{c} u_{ip} = 1, \quad p = 1, 2, \cdots, N. \tag{2.50}$$

FCM 的目标函数为

$$J(\mathbf{U}; \mathbf{c}_1, \mathbf{c}_2, \cdots, \mathbf{c}_c) = \sum_{i=1}^{c} \sum_{p=1}^{N} u_{ip}^m d_{ip}^2 = \sum_{i=1}^{c} \sum_{p=1}^{N} u_{ip}^m \|\mathbf{x}_p - \mathbf{c}_i\|^2, \tag{2.51}$$

其中 $m \geqslant 1$ 为模糊加权指数 (或模糊系数), m 的值越大表示被分类的模糊程度就越高, 通常取为 2, u_{ip} 表示第 $p(p = 1, 2, \cdots, N)$ 个样本点属于第 $i(i = 1, 2, \cdots, c)$ 个类的隶属度值.

利用拉格朗日乘子法求目标函数 (2.51) 在约束 (2.50) 下的最小值, 则对应的无约束目标函数表示为

$$\tilde{J}(\mathbf{U}; \mathbf{c}_1, \mathbf{c}_2, \cdots, \mathbf{c}_c) = \sum_{i=1}^{c} \sum_{p=1}^{N} u_{ip}^m \|\mathbf{x}_p - \mathbf{c}_i\|^2 + \lambda \left(1 - \sum_{i=1}^{c} u_{ip}\right). \tag{2.52}$$

对式 (2.52) 关于所有输入参数求偏导数, 并令偏导数为零, 使式 (2.52) 达到最小值的必要条件为

$$u_{ip} = \frac{1}{\displaystyle\sum_{j=1}^{c} \left(\frac{d_{ip}}{d_{jp}}\right)^{2/(m-1)}} \tag{2.53}$$

和

$$\mathbf{c}_i = \frac{\displaystyle\sum_{p=1}^{N} u_{ip}^m \mathbf{x}_p}{\displaystyle\sum_{p=1}^{N} u_{ip}^m}. \tag{2.54}$$

FCM 的聚类准则就是利用公式 (2.53) 和 (2.54) 分别迭代计算 u_{ip} 和 $\mathbf{c}_i$, 更新隶属度矩阵 $\mathbf{U}$ 和聚类中心矩阵 $\mathbf{C}$, 使得目标函数取得最小值. FCM 聚类算法初始化聚类中心后计算出隶属度矩阵, 通过不断迭代更新计算优化所得的聚类中心以及不同样本点与聚类中心之间的隶属程度, 以此来得到样本集的一个模糊聚类划分结果.

FCM 聚类算法包括以下 5 个步骤:

步骤 1 随机初始化隶属度矩阵 $\mathbf{U}$ 和聚类中心矩阵 $\mathbf{C}$;

步骤 2 通过公式 (2.53) 计算每个样本点相对于各个类簇的隶属度 u_{ip}, 并更新隶属度矩阵 $\mathbf{U}$;

步骤 3 通过公式 (2.54) 计算新的聚类中心 $\mathbf{c}_i$, 用新的聚类中心更新聚类中心矩阵 $\mathbf{C}$;

步骤 4 通过公式 (2.51) 计算新的目标函数值 J;

步骤 5 每次迭代后, 计算新的目标函数值与原目标函数值的差值, 如果 $|J(\tau) - J(\tau-1)| \leqslant \varepsilon$, 或者迭代次数达到最大迭代次数 $I_{\max}$, 算法结束. 否则, 跳转到步骤 2 继续执行.

在将 FCM 用作单类分类器时, 需要预先指定排除样本比例 γ, 进而确定阈值 θ. 聚类过程完成之后, 可以为每个样本点定义相应的异常因子 (outlier factor)[18], 其表达公式如下

$$OF(\mathbf{x}_p) = \frac{\sum_{i=1}^{c} -u_{ip}\log u_{ip}}{\log c}, \quad p = 1, 2, \cdots, N, \tag{2.55}$$

其中 c 为聚类个数. 按照从大到小的顺序将 N 个异常因子进行降序排列 $\mathbf{o} = (o_1, o_2, \cdots, o_N)$, 决策阈值 θ 取为 $\theta = o_{\lceil \gamma N \rceil}$.

对于待测示例 $\mathbf{x}$, 计算其到各聚类中心的距离 $d_i = \|\mathbf{x} - \mathbf{c}_i\|^2$, $i = 1, 2, \cdots, c$, 并计算相应的隶属度 $u_i = \dfrac{1}{\sum_{j=1}^{c}\left(\dfrac{d_i}{d_j}\right)^{2/(m-1)}}$. 然后, 利用式 (2.55) 计算其异常因子的值 $OF(\mathbf{x})$. 若 $OF(\mathbf{x}) > \theta$, 则将其判定为异常数据; 否则, 将其判定为正常数据.

2.3.3 水平集法

水平集 (level set) 算法可以看成一种与维数空间计算和边界曲面演化相关的简单易用的方法, 它可以通过隐式距离函数方便地表示复杂的边界运动. 因此, 它可以用来解决边界演化问题. 水平集算法已被成功地应用于医学图像分割[19]、针对图像中移动目标的跟踪[20] 等.

通常情况下, 单类分类器应该有一个显式或隐式地将已知任意空间内的正常数据紧密包围的决策边界. 水平集算法在理论上可以基于任意维空间, 在给定的数据集上形成一个足够紧密的决策边界. 因此, 水平集算法适用于解决单类分类问题. 利用水平集构造单类分类器需要经过训练和测试两个阶段[21]. 在训练过程中仅使用正常数据构成的训练集构造一个可以将这些样本紧密包围的决策边界, 其中包括边界的初始化和演化. 在边界初始化时, 采用核密度估计和拉普拉

斯 (Laplacian) 算子对水平集函数构造初始化边界. 水平集函数可以通过不同的水平集来使初始的决策边界扩大或者缩小, 最终将给定的正常数据最紧密地包围起来.

核密度估计是一种估计概率密度函数的非参数方法, 其优点是不需要利用数据分布的先验知识, 且对数据分布不附加任何假定, 是一种从数据点本身出发研究数据分布特征的方法. 因此, 核密度估计在统计学理论和应用领域受到了高度的重视. 同时, 因为异常数据相对正常数据来说非常少, 所以通过核密度估计构造的概率密度函数不受异常数据和噪声数据的影响.

给定 N 个正常数据 $\{\mathbf{x}_p\}_{p=1}^N$, 其中 $\mathbf{x}_p \in \Re^d$, 则 $\mathbf{x}$ 所服从的分布的概率密度函数 $f(\mathbf{x})$ 的核密度估计为

$$f(\mathbf{x}) = \frac{1}{Nh^d}\sum_{p=1}^{N} K\left(\frac{\mathbf{x}-\mathbf{x}_p}{h}\right), \tag{2.56}$$

其中 $K(\cdot)$ 是核函数, h 是控制估计光滑性的参数, 也称为窗宽. h 的选择常常通过启发式算法 (如交叉验证) 或经验法则 (rules of thumb). 对于核函数, 通常选用高斯核函数, 如下所示

$$K\left(\frac{\mathbf{x}-\mathbf{x}_p}{h}\right) = \frac{1}{\sqrt{(2\pi)^d}} e^{-\frac{\|\mathbf{x}-\mathbf{x}_p\|^2}{2h^2}}. \tag{2.57}$$

概率密度函数估计完之后, 用拉普拉斯算子 $\Delta f(\mathbf{x})$ 求取隐式距离函数 φ 的零水平集作为初始化边界. 拉普拉斯算子是 n 维欧氏空间中的一个二阶微分算子, 定义为梯度的散度. 对于高斯核函数, 其拉普拉斯算子 $\Delta f(\mathbf{x})$ 表示如下

$$\varphi = \Delta f(\mathbf{x}) = \sum_{p=1}^{N} \frac{\|\mathbf{x}-\mathbf{x}_p\|^2 - h^2}{Nh^{4+d}\sqrt{(2\pi)^d}} e^{-\frac{\|\mathbf{x}-\mathbf{x}_p\|^2}{2h^2}}. \tag{2.58}$$

水平集函数 $\varphi(\mathbf{x}, t)$ 隐式地描述动态曲面移动. 显然, 零水平集或零等值面 $\{\mathbf{x} \in \Re^d | \varphi(\mathbf{x}, t) = 0\}$ 表示边界曲面. 边界曲面需要进化, 从而更加紧致地包围正常数据, 即最小化边界曲面所包围的体积. 为了更好地拟合数据分布, 边界移动采用法线方向. 相应的水平集方程为

$$\frac{\partial \varphi}{\partial t} + a(\mathbf{x}, t)|\nabla \varphi(\mathbf{x}, t)| = 0, \tag{2.59}$$

其中 a 是曲面移动的速度, $|\nabla \varphi(\mathbf{x}, t)|$ 是梯度幅度. 当 $a > 0$ 时, 边界曲面沿法线方向向外扩张; 当 $a < 0$ 时, 边界曲面沿法线反方向向内收缩; 当 $a = 0$ 时, φ 在任意时刻均为常数.

根据水平集函数 $\varphi(\mathbf{x},t)$ 是否为符号距离函数 [22], 分两种情形求解 (2.59). 若 $\varphi(\mathbf{x},t)$ 为符号距离函数, 则有

$$\varphi(t)=\varphi_{(t=0)}-at. \tag{2.60}$$

若 $\varphi(\mathbf{x},t)$ 不是符号距离函数, 则需要使用哈密顿-雅可比方程进行求解. 将向量 $\mathbf{x}\in\Re^d$ 离散化为 $(i_1\Delta,i_2\Delta,\cdots,i_d\Delta)$, $i_1,i_2,\cdots,i_d$ 为整数, Δ 是子区间长度. 将时间变量 t 离散化为 $k\Delta t$, k 为正整数, Δt 为时间间隔. 令 φ_i^k 表示 $\varphi(\mathbf{x},t)$ 在格点 $(i_1\Delta,i_2\Delta,\cdots,i_d\Delta)$ 及时刻 $k\Delta t$ 的取值, 则求解 (2.59) 的一阶迎风格式为

$$\frac{\varphi_i^{k+1}-\varphi_i^k}{\Delta t}=\max(a_i^k,0)\nabla^+ +\min(a_i^k,0)\nabla^-, \tag{2.61}$$

其中

$$\nabla^+=\left[\max(D_1^-,0)+\min(D_1^+,0)+\cdots+\max(D_d^-,0)+\min(D_d^+,0)\right]^{1/2} \tag{2.62}$$

和

$$\nabla^-=\left[\max(D_1^+,0)+\min(D_1^-,0)+\cdots+\max(D_d^+,0)+\min(D_d^-,0)\right]^{1/2}. \tag{2.63}$$

在式 (2.62) 和 (2.63) 中, 第 j 个前向微分算子 D_j^+ 定义如下

$$D_j^+\varphi_i^k=\frac{\varphi_{i+n_j}^k-\varphi_i^k}{\Delta}, \tag{2.64}$$

其中 $\mathbf{n}_j=(0,\cdots,0,1,0,\cdots,0)$, 该向量的第 j 个元素为 1, 其余元素均为零. 第 j 个后向微分算子 D_j^- 则定义如下

$$D_j^-\varphi_i^k=\frac{\varphi_i^k-\varphi_{i-n_j}^k}{\Delta}. \tag{2.65}$$

在训练过程中, 给定进化速度 a, 边界将一直保持进化 (收缩或扩张), 直至达到停止条件为止. 当扩张到一定程度, 边界则会将所有正常数据包含在内. 另一方面, 当收缩到一定程度, 边界则会将部分正常数据排除出去, 从而将它们错分为异常数据. 因此, 关键问题是如何确定边界曲面应该收缩还是扩张. 设排除比例为 γ. 给定训练集 $\{\mathbf{x}_p\}_{p=1}^N$, 则它们的水平集函数值分别为 $\varphi(\mathbf{x}_1),\varphi(\mathbf{x}_2),\cdots,\varphi(\mathbf{x}_N)$. 若满足 $\varphi(\mathbf{x}_p)>0$ 的函数值个数为 l, 则设置 $\lambda=l/N$. 若 $\lambda<\gamma-\varepsilon(\varepsilon>0)$, 令 $a<0$, 并利用水平集方程 (2.59) 对当前的 φ 进行收缩, 进而重新计算 λ 的值; 若 $\lambda>\gamma+\varepsilon$, 令 $a>0$, 并利用 (2.59) 对当前的 φ 进行扩张, 进而重新计算 λ 的值; 若 $\lambda\in[\gamma-\varepsilon,\gamma+\varepsilon]$, 则停止对边界曲面的调整.

对于待测示例 $\mathbf{x}$, 若 $\varphi(\mathbf{x})>0$, 则将其判定为异常数据; 否则, 将其判定为正常数据.

2.4　基于支持域的单类分类器

通过对正常数据的学习, 基于支持域的单类分类器能够构造出包围正常数据的决策边界, 如超平面、超球等. 该类方法能够提供直观的数据描述, 且由于借助了核技巧, 能够构造出复杂的决策边界. 因此, 该类方法是目前最为常用的单类分类方法. 常用的基于支持域的单类分类器有: 单类支持向量机、支持向量数据描述、核主成分分析等.

2.4.1　单类支持向量机

单类支持向量机 (one-class support vector machine, OCSVM) 由 Schölkopf 等[23] 提出, 其基本思想是: 首先通过非线性映射将正常数据映射到高维的特征空间，然后在特征空间中将正常数据的像与原点以最大间隔分开.

与处理两类分类的支持向量机不同, OCSVM 在训练过程中仅有一类样本参与训练, 则无法构造出将两类样本以最大间隔分开的分离超平面. Schölkopf 等[23] 将特征空间中的原点作为异常数据的代表, 从而构造出将正常数据的像和原点以最大间隔分开的分离超平面.

假设样本 $\mathbf{x} \in \Re^d$ 在特征空间中的像为 $\phi(\mathbf{x})$, $\mathbf{w}$ 和 $\rho \geqslant 0$ 分别为分离超平面的法向量和截距, 则分离超平面的表达形式为

$$\mathbf{w}^{\mathrm{T}}\phi(\mathbf{x}) - \rho = 0. \tag{2.66}$$

该超平面在特征空间中的位置如图 2.5 所示. 在图 2.5 中, 正常数据的像落在

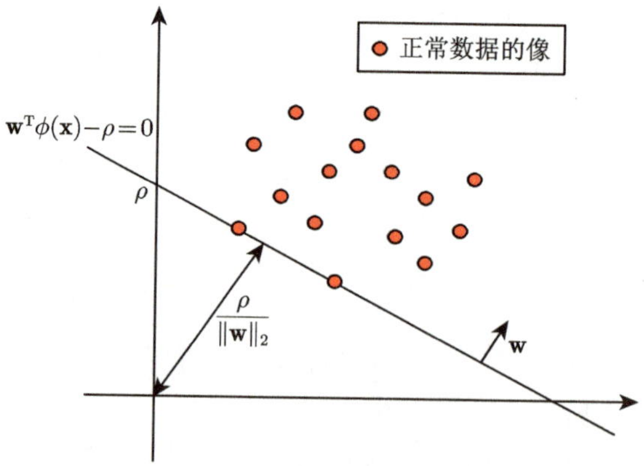

图 2.5　OCSVM 的几何原理

分类超平面的上方, 而原点作为异常数据的代表, 落在分离超平面的下方. 特征空间中任一样本 $\phi(\mathbf{x}_i)$ 到分离超平面的距离为

$$\frac{\left|\mathbf{w}^{\mathrm{T}}\phi(\mathbf{x}_i)-\rho\right|}{\sqrt{\mathbf{w}^{\mathrm{T}}\mathbf{w}}}=\frac{\left|\mathbf{w}^{\mathrm{T}}\phi(\mathbf{x}_i)-\rho\right|}{\|\mathbf{w}\|_2}, \tag{2.67}$$

其中 $|\cdot|$ 和 $\|\cdot\|_2$ 分别为绝对值和欧氏范数运算符. 则原点到超平面的距离为

$$\frac{|-\rho|}{\|\mathbf{w}\|_2}=\frac{\rho}{\|\mathbf{w}\|_2}. \tag{2.68}$$

给定训练集 $\{\mathbf{x}_p\}_{p=1}^N$, 其中 $\mathbf{x}_p\in\Re^d$ 为第 p 个正常数据. OCSVM 需要最大化间隔 $\dfrac{\rho}{\|\mathbf{w}\|_2}$, 该问题等价于最小化 $\dfrac{1}{2}\|\mathbf{w}\|_2^2-\rho$, 即最小化 $\dfrac{1}{2}\mathbf{w}^{\mathrm{T}}\mathbf{w}-\rho$. 此外, 与用于两类分类的支持向量机类似, 为了提高 OCSVM 的分类性能, 为每一个正常数据 $\mathbf{x}_p(i=1,2,\cdots,N)$ 引入对应的松弛变量 ξ_p, 则 OCSVM 的优化问题如下

$$\begin{aligned}\min_{\mathbf{w},\boldsymbol{\xi},\rho}\quad & \frac{1}{2}\mathbf{w}^{\mathrm{T}}\mathbf{w}-\rho+\frac{1}{\nu N}\sum_{p=1}^{N}\xi_p\\ \text{s.t.}\quad & \mathbf{w}^{\mathrm{T}}\phi(\mathbf{x}_p)\geqslant\rho-\xi_p,\quad \xi_p\geqslant 0,\quad p=1,2,\cdots,N,\end{aligned} \tag{2.69}$$

其中 $\boldsymbol{\xi}=(\xi_1,\xi_2,\cdots,\xi_N)^{\mathrm{T}}$, $\nu\in[0,1)$ 为所谓的百分比估计参数, 和支持向量个数密切联系, 即 ν 是边界支持向量的上界, 是全部支持向量个数的下界, 称为 ν 属性 [23].

由拉格朗日乘子法, 优化问题 (2.69) 对应的拉格朗日函数为

$$L(\mathbf{w},\boldsymbol{\xi},\rho,\boldsymbol{\alpha},\boldsymbol{\beta})=\frac{1}{2}\mathbf{w}^{\mathrm{T}}\mathbf{w}-\rho+\frac{1}{\nu N}\sum_{p=1}^{N}\xi_p-\sum_{p=1}^{N}\alpha_p[\mathbf{w}^{\mathrm{T}}\phi(\mathbf{x}_p)-\rho+\xi_p]-\sum_{p=1}^{N}\beta_p\xi_p, \tag{2.70}$$

其中 $\boldsymbol{\alpha}=(\alpha_1,\alpha_2,\cdots,\alpha_N)^{\mathrm{T}}$ 和 $\boldsymbol{\beta}=(\beta_1,\beta_2,\cdots,\beta_N)^{\mathrm{T}}$. 分别求拉格朗日函数 L 关于 $\mathbf{w}$, ξ_p 及 ρ 的偏导数, 则有

$$\frac{\partial L}{\partial\mathbf{w}}=\mathbf{w}-\sum_{p=1}^{N}\alpha_p\phi(\mathbf{x}_p), \tag{2.71}$$

$$\frac{\partial L}{\partial\xi_p}=\frac{1}{\nu N}-\alpha_p-\beta_p, \tag{2.72}$$

$$\frac{\partial L}{\partial\rho}=-1+\sum_{p=1}^{N}\alpha_p. \tag{2.73}$$

令偏导数为零, 可得

$$\mathbf{w}=\sum_{p=1}^{N}\alpha_p\phi(\mathbf{x}_p), \tag{2.74}$$

$$\alpha_p=\frac{1}{\nu N}-\beta_p\leqslant\frac{1}{\nu N}, \tag{2.75}$$

$$\sum_{p=1}^{N}\alpha_p=1. \tag{2.76}$$

将式 (2.74)—(2.76) 代入拉格朗日函数 (2.70), 得

$$L(\boldsymbol{\alpha})=-\frac{1}{2}\sum_{p=1}^{N}\sum_{q=1}^{N}\alpha_p\alpha_q\left(\phi(\mathbf{x}_p)\cdot\phi(\mathbf{x}_q)\right), \tag{2.77}$$

其中 $(\cdot)$ 为内积运算符.

根据 “核技巧”[24], 式 (2.70) 中的内积运算可由核函数 $K(\mathbf{x}_p,\mathbf{x}_q)$ 代替, 则原优化问题 (2.69) 的对偶优化问题为

$$\begin{aligned}\min_{\boldsymbol{\alpha}}\quad&\frac{1}{2}\sum_{p=1}^{N}\sum_{q=1}^{N}\alpha_p\alpha_q K(\mathbf{x}_p,\mathbf{x}_q)\\ \text{s.t.}\quad&\sum_{i=1}^{N}\alpha_p=1,\quad 0\leqslant\alpha_p\leqslant\frac{1}{\nu N},\quad p=1,2,\cdots,N.\end{aligned} \tag{2.78}$$

这是一个二次规划问题, 可以采用经典的二次规划软件包或者序列最小优化算法 [25] 来求解。

对偶优化问题 (2.78) 求解之后, 对应于 $\alpha_p>0$ 的样本 $\mathbf{x}_p$ 称为支持向量. 由于支持向量位于超平面上, 因此可以通过某个支持向量 $\mathbf{x}_{SV}$ 在特征空间中的像 $\phi(\mathbf{x}_{SV})$ 及法向量 $\mathbf{w}$ 的内积求出截距 ρ:

$$\rho=(\mathbf{w}\cdot\phi(\mathbf{x}_{SV}))=\sum_{p=1}^{N}\alpha_p K(\mathbf{x}_p,\mathbf{x}_{SV}). \tag{2.79}$$

OCSVM 的决策函数为

$$f(\mathbf{x})=\operatorname{sign}\left(\sum_{p=1}^{N}\alpha_p K(\mathbf{x}_p,\mathbf{x})-\rho\right).$$

对于待测示例 $\mathbf{x}$, 当决策函数值为 $+1$ 时, 该待测示例被判别为正常数据; 当决策函数值为 -1 时, 该待测示例被判别为异常数据.

OCSVM 的学习算法共包括以下 5 个步骤:

步骤 1 给定训练样本集 $\mathbf{D}=\{\mathbf{x}_p\}_{p=1}^N$, $\mathbf{x}_p\in\Re^d$;

步骤 2 选择合适的核函数 $K(\mathbf{x},\mathbf{y})=(\phi(\mathbf{x})\cdot\phi(\mathbf{y}))$ 及其参数, 并选择合适的百分比估计参数 ν;

步骤 3 在约束条件 $\sum\limits_{p=1}^N\alpha_p=1$ 和 $0\leqslant\alpha_p\leqslant\dfrac{1}{\nu N}$ $(p=1,2,\cdots,N)$ 下最小化目标函数 $W(\boldsymbol{\alpha})=\dfrac{1}{2}\sum\limits_{p=1}^N\sum\limits_{q=1}^N\alpha_p\alpha_qK(\mathbf{x}_p,\mathbf{x}_q)$, 得到最优解 $\boldsymbol{\alpha}$;

步骤 4 任选某一支持向量 $\mathbf{x}_{SV}$ 并计算 $\rho=\sum\limits_{p=1}^N\alpha_pK(\mathbf{x}_p,\mathbf{x}_{SV})$;

步骤 5 构造决策函数 $f(\mathbf{x})=\text{sign}\left(\sum\limits_{p=1}^N\alpha_pK(\mathbf{x}_p,\mathbf{x})-\rho\right)$, 对待分类向量 $\mathbf{x}$, 将其代入决策函数, 根据其计算结果为 $+1$ 或 -1 来决定 $\mathbf{x}$ 是正常数据还是异常数据.

2.4.2 支持向量数据描述

支持向量数据描述 (support vector data description, SVDD) 是由 Tax 和 Duin[26] 在支持向量机的基础上提出的对单类样本分布区域进行描述的算法, 其基本思想是: 将正常数据从低维的输入空间映射到高维的特征空间, 并在特征空间中寻找尽可能包围所有正常数据的像的最小包围球.

给定包含 N 个正常数据的训练集 $\{\mathbf{x}_p\}_{p=1}^N$, 首先通过非线性映射 $\phi(\cdot)$ 将输入空间中的正常数据映射到特征空间, 然后在特征空间中定义一个包含尽可能多的正常数据的像的超球体, 其中心和半径分别为 $\mathbf{a}$ 和 R. SVDD 通过最小化 R^2 寻找体积最小的包围球, 用于对所给训练集进行描述, 以便使所有正常数据的像都包含在该超球体中. 超球体外的数据看作异常数据. 如图 2.6 所示.

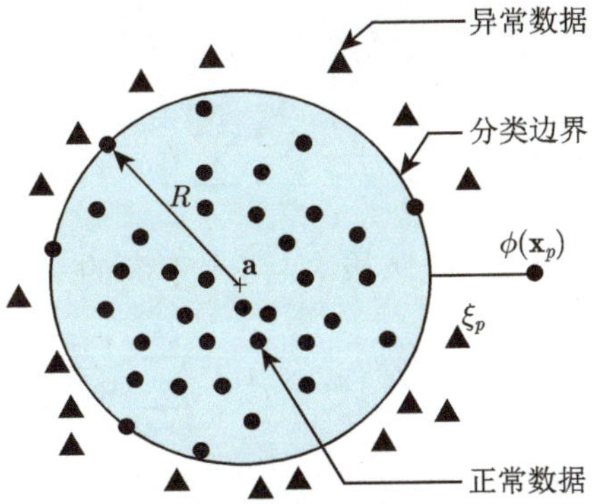

图 2.6 SVDD 示意图

为了提高鲁棒性, 仿照支持向量机为每个正常数据 $\mathbf{x}_p$ 引入松弛变量 ξ_p. 因此, 软间隔 SVDD 的优化问题为

$$\begin{aligned} \min_{R,\mathbf{a},\xi} \quad & R^2 + C\sum_{p=1}^{N}\xi_p \\ \text{s.t.} \quad & \|\phi(\mathbf{x}_p) - \mathbf{a}\|^2 \leqslant R^2 + \xi_p, \quad \xi_p \geqslant 0, \quad p = 1, 2, \cdots, N. \end{aligned} \tag{2.80}$$

其中 $\boldsymbol{\xi} = (\xi_1, \xi_2, \cdots, \xi_N)^{\mathrm{T}}$ 为松弛变量构成的向量, C 是控制球体体积和误差之间的折中参数.

由拉格朗日乘子法, 优化问题 (2.80) 对应的拉格朗日函数为

$$\begin{aligned} L(R, \mathbf{a}, \boldsymbol{\xi}, \boldsymbol{\alpha}, \boldsymbol{\beta}) = {} & R^2 + C\sum_{p=1}^{N}\xi_p - \sum_{p=1}^{N}\alpha_p \\ & \cdot \left\{R^2 + \xi_p - \left[\|\phi(\mathbf{x}_p)\|^2 - 2\mathbf{a}^{\mathrm{T}}\phi(\mathbf{x}_p) + \|\mathbf{a}\|^2\right]\right\} - \sum_{p=1}^{N}\beta_p\xi_p. \end{aligned} \tag{2.81}$$

分别求拉格朗日函数 L 关于 R, $\mathbf{a}$ 及 ξ_p 的偏导数, 并令偏导数为零, 可得

$$\frac{\partial L}{\partial R} = 0: \ \sum_{p=1}^{N}\alpha_p = 1, \tag{2.82}$$

$$\frac{\partial L}{\partial \mathbf{a}} = 0: \ \mathbf{a} = \sum_{p=1}^{N}\alpha_p\phi(\mathbf{x}_p), \tag{2.83}$$

$$\frac{\partial L}{\partial \xi_p} = 0: \ C - \alpha_p - \beta_p = 0. \tag{2.84}$$

由于 $\alpha_p \geqslant 0$, $\beta_p \geqslant 0$, 再根据式 (2.84) 可得

$$0 \leqslant \alpha_p \leqslant C. \tag{2.85}$$

将式 (2.82)—(2.84) 代入拉格朗日函数 (2.81), 可得

$$L(\boldsymbol{\alpha}) = \sum_{p=1}^{N}\alpha_p\left(\phi(\mathbf{x}_p)\cdot\phi(\mathbf{x}_p)\right) - \sum_{p=1}^{N}\sum_{q=1}^{N}\alpha_p\alpha_q\left(\phi(\mathbf{x}_p)\cdot\phi(\mathbf{x}_q)\right). \tag{2.86}$$

使用核函数代替内积, 并对 $L(\boldsymbol{\alpha})$ 求极大, 可得下面的对偶优化问题:

$$\begin{aligned} \min_{\boldsymbol{\alpha}} \quad & \sum_{p=1}^{N}\sum_{q=1}^{N}\alpha_p\alpha_q K(\mathbf{x}_p, \mathbf{x}_q) - \sum_{p=1}^{N}\alpha_p K(\mathbf{x}_p, \mathbf{x}_p) \\ \text{s.t.} \quad & \sum_{p=1}^{N}\alpha_p = 1, \quad 0 \leqslant \alpha_p \leqslant C, \quad p = 1, 2, \cdots, N, \end{aligned} \tag{2.87}$$

其中 $K(\cdot\,,\,\cdot)$ 是核函数.

对偶优化问题 (2.87) 求解之后, 可解得每个正常数据 $\mathbf{x}_p$ 对应的拉格朗日乘子 α_p. 根据 KKT 条件, 当 $\alpha_p = 0$, $\beta_p = 0$ 时, 对应的正常数据 $\mathbf{x}_p$ 位于超球体内部; 当 $0 < \alpha_p < C$ 时, 对应的正常数据 $\mathbf{x}_p$ 位于超球体表面上, 称之为支持向量; 当 $\alpha_p = C$ 时, 对应的正常数据 $\mathbf{x}_p$ 则处于超球体的外侧.

超球体的半径 R 可由任意的支持向量 $\mathbf{x}_{SV}$ 的像 $\phi(\mathbf{x}_{SV})$ 到超球体球心 $\mathbf{a}$ 的距离计算得出, 计算公式如下

$$R = \|\phi(\mathbf{x}_{SV}) - \mathbf{a}\| = \sqrt{K(\mathbf{x}_{SV}, \mathbf{x}_{SV}) - 2\sum_{p=1}^{N} K(\mathbf{x}_{SV}, \mathbf{x}_p) + \sum_{p=1}^{N}\sum_{q=1}^{N} \alpha_p\alpha_q K(\mathbf{x}_p, \mathbf{x}_q)}. \tag{2.88}$$

对于待测示例 $\mathbf{x}$, 其类别标号由下式判别:

$$\|\phi(\mathbf{x}) - \mathbf{a}\|^2 = K(\mathbf{x}, \mathbf{x}) - 2\sum_{p=1}^{N} \alpha_p K(\mathbf{x}, \mathbf{x}_p) + \sum_{p=1}^{N}\sum_{q=1}^{N} \alpha_p\alpha_q K(\mathbf{x}_p, \mathbf{x}_q) \leqslant R^2, \tag{2.89}$$

其中 $\phi(\mathbf{x})$ 是待测示例 $\mathbf{x}$ 在高维特征空间中的像. 若满足上式, 则待测示例 $\mathbf{x}$ 是正常数据, 否则 $\mathbf{x}$ 就是异常数据.

SVDD 的学习算法共包括以下 5 个步骤:

步骤 1 给定训练样本集 $\mathbf{D} = \{\mathbf{x}_p\}_{p=1}^{N}$, $\mathbf{x}_p \in \Re^d$;

步骤 2 选择合适的核函数 $K(\mathbf{x}, \mathbf{y}) = (\phi(\mathbf{x}) \cdot \phi(\mathbf{y}))$ 及其参数, 并选择合适的折中参数 C;

步骤 3 在约束条件 $\sum_{p=1}^{N} \alpha_p = 1$ 和 $0 \leqslant \alpha_p \leqslant C\ \ (p = 1, 2, \cdots, N)$ 下最小化目标函数 $W(\boldsymbol{\alpha}) = \sum_{p=1}^{N}\sum_{q=1}^{N} \alpha_p\alpha_q K(\mathbf{x}_p, \mathbf{x}_q) - \sum_{p=1}^{N} \alpha_p K(\mathbf{x}_p, \mathbf{x}_p)$, 得到最优解 $\boldsymbol{\alpha}^*$;

步骤 4 任选某一支持向量 $\mathbf{x}_{SV}$ 并计算

$$R = \sqrt{K(\mathbf{x}_{SV}, \mathbf{x}_{SV}) - 2\sum_{p=1}^{N} K(\mathbf{x}_{SV}, \mathbf{x}_p) + \sum_{p=1}^{N}\sum_{q=1}^{N} \alpha_p\alpha_q K(\mathbf{x}_p, \mathbf{x}_q)};$$

步骤 5 对待分类向量 $\mathbf{x}$, 将其代入 $K(\mathbf{x}, \mathbf{x}) - 2\sum_{p=1}^{N} \alpha_p K(\mathbf{x}, \mathbf{x}_p) + \sum_{p=1}^{N}\sum_{q=1}^{N} \alpha_p\alpha_q \cdot K(\mathbf{x}_p, \mathbf{x}_q)$, 若值小于等于 R^2, 则 $\mathbf{x}$ 是正常数据; 否则, $\mathbf{x}$ 是异常数据.

2.4.3 核主成分分析

为了使主成分分析 (principal component analysis, PCA) 能够有效地处理非高斯分布的数据, 人们提出了许多在 PCA 中引入非线性的方法. 其中应用最为广泛的是核主成分分析 (kernel PCA, KPCA)[27]. KPCA 与 PCA 主要的不同之处在于 KPCA 通过将输入空间中的样本非线性地映射到特征空间, 然后在该特征空间中进行主成分分析.

给定 N 个样本点 $\{\mathbf{x}_p\}_{p=1}^N$, 其中 $\mathbf{x}_p \in \Re^d$. 定义非线性映射 $\phi(\cdot)$, 将这些样本点从输入空间映射到高维的特征空间 F, $\phi : \Re^d \mapsto F$, 则样本点在特征空间中的像为 $\mathbf{\Phi} = [\phi(\mathbf{x}_1), \phi(\mathbf{x}_2), \cdots, \phi(\mathbf{x}_N)]$, 利用下式对样本点的像加以中心化:

$$\tilde{\phi}(\mathbf{x}_p) = \phi(\mathbf{x}_p) - \frac{1}{N}\sum_{r=1}^{N}\phi(\mathbf{x}_r), \tag{2.90}$$

则有 $\tilde{\mathbf{\Phi}} = [\tilde{\phi}(\mathbf{x}_1), \tilde{\phi}(\mathbf{x}_2), \cdots, \tilde{\phi}(\mathbf{x}_N)]$. 在特征空间中对样本点的像进行主成分分析, 则需要求解如下协方差矩阵的特征值和特征向量:

$$\tilde{\mathbf{C}} = \frac{1}{N}\sum_{p=1}^{N}\tilde{\phi}(\mathbf{x}_p)\tilde{\phi}(\mathbf{x}_p)^{\mathrm{T}} = \frac{1}{N}\tilde{\mathbf{\Phi}}\tilde{\mathbf{\Phi}}^{\mathrm{T}}. \tag{2.91}$$

协方差矩阵 $\tilde{\mathbf{C}}$ 的特征值 λ 和特征向量 $\mathbf{v}$ 满足:

$$\tilde{\mathbf{C}}\mathbf{v} = \lambda\mathbf{v}. \tag{2.92}$$

根据核方法的基本理论, $\phi(\mathbf{x}_p)$ 的值无法直接求取, 因此无法得到协方差矩阵 $\tilde{\mathbf{C}}$ 的具体值. 将式 (2.91) 代入式 (2.92), 可得

$$\mathbf{v} = \sum_{p=1}^{N}\frac{\tilde{\phi}(\mathbf{x}_p)^{\mathrm{T}}\mathbf{v}}{\lambda N}\tilde{\phi}(\mathbf{x}_p). \tag{2.93}$$

由式 (2.93) 可知, 协方差矩阵 $\tilde{\mathbf{C}}$ 的特征向量 $\mathbf{v}$ 可以表示为样本点的像 $\{\tilde{\phi}(\mathbf{x}_p)\}_{p=1}^N$ 的线性组合, 即

$$\mathbf{v} = \tilde{\mathbf{\Phi}}\boldsymbol{\alpha}, \tag{2.94}$$

其中 $\boldsymbol{\alpha} = (\alpha_1, \alpha_2, \cdots, \alpha_N)^{\mathrm{T}}$ 为线性系数向量. 将等式 (2.92) 两边同时左乘 $\tilde{\mathbf{\Phi}}^{\mathrm{T}}$, 并将式 (2.91) 和式 (2.94) 代入, 可得

$$\frac{1}{N}\tilde{\mathbf{\Phi}}^{\mathrm{T}}\tilde{\mathbf{\Phi}}\tilde{\mathbf{\Phi}}^{\mathrm{T}}\tilde{\mathbf{\Phi}}\boldsymbol{\alpha} = \lambda\tilde{\mathbf{\Phi}}^{\mathrm{T}}\tilde{\mathbf{\Phi}}\boldsymbol{\alpha}. \tag{2.95}$$

设由中心化后样本点的像构造的核矩阵为 $\tilde{\mathbf{K}} = \tilde{\mathbf{\Phi}}^{\mathrm{T}}\tilde{\mathbf{\Phi}}$, 则式 (2.95) 可以表示成

$$\frac{1}{N}\tilde{\mathbf{K}}^2\boldsymbol{\alpha} = \lambda\tilde{\mathbf{K}}\boldsymbol{\alpha}. \tag{2.96}$$

为了求解 (2.96), 令 $\tilde{\lambda}=\lambda N$, 需要解决如下特征值分解问题:

$$\tilde{\mathbf{K}}\boldsymbol{\alpha}=\tilde{\lambda}\boldsymbol{\alpha}. \tag{2.97}$$

另外, 也可直接由特征空间中的核矩阵 $\mathbf{K}=\mathbf{\Phi}^{\mathrm{T}}\mathbf{\Phi}$ 得到 $\tilde{\mathbf{K}}$, $\mathbf{K}$ 中的元素 $K_{pq}=K(\mathbf{x}_p,\mathbf{x}_q)$. 两个矩阵中元素的对应关系如下

$$\tilde{K}_{pq}=K_{pq}-\frac{1}{N}\sum_{r=1}^{N}K_{pr}-\frac{1}{N}\sum_{r=1}^{N}K_{rq}+\frac{1}{N^2}\sum_{r=1}^{N}\sum_{s=1}^{N}K_{rs}. \tag{2.98}$$

求解式 (2.97), 假设所得前 q 个特征值所对应的特征向量分别为 $\boldsymbol{\nu}_1,\boldsymbol{\nu}_2,\cdots,\boldsymbol{\nu}_q$, 由此 q 个特征向量所构成的投影矩阵可表示为 $\mathbf{W}=(\boldsymbol{\nu}_1,\boldsymbol{\nu}_2,\cdots,\boldsymbol{\nu}_q)^{\mathrm{T}}$. 投影矩阵 $\mathbf{W}$ 得到之后, 异常度量可以表达为特征空间中的重构误差[28], 表达形式如下

$$p(\tilde{\phi})=(\tilde{\phi}\cdot\tilde{\phi})-(\mathbf{W}\tilde{\phi}\cdot\mathbf{W}\tilde{\phi}). \tag{2.99}$$

对于输入空间中的向量 $\mathbf{x}\in\Re^d$, 它在第 l 个投影向量 $\boldsymbol{\nu}_l=\sum_{p=1}^{N}\alpha_p^l\tilde{\phi}(\mathbf{x}_p)$ 上的投影为

$$\begin{aligned}f_l(\mathbf{x})&=(\tilde{\phi}(\mathbf{x})\cdot\boldsymbol{\nu}_l)=\left(\left[\phi(\mathbf{x})-\frac{1}{N}\sum_{r=1}^{N}\phi(\mathbf{x}_r)\right]\cdot\left[\sum_{p=1}^{N}\alpha_p^l\phi(\mathbf{x}_p)-\frac{1}{N}\sum_{p=1}^{N}\sum_{r=1}^{N}\alpha_p^l\phi(\mathbf{x}_r)\right]\right)\\&=\sum_{p=1}^{N}\alpha_p^l\left[K(\mathbf{x},\mathbf{x}_p)-\frac{1}{N}\sum_{r=1}^{N}K(\mathbf{x}_p,\mathbf{x}_r)-\frac{1}{N}\sum_{r=1}^{N}K(\mathbf{x},\mathbf{x}_r)-\frac{1}{N^2}\sum_{r,s=1}^{N}K(\mathbf{x}_r,\mathbf{x}_s)\right],\end{aligned} \tag{2.100}$$

则有 $(\mathbf{W}\tilde{\phi}\cdot\mathbf{W}\tilde{\phi})=\sum_{l=1}^{q}f_l^2(\mathbf{x})$.

令 $\phi_0=\frac{1}{N}\sum_{p=1}^{N}\phi(\mathbf{x}_p)$, 则有

$$p_s(\mathbf{x})=(\tilde{\phi}\cdot\tilde{\phi})=\|\phi(\mathbf{x})-\phi_0\|=K(\mathbf{x},\mathbf{x})-\frac{2}{N}\sum_{p=1}^{N}K(\mathbf{x},\mathbf{x}_p)+\frac{1}{N^2}\sum_{p=1}^{N}\sum_{q=1}^{N}K(\mathbf{x}_p,\mathbf{x}_q). \tag{2.101}$$

因此, 将式 (2.100) 和式 (2.101) 代入式 (2.99) 可得

$$p(\mathbf{x})=p_s(\mathbf{x})-\sum_{l=1}^{q}f_l^2(\mathbf{x}). \tag{2.102}$$

将 KPCA 用作单类分类器的训练和测试步骤如下:

步骤 1　给定训练样本集 $\mathbf{D}=\{\mathbf{x}_p\}_{p=1}^N$, $\mathbf{x}_p\in\Re^d$. 给定投影向量个数 q 和排除比例 γ;

步骤 2　选择合适的核函数 $K(\mathbf{x},\mathbf{y})=(\phi(\mathbf{x})\cdot\phi(\mathbf{y}))$ 及其参数, 由训练样本集 $\mathbf{D}$ 计算核矩阵 $\mathbf{K}=(K_{pq})_{N\times N}$, 进而由式 (2.98) 求出矩阵 $\tilde{\mathbf{K}}$;

步骤 3　对 $\tilde{\mathbf{K}}$ 进行特征值分解, 求出所有特征值及与它们对应的特征向量, 对特征值按照从大到小的顺序排序, 取出与它们对应的前 q 个特征向量组成投影矩阵 $\mathbf{W}=[\mathbf{v}_1,\mathbf{v}_2,\cdots,\mathbf{v}_q]^{\mathrm{T}}$;

步骤 4　利用式 (2.102) 计算所有训练样本的异常度 $p(\mathbf{x}_1),p(\mathbf{x}_2),\cdots,p(\mathbf{x}_N)$, 并按照从大到小的顺序排序, 记为 $p_1,p_2,\cdots,p_N$, 则决策阈值 $\theta=p_{\lceil\gamma N\rceil}$;

步骤 5　对待测示例 $\mathbf{x}$, 将其代入 (2.102) 计算其异常度 $p(\mathbf{x})$, 若 $p(\mathbf{x})>\theta$, 则将 $\mathbf{x}$ 判定为异常数据; 否则, 将 $\mathbf{x}$ 判定为正常数据.

参 考 文 献

[1] Maldonado S, Montecinos C. Robust classification of imbalanced data using one-class and two-class SVM-based multiclassifiers. Intelligent Data Analysis, 2014, 18: 95-112.

[2] Duda R O, Stork D G, Hart P E. Pattern Classification. 2nd ed. New York: John Wiley & Sons, 2001.

[3] Tax D M J, Duin R P W. Data description in subspaces//Proceedings of the 15th International Conference on Pattern Recognition, 2000, 2: 672-675.

[4] Breunig M M, Kriegel H P, Ng R T, Sander J. LOF: Identifying densify-based local outliers//Proceedings of the 2000 International Conference on Management of Data, 2000, 29(2): 93-104.

[5] Sain S, Gray H L, Woodward W A, Fisk M D. Outlier detection from a mixture distribution when training data are unlabeled. Bulletin of the Seismological Society of America, 1999, 89(1): 294-304.

[6] Bishop C M. Neural Networks for Pattern Recognition. Cambridge: Oxford University Press, 1995.

[7] Augusteijn M F, Folkert B A. Neural network classification and novelty detection. International Journal of Remote Sensing, 2002, 23(14): 2891-2902.

[8] Markou M, Singh S. A neural network-based novelty detector for image sequence analysis. IEEE Transactions on Pattern Analysis and Machine Intelligence, 2006, 28(10): 1664-1677.

[9] Marsland S. Novelty detection in learning systems. Neural Computing Surveys, 2003, 3: 157-195.

[10] Japkowicz N, Myers C, Gluck M. A novelty detection approach to classification// Proceedings of the 14th International Joint Conference on Artificial Intelligence, 1995, 518-523.

[11] Worden K. Structural fault detection using a novelty measure. Journal of Sound and Vibration, 1997, 201(1): 85-101.

[12] Schwenker F, Kestler H A, Palm G. Three learning phases for radial-basis-function networks. Neural Networks, 2001, 14: 439-458.

[13] Li J, Mao Z, Lu Y. Adapting radial basis function neural networks for one-class classification//Proceedings of the 2008 IEEE International Joint Conference on Neural Networks, 2008: 3766-3770.

[14] Pereira C M M, de Mello R F. A radial basis function neural network approach to detect novelties: applications on health datasets//Proceedings of the 2009 Joint Conference on Pervasive Computing, 2009: 143-148.

[15] Haykin S. Neural Networks: A Comprehensive Foundation. 2nd ed. New York: Printice Hall, 1999.

[16] Leng Q, Qi H, Miao J, Zhu W, Su G. One-class classification with extreme learning machine. Mathematical Problems in Engineering, 2015, Article ID 412957, 11 pages. Http://dx.doi.org/10.1155/2015/412957.

[17] Songma S, Chimphlee W, Maichalernnukul K, Sanguansat P. Classification via k-means clustering and distance-based outlier detection//Proceedings of the 2012 Tenth International Conference on ICT and Knowledge Engineering, 2012: 125-127.

[18] Li Q, Zhang J, Feng G. An outlier detection method based on fuzzy c-means clustering. Key Engineering Materials, 2009, 419-420: 165-168.

[19] 朱付平, 田捷, 林瑶, 葛行飞. 基于 level set 方法的医学图像分割. 软件学报, 2002, 13(9): 1866-1872.

[20] Paragios N, Deriche R. Geodesic active contours and level sets for the detection and tracking of moving objects. IEEE Transactions on Pattern Analysis and Machine Intelligence, 2000, 22(3): 266-280.

[21] Ding X, Li Y, Belatreche A, Maguire L P. Novelty detection using level set methods. IEEE Transactions on Neural Networks and Learning Systems, 2015, 26(3): 576-588.

[22] Boczko E M, Xie M, Young T. Comparison of binary classification based on signed distance functions with support vector machines//Proceedings of the 2009 Ohio Collaborative Conference on Bioinfomatics, 2006: 139-143.

[23] Schölkopf B, Platt J C, Shawe-Taylor J, Smola A J, Williamson R C. Estimating the support of a high-dimensional distribution. Neural Computation, 2001, 13(7): 1443-1471.

[24] Schölkopf B. The kernel trick for distances//Advances in Neural Information Processing Systems, 2001, 13: 301-307.

[25] Platt J. Fast training of support vector machines using sequential minimal optimization//Advances in Kernel Methods-Support Vector Learning, 1998: 185-208.

[26] Tax D M J, Duin R P W. Support vector data description. Machine Learning, 2004, 54: 45-66.

[27] Schölkopf B, Smola A, Müller K R. Nonlinear component analysis as a kernel eigenvalue problem. Neural Computation, 1998, 10: 1299-1319.

[28] Hoffmann H. Kernel PCA for novelty detection. Pattern Recognition, 2007, 40: 863-874.

第 3 章　单类分类的维数约简

传统的机器学习和模式识别方法在处理高维数据集时, 往往会遇到维数灾难问题, 即同一学习器为了获得相同的泛化性能需要的样本数目随着维数的增加而呈指数级增长. 为了解决维数灾难问题, 一种可行的策略是减少高维数据中特征的个数, 这恰好是机器学习中的维数约简, 维数约简方法可以将高维数据投影到低维子空间. 因此, 维数约简的有效性是学习器在处理高维数据时成功与否的关键. 现有的维数约简策略主要分为两类: 特征选择 (feature selection) 和特征提取 (feature extraction). 特征选择从已有的特征中选取子集使学习器的特定指标最优化; 与特征选择不同, 特征提取需要对数据的特征经过线性或非线性变换, 然后从变换后的特征中选取子集.

在处理高维数据集时, 单类分类方法同样也会面临维数灾难问题, 因此, 维数约简也被认为是构造单类分类器时重要的预处理步骤. 通过维数约简, 可以有效地消除无关、弱相关和冗余的特征, 压缩数据以减少存储量, 减低训练过程的计算复杂度并提高分类性能.

3.1　特征选择

特征选择是一种数据处理方法, 它能够从许多的特征中选择出一些重要的特征, 并剔除任何无关的特征. 尽管特征选择被认为是分类问题中的研究热点之一, 但是在单类分类中, 由于在训练阶段仅由正常数据构成训练集, 而不存在异常数据, 因此传统的特征选择方法往往就会失效. 在该部分, 除了介绍针对上述情形的单类分类特征选择方法, 也介绍允许有少量异常数据参与训练的单类分类特征选择方法.

3.1.1　SVDD 半径递归特征消除法

支持向量数据描述 (SVDD)[1] 通过在高维的特征空间中构造一个最小包围球以包围尽可能多的正常数据. SVDD 的性能依赖于包围边界的紧密程度以及从正常数据中鉴别出异常数据的判别能力. SVDD 的目标函数是最小化描述正常数据的边界规模, 该规模由其半径平方的值来度量. 图 3.1 展示了不同的特征子集具有不同的正常数据描述能力和异常数据判别能力, 显然, 图 3.1(a) 中 X_1 和 X_2 构

成的特征子集比 X_3 和 X_4 构成的特征子集具有较差的描述能力, 原因在于后者具有更为紧致的描述边界.

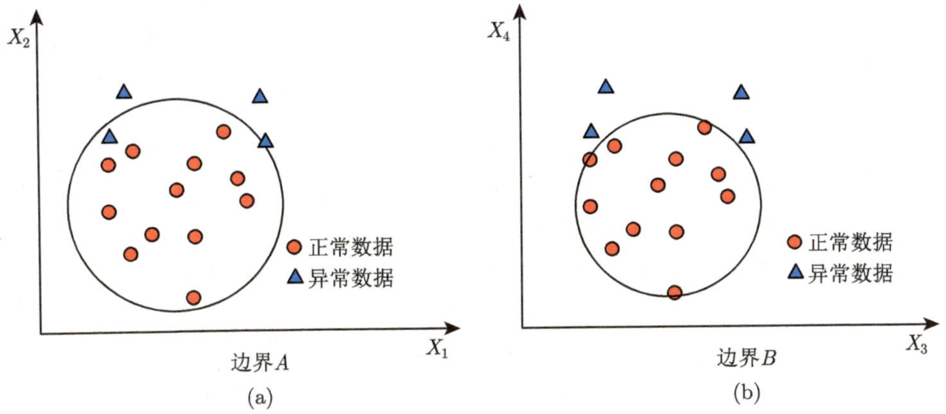

图 3.1　两个特征子集的描述能力

设 $J_r(-k)$ 是剔除第 k 个特征后由剩余特征训练所得描述的边界规模, 则最差特征的指标 k^* 满足:

$$k^* = \arg\max_k J_r(-k), \quad k = 1, 2 \cdots, d. \tag{3.1}$$

在准则函数 $J_r(-k)$ 基础之上, 利用递归特征消除 (recursive feature elimination, RFE)[2] 可为 SVDD 构造适用的特征选择方法. RFE 首先利用训练样本的所有特征训练分类器, 然后为每一维特征计算准则函数 $J_r(-k)$ 的值, 最后剔除掉具有最大准则函数值的特征.

对 SVDD 半径递归特征消除 (SVDD-radius-RFE) 法[3] 的描述可以分为两种情形: 训练集中没有异常数据和训练集中存在少量的异常数据.

设训练集仅由 N 个正常数据构成, 由该训练集训练 SVDD, 训练完成后, 最小包围球的半径平方由下式给出[1]

$$R^2(\mathbf{x}_{SV}) = \left\|\mathbf{x}_{SV} - \sum_{i=1}^{N} \alpha_i \mathbf{x}_i\right\|^2 = (\mathbf{x}_{SV} \cdot \mathbf{x}_{SV}) - 2\sum_{i=1}^{N} \alpha_i (\mathbf{x}_i \cdot \mathbf{x}_{SV}) + \sum_{i,j=1}^{N} \alpha_i \alpha_j (\mathbf{x}_i \cdot \mathbf{x}_j), \tag{3.2}$$

其中 $\mathbf{x}_{SV} \in SV$ 为任意一个支持向量, $(\cdot, \cdot)$ 为内积算子, α_i 为训练样本 $\mathbf{x}_i$ 对应的拉格朗日乘子. 然而, 在实际应用中, 不同的支持向量计算出的 R^2 往往不同, 因此, 可以使用所有支持向量计算出的 R^2 的平均值作为度量边界规模的准则函数. 准则函数 J_r 可表达如下

$$J_r = \sum_{\mathbf{x}_{SV} \in SV} \frac{R^2(\mathbf{x}_{SV})}{|SV|}, \tag{3.3}$$

其中 $|SV|$ 表示支持向量集合中所含支持向量的个数. 使用核函数 $K(\mathbf{x}_i,\mathbf{x}_j)$ 代替内积 $(\mathbf{x}_i,\mathbf{x}_j)$, 准则函数 J_r 在特征空间中可表示为

$$J_r=\frac{1}{|SV|}\sum_{\mathbf{x}_{SV}\in SV}\left(K(\mathbf{x}_{SV},\mathbf{x}_{SV})-2\sum_{i=1}^{N}\alpha_iK(\mathbf{x}_i,\mathbf{x}_{SV})+\sum_{i,j=1}^{N}\alpha_i\alpha_jK(\mathbf{x}_i,\mathbf{x}_j)\right). \tag{3.4}$$

对于不同的核函数类型, SVDD-radius-RFE 相应的准则函数概括在表 3.1 中. 在准则函数中剔除第 k 个特征后的影响可以由 $DJ_r(k)=J_r-J_r(-k)$ 计算得到. 最差的特征具有最小的 $DJ_r(k)$ 函数值.

表 3.1 训练集中仅有正常数据时对于不同核函数类型的 SVDD-radius-RFE 准则函数

核函数类型	SVDD-radius-RFE 准则函数
线性核	$\frac{1}{\lvert SV\rvert}\sum_{\mathbf{x}_{SV}\in SV}\left((\mathbf{x}_{SV}\cdot\mathbf{x}_{SV})-2\sum_{i=1}^{N}\alpha_i(\mathbf{x}_i\cdot\mathbf{x}_{SV})+\sum_{i,j=1}^{N}\alpha_i\alpha_j(\mathbf{x}_i\cdot\mathbf{x}_j)\right)$
高斯核	$\frac{1}{\lvert SV\rvert}\sum_{\mathbf{x}_{SV}\in SV}\left(1-2\sum_{i=1}^{N}\alpha_ie^{-\frac{\lVert\mathbf{x}_i-\mathbf{x}_{SV}\rVert^2}{\sigma}}+\sum_{i,j=1}^{N}\alpha_i\alpha_je^{-\frac{\lVert\mathbf{x}_i-\mathbf{x}_j\rVert^2}{\sigma}}\right)$
多项式核	$\frac{1}{\lvert SV\rvert}\sum_{\mathbf{x}_{SV}\in SV}\left((\mathbf{x}_{SV}\cdot\mathbf{x}_{SV})^d-2\sum_{i=1}^{N}\alpha_i(\mathbf{x}_i\cdot\mathbf{x}_{SV})^d+\sum_{i,j=1}^{N}\alpha_i\alpha_j(\mathbf{x}_i\cdot\mathbf{x}_j)^d\right)$

设训练集由 N 个正常数据和 M 个异常数据构成, SVDD 的边界半径平方 R^2 由下式给出[1]

$$\begin{aligned}R^2(\mathbf{x}_{SV})=&\left\|\mathbf{x}_{SV}-\sum_{i=1}^{N}\alpha_i\mathbf{x}_i+\sum_{k=1}^{M}\alpha_k^*\mathbf{x}_k^*\right\|^2\\=&(\mathbf{x}_{SV}\cdot\mathbf{x}_{SV})-2\sum_{i=1}^{N}\alpha_i(\mathbf{x}_i\cdot\mathbf{x}_{SV})+2\sum_{k=1}^{M}\alpha_k^*(\mathbf{x}_k^*\cdot\mathbf{x}_{SV})+\sum_{i,j=1}^{N}\alpha_i\alpha_j(\mathbf{x}_i\cdot\mathbf{x}_j)\\&+\sum_{k,l=1}^{M}\alpha_k^*\alpha_l^*(\mathbf{x}_k^*\cdot\mathbf{x}_l^*),\end{aligned} \tag{3.5}$$

其中 $\mathbf{x}_i$ 和 $\mathbf{x}_k^*$ 分别为正常数据和异常数据, α_i 和 α_k^* 则分别是与它们对应的拉格朗日乘子. 核空间中的准则函数由下式给出

$$J_r=\frac{1}{|SV|}\sum_{\mathbf{x}_{SV}\in SV}\left(\begin{array}{l}K(\mathbf{x}_{SV},\mathbf{x}_{SV})-2\sum_{i=1}^{N}\alpha_iK(\mathbf{x}_i,\mathbf{x}_{SV})+2\sum_{k=1}^{M}\alpha_k^*K(\mathbf{x}_k^*,\mathbf{x}_{SV})\\+\sum_{i,j=1}^{N}\alpha_i\alpha_jK(\mathbf{x}_i,\mathbf{x}_j)+\sum_{k,l=1}^{M}\alpha_k^*\alpha_l^*K(\mathbf{x}_k^*,\mathbf{x}_l^*)\\-2\sum_{i=1}^{N}\sum_{k=1}^{M}\alpha_i\alpha_k^*K(\mathbf{x}_i,\mathbf{x}_k^*)\end{array}\right). \tag{3.6}$$

对于不同的核函数类型, SVDD-radius-RFE 的准则函数如表 3.2 所示. 在准则函数中剔除第 k 个特征可由 $DJ_r(k) = J_r - J_r(-k)$ 计算得到. 最差的特征对应的 $DJ_r(k)$ 函数值最小.

表 3.2 训练集由正常数据和少量异常数据构成时对于不同核函数类型的 SVDD-radius-RFE 准则函数

核函数类型	SVDD-radius-RFE 准则函数
线性核	$\frac{1}{\lvert SV\rvert}\sum_{\mathbf{x}_{SV}\in SV}\Big((\mathbf{x}_{SV}\cdot\mathbf{x}_{SV})-2\sum_{i=1}^{N}\alpha_i(\mathbf{x}_i\cdot\mathbf{x}_{SV})+2\sum_{k=1}^{M}\alpha_k^*(\mathbf{x}_k^*\cdot\mathbf{x}_{SV})+\sum_{i,j=1}^{N}\alpha_i\alpha_j(\mathbf{x}_i\cdot\mathbf{x}_j)+\sum_{k,l=1}^{M}\alpha_k^*\alpha_l^*(\mathbf{x}_k^*\cdot\mathbf{x}_l^*)-2\sum_{i=1}^{N}\sum_{k=1}^{M}\alpha_i\alpha_k^*(\mathbf{x}_i\cdot\mathbf{x}_k^*)\Big)$
高斯核	$\frac{1}{\lvert SV\rvert}\sum_{\mathbf{x}_{SV}\in SV}\Big(1-2\sum_{i=1}^{N}\alpha_i e^{-\frac{\lVert\mathbf{x}_i-\mathbf{x}_{SV}\rVert^2}{\sigma}}+2\sum_{k=1}^{M}\alpha_k^* e^{-\frac{\lVert\mathbf{x}_k^*-\mathbf{x}_{SV}\rVert^2}{\sigma}}+\sum_{i,j=1}^{N}\alpha_i\alpha_j e^{-\frac{\lVert\mathbf{x}_i-\mathbf{x}_j\rVert^2}{\sigma}}+\sum_{k,l=1}^{M}\alpha_k^*\alpha_l^* e^{-\frac{\lVert\mathbf{x}_k^*-\mathbf{x}_l^*\rVert^2}{\sigma}}-2\sum_{i=1}^{N}\sum_{k=1}^{M}\alpha_i\alpha_k^* e^{-\frac{\lVert\mathbf{x}_i-\mathbf{x}_k^*\rVert^2}{\sigma}}\Big)$
多项式核	$\frac{1}{\lvert SV\rvert}\sum_{\mathbf{x}_{SV}\in SV}\Big((\mathbf{x}_{SV}\cdot\mathbf{x}_{SV})^d-2\sum_{i=1}^{N}\alpha_i(\mathbf{x}_i\cdot\mathbf{x}_{SV})^d+2\sum_{k=1}^{M}\alpha_k^*(\mathbf{x}_k^*\cdot\mathbf{x}_{SV})+\sum_{i,j=1}^{N}\alpha_i\alpha_j(\mathbf{x}_i\cdot\mathbf{x}_j)^d+\sum_{k,l=1}^{M}\alpha_k^*\alpha_l^*(\mathbf{x}_k^*\cdot\mathbf{x}_l^*)^d-2\sum_{i=1}^{N}\sum_{k=1}^{M}\alpha_i\alpha_k^*(\mathbf{x}_i\cdot\mathbf{x}_k^*)^d\Big)$

最后, SVDD-radius-RFE 特征选择的过程如算法 3.1 所示.

算法 3.1 SVDD-radius-RBF 特征选择算法

初始化 给定训练集 $\mathbf{X} = [\mathbf{x}_1, \mathbf{x}_2, \cdots, \mathbf{x}_N]^{\mathrm{T}}$, 选取核函数, 训练 SVDD, 初始化保留特征子集 $\mathbf{s} = [1, 2, \cdots, d]$ 和特征排序列表 $\mathbf{r} = [\,]$.

repeat

步骤 1: 构造新的约简训练数据集 $\mathbf{X}_{reduced} = \mathbf{X}[:, \mathbf{s}]$;

步骤 2: 利用 $\mathbf{X}_{reduced}$ 训练 SVDD 以求得拉格朗日乘子 $\alpha_1, \alpha_2, \cdots, \alpha_N$;

步骤 3: 计算第 k $(k = 1, 2, \cdots, d)$ 维特征的准则函数值 $DJ_r(k) = J_r - J_r(-k)$;

步骤 4: 寻找候选特征指标 i, 使其满足 $i = \arg\min\limits_{k} DJ_r(k)$;

步骤 5: 更新特征排序列表 $\mathbf{r} = [\mathbf{s}(i), \mathbf{r}]$;

步骤 6: 在保留特征子集中剔除第 i 个特征 $\mathbf{s} = \mathbf{s} - \{\mathbf{s}(i)\}$.

until $\mathbf{s} = [\,]$.

输出 特征排序列表 $\mathbf{r}$.

3.1.2 SVDD 对偶目标递归特征消除法

SVDD 的目标是构造出尽可能小却能描述大部分正常数据的边界. SVDD 的解由拉格朗日乘子的形式给出, 而这些拉格朗日乘子由 SVDD 的对偶优化问题求取. 设 J_d 是 SVDD 的对偶优化问题中目标函数的值, 而 $J_d(-k)$ 则是剔除第 k 个特征后目标函数的值. 当第 k 个特征不重要时, J_d 和 $J_d(-k)$ 之间的差则会比较大; 当第 k 个特征优于其他特征时, J_d 和 $J_d(-k)$ 之间的差则会比较小. 设 $DJ_d(k)$ 是 J_d 和 $J_d(-k)$ 之间的差, 如 $DJ_d(k) = J_d - J_d(-k)$. 因此最差的特征 k^* 可以由下式求取:

$$k^* = \arg\max_k DJ_d(k). \tag{3.7}$$

假设仍然使用 RFE 作为所提准则的搜索方法, SVDD-dual-objective-RFE 特征选择方法[3] 也包括两种情形: 训练集中没有异常数据和存在一小部分异常数据.

设训练集仅由 N 个正常数据构成. 为了考查在训练集中剔除某一特征后对目标函数值 J_d 的影响, 需要在每一个剔除候选特征后的剩余特征上训练相应的 SVDD 描述边界. 然而, 随着训练集特征个数的增加, 为每一个候选特征训练一个边界的计算复杂度会迅速增加, 这样会使得这一训练过程不可行. 一般情况下, 当从训练样本集中剔除一个特征时, 对应于样本 $\mathbf{x}_i$ 的拉格朗日乘子 α_i 的改变量可以忽略不计[1]. 因此可以在不重新训练描述边界的情况下计算剔除某一特征的影响. 利用 SVDD 对偶优化问题中目标函数在剔除第 k 个特征后的近似值作为 $J_d(-k)$, 如下式所示

$$\begin{aligned} J_d(-k) = &\sum_{i=1}^{N} \alpha(-k)_i (\mathbf{x}(-k)_i \cdot \mathbf{x}(-k)_i) \\ &- \sum_{i=1}^{N}\sum_{j=1}^{N} \alpha(-k)_i \alpha(-k)_j (\mathbf{x}(-k)_i \cdot \mathbf{x}(-k)_j), \end{aligned} \tag{3.8}$$

其中 $(-k)$ 表示剔除第 k 个成分. 剔除第 k 个特征的影响可以由下面的准则函数来计算:

$$DJ_d(k) = J_d - J_d(-k). \tag{3.9}$$

引入核函数 $K(\mathbf{x}_i, \mathbf{x}_j)$, J_d 可以表示为

$$J_d = \sum_{i=1}^{N} \alpha_i K(\mathbf{x}_i, \mathbf{x}_i) - \sum_{i=1}^{N}\sum_{j=1}^{N} \alpha_i \alpha_j K(\mathbf{x}_i, \mathbf{x}_j). \tag{3.10}$$

用于线性核函数、高斯核函数及多项式核函数的目标函数概括在表 3.3 中.

表 3.3 训练集中仅有正常数据时对于不同核函数类型的 SVDD-dual-objective-RFE 准则函数

核函数类型	SVDD-dual-objective-RFE 准则函数
线性核	$\sum_{i=1}^{N}\alpha_i(\mathbf{x}_i\cdot\mathbf{x}_i)-\sum_{i=1}^{N}\sum_{j=1}^{N}\alpha_i\alpha_j(\mathbf{x}_i\cdot\mathbf{x}_j)$
高斯核	$\sum_{i=1}^{N}\alpha_i-\sum_{i=1}^{N}\sum_{j=1}^{N}\alpha_i\alpha_j e^{-\frac{\lVert\mathbf{x}_i-\mathbf{x}_j\rVert^2}{\sigma}}$
多项式核	$\sum_{i=1}^{N}\alpha_i(\mathbf{x}_i\cdot\mathbf{x}_i)^d-\sum_{i=1}^{N}\sum_{j=1}^{N}\alpha_i\alpha_j(\mathbf{x}_i\cdot\mathbf{x}_j)^d$

设训练集由 N 个正常数据和 M 个异常数据构成, SVDD 对偶优化问题中的目标函数表示如下[1]

$$
\begin{aligned}
J=&\sum_{i=1}^{N}\alpha_i(\mathbf{x}_i\cdot\mathbf{x}_i)-\sum_{k=1}^{M}\alpha_k^*(\mathbf{x}_k^*\cdot\mathbf{x}_k^*)-\sum_{i,j=1}^{N}\alpha_i\alpha_j(\mathbf{x}_i\cdot\mathbf{x}_j)\\
&-\sum_{k,l=1}^{M}\alpha_k^*\alpha_l^*(\mathbf{x}_k^*,\mathbf{x}_l^*)+2\sum_{i=1}^{N}\sum_{k=1}^{M}\alpha_i\alpha_k^*(\mathbf{x}_i\cdot\mathbf{x}_k^*),
\end{aligned}
\tag{3.11}
$$

其中 $\mathbf{x}_i$ 和 $\mathbf{x}_k^*$ 分别为正常数据和异常数据, 而 α_i 和 α_k^* 则分别为它们对应的拉格朗日乘子. 在这种情形下, $J_d(-k)$ 表示如下

$$
\begin{aligned}
J_d(-k)=&\sum_{i=1}^{N}\alpha(-k)_i(\mathbf{x}(-k)_i\cdot\mathbf{x}(-k)_i)-\sum_{l=1}^{M}\alpha(-k)_l^*(\mathbf{x}(-k)_l^*\cdot\mathbf{x}(-k)_l^*)\\
&-\sum_{i,j=1}^{N}\alpha(-k)_i\alpha(-k)_j(\mathbf{x}(-k)_i\cdot\mathbf{x}(-k)_j)-\sum_{l,p=1}^{M}\alpha(-k)_l\alpha(-k)_p(\mathbf{x}(-k)_l^*\\
&\cdot\mathbf{x}(-k)_p^*)+2\sum_{i=1}^{N}\sum_{l=1}^{M}\alpha(-k)_i\alpha(-k)_l^*(\mathbf{x}(-k)_i\cdot\mathbf{x}(-k)_l^*).
\end{aligned}
\tag{3.12}
$$

通过引入核函数, J_d 按以下公式计算:

$$
\begin{aligned}
J_d=&\sum_{i=1}^{N}\alpha_iK(\mathbf{x}_i\cdot\mathbf{x}_i)-\sum_{k=1}^{M}\alpha_k^*K(\mathbf{x}_k^*\cdot\mathbf{x}_k^*)-\sum_{i,j=1}^{N}\alpha_i\alpha_jK(\mathbf{x}_i\cdot\mathbf{x}_j)\\
&-\sum_{k,l=1}^{M}\alpha_k^*\alpha_l^*K(\mathbf{x}_k^*,\mathbf{x}_l^*)+2\sum_{i=1}^{N}\sum_{k=1}^{M}\alpha_i\alpha_k^*K(\mathbf{x}_i\cdot\mathbf{x}_k^*).
\end{aligned}
\tag{3.13}
$$

不同核函数类型对应的不同目标函数如表 3.4 所示.

表 3.4 训练集由正常数据和少量异常数据构成时对于不同核函数类型的 SVDD-dual-objective-RFE 准则函数

核函数类型	SVDD-dual-objective-RFE 准则函数
线性核	$\sum_{i=1}^{N}\alpha_i(\mathbf{x}_i\cdot\mathbf{x}_i)-\sum_{k=1}^{M}\alpha_k^*(\mathbf{x}_k^*\cdot\mathbf{x}_k^*)-\sum_{i,j=1}^{N}\alpha_i\alpha_j(\mathbf{x}_i\cdot\mathbf{x}_j)-\sum_{k,l=1}^{M}\alpha_k^*\alpha_l^*(\mathbf{x}_k^*,\mathbf{x}_l^*)+2\sum_{i=1}^{N}\sum_{k=1}^{M}\alpha_i\alpha_k^*(\mathbf{x}_i\cdot\mathbf{x}_k^*)$
高斯核	$\sum_{i=1}^{N}\alpha_i-\sum_{k=1}^{M}\alpha_j^*-\sum_{i,j=1}^{N}\alpha_i\alpha_j e^{-\frac{\Vert\mathbf{x}_i-\mathbf{x}_j\Vert^2}{\sigma}}-\sum_{k,l=1}^{M}\alpha_k^*\alpha_l^* e^{-\frac{\Vert\mathbf{x}_k^*-\mathbf{x}_l^*\Vert^2}{\sigma}}+2\sum_{i=1}^{N}\sum_{k=1}^{M}\alpha_i\alpha_k^* e^{-\frac{\Vert\mathbf{x}_i-\mathbf{x}_k^*\Vert^2}{\sigma}}$
多项式核	$\sum_{i=1}^{N}\alpha_i(\mathbf{x}_i\cdot\mathbf{x}_i)^d-\sum_{k=1}^{M}\alpha_k^*(\mathbf{x}_k^*\cdot\mathbf{x}_k^*)^d-\sum_{i,j=1}^{N}\alpha_i\alpha_j(\mathbf{x}_i\cdot\mathbf{x}_j)^d-\sum_{k,l=1}^{M}\alpha_k^*\alpha_l^*(\mathbf{x}_k^*\cdot\mathbf{x}_l^*)^d+2\sum_{i=1}^{N}\sum_{k=1}^{M}\alpha_i\alpha_k^*(\mathbf{x}_i\cdot\mathbf{x}_k^*)^d$

SVDD-dual-objective-RFE 特征选择的过程概括在算法 3.2 中.

算法 3.2 SVDD-dual-objective-RBF 特征选择算法

初始化 给定训练集 $\mathbf{X}=[\mathbf{x}_1,\mathbf{x}_2,\cdots,\mathbf{x}_N]^{\mathrm{T}}$, 选取核函数, 训练 SVDD, 初始化保留特征子集 $\mathbf{s}=[1,2,\cdots,d]$ 和特征排序列表 $\mathbf{r}=[\,]$.

repeat

步骤 1: 构造新的约简训练数据集 $\mathbf{X}_{reduced}=\mathbf{X}[:,\mathbf{s}]$;

步骤 2: 利用 $\mathbf{X}_{reduced}$ 训练 SVDD 以求得拉格朗日乘子

$$\alpha_1,\alpha_2,\cdots,\alpha_N,\alpha_1^*,\alpha_2^*,\cdots,\alpha_M^*;$$

步骤 3: 计算第 k $(k=1,2,\cdots,d)$ 维特征的准则函数值 $DJ_d(k)=J_d-J_d(-k)$;

步骤 4: 寻找候选特征指标 i, 使其满足 $i=\arg\min\limits_k DJ_d(k)$;

步骤 5: 更新特征排序列表 $\mathbf{r}=[\mathbf{s}(i),\mathbf{r}]$;

步骤 6: 在保留特征子集中剔除第 i 个特征 $\mathbf{s}=\mathbf{s}-\{\mathbf{s}(i)\}$.

until $\mathbf{s}=[\,]$.

输出 特征排序列表 $\mathbf{r}$.

3.1.3 过滤式特征选择

前两节中的特征选择方法在选取特征子集时均需使用 SVDD 评判特征的优劣, 因此可以看作包裹式 (wrapper) 特征选择. 除此之外, 还有另外两类常用的特征选择方法, 即过滤式 (filter) 和嵌入式 (embedding). 相比较而言, 过滤式特征选择使用灵活、运算效率高, 应用最为广泛. 在两类分类和多类分类情形中, 类标信息被过滤式特征选择方法用于指导较优特征子集的选取. 然而, 单类分类中所有的训练样本都属于同一个类别, 因此必须将传统的过滤式特征选择方法加以改进, 才能用于单类分类.

对于分类问题, 存在大量用于衡量特征重要性的度量. 通常情况下, 若剔除某一特征后比剔除之前导致了给定重要性度量的恶化, 则该特征被认为是重要特征[4]. 已有的特征重要性度量可以分为以下五类[5].

一致性 (consistency) 若两个样本的特征值相同但所属类别不同, 则称它们是不一致的, 否则, 是一致的. 一致性常用不一致率来衡量, 其尝试找出与原始特征集具有相同判别能力的最小的特征子集.

依赖性 (dependency) 又称为相关性 (correlation), 通常利用 Pearson 相关系数来计算特征与类别之间的相关度, 若某个特征与类别之间的相关度大于另一个特征与类别之间的相关度, 则认为前者优于后者. 同样也可以计算得到特征与特征之间的相关度, 特征与特征之间的相关度越低越好.

距离 (distance) 通常也认为是分离性、差异性或者辨识能力的度量. 常用的距离度量有欧氏距离、Minkowski 距离、Chebyshev 距离等. 两类分类问题中, 对于两个特征, 如果前者引起的两类条件概率差异性大于后者, 则认为前者更优.

信息 (information) 信息度量通常采用信息增益或者互信息衡量. 信息增益定义为先验不确定性与期望的后验不确定性之间的差异, 它能有效地选出关键特征, 剔除无关特征. 互信息描述的是两个随机变量之间相互依存关系的强弱. 信息度量函数在过滤式特征选择方法中起着重要的作用, 尽管其有多种不同的形式, 但是目的相同, 均是使得所选择的特征子集与类别的相关性最大, 子集中特征之间的相关性最小.

准确性 (precision) 使用分类器的性能作为最终的评价阈值. 它倾向选择那些在分类器上表现较好的特征子集. 与前四类度量不同, 该度量通常用于包裹式特征选择.

然而, 上述五类特征重要性度量的计算均需利用类别信息. 对于单类分类问题, 所有的训练样本均使用相同的类标, 所以上述五种重要性度量不能直接用于单类分类. 此外, 一种可行的思路是将适用于无类标样本的特征选择方法[5] 用于单类分类. 单类分类特征选择的特点是选取能够描述同一单类样本的特征子集, 这与无监督学习有所不同, 无监督学习的特征选择则是选取能够刻画多组样本的特征子集. 因此, 在将用于无类标数据的特征选择方法用于单类分类问题时, 也需要加以调整.

以下是五种可用于单类分类的特征重要性度量.

谱得分 (spectral score, SPEC)　该度量既可以用于带类标样本集的特征评价, 也可用于无类标样本集的特征评价[6]. 首先利用所有的样本对构造相似度矩阵 $\mathbf{S}$, 通常使用径向基函数计算两个样本 $\mathbf{x}_i$ 和 $\mathbf{x}_j$ 间的相似度, 如下式所示

$$S_{ij} = e^{-\frac{\|\mathbf{x}_i - \mathbf{x}_j\|^2}{2\sigma^2}}. \tag{3.14}$$

因此, 基于相似度矩阵 $\mathbf{S}$, 可以得到样本间的连接图 G. 图 G 有 N 个顶点, 表示数据集中的 N 个样本, 样本间的连接权重用它们之间的相似度表示. 对于相似度大的一对样本, 它们在图结构中的特征一致性往往具有相同的值[6]. 图 G 的谱可被用于评价特征的重要性, 进而可根据重要性的不同对特征进行排序. 该准则可直接用于单类分类, 按照一致性和相似性对特征进行排序.

信息得分 (information score, IS)　Mitra 等[7] 为无类标数据提出了信息度量, 如下式所示

$$E = -\sum_{i=1}^{N}\sum_{j=1}^{N} S_{ij}\log_2 S_{ij} + (1 - S_{ij})\log_2(1 - S_{ij}), \tag{3.15}$$

其中相似度 S_{ij} 由式 (3.14) 求取. 式 (3.15) 中相似度矩阵的熵值越小, 样本间的相似度越高, 对应的组内随机性则会越低. 对于单类分类, 将相似度的值归一化到区间 $[0.5, 1]$ 而非 $[0, 1]$. 若样本间相似度较低, 其值会接近 0.5, 进而会得到较高的熵值. 相反, 若样本间相似度较高, 其值会接近 1, 进而会得到较低的熵值. 为了利用该准则估计每一维特征的重要性, 可以利用从数据集中将其剔除前后熵值的变化来衡量. 若剔除某一特征后, 熵值降低, 则认为该特征具有较高的重要性.

Pearson 相关 (Pearson correlation, PC)　Pearson 相关性度量可被用于衡量某一特征与其他特征之间的相关程度. 它能够用于检验特征之间是否线性相关, 且其值域为 $[-1, 1]$. 对于样本的每一维特征, 可以计算它与其他特征之间 Pearson 相关系数之和, 作为该特征的重要性度量. 对于特征 f_i, 其相关系数和可由下式求取:

$$corr(f_i) = \sum_{j=1}^{d} |pearson(f_i, f_j)|. \tag{3.16}$$

若式 (3.16) 的值越低, 表明特征 f_i 重要性程度越高.

类内距离 (intra-class distance, ICD)　类内距离度量的计算公式可表示如下

$$IE = \frac{1}{N}\sum_{i=1}^{N} d(\mathbf{x}_i, \bar{\mathbf{x}}), \tag{3.17}$$

其中 $\bar{\mathbf{x}}$ 为类中心. 单类分类更偏好于具有较低值的类内距离. 与 IS 类似, 可以

利用剔除某一特征前后 IE 值的变化衡量该特征的重要程度. 若剔除某一特征后, IE 值减小的量较大, 则表明该特征更优. 式 (3.17) 中的距离可以采用欧氏距离.

四分位差 (Interquartile range, IQR) 该度量利用特征取值的四分位数来考虑其分布. 使用该度量的动机在于若某一特征能够较好地刻画某一特定类别, 则该特征的取值会更为集中, 而这些取值的集中程度可以由四分位差反映出来. 图 3.2 展示了 UCI 机器学习数据库[8] 中 *Iris* 数据集的不同特征取值的箱图. 由图 3.2 可以看出, 对于类别 Setosa, 花瓣长度和花瓣宽度两个特征的取值分布比其他两个特征的取值分布更为集中. 据此可知花瓣长度和花瓣宽度两个特征相较于萼片长度和萼片宽度两个特征更优.

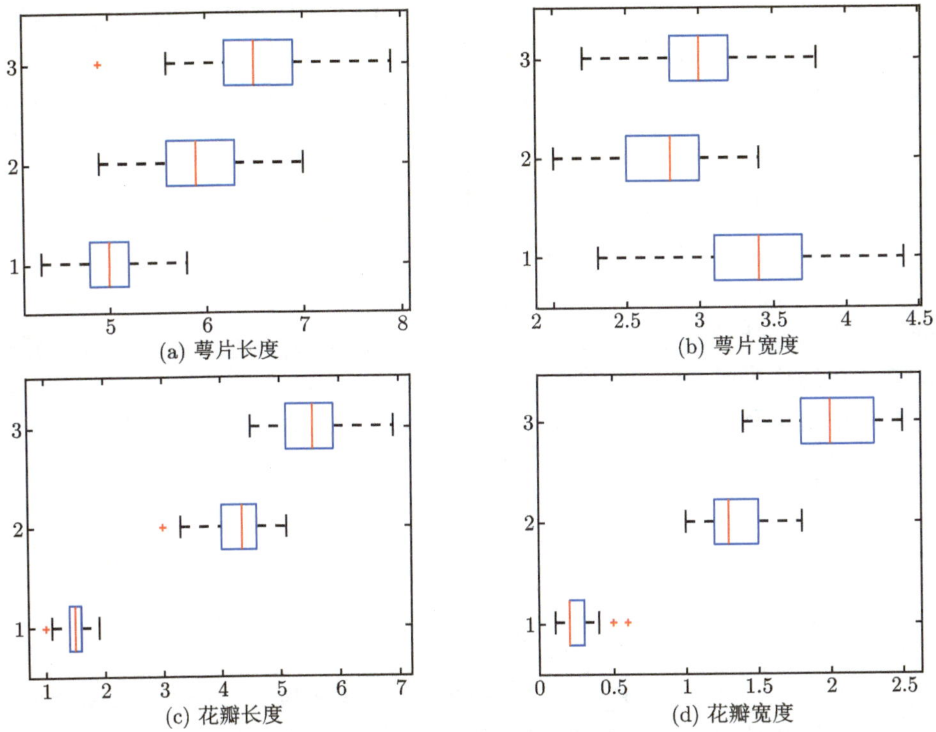

图 3.2 Iris 数据集中特征取值的箱图

子图中按从上向下的顺序对应的类别分别是 Virginica, Versicolor 和 Setosa.

上述五种度量均可独立地完成特征的排序, 但是每一个准则仅能针对单类数据集的某个特殊的方面, 并且都存在不足. 为了综合利用多种度量产生的排序结果, 可以考虑融合多组特征排序结果, 即排序融合 (rank aggregation). 排序融合的基本思想是, 将多个特征排序算法得到的特征排序序列, 按照某种机制进行融合, 进而得到一个最优的排序结果. 图 3.3 给出了特征排序融合的基本框架.

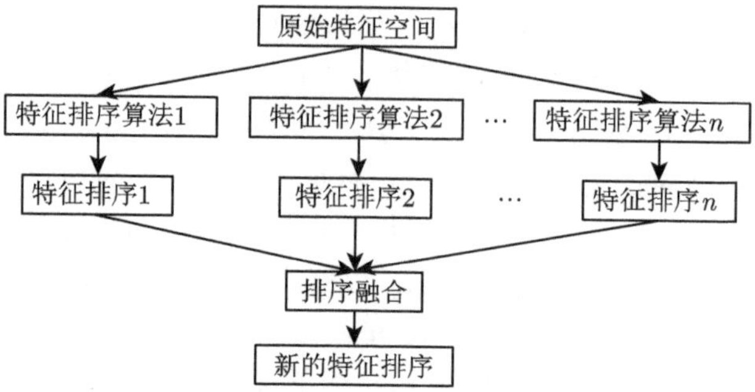

图 3.3　特征排序融合

Lorena 等[9] 在单类分类的过滤式特征选择中使用了三种排序融合策略: 平均融合 (mean aggregation)[10]、投票法[11,12] 和 Borda 计数法[13]. 平均融合可以看作 "线性求和" 规则排序融合[14] 的特殊情形. 后者将每个特征在不同度量下获得的排序值求和作为融合排序值. 对于第 i 个特征, 其融合排序值为

$$s_F(i) = w_1 s_1(i) + w_2 s_2(i) + \cdots + w_n s_n(i), \quad i = 1, 2, \cdots, d, \tag{3.18}$$

其中 $w_1, w_2, \cdots, w_n$ 分别代表各个不同度量在融合中所占的权重, $s_1(i), s_2(i), \cdots, s_n(i)$ 为不同度量在第 i 个特征上的排序值. 通过对权重大小的调整, 可实现不同度量对融合重要性的调整. 当 $w_1 = w_2 = \cdots = w_n = 1/n$ 时, "线性求和" 规则排序融合即可退化为平均融合.

投票法是机器学习和模式识别领域中一种常用的分类器集成方法. 当将其用于排序融合时, 假设给定 n 个特征排序, 对于第 i 维特征, $ind_1(i), ind_2(i), \cdots, ind_n(i)$ 为不同度量产生的排序值在 d 位中的位次. 第 i 维特征经投票法融合后的位次为

$$Rank(i) = \underset{j \in \{1,2,\cdots,d\}}{\arg\max} \sum_{k=1}^{n} \mathbb{I}(ind_k(i) = j), \quad i = 1, 2, \cdots, d, \tag{3.19}$$

其中 $\mathbb{I}(\cdot)$ 为指示函数, 即当其自变量取值为真时, 函数值为 1; 否则, 函数值为零.

Borda 计数法是一种用于解决投票选举问题的方法. 其基本思想是通过评价者对候选人进行打分投票. 假设 n 个评价者对 d 个被评价者进行评优选举, 选举 m 个获胜者. 这里规定排在第一名的得 d 分, 排在第二名的得 $d-1$ 分, 以此类推, 最后一名候选者得 1 分. 被评价者由不同的评价者打分, 将会得到不同的分数, 这个分数就称为 Borda 分数. 最终, 累计得分排在前 m 名的获胜. 在排序融合的特征选择算法中, 其定义如下

$$Score(i) = \sum_{j=1}^{n} \pi_j(f_i), \quad i = 1, 2, \cdots, d, \tag{3.20}$$

其中 $\pi_j(f_i)$ 代表特征 f_i 在特征排序算法 π_j 中的得分.

图 3.4 展示了不同排序融合方法在 *Iris* 数据集中类别为 Setosa 的样本上的融合结果, 融合前不同的特征排序分别由上述五种单类分类的特征重要性度量求取.

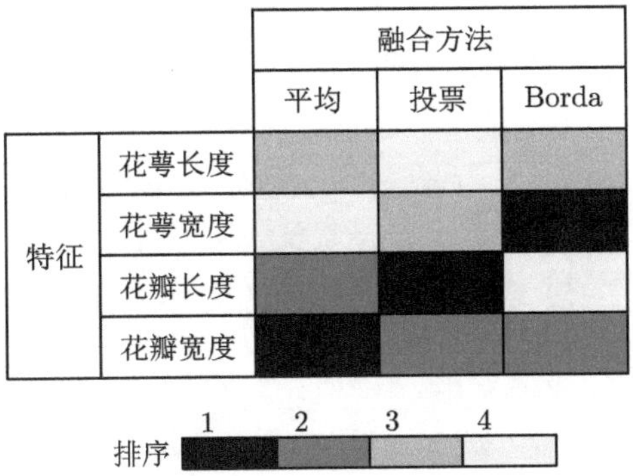

图 3.4 *Iris* 数据集中 Setosa 类上的融合结果

3.2 特征提取

特征提取是对原特征空间进行变换, 把它变换到一个低维的特征空间, 以达到降维的目的. 这类变换可以看作由高维空间向低维空间的投影, 关键问题是如何确定投影方向. 传统的特征提取方法主要有主成分分析、线性判别分析和局部保持投影. 与单类分类的特征选择类似, 将传统的特征提取方法应用于单类分类问题时, 效果往往不能尽如人意. 需要注意的是, 该部分所介绍的单类分类特征提取方法中, 部分方法也允许有少量异常数据参与训练.

3.2.1 主成分分析

主成分分析 (principal component analysis, PCA)[15] 是基于 K-L 变换的一种最优正交线性变换, 通过 PCA 可以有效地消除样本集中各个特征之间的相关性. PCA 的目的是寻找一组从原始空间映射到低维空间的正交投影向量, 并使降维后的样本方差最大. 这种方法等同于在最小二乘的意义下, 使样本和其近似向量之间的误差最小. 下面从方差最大化和误差最小化两个角度分别介绍 PCA.

3.2.1.1 方差最大化

给定样本集 $\mathbf{X} = [\mathbf{x}_1, \mathbf{x}_2, \cdots, \mathbf{x}_N] \in \Re^{d\times N}$, 其均值为

$$\bar{\mathbf{x}} = \frac{1}{N}\sum_{i=1}^{N}\mathbf{x}_i. \tag{3.21}$$

为了使样本均值为零, 首先需要对样本进行中心化处理, 即用样本集中的每个样本减去样本均值. 原始样本的协方差矩阵为

$$\boldsymbol{\Sigma} = \frac{1}{N}\sum_{i=1}^{N}(\mathbf{x}_i - \bar{\mathbf{x}})(\mathbf{x}_i - \bar{\mathbf{x}})^{\mathrm{T}}. \tag{3.22}$$

假设投影向量为 $\mathbf{w} \in \Re^d$, 且满足 $\mathbf{w}^{\mathrm{T}}\mathbf{w} = 1$, 则投影数据的方差为

$$\frac{1}{N}\sum_{i=1}^{N}\left(\mathbf{w}^{\mathrm{T}}\mathbf{x}_i - \mathbf{w}^{\mathrm{T}}\bar{\mathbf{x}}\right)^2 = \mathbf{w}^{\mathrm{T}}\boldsymbol{\Sigma}\mathbf{w}. \tag{3.23}$$

在约束条件 $\mathbf{w}^{\mathrm{T}}\mathbf{w} = 1$ 下最大化投影后样本的方差 $\mathbf{w}^{\mathrm{T}}\boldsymbol{\Sigma}\mathbf{w}$, 由拉格朗日乘子法, 即关于投影向量 $\mathbf{w}$ 最大化下式:

$$\mathbf{w}^{\mathrm{T}}\boldsymbol{\Sigma}\mathbf{w} + \lambda(1 - \mathbf{w}^{\mathrm{T}}\mathbf{w}), \tag{3.24}$$

其中 λ 为拉格朗日乘子. 对式 (3.24) 关于 $\mathbf{w}$ 求导数, 并令导数等于零, 可得

$$\boldsymbol{\Sigma}\mathbf{w} = \lambda\mathbf{w}. \tag{3.25}$$

式 (3.25) 是协方差矩阵 $\boldsymbol{\Sigma}$ 的特征方程, 计算协方差矩阵 $\boldsymbol{\Sigma}$ 的特征值和特征向量, 选取前 $d'(d' < d)$ 个最大的特征值 $(\lambda_1 \geqslant \lambda_2 \geqslant \cdots \geqslant \lambda_{d'})$ 所对应的特征向量 $\mathbf{w}_1, \mathbf{w}_2, \cdots, \mathbf{w}_{d'}$, 投影矩阵 $\mathbf{W} = [\mathbf{w}_1, \mathbf{w}_2, \cdots, \mathbf{w}_{d'}] \in \Re^{d\times d'}$ 即可求得.

3.2.1.2 误差最小化

设 $\mathbf{w}_1, \mathbf{w}_2, \cdots, \mathbf{w}_d$ 为一组完备的标准正交基向量, 其中 $\mathbf{w}_i \in \Re^d$ 且满足

$$\mathbf{w}_i^{\mathrm{T}}\mathbf{w}_j = \delta_{ij} = \begin{cases} 1, & i = j, \\ 1, & i \neq j. \end{cases} \tag{3.26}$$

利用正交基 $\mathbf{w}_1, \mathbf{w}_2, \cdots, \mathbf{w}_d$ 的完备性, 可知任何一个样本点 $\mathbf{x}_i \in \Re^d$ 可以表示为该组基的线性组合, 即

$$\mathbf{x}_i = \sum_{j=1}^{d}\alpha_{ij}\mathbf{w}_j, \quad i = 1, 2, \cdots, N, \tag{3.27}$$

其中 α_{ij} 为组合系数. 对等式 (3.27) 两边分别与 $\mathbf{w}_k$ 取内积, 可得 $\alpha_{ik} = \mathbf{x}_i^{\mathrm{T}}\mathbf{w}_k$. 据此, 式 (3.27) 可改写为

$$\mathbf{x}_i = \sum_{j=1}^{d}(\mathbf{x}_i^{\mathrm{T}}\mathbf{w}_j)\mathbf{w}_j, \quad i = 1, 2, \cdots, N. \tag{3.28}$$

PCA 的目标是将样本 $\mathbf{x}_i(i=1,2,\cdots,N)$ 投影到低维子空间, 假设该低维子空间的维数为 $d'(d'<d)$. 不失一般性, 该 d' 维线性子空间可以由前 d' 个基向量来表示, 因此样本 $\mathbf{x}_i$ 可以近似地表达为

$$\tilde{\mathbf{x}}_i=\sum_{j=1}^{d'}z_{ij}\mathbf{w}_j+\sum_{j=d'+1}^{d}b_j\mathbf{w}_j,\quad i=1,2,\cdots,N, \tag{3.29}$$

其中 $\{z_{ij}\}$ 依赖于特定的样本, 而 b_j 对所有的样本均为同一常数.

考虑所有的样本以及它们对应的近似向量, 可以构造如下目标函数[16]:

$$J=\frac{1}{N}\sum_{i=1}^{N}\|\mathbf{x}_i-\tilde{\mathbf{x}}_i\|^2=\frac{1}{N}\sum_{i=1}^{N}\left\|\mathbf{x}_i-\sum_{j=1}^{d'}z_{ij}\mathbf{w}_j-\sum_{j=d'+1}^{d}b_j\mathbf{w}_j\right\|^2. \tag{3.30}$$

对式 (3.30) 分别关于 z_{ik} 和 b_k 求偏导数, 并令偏导数为零, 可得

$$z_{ik}=\mathbf{x}_i^{\mathrm{T}}\mathbf{w}_k,\quad k=1,2,\cdots,d', \tag{3.31}$$

$$b_k=\bar{\mathbf{x}}^{\mathrm{T}}\mathbf{w}_k,\quad k=d'+1,d'+2,\cdots,d. \tag{3.32}$$

由式 (3.28), (3.29), (3.31) 和 (3.32) 可知

$$\mathbf{x}_i-\tilde{\mathbf{x}}_i=\sum_{j=d'+1}^{d}\left[(\mathbf{x}_i-\bar{\mathbf{x}})^{\mathrm{T}}\mathbf{w}_j\right]\mathbf{w}_j. \tag{3.33}$$

将式 (3.33) 代入式 (3.30) 可得

$$J=\frac{1}{N}\sum_{i=1}^{N}\sum_{j=d'+1}^{d}\left(\mathbf{x}_i^{\mathrm{T}}\mathbf{w}_j-\bar{\mathbf{x}}^{\mathrm{T}}\mathbf{w}_j\right)^2=\sum_{j=d'+1}^{d}\mathbf{w}_j^{\mathrm{T}}\boldsymbol{\Sigma}\mathbf{w}_j. \tag{3.34}$$

为了使重构误差最小, 需要在满足 $\mathbf{w}_j^{\mathrm{T}}\mathbf{w}_j=1$ 的前提下最小化式 (3.34). 由拉格朗日乘子法, 即关于投影向量 $\mathbf{w}_j$ 最小化下式:

$$\tilde{J}=\sum_{j=d'+1}^{d}\mathbf{w}_j^{\mathrm{T}}\boldsymbol{\Sigma}\mathbf{w}_j+\lambda(1-\mathbf{w}_j^{\mathrm{T}}\mathbf{w}_j). \tag{3.35}$$

对式 (3.35) 关于 $\mathbf{w}_j$ 求导数, 并令导数等于零, 可得

$$\boldsymbol{\Sigma}\mathbf{w}_j=\lambda\mathbf{w}_j.$$

计算协方差矩阵 $\boldsymbol{\Sigma}$ 的特征值和特征向量, 对特征值按从大到小的顺序排序可得 $\lambda_1\geqslant\lambda_2\geqslant\cdots\geqslant\lambda_d$, 它们对应的特征向量为 $\mathbf{w}_1,\mathbf{w}_2,\cdots,\mathbf{w}_d$. 当式 (3.34) 中

的向量 $\mathbf{w}_j$ 取为所求得的特征向量时, 目标函数 $J = \sum_{j=d'+1}^{d} \lambda_j$, 则此时仅需将 $\lambda_j(j = d'+1, \cdots, d)$ 取为后 $d-d'$ 个求得的特征值, 即可使目标函数 J 取得最小值. 最终, 可以将后 $d-d'$ 个特征向量作为非主成分, 前 d' 个特征向量作为主成分, 对应的投影矩阵 $\mathbf{W} = [\mathbf{w}_1, \mathbf{w}_2, \cdots, \mathbf{w}_{d'}] \in \Re^{d\times d'}$ 即可求得.

3.2.2 线性判别分析

线性判别分析 (linear discriminant analysis, LDA)[17] 也是一种常用的线性特征提取方法. LDA 与 PCA 的本质区别在于, LDA 考虑了样本的类别分布或类别结构, 即 LDA 的处理对象包含类别信息, 而 PCA 没有考虑样本的类别分布或类别信息. LDA 的核心思想是寻找到最佳的投影方向, 将高维的样本投影到低维子空间, 使得同类样本的投影尽可能接近, 不同类别样本的类别中心之间的距离尽可能大.

给定样本集 $\{(\mathbf{x}_i, y_i)\}_{i=1}^N$, $\mathbf{x}_i \in \Re^d$ 且 $y_i \in \{0,1\}$ 为 $\mathbf{x}_i$ 的类别标号. 设第 $i \in \{0,1\}$ 类示例的集合为 $\mathbf{X}_i$, 包含 N_i 个示例, $N = N_0 + N_1$. 两类示例的均值向量为

$$\boldsymbol{\mu}_i = \frac{1}{N_i} \sum_{\mathbf{x}\in\mathbf{X}_i} \mathbf{x}, \quad i = 0, 1. \tag{3.36}$$

两类示例的协方差矩阵为

$$\boldsymbol{\Sigma}_i = \sum_{\mathbf{x}\in\mathbf{X}_i} (\mathbf{x} - \boldsymbol{\mu}_i)(\mathbf{x} - \boldsymbol{\mu}_i)^{\mathrm{T}}, \quad i = 0, 1. \tag{3.37}$$

设投影向量为 $\mathbf{w} \in \Re^d$, 则两类样本的均值向量投影后的值分别为 $\mathbf{w}^{\mathrm{T}}\boldsymbol{\mu}_0$ 和 $\mathbf{w}^{\mathrm{T}}\boldsymbol{\mu}_1$. 两类样本的均值投影后的距离为 $\left|\mathbf{w}^{\mathrm{T}}\boldsymbol{\mu}_0 - \mathbf{w}^{\mathrm{T}}\boldsymbol{\mu}_1\right|$, 其平方可写为

$$\left|\mathbf{w}^{\mathrm{T}}\boldsymbol{\mu}_0 - \mathbf{w}^{\mathrm{T}}\boldsymbol{\mu}_1\right|^2 = \mathbf{w}^{\mathrm{T}}(\boldsymbol{\mu}_0 - \boldsymbol{\mu}_1)(\boldsymbol{\mu}_0 - \boldsymbol{\mu}_1)^{\mathrm{T}}\mathbf{w}. \tag{3.38}$$

两类样本投影以后的方差为

$$\tilde{s}_i^2 = \sum_{\mathbf{x}\in\mathbf{X}_i} (\mathbf{w}^{\mathrm{T}}\mathbf{x} - \mathbf{w}^{\mathrm{T}}\boldsymbol{\mu}_i)^2 = \sum_{\mathbf{x}\in\mathbf{X}_i} \mathbf{w}^{\mathrm{T}}(\mathbf{x} - \boldsymbol{\mu}_i)(\mathbf{x} - \boldsymbol{\mu}_i)^{\mathrm{T}}\mathbf{w} = \mathbf{w}^{\mathrm{T}}\boldsymbol{\Sigma}_i\mathbf{w}, \quad i = 0, 1. \tag{3.39}$$

若要同类样本的投影尽可能地接近, 可以让同类样本投影点的方差尽可能小, 即 $\tilde{s}_0^2 + \tilde{s}_1^2 = \mathbf{w}^{\mathrm{T}}\boldsymbol{\Sigma}_0\mathbf{w} + \mathbf{w}^{\mathrm{T}}\boldsymbol{\Sigma}_1\mathbf{w}$ 尽可能小. 此外, 若要不同类样本的类别中心之间的距离尽可能大, 可以让 $\mathbf{w}^{\mathrm{T}}(\boldsymbol{\mu}_0 - \boldsymbol{\mu}_1)(\boldsymbol{\mu}_0 - \boldsymbol{\mu}_1)^{\mathrm{T}}\mathbf{w}$ 尽可能大. 因此, LDA 需要最大化下面的目标函数:

$$J = \frac{\mathbf{w}^{\mathrm{T}}(\boldsymbol{\mu}_0 - \boldsymbol{\mu}_1)(\boldsymbol{\mu}_0 - \boldsymbol{\mu}_1)^{\mathrm{T}}\mathbf{w}}{\mathbf{w}^{\mathrm{T}}(\boldsymbol{\Sigma}_0 + \boldsymbol{\Sigma}_1)\mathbf{w}}. \tag{3.40}$$

定义类内散度矩阵 (within-class scatter matrix):

$$\mathbf{S}_w = \mathbf{\Sigma}_0 + \mathbf{\Sigma}_1 = \sum_{i=0}^{1} \sum_{\mathbf{x}\in\mathbf{X}_i} (\mathbf{x} - \boldsymbol{\mu}_i)(\mathbf{x} - \boldsymbol{\mu}_i)^{\mathrm{T}} \tag{3.41}$$

和类间散度矩阵 (between-class scatter matrix):

$$\mathbf{S}_b = (\boldsymbol{\mu}_0 - \boldsymbol{\mu}_1)(\boldsymbol{\mu}_0 - \boldsymbol{\mu}_1)^{\mathrm{T}}. \tag{3.42}$$

那么式 (3.40) 可改写为

$$J = \frac{\mathbf{w}^{\mathrm{T}}\mathbf{S}_b\mathbf{w}}{\mathbf{w}^{\mathrm{T}}\mathbf{S}_w\mathbf{w}}. \tag{3.43}$$

该优化问题的解不唯一, 可以证明, 若 $\mathbf{w}^*$ 是最优解, 将它乘上一个非零系数 k 后, $k\mathbf{w}^*$ 仍是最优解. 因此, 可以加上一个约束条件消除冗余, 同时简化问题. 不失一般性, 令 $\mathbf{w}^{\mathrm{T}}\mathbf{S}_w\mathbf{w} = 1$.

这样, 优化问题 (3.43) 转化为如下带有等式约束的极大值问题:

$$\begin{aligned} \max_{\mathbf{w}} \quad & \mathbf{w}^{\mathrm{T}}\mathbf{S}_b\mathbf{w} \\ \text{s.t.} \quad & \mathbf{w}^{\mathrm{T}}\mathbf{S}_w\mathbf{w} = 1. \end{aligned} \tag{3.44}$$

由拉格朗日乘子法, 即关于投影向量 $\mathbf{w}$ 最大化下式:

$$\tilde{J} = \mathbf{w}^{\mathrm{T}}\mathbf{S}_b\mathbf{w} + (1 - \mathbf{w}^{\mathrm{T}}\mathbf{S}_w\mathbf{w}). \tag{3.45}$$

对式 (3.45) 关于 $\mathbf{w}$ 求导数, 并令导数等于零, 可得

$$\mathbf{S}_b\mathbf{w} = \lambda\mathbf{S}_w\mathbf{w}. \tag{3.46}$$

如果 $\mathbf{S}_w$ 可逆, 式 (3.46) 两边左乘 $\mathbf{S}_w^{-1}$ 后可得

$$\mathbf{S}_w^{-1}\mathbf{S}_b\mathbf{w} = \lambda\mathbf{w}. \tag{3.47}$$

那么问题变为求解 $\mathbf{S}_w^{-1}\mathbf{S}_b$ 的特征值问题. 与 PCA 类似, 一般地, 可以取前 d' 个最大特征值 $\lambda_1 \geqslant \lambda_2 \geqslant \cdots \geqslant \lambda_{d'}$ 对应的特征向量 $\mathbf{w}_1, \mathbf{w}_2, \cdots, \mathbf{w}_{d'}$ 构成投影矩阵, 最终投影矩阵 $\mathbf{W} = [\mathbf{w}_1, \mathbf{w}_2, \cdots, \mathbf{w}_{d'}] \in \Re^{d\times d'}$ 即可求得.

3.2.3 局部保持投影

局部保持投影 (locality preserving projections, LPP)[18] 是一种基于图论的特征提取方法. 相对于 PCA 和 LDA 来说, LPP 可以提取最具判别性的特征来进行降维, 并且保持了原始空间中样本间的近邻关系, 因此在保留局部特征时具有显著的优势.

给定样本集 $\mathbf{X} = [\mathbf{x}_1, \mathbf{x}_2, \cdots, \mathbf{x}_N] \in \Re^{d\times N}$, LPP 试图寻找一组能够保持样本集中局部几何结构的投影方向. 局部几何结构一般由预先定义的 K 近邻图 $G = (V, E, S)$ 来描述, 该近邻图中的顶点集 V 对应着给定的样本集 $\mathbf{X}$, E 为边集, 其权重元素 S_{ij} 表示两个顶点 $\mathbf{x}_i$ 和 $\mathbf{x}_j$ 之间的连接强度, 定义如下

$$S_{ij} = \begin{cases} e^{-\frac{\|\mathbf{x}_i-\mathbf{x}_j\|^2}{2\sigma^2}}, & \mathbf{x}_i\text{为}\mathbf{x}_j\text{的}K\text{近邻或}\mathbf{x}_j\text{为}\mathbf{x}_i\text{的}K\text{近邻}, \\ 0, & \text{其他}, \end{cases} \tag{3.48}$$

其中近邻个数 K 和宽度参数 σ 对 LPP 的性能影响很大[19], 但是迄今为止, 仍然没出现一个为它们确定最优取值的可行方法. 尤其对于无监督情形, 自动参数选取仍然是一个难题.

在近邻图的基础之上, LPP 的优化问题表示如下

$$\begin{aligned} \min_{\mathbf{W}} \quad & \sum_{i=1}^{N}\sum_{j=1}^{N} \left\|\mathbf{W}^{\mathrm{T}}\mathbf{x}_i - \mathbf{W}^{\mathrm{T}}\mathbf{x}_j\right\|^2 S_{ij} \\ \text{s.t.} \quad & \sum_{i=1}^{N} D_{ii}\left\|\mathbf{W}^{\mathrm{T}}\mathbf{x}_i\right\|^2 = 1, \end{aligned} \tag{3.49}$$

其中 $\mathbf{W} \in \Re^{d\times d'}(d' < d)$ 为投影矩阵, $\mathbf{S} = (S_{ij})_{N\times N}$ 是由式 (3.48) 定义的邻接权重矩阵, $D_{ii} = \sum_{j=1}^{N} S_{ij}$ 反映了样本 $\mathbf{x}_i$ 附近的局部样本密度.

优化问题 (3.49) 对应的矩阵迹的比例形式为

$$\min_{\mathbf{W}} \quad \frac{\mathrm{tr}(\mathbf{W}^{\mathrm{T}}\mathbf{XLX}^{\mathrm{T}}\mathbf{W})}{\mathrm{tr}(\mathbf{W}^{\mathrm{T}}\mathbf{XDX}^{\mathrm{T}}\mathbf{W})}, \tag{3.50}$$

其中 $\mathbf{D}$ 为对角矩阵且其对角线上的元素为 $D_{ii}(i = 1, 2, \cdots, N)$, $\mathbf{L} = \mathbf{D} - \mathbf{S}$ 为拉普拉斯矩阵. 优化问题 (3.50) 是一个非凸优化问题, 所以它没有闭式解. 因此, 优化问题 (3.50) 可以变换为求解起来更为容易的形式:

$$\min_{\mathbf{W}} \quad \mathrm{tr}\left((\mathbf{W}^{\mathrm{T}}\mathbf{XDX}^{\mathrm{T}}\mathbf{W})^{-1}\mathbf{W}^{\mathrm{T}}\mathbf{XLX}^{\mathrm{T}}\mathbf{W}\right). \tag{3.51}$$

优化问题 (3.51) 可以通过求解下面的广义特征值问题进行求解:

$$\mathbf{XLX}^{\mathrm{T}}\mathbf{W} = \lambda\mathbf{XDX}^{\mathrm{T}}\mathbf{W}. \tag{3.52}$$

投影矩阵 $\mathbf{W}$ 由式 (3.52) 的最小特征值对应的特征向量组成.

3.3 基于正则化相关熵的异常检测特征提取

尽管 PCA, LDA 和 LPP 在机器学习和模式识别领域得到了广泛应用, 但是它们共同的缺点是对噪声敏感. 为了提高这些特征提取方法的抗噪声能力, 相关学者为它们提出了基于信息理论学习[20] 的版本, 如基于最大熵的 PCA[21] 和基于最大熵的鲁棒判别分析[22], Yuan 和 Hu[23] 提出了基于信息理论学习的特征提取框架, 并从理论上阐明了 LPP 是该框架下的一种特殊形式. 为了提高 McBain 和 Timusk[24] 所提出的异常检测特征提取方法的抗噪声能力, 我们提出了基于正则化相关熵的异常检测特征提取方法[25].

3.3.1 相关工作

异常检测的目的是把待测示例分类为正常数据或异常数据, 大部分异常检测方法均假定正常数据和异常数据能够被轻易地分开. 然而, 大多数情况下, 正常数据的分布往往较为密集, 而异常数据则较为分散, 这就使得正常数据与异常数据很难被分开. 此外, 很有可能正常数据和异常数据的均值完全重合, 这就使得已有的特征提取方法难以有效地处理异常检测问题. 为此 McBain 和 Timusk[24] 提出了一种异常检测特征提取方法, 简称 FEND.

给定 N_T 个正常数据 $\{\mathbf{t}_i\}_{i=1}^{N_T}$ 和 N_O 个异常数据 $\{\mathbf{o}_j\}_{j=1}^{N_O}$, 正常数据的均值由下式计算得到

$$\mathbf{m}_T = \frac{1}{N_T}\sum_{i=1}^{N_T}\mathbf{t}_i. \tag{3.53}$$

FEND 的最优投影向量 $\mathbf{w}^*$ 可以通过求解下面的优化问题求取:

$$\begin{aligned}
J(\mathbf{w}) &= \max_{\mathbf{w}}\left[\sum_{i=1}^{N_T}(\mathbf{w}^{\mathrm{T}}\mathbf{t}_i - \mathbf{w}^{\mathrm{T}}\mathbf{m}_T)^2 - \sum_{j=1}^{N_O}(\mathbf{w}^{\mathrm{T}}\mathbf{o}_j - \mathbf{w}^{\mathrm{T}}\mathbf{m}_T)^2\right] \\
&= \max_{\mathbf{w}}\left\{\sum_{i=1}^{N_T}[\mathbf{w}^{\mathrm{T}}(\mathbf{t}_i - \mathbf{m}_T)]^2 - \sum_{j=1}^{N_O}[\mathbf{w}^{\mathrm{T}}(\mathbf{o}_j - \mathbf{m}_T)]^2\right\} \\
&= \max_{\mathbf{w}}\left\{\mathbf{w}^{\mathrm{T}}\left[\sum_{i=1}^{N_T}(\mathbf{t}_i - \mathbf{m}_T)(\mathbf{t}_i - \mathbf{m}_T)^{\mathrm{T}}\right]\mathbf{w} - \mathbf{w}^{\mathrm{T}}\left[\sum_{j=1}^{N_O}[(\mathbf{o}_j - \mathbf{m}_T)(\mathbf{o}_j - \mathbf{m}_T)^{\mathrm{T}}]\right]\mathbf{w}\right\} \\
&= \max_{\mathbf{w}}\left[\mathbf{w}^{\mathrm{T}}(\mathbf{S}_T - \mathbf{O}_T)\mathbf{w}\right],
\end{aligned} \tag{3.54}$$

其中 $\mathbf{S}_T$ 和 $\mathbf{O}_T$ 分别为正常数据和异常数据的散度矩阵.

假设投影向量 $\mathbf{w}$ 满足约束 $\|\mathbf{w}\|^2 = 1$, 则求解最优投影向量 $\mathbf{w}^*$ 的优化问题为

$$\begin{aligned} \max_{\mathbf{w}} \quad & \mathbf{w}^{\mathrm{T}}(\mathbf{S}_T - \mathbf{O}_T)\mathbf{w} \\ \text{s.t.} \quad & \|\mathbf{w}\|^2 = 1. \end{aligned} \tag{3.55}$$

根据拉格朗日乘子法, 优化问题 (3.55) 的最优解可以通过求解下式得到

$$(\mathbf{S}_T - \mathbf{O}_T)\mathbf{w} = \lambda\mathbf{w}, \tag{3.56}$$

其中 λ 是拉格朗日乘子. 因为 $\mathbf{S}_T - \mathbf{O}_T$ 为半正定对称矩阵, 所以 d' 个最优的投影向量 $\mathbf{w}_1^*, \mathbf{w}_2^*, \cdots, \mathbf{w}_{d'}^*$ 为矩阵 $\mathbf{S}_T - \mathbf{O}_T$ 的 d' 个最大特征值对应的特征向量.

3.3.2　数学模型

本节将介绍基于正则化相关熵的异常检测特征提取 (feature extraction for novelty detection based on regularized correntropy criterion, FEND-RCC). 此外, 也给出其优化方法.

从信息理论学习角度来说, 相关熵 (correntropy) 被看作广义相关函数 [26]. 它被看作描述特征向量之间交互作用的相似性度量. 给定两个任意的随机变量 A 和 B, 它们之间的相关熵定义为 [27]

$$V_\sigma(A, B) = E\left[\kappa_\sigma(A - B)\right], \tag{3.57}$$

其中 $\kappa(\cdot)$ 为满足 Mercer 定理[28] 的核函数, $E[\cdot]$ 表示数学期望. 在实际应用中, 联合概率密度函数 $p_{AB}(a, b)$ 通常是未知的. 然而, 对于随机变量 A 和 B, 往往会存在一些观测值 $\{a_i, b_i\}_{i=1}^M$. 因此, 式 (3.57) 中的相关熵可以由下式加以估计:

$$\hat{V}_{M,\sigma}(A, B) = \frac{1}{M}\sum_{i=1}^{M}\kappa_\sigma(a_i - b_i). \tag{3.58}$$

当 $\kappa(\cdot)$ 取为高斯核函数时, 则有

$$\kappa_\sigma(a_i - b_i) = G(a_i - b_i) = e^{-\frac{(a_i - b_i)^2}{2\sigma^2}}. \tag{3.59}$$

于是, 式 (3.58) 可重新表示为

$$\hat{V}_{M,\sigma}(A, B) = \frac{1}{M}\sum_{i=1}^{M}G(a_i - b_i). \tag{3.60}$$

因为相关熵对噪声或离群点不敏感, 当训练样本中存在噪声时, 相关熵优于均方误差 (mean square error, MSE) 准则[27].

利用最大化正常数据与其均值的相关熵和异常数据与正常数据均值的相关熵之间的差取代异常检测特征提取的目标函数, 可以得到 FEND-RCC 的目标函数为

$$J(\mathbf{w})=\max_{\mathbf{w}}\left[\sum_{i=1}^{N_T}G_1(\mathbf{w}^{\mathrm{T}}\mathbf{t}_i-\mathbf{w}^{\mathrm{T}}\mathbf{m}_T)-\sum_{j=1}^{N_O}G_2(\mathbf{w}^{\mathrm{T}}\mathbf{o}_j-\mathbf{w}^{\mathrm{T}}\mathbf{m}_T)-\gamma\|\mathbf{w}\|^2\right], \tag{3.61}$$

其中两个高斯核函数分别为

$$G_1(\mathbf{w}^{\mathrm{T}}\mathbf{t}_i-\mathbf{w}^{\mathrm{T}}\mathbf{m}_T)=e^{-\frac{(\mathbf{w}^{\mathrm{T}}\mathbf{t}_i-\mathbf{w}^{\mathrm{T}}\mathbf{m}_T)^2}{2\sigma_1^2}} \tag{3.62}$$

和

$$G_2(\mathbf{w}^{\mathrm{T}}\mathbf{o}_j-\mathbf{w}^{\mathrm{T}}\mathbf{m}_T)=e^{-\frac{(\mathbf{w}^{\mathrm{T}}\mathbf{o}_j-\mathbf{w}^{\mathrm{T}}\mathbf{m}_T)^2}{2\sigma_2^2}}, \tag{3.63}$$

其中 σ_1 和 σ_2 均为宽度参数. 需要注意的是, 在目标函数 (3.61) 中引入了 Tikhonov 正则化项 $\|\mathbf{w}\|^2$, 其目的为了避免过拟合, 同时使得该新准则具有更强的抗噪声能力. 此外, 目标函数 (3.61) 中的 γ 是一个正则化参数.

文献 [24] 指出, 异常检测特征提取方法可以看作 PCA 的变体. 此外, 异常检测特征提取方法假定正常数据呈球形分布, 而异常数据则分布在正常数据周围. 由目标函数 (3.61) 可以看出, FEND-RCC 最小化正常数据投影的类内散度, 同时类似于最大化正常数据和异常数据投影间的类间散度, 这就使得 FEND-RCC 可以看作 LDA 的变体, 但需要注意的是, 目标函数 (3.61) 中的第二项是正常数据的投影中心与所有异常数据投影之间的距离和, 而非正常数据的投影中心和异常数据的投影中心之间的距离. 因此, 对于 FEND-RCC 而言, 可以忽略异常检测特征提取方法中对正常数据和异常数据的分布假设.

迄今为止, 存在多种方法可以求解优化问题 (3.16), 如半二次优化技术[23,28]、期望最大化 (expectation-maximization, EM) 方法[29]、基于梯度的方法[27,30]. 下面利用半二次优化技术进行求解. 根据凸共轭函数理论[28], 可知:

命题 3.1 对于 $G(\mathbf{z})=e^{-\frac{\|\mathbf{z}\|^2}{2\sigma^2}}$, 存在一个凸共轭函数 φ, 满足

$$G(\mathbf{z})=\sup_{a\in\Re^-}\left(a\frac{\|\mathbf{z}\|^2}{2\sigma^2}-\varphi(a)\right). \tag{3.64}$$

此外, 对于一个固定的 $\mathbf{z}$, 在 $a=-G(\mathbf{z})$ 时取得上确界.

对式 (3.64) 使用变量替换法, 将 $\dfrac{\mathbf{z}}{\sqrt{2}\sigma}$ 替换为 $\mathbf{z}$, 即可去掉式 (3.64) 中的系数 $\dfrac{1}{2\sigma^2}$. 根据命题 3.1 和上述变量替换, 目标函数 (3.61) 可改写为

$$\begin{aligned}\hat{J}(\mathbf{w},\boldsymbol{\alpha},\boldsymbol{\beta})=\max_{\mathbf{w},\boldsymbol{\alpha},\boldsymbol{\beta}}&\left\{\sum_{i=1}^{N_T}[\alpha_i(\mathbf{w}^{\mathrm{T}}\mathbf{t}_i-\mathbf{w}^{\mathrm{T}}\mathbf{m}_T)^2-\varphi(\alpha_i)]\right.\\&\left.-\sum_{j=1}^{N_O}[\beta_j(\mathbf{w}^{\mathrm{T}}\mathbf{o}_j-\mathbf{w}^{\mathrm{T}}\mathbf{m}_T)^2-\varphi(\beta_j)]-\gamma\|\mathbf{w}\|^2\right\},\end{aligned} \tag{3.65}$$

其中 $\boldsymbol{\alpha}=(\alpha_1,\alpha_2,\cdots,\alpha_{N_T})$ 和 $\boldsymbol{\beta}=(\beta_1,\beta_2,\cdots,\beta_{N_O})$ 均由半二次优化中的辅助变量构成. 此外, 对于固定的 $\mathbf{w}$, 下式成立:

$$J(\mathbf{w})=\hat{J}(\mathbf{w},\boldsymbol{\alpha},\boldsymbol{\beta}). \tag{3.66}$$

优化问题 (3.65) 的局部最优解可以通过以下迭代公式计算得到

$$\alpha_i^{\tau+1}=-G_1((\mathbf{w}^\tau)^{\mathrm{T}}\mathbf{t}_i-(\mathbf{w}^\tau)^{\mathrm{T}}\mathbf{m}_T), \tag{3.67}$$

$$\beta_j^{\tau+1}=-G_2((\mathbf{w}^\tau)^{\mathrm{T}}\mathbf{o}_j-(\mathbf{w}^\tau)^{\mathrm{T}}\mathbf{m}_T) \tag{3.68}$$

和

$$\begin{aligned}\mathbf{w}^{\tau+1}&=\arg\max_{\mathbf{w}}\mathbf{w}^{\mathrm{T}}\left[\sum_{i=1}^{N_T}\alpha_i(\mathbf{t}_i-\mathbf{m}_T)(\mathbf{t}_i-\mathbf{m}_T)^{\mathrm{T}}-\sum_{j=1}^{N_O}\beta_j(\mathbf{o}_j-\mathbf{m}_T)(\mathbf{o}_j-\mathbf{m}_T)^{\mathrm{T}}-\gamma\mathbf{I}\right]\mathbf{w}\\&=\arg\max_{\mathbf{w}}(\mathbf{w}^{\mathrm{T}}\mathbf{Q}\mathbf{w}-\gamma\mathbf{w}^{\mathrm{T}}\mathbf{w}),\end{aligned} \tag{3.69}$$

其中 τ 表示第 τ 次迭代, $\mathbf{Q}$ 为对称半正定矩阵.

因此, 由式 (3.69) 可以得到下式:

$$\mathbf{Q}\mathbf{w}=\gamma\mathbf{w}. \tag{3.70}$$

在第 $\tau+1$ 次迭代可以通过求解广义特征值问题 (3.70) 得到 k 个最优的投影向量 $(\mathbf{w}_1^{\tau+1})^*,(\mathbf{w}_2^{\tau+1})^*,\cdots,(\mathbf{w}_k^{\tau+1})^*$. 此外, 正则化参数 γ 的值为所求的特征向量对应的特征值.

值得一提的是, 目标函数 (3.65) 中的 $\hat{J}(\mathbf{w},\boldsymbol{\alpha},\boldsymbol{\beta})$ 在经过一定的迭代次数后收敛, 该性质可以表示如下.

命题 3.2 由式 (3.67)—(3.69) 迭代产生的序列 $\{\hat{J}(\mathbf{w}^\tau,\boldsymbol{\alpha}^\tau,\boldsymbol{\beta}^\tau),\ \tau=1,2,\cdots\}$ 收敛.

证明 根据命题 3.1 和式 (3.69) 可知 $\hat{J}(\mathbf{w}^\tau,\boldsymbol{\alpha}^\tau,\boldsymbol{\beta}^\tau)\leqslant\hat{J}(\mathbf{w}^{\tau+1},\boldsymbol{\alpha}^\tau,\boldsymbol{\beta}^\tau)\leqslant\hat{J}(\mathbf{w}^{\tau+1},\boldsymbol{\alpha}^{\tau+1},\boldsymbol{\beta}^{\tau+1})$. 因此, 序列 $\{\hat{J}(\mathbf{w}^\tau,\boldsymbol{\alpha}^\tau,\boldsymbol{\beta}^\tau),\ \tau=1,2,\cdots\}$ 是非递减的. 此外, 文献 [27] 指出相关熵是有界的, 由此可知 $J(\mathbf{w})$ 有界, 进而由 (3.66) 可得 $\hat{J}(\mathbf{w}^\tau,\boldsymbol{\alpha}^\tau,\boldsymbol{\beta}^\tau)$ 也有界. 最终可得序列 $\{\hat{J}(\mathbf{w}^\tau,\boldsymbol{\alpha}^\tau,\boldsymbol{\beta}^\tau),\ \tau=1,2,\cdots\}$ 收敛.

3.3.3 算法描述

FEND-RCC 的整个学习过程总结在算法 3.3 中. 需要指出的是, 算法 3.3 中的 E_τ 是第 τ 次迭代中的相关熵, 其计算公式如下

$$E_\tau=\frac{1}{N_T}\sum_{i=1}^{N_T}G_1(\mathbf{w}^{\mathrm{T}}\mathbf{t}_i-\mathbf{w}^{\mathrm{T}}\mathbf{m}_T)-\frac{1}{N_O}\sum_{j=1}^{N_O}G_2(\mathbf{w}^{\mathrm{T}}\mathbf{o}_j-\mathbf{w}^{\mathrm{T}}\mathbf{m}_T). \tag{3.71}$$

算法 3.3 FEND-RCC

输入 正常数据 $\{\mathbf{t}_i\}_{i=1}^{N_T}$, 异常数据 $\{\mathbf{o}_j\}_{j=1}^{N_O}$, 提取的特征个数 k.

输出 最优投影向量 $\{\mathbf{w}_q^*\}_{q=1}^{k}$.

初始化 宽度参数 σ_1 和 σ_2, 最大迭代次数 I_{HQ}, 停止阈值 ε.

步骤 1: 利用式 (3.53) 确定正常数据的均值向量;

步骤 2: 更新投影向量.

repeat

  for $\tau = 1, 2, \cdots, I_{HQ}$

    利用式 (3.67) 更新投影向量 $\boldsymbol{\alpha} = (\alpha_1, \alpha_2, \cdots, \alpha_{N_T})$ 中的元素;

    利用式 (3.68) 更新投影向量 $\boldsymbol{\beta} = (\beta_1, \beta_2, \cdots, \beta_{N_O})$ 中的元素;

    求解广义特征值问题 (3.70), 取得对应于前 k 个最大特征值的特征向量.

  end for

until $|E_\tau - E_{\tau-1}| < \varepsilon$.

根据算法 3.3, 步骤 1 需要 N_T 次运算. 对于步骤 2, 每次迭代中辅助向量 $\boldsymbol{\alpha}$ 和 $\boldsymbol{\beta}$ 的计算复杂度分别为 $O((N_T+1)d)$ 和 $O((N_O+1)d)$, 其中 d 为任意一个正常数据 $\mathbf{t}_i$ 或任意一个异常数据 $\mathbf{o}_j$ 的维数. 每次迭代中对称矩阵 $\mathbf{Q}$ 的计算复杂度为 $O(d^2N_T + d^2N_O)$. 此外, 矩阵 $\mathbf{Q}$ 的特征值分解的计算复杂度为 $O(d^3)$. 总的来看, 每次迭代中根据式 (3.70) 计算 k 个投影向量 $\mathbf{w}_1, \mathbf{w}_2, \cdots, \mathbf{w}_k$ 的计算花费为 $O(d^2N_T + d^2N_O + d^3)$. 因此, 步骤 2 总的计算复杂度为 $O(I_{HQ}[(N_T+N_O+2)d + (N_T+N_O)d^2 + d^3])$, 其中 I_{HQ} 是半二次优化的迭代次数. 最终, 算法 3.3 总的计算复杂度为 $O(N_T + I_{HQ}[(N_T+N_O)d + (N_T+N_O)d^2 + d^3])$.

异常检测特征提取方法的计算复杂度为 $O(N_T + (N_T+N_O)d^2 + d^3)$. 此外, 若宽度参数 σ_1 和 σ_2 选取的值较为合适, 则 I_{HQ} 的值通常会小于 5. 因此, FEND-RCC 并不会比 FEND 大幅增加计算负担.

3.3.4 实验结果

在下面的实验中, FEND-RCC 与其相关方法 (PCA, LDA, LPP) 在两个人工数据集和 13 个基准数据集上进行了比较. 对于 LPP, 用于确定邻接图的 K 近邻的近邻个数取为 $K=6$, 用于确定边权重的热核的宽度参数取为 $t=0.01$.

3.3.4.1 人工数据集

FEND-RCC 的有效性在两个人工数据集上进行了验证, 其宽度参数 σ_1 和 σ_2、半二次优化的最小迭代次数和停止阈值分别取为 0.01, 0.01, 50 和 10^{-10}. 对于两个人工数据集的描述如下.

Dataset 1: 该数据集包含 110 个二维样本. 100 个正常数据由双峰高斯分布生成. 样本的两个中心分别为 $(-3.5, 3.5)^{\mathrm{T}}$ 和 $(3.5, -3.5)^{\mathrm{T}}$, 它们相应的协方差

矩阵均为 $\begin{pmatrix} 0.5 & 0 \\ 0 & 1 \end{pmatrix}$. 10 个异常数据也由双峰高斯分布生成. 样本均值分别为 $(3.5,1)^{\mathrm{T}}$ 和 $(-3.5,-1)^{\mathrm{T}}$, 它们的协方差矩阵均为 $\begin{pmatrix} 0.1 & 0 \\ 0 & 0.1 \end{pmatrix}$. 图 3.5 展示了该数据集.

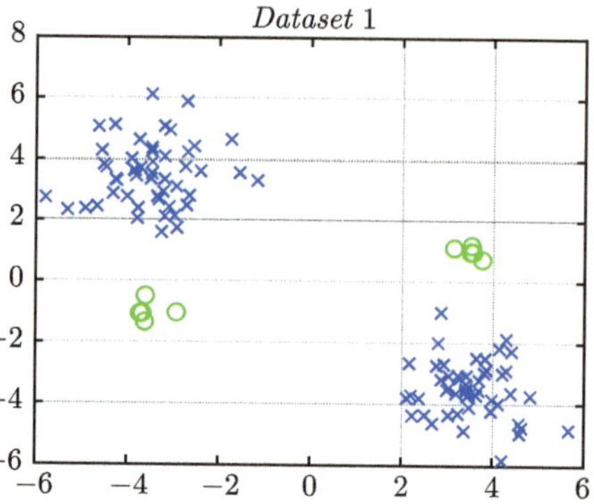

图 3.5　*Dataset*1 中的二维样本

其中×表示正常数据, ○表示异常数据, 余同.

*Dataset*2: 该人工数据集由 275 个三维样本构成, 其中 100 个正常数据随机地分布于一个底面位于 xOy 平面上且半径为 50 的圆柱体中, 剩余的 175 个异常数据随机地分布于圆柱体外且满足半径为 100 的球体内. 此 275 个三维样本和它们的二维投影分别如图 3.6(a) 和图 3.6(b) 所示.

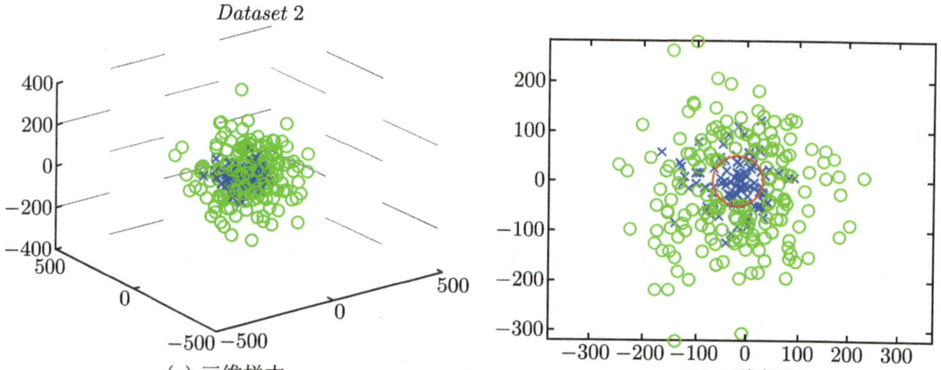

(a) 三维样本　　(b) 二维投影

图 3.6　*Dataset*2 中的三维样本及它们的二维投影

PCA, LDA, LPP, FEND(异常检测特征提取) 及 FEND-RCC 在 *Dataset*1 上的结果如图 3.7 所示. 与其他四种特征提取方法相比, FEND-RCC 取得了更优的投影方向, 原因在于它能够有效地将正常数据和异常数据分开. 然而, PCA, LDA, LPP 和 FEND 则不能在 *Dataset* 1 上找到合适的投影方向.

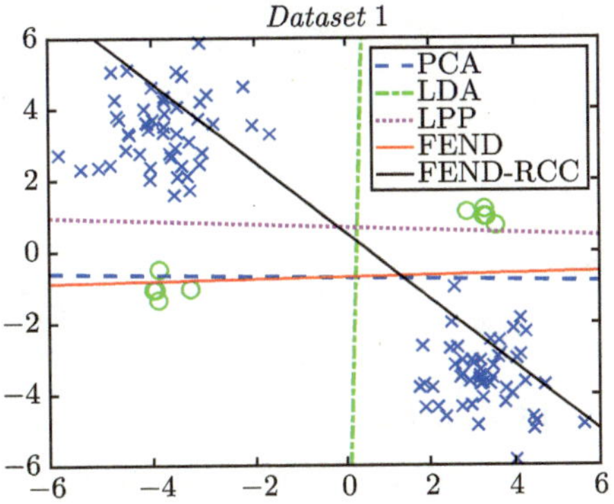

图 3.7 五种特征提取方法 (PCA, LDA, LPP, FEND 和 FEND-RCC) 在 *Dataset* 1 上的投影方向

图 3.8 展示了上述五种特征提取方法在 *Dataset* 2 上的二维投影结果. 从图 3.8(e) 可以发现 FEND-RCC 更优, 原因在于没有异常数据落入半径为 50 的圆内.

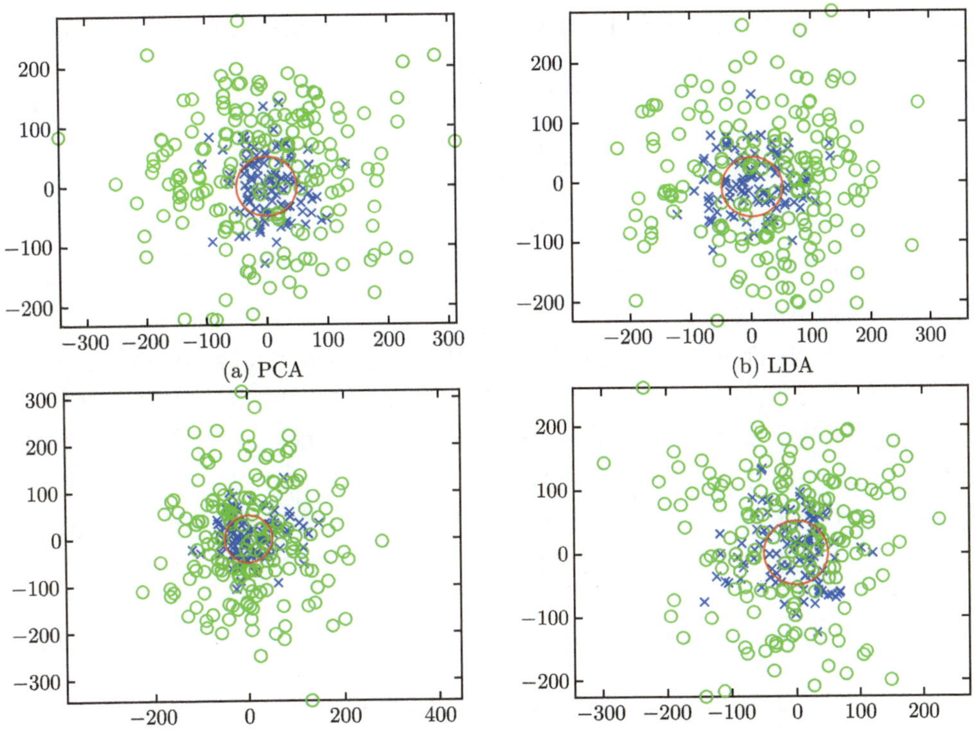

(a) PCA (b) LDA (c) LPP (d) FEND

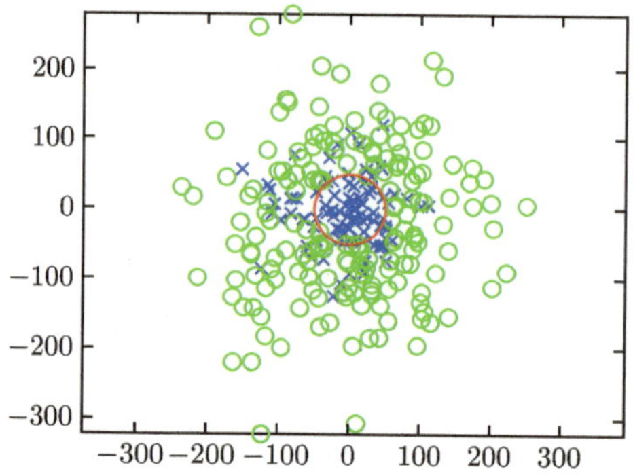

(e) FEND-RCC

图 3.8　PCA, LDA, LPP, FEND 和 FEND-RCC 在 *Dataset* 2 上的二维投影结果

因此, 从图 3.8 可以推断出 FEND-RCC 在 *Dataset* 2 上优于其他四种特征提取方法.

3.3.4.2　基准数据集

为了进一步验证 FEND-RCC 的性能, 将它与其他四种特征提取方法在 13 个基准数据集上进行比较. FEND-RCC 的宽度参数均由 Silverman 规则[31] 确定:

$$\sigma_i = 1.06 \times \min\{\sigma_{E_i}, R_i/1.34\} \times M_i^{-1/5}, \quad i = 1, 2, \tag{3.72}$$

其中 σ_{E_1} 和 σ_{E_2} 分别为 $\left\{\left\|\mathbf{w}^{\mathrm{T}}\mathbf{t}_i - \mathbf{w}^{\mathrm{T}}\mathbf{m}_T\right\|/N_T\right\}_{i=1}^{N_T}$ 和 $\left\{\left\|\mathbf{w}^{\mathrm{T}}\mathbf{o}_j - \mathbf{w}^{\mathrm{T}}\mathbf{m}_T\right\|/N_O\right\}_{j=1}^{N_O}$ 的标准差, R_1 和 R_2 分别是 $\left\{\left\|\mathbf{w}^{\mathrm{T}}\mathbf{t}_i - \mathbf{w}^{\mathrm{T}}\mathbf{m}_T\right\|/N_T\right\}_{i=1}^{N_T}$ 和 $\left\{\left\|\mathbf{w}^{\mathrm{T}}\mathbf{o}_j - \mathbf{w}^{\mathrm{T}}\mathbf{m}_T\right\|/N_O\right\}_{j=1}^{N_O}$ 的误差四分位距, 此外 $M_1 = N_T$ 且 $M_2 = N_O$. FEND-RCC 的最大迭代次数和停止阈值分别设置为 50 和 10^{-10}.

另外, 为了评价不同特征提取方法的性能, 最小球最大间隔 (small sphere and large margin, SSLM)[32] 被用作处理异常检测的方法. SSLM 通过在高维特征空间中构造一个最小球将正常数据与异常数据分开, 同时最大化最小球与异常数据之间的间隔. SSLM 的所有参数均通过训练集上的 5 折交叉验证和格搜索策略获得. 本实验中 SSLM 的参数取值范围与文献 [32] 相同. 此外, 几何均值 (geometric mean, g-mean) 被用于度量不同方法的性能. g-mean 的表达公式如下 [32]

$$g = \sqrt{a^+ \times a^-}, \tag{3.73}$$

其中 a^+ 和 a^- 分别表示某一分类器在正常数据和异常数据上的分类准确率. 对于每一个数据集, 每一方法均重复 20 次, 将平均值作为最终的结果.

在 13 个基准数据集中, 前 7 个选自 Rätsch 的基准数据集①, 剩余的 6 个取自 UCI 机器学习数据库[8]. 然而, 这 13 个数据集均用于两类分类. 为了使它们适用于单类分类, 将每个数据集中的某一类样本用作正常数据, 另一类样本用作异常数据. 此外, 对于每个数据集, 从正常数据中随机选取 70%放入训练集, 并从异常数据中随机选取一小部分放入训练集, 使得训练集中的正常数据占 95%而训练集中异常数据占 5%. 剩余的 30%正常数据和所有异常数据用作测试集. 此外, 如果当训练集中异常数据的个数小于 5 个时, 从异常数据中随机选取 5 个放入训练集. 对实验中所用到的 13 个基准数据集的描述概括在表 3.5 中.

表 3.5 实验中所使用的 13 个基准数据集

数据集	正常数据个数	异常数据个数	N_T	N_O	特征个数
Breast Cancer	77	186	54	5	9
Diabetis	268	500	188	10	8
Flare Solar	94	50	66	5	9
German	300	700	210	11	20
Heart	120	150	84	5	13
Housing	245	261	172	9	13
Thyroid	65	150	46	5	5
Cancer	239	444	167	9	9
Cleverland Heart	214	83	150	8	13
Hepatitis	123	32	86	5	19
Liver	145	200	102	5	6
Pima	268	500	188	10	8
Sonar	111	97	78	5	60

五种特征提取方法在每个数据集上抽取的特征个数均由其训练集上的 5 折交叉验证求取. 最终, 五种方法在 13 个基准数据集上的平均测试准确率及 20 次实验结果的标准差总结在表 3.6 中. 另外, 使用配对 T 检验考查了 FEND-RCC 是否与其他特征提取方法有统计差异. 使用所有特征的 SSLM 和使用 FEND-RCC 所得特征的 SSLM 之间的统计差异也用配对 T 检验进行了检查.

由表 3.6 中的结果可以看出, 经过 FEND-RCC 特征提取后, SSLM 在 13 个基准数据集上的泛化能力能够得以提升. 除了 *Flare Solar* 和 *Housing*, FEND 在其他数据集上并不能提高 SSLM 的判别能力. 从表 3.6 中的结果还可以发现, FEND-RCC 在大部分数据集上均取得了优于 PCA, LDA, LPP 和 FEND 的性能. 此外, 考虑到平均测试准确率, 表 3.6 中标准差的值表明 FEND-RCC 在大部分数据集上比 PCA, LDA, LPP 和 FEND 更为稳定.

① http://theoval.cmp.uea.ac.uk/~gcc/matlab/default.html#benchmarks

表 3.6　不同方法在 13 个基准数据集上得到的平均测试准确率和标准差

数据集	SSLM *p*-value	PCA+SSLM *p*-value	LDA+SSLM *p*-value	LPP+SSLM *p*-value	FEND+SSLM *p*-value	FEND-RCC +SSLM
Breast Cancer	0.5296±0.05	0.5188±0.06	0.5307±0.06	0.4961±0.05	0.5059±0.06	0.5483±0.09
	0.0074	0.0017	0.0519	0.0043	0.0119	
Diabetis	0.6816±0.04	0.6750±0.03	0.6581±0.06	0.6757±0.03	0.5593±0.05	0.6915±0.06
	0.2615	0.0317	0.0116	0.0498	1.02E−007	
Flare Solar	0.3671±0.10	0.4524±0.04	0.5476±0.09	0.5619±0.06	0.5071±0.06	0.5877±0.06
	9.26E−007	2.84E−007	0.0469	0.0862	0.0013	
German	0.6086±0.03	0.6390±0.05	0.6408±0.07	0.6239±0.04	0.5567±0.05	0.6538±0.03
	5.00E−004	0.0033	1.15E−005	5.02E−004	2.10E−012	
Heart	0.7023±0.08	0.70.11±0.06	0.7354±0.07	0.7180±0.06	0.6291±0.04	0.7404±0.03
	0.0551	0.0040	0.0449	0.0155	1.34E−010	
Housing	0.6473±0.04	0.7447±0.06	0.7594±0.04	0.7114±0.07	0.6502±0.04	0.8118±0.03
	6.15E−011	4.23E−005	1.57E−005	6.63E−006	1.06E−009	
Thyroid	0.9286±0.04	0.8718±0.07	0.8424±0.06	0.9139±0.07	0.8811±0.08	0.9329±0.05
	0.7598	4.34E−004	2.38E−004	0.2139	0.0441	
Cancer	0.9535±0.02	0.9587±0.02	0.9638±0.02	0.9598±0.01	0.9286±0.02	0.9662±0.01
	0.0379	0.0179	0.1715	0.0653	5.80E−008	
Cleverland	0.6473±0.04	0.6868±0.07	0.6624±0.04	0.6791±0.04	0.6086±0.04	0.7786±0.05
Heart	6.73E−007	5.31E−006	2.23E−007	5.54E−006	9.84E−009	
Hepatitis	0.6441±0.08	0.6806±0.05	0.6917±0.08	0.6303±0.07	0.6407±0.08	0.6965±0.07
	0.0227	0.2104	0.8574	0.0034	0.0116	
Liver	0.4999±0.06	0.4711±0.05	0.4866±0.07	0.4798±0.04	0.4979±0.05	0.5611±0.09
	0.0136	0.0111	0.0096	0.0102	0.0322	
Pima	0.5839±0.07	0.6275±0.06	0.6307±0.11	0.6140±0.10	0.5405±0.10	0.6460±0.06
	0.0220	0.4671	0.4412	0.2995	0.0043	
Sonar	0.6411±0.07	0.7288±0.06	0.6075±0.08	0.6533±0.06	0.6038±0.06	0.73.12±0.08
	8.31E−004	0.9097	1.56E−009	2.15E−004	8.29E-006	

另外, 对于表 3.6 中的测试结果, 还有一点需要说明. 在所有的数据集中, FEND-RCC+SSLM 在 *Breast Cancer*, *Flare Solar* 和 *Liver* 上产生了较差的泛化能力. 产生这种现象的原因有两个. 第一, 对于这三个数据集, 异常数据的个数仅为 5 个, 这就使得所选的异常数据很难代表所有的异常数据. 第二, 在异常数据上的测试准确率较低会导致在整个数据集上的准确率也会变得较低. 例如, FEND-RCC+SSLM 在 *Liver* 的正常数据和异常数据上的测试准确率分别为 0.8140 和 0.3868, 因此, 在 *Liver* 整个测试集上的 g-mean 则为 0.5611.

3.4 基于模拟退火的 SVDD 特征提取和参数选择

众所周知, 参数的设置和特征的品质是影响 SVDD 性能的两个关键点. 我们将 SVDD 的特征提取和参数选择问题结合在一起, 提出了一种基于模拟退火的 SVDD 特征提取和参数选择方法 (SA-SVDD)[33]. 在模拟退火的过程中, 最优核参数、折中参数以及抽取特征的维数被自动选择. 实验结果表明, 与传统的参数选择方法相比, SA-SVDD 取得了更优的性能.

SA-SVDD 主要有两方面的工作. 一方面, 在模拟退火的过程中, 最优核参数 γ、正类折中参数 C_1、负类折中参数 C_2 可自动获得. 另一方面, 为了消除数据中的冗余特征, 使用主成分分析 (PCA) 特征提取方法进行降维, 此处, 抽取特征的数目也被自动选择.

与相关方法对比, SA-SVDD 有如下优点:

(1) 不易陷入局部极优, 它不需要将参数空间划分成若干小区间, 也不必一个格一个格跳跃式地搜索, 因此, 与格搜索相比, SA-SVDD 有范围更大的取值空间且不易陷入局部极优;

(2) 有效剔除冗余特征, 在完成参数选择的同时, 它能自动选择抽取特征的维数并完成特征提取, 而在以往的方法中, 模拟退火往往仅被用于参数选择, 因此不能在完成参数选择的同时剔除冗余特征;

(3) 性能良好, 它的时间消耗比格搜索低, 却有更高的分类准确率.

3.4.1 模拟退火

模拟退火 (simulated annealing, SA) 算法是由 Metropolis 等提出的一种常用的启发式随机搜索算法, 它从解空间中的某个随机初始点开始, 然后在初始点周围产生一个随机扰动来生成新解, 若新解朝着更优的方向移动, 就接受该解, 否则以一定概率接受它. 换言之, 模拟退火算法不仅接受较优的解, 在一定情况下还接受一些较差的解, 这有助于模拟退火算法避免陷入局部极优, 而收敛到全局最优.

文献 [34] 对 Romeijn 等提出的 “Hide-and-Seek” 模拟退火算法进行了详细的介绍, 本章所提方法采用了 “Hide-and-Seek” 模拟退火算法. 图 3.9 描述了 “Hide-and-Seek” 模拟退火算法的主要过程.

它与传统的模拟退火算法主要有两点区别. 第一, 新解的产生方法. 传统的模拟退火算法是在初始解的近邻空间产生新解, 而 “Hide-and-Seek” 模拟退火算法产生的新解在所有可行解空间中, 因此 “Hide-and-Seek” 模拟退火算法更合理, 省去了不必要的迭代步骤; 第二, 传统的模拟退火算法需要等退火周期循环结束时才进行退火, 而 "Hide-and-Seek" 模拟退火算法只要找到一个使目标函数更优的解, 就立即退火.

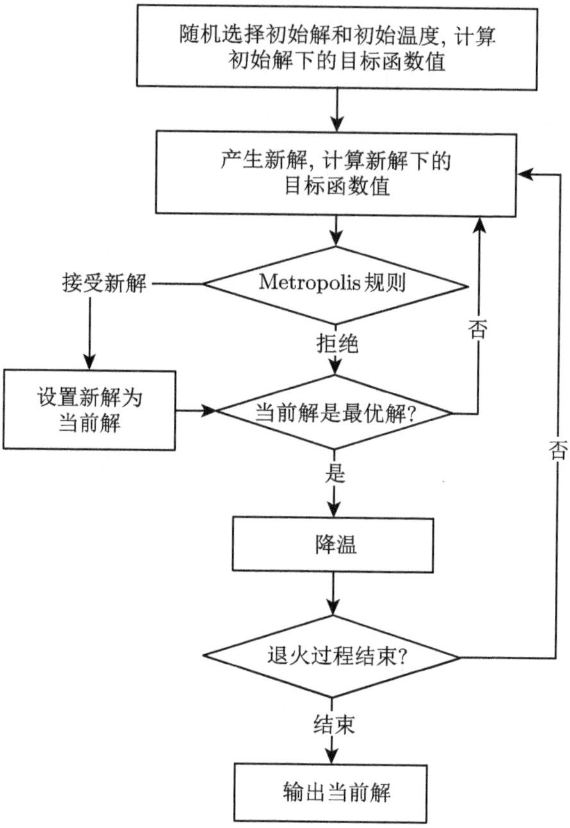

图 3.9　"Hide-and-Seek" 模拟退火的过程

3.4.2　SA-SVDD

下面将对 SA-SVDD 进行详细的描述. 为了消除冗余特征, 在参数选择过程中, 同时使用了 PCA 特征提取方法. SA-SVDD 需要将参数选择和特征提取结合起来统一处理. 因此, 在模拟退火的过程中需要同时确定四个参数, 即核参数 γ、折中参数 C_1 和 C_2 以及抽取特征的维数 d. 图 3.10 给出了解的表示形式. 在没有特征提取的情况下, 仅需确定前 3 个参数.

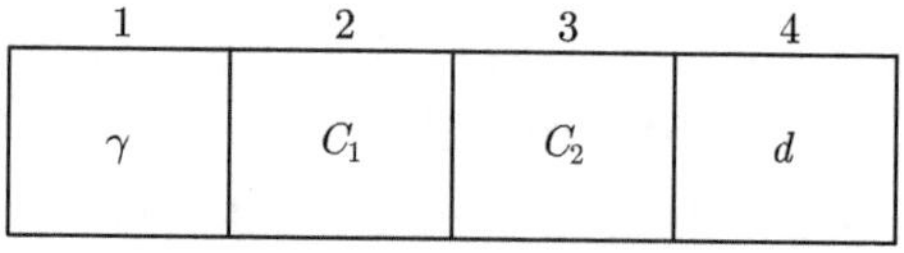

图 3.10　解的表示形式

SA-SVDD 的构造过程可以概括为以下 4 步.

(1) 数据尺度变换.

文献 [34] 指出, 数据尺度变换可以克服不同特征取值范围差异较大的缺陷. SA-SVDD 亦采用文献 [34] 中数据尺度变换的方法将数据的特征取值范围变换到区间 $[-1,1]$ 上, 即采用如下的变换公式:

$$f'_{ij} = \left(\frac{f_{ij} - \min\{f_{ij}|i=1,2,\cdots\}}{\max\{f_{ij}|i=1,2,\cdots\} - \min\{f_{ij}|i=1,2,\cdots\}}\right) \times 2 - 1, \tag{3.74}$$

其中 f_{ij} 是第 i 个样本的第 j 个特征值, 而 f'_{ij} 是 f_{ij} 变换后的特征值.

(2) 设定退火参数.

在模拟退火过程中, 主要涉及四个参数, 分别是初始温度 T_0、冷却速度、最大迭代次数 Itr、可行解空间. 初始温度应选取得足够高, 这是为了防止模拟退火算法陷入局部极优的陷阱中; 冷却速度是指温度下降的速率, 在理论中模拟退火算法只有以对数函数 $\ln k$ 速率下降时才收敛到全局最优, 但在实际中下降速率太慢很难满足需要, 于是出现了许多近似方法, 本算法中采用的 "Hide-and-Seek" 模拟退火算法就是其中一种, 可行解空间就是所求解所在的范围.

(3) 产生初始解与新解.

在可行解空间中, 初始解的设定采用的是随机选择的方法, 然后为初始解增加较小的随机增量, 来产生一个新的可行解.

(4) 目标函数的设定.

将 SVDD 的验证准确率作为目标函数, 此处, 采用几何均值 (g-mean) 来计算验证准确率. 在计算目标函数时, 在训练集上采用了 5 折交叉验证, 并将 5 次的平均验证准确率作为目标函数值.

在算法 3.4 中, 对计算目标函数的过程做了总结.

算法 3.4 SA-SVDD 的目标函数值计算

输入 训练集 $\mathbf{X} = \{\mathbf{x}_1, \mathbf{x}_2, \cdots, \mathbf{x}_k\}$ 和一个解 $S' = [\gamma, C_1, C_2, d]$.

输出 $S' = [\gamma, C_1, C_2, d]$ 的目标函数.

步骤 1: 在交叉验证的每一轮中, 将训练集 $\mathbf{X}$ 划分成训练部分 Tr 和验证部分 Va;

步骤 2: 使用 PCA, 将 Tr 中的数据降到 d 维;

步骤 3: 使用参数 γ, C_1, C_2 训练 SVDD;

步骤 4: 在验证集 Va 上使用 PCA 降维, 降维后的维数为 d;

步骤 5: 在 Va 上计算验证准确率, 然后回到步骤 1, 开始下一轮的交叉验证, 直到 5 步都执行完, 转向步骤 6;

步骤 6: 以第 5 步中的平均验证准确率作为目标函数值.

SA-SVDD 不断地进行 "产生新解 $\rightarrow$ 计算目标函数差 $\rightarrow$ 判断是否接受新解

→ 接受或舍弃新解" 的过程, ΔE 表示新解的目标函数值与当前解的目标函数值之间的差值, 如果 $\Delta E \geqslant 0$, 新解就会被接受, 否则就产生一个随机数 $\varepsilon \in [0,1]$, 若 $e^{\Delta E/T} \geqslant \varepsilon$ 新解亦会被接受. 若新解的目标函数值大于当前最优解的目标函数值, 即将新解作为最优解, 立刻降温. 算法 3.5 展示了 SA-SVDD 的构造过程.

算法 3.5 基于 SA-SVDD 特征提取和参数选择

输入 训练集 $\mathbf{X} = \{\mathbf{x}_1, \mathbf{x}_2, \cdots, \mathbf{x}_k\}$ 和可行解空间, 最大迭代次数 Itr.

输出 最优参数 $S_{opt} = [\gamma^*, C_1^*, C_2^*, d^*]$.

步骤 1: 设置一个随机可行解 $S_0 = [\gamma, C_1, C_2, d]$ 和一个初始温度 $T = T_0$, $S_{opt} = S_0$, 令 $denom = 1.0/0.9^2 - 1.0$, $chi2 =$ 自由度为 4 的 χ^2 分布 0.99 分位数, $t = 1$.

步骤 2: 在可行解空间中, 对初始解 S_0 产生一个随机扰动, 生成新解 S_{new}.

步骤 3: 根据算法 3.4 分别计算初始解和新解的目标函数值 $f(S_0)$ 和 $f(S_{new})$.

步骤 4: 判断新解是否被接受.

    $\Delta E = f(S_{new}) - f(S_0)$;
    if ($\Delta E \geqslant 0$)
        $acprate$=1;
    else
        $acprate$=$e^{\Delta E/T}$;
    end
    生成区间 (0,1) 中的随机数 ε;
    if ($acprate \geqslant \varepsilon$)
        $S_0 = S_{new}$;
    end

步骤 5: 判断当前解是不是最优解, 若是最优解, 立即退火.

    if ($f(S_{opt}) \leqslant f(S_0)$)
    {
        $fx2 = f(S_{opt})$, $fx1 = f(S_0)$, $ftmp = (fx1 - fx2)/denom$;
        $T = 2 * (ftmp - fx1)/chi2$, $S_{opt} = S_0$;
    }
    end
    $t = t+1$;

步骤 6: 如果 $t < Itr$, 返回步骤 2; 否则, 退出.

3.4.3 实验结果

为了评价所提 SA-SVDD 的分类性能, 将它与基于模拟退火的参数选择方法 (未经特征提取)、格搜索方法进行对比. 在实验比较中, 使用了 6 个 UCI 基准数据集 [8], 即 *Iris*, *Breast Cancer* (*Wisconsin*), *Biomed*, *Automobile*, *Sonar* 和 *Wine*. 需要指出的是, 有些数据集的类别个数多于两类. 为了使上述数据集适用于异常检测，将相应的数据集人为地分为两类. 具体操作如下: 对于 *Iris* 数据集, 将类别为 Setosa 的数据作为正常数据, 而类别为 Versicolor 的样本用作异常数据. 对于 *Breast Cancer* 数据集, 将属于 malignant 的数据作为正类数据, 其余数据作为异常数据. *Automobile* 中, 将第一个特征值小于等于 0 的数据用作正类数据, 其余的数据作为异常数据. *Sonar* 中, 将属于 mines 的数据用作异常数据. *Wine* 中, 类别标签为 1 的样本是正类数据, 其余的数据用作异常数据.

此外, 随机选择 70%的正常数据和小部分的异常数据来构建训练集. 在训练集中, 91%的训练数据是正常数据而只有 9%的训练数据是异常数据. 为了保证在 SVDD 训练过程有异常数据参与训练, 训练集中必须保证至少有 5 个异常数据. 实验数据总结在表 3.7 中. 对于每个数据集, #pos 表示整个数据集中正常数据的个数, #neg 是整个数据集中异常数据的个数. 训练集中正常数据个数用 $m1$ 表示, $m2$ 则是训练集中异常数据的个数.

表 3.7 实验中所使用的 6 个基准数据集

数据集	特征个数	#pos	#neg	$m1$	$m2$
Automobile	25	71	88	49	5
Biomed	5	127	67	89	9
Breast Cancer	9	241	458	169	17
Iris	4	50	100	35	5
Sonar	60	111	97	78	8
Wine	13	59	119	41	5

在实验中, 将初始温度设定为 107, 最大迭代次数设为 300. 解空间的范围为 $\gamma \in [0.001, 32]$, $C_1 \in [0.01, 500]$, $C_2 \in [0.01, 500]$, $d \in [1, nfea]$, $nfea$ 是样本维数. 三种方法在所有的数据集上均重复五次, 并使用五次的平均测试准确率衡量它们最终的分类效果. 实验结果如表 3.8 所示.

表 3.8 三种方法测试准确率的比较

数据集	格搜索	不带特征提取的模拟退火	SA-SVDD	
		平均测试准确率		抽取特征的个数
Automobile	0.6845±0.0347	0.7222±0.0575	0.7789±0.0270	16.200±6.8702
Biomed	0.7445±0.0586	0.7775±0.0393	0.8158±0.0441	2.2000±0.8367
Breast Cancer	0.9227±0.0263	0.9210±0.0292	0.9529±0.0327	1.4000±0.8944
Iris	0.9298±0.0515	0.9377±0.0299	1±0	1±0
Sonar	0.6262±0.0257	0.6382±0.0242	0.6780±0.0204	28.4000±19.7434
Wine	0.8359±0.0608	0.8604±0.0180	0.9161±0.0354	6.4000±1.6733

注: 表中数据全部是五次结果的平均值 ± 标准差的形式, 故 SA-SVDD 抽取特征的个数出现了小数.

从表 3.8 的结果可以发现, SA-SVDD 在所有数据集上的分类性能均优于未进行特征提取的模拟退火算法以及格搜索方法. 具体而言:

(1) 在所有数据集上, 带特征提取的 SA-SVDD 都比格搜索要好. SA-SVDD 不仅平均测试准确率高, 而且只使用了较少的特征.

(2) SA-SVDD 比基于模拟退火的 SVDD(未经特征提取) 性能要好, 这表明在参数选择过程中, 同时进行特征提取的必要性. 此外, SA-SVDD 不仅得到了最好的平均测试准确率而且也达到了最高测试准确率, 如表 3.9 所示.

表 3.9 三种方法的最高测试准确率

数据集	格搜索	不带特征提取的模拟退火	SA-SVDD	
		平均测试准确率		抽取特征的个数
Automobile	0.7285	0.7901	0.8174	18
Biomed	0.8218	0.8315	0.8733	2
Breast Cancer	0.9440	0.9361	0.9794	1
Iris	0.9661	0.9661	1	1
Sonar	0.6627	0.6667	0.7029	38
Wine	0.9048	0.8819	0.9043	6

参 考 文 献

[1] Tax D M J, Duin R P W. Support vector data description. Machine Learning, 2004, 54: 45-66.

[2] Cho H, Baek S, Youn E, Jeong M, Taylor A. A two-stage classification procedure for near-infrared spectra based on multi-scale vertical energy wavelet thresholding and SVM-based gradient-recursive feature elimination. Journal of the Operational Research Society, 2009, 60: 1107-1115.

[3] Jeong Y S, Kang I H, Jeong M K, Kong D. A new feature selection method for one-class classification problems. IEEE Transactions on Systems, Man and Cybernetics-Part C: Applications and Reviews, 2012, 42(6): 1500-1509.

[4] Liu H, Motoda H. Feature Extraction, Construction and Selection: A Data Mining Perspective. Kluwer Academic Publishers, 1998.

[5] Liu H, Yu L. Toward integrating feature selection algorithms for classification and clustering. IEEE Transactions on Knowledge and Data Engineering, 2005, 17(4): 491-502.

[6] Zhao Z, Liu H. Spectral feature selection for supervised and unsupervised learning//Proceedings of the 24th International Conference on Machine Learning, 2007: 1151-1157.

[7] Mitra P, Murthy C A, Pal S K, Unsupervised feature selection using feature similarity. IEEE Transactions on Pattern Analysis and Machine Intelligence, 2002, 24(3): 301-312.

[8] Dua D, Graff C. UCI Machine Learning Repository [http://archive.ics.uci.edu/ml]. Irvine, CA: University of California, School of Information and Computer Science, 2019.

[9] Lorena L H N, Carvalho A C P L F, Lorena A C. Filter feature selection for one-class classification. Journal of Intelligent & Robotic Systems, 2015, 80(Supplement 1): 227-243.

[10] Boulesteix A L, Slawski M. Stability and aggregation of ranked gene lists. Briefings in Bioinformatics, 2009, 10(5): 556-568.

[11] Bauer E, Kohavi R. An empirical comparison of voting classification algorithms: Bagging, boosting, and variants. Machine learning, 1999, 36(1/2): 105-139.

[12] Tsymbal A, Pechenizkiy M, Cunningham P. Diversity in search strategies for ensemble feature selection. Information Fusion, 2005, 6(1): 83-98.

[13] García-Lapresta J L, Martínez-Panero M. Borda count versus approval voting: A fuzzy approach. Public Choice, 2002, 112(1/2): 167-184.

[14] 杨艺, 韩德强, 韩崇昭. 基于排序融合的特征选择. 控制与决策, 2011, 26(3): 397-401.

[15] Jolliffe I T. Principal Component Analysis. 2nd ed. New York: Springer, 2002.

[16] Bishop C M. Pattern Recognition and Machine Learning. New York: Springer, 2006.

[17] Fisher R A. The use of multiple measurements in taxonomic problems. Annals of Eugenics, 1936, 7(2): 179-188.

[18] He X, Niyogi P. Locality preserving projections//Advances in Neural Information Processing Systems, 2004, 16: 153-160.

[19] Wang F, Zhang C S. Label propagation through linear neighborhoods. IEEE Transactions on Knowledge and Data Engineering, 2008, 20(1): 55-67.

[20] Principe J C. Information Theoretic Learning: Renyi's Entropy and Kernel Perspectives. New York: Springer, 2010.

[21] He R, Hu B G, Yuan X T, Zheng W S. Principal component analysis based on nonparametric maximum entropy. Neurocomputing, 2010, 73: 1485-1852.

[22] He R, Hu B G, Yuan X T. Robust discriminant analysis based on nonparametric maximum entropy//Proceedings of the 1st Asian Conference on Machine Learning, 2009: 120-134.

[23] Yuan X T, Hu B G. Robust feature extraction via information theoretic learning// Proceedings of the 26th Annual International Conference on Machine Learning, 2009: 1193-1200.

[24] McBain J, Timusk M. Feature extraction for novelty detection as applied to fault detection in machinery. Pattern Recognition Letters, 2011, 32(7): 1054-1061.

[25] Xing H J, Ren H R. Regularized correntropy criterion based feature extraction for novelty detection. Neurocomputing, 2014, 133: 483-490.

[26] Santamaria I, Pokharel P P, Principe J C. Generalized correlation function: Definition, properties, and application to blind equalization. IEEE Transactions on Signal Processing, 2006, 54(6): 2187-2197.

[27] Liu W, Pokharel P P, Principe J C. Correntropy: Properties and applications in non-Gaussian signal processing. IEEE Transactions on Signal Processing, 2007, 55(11): 5286-5298.

[28] Rockfellar RT. Convex Analysis. Princeton: Princeton University, 1970.

[29] Yang SH, Zha H, Zhou SK, Hu BG. Variational graph embedding for globally and locally consistent feature extraction//Proceedings of the Europe Conference on Machine

Learning, 2009: 538-553.

[30] Jeong K H, Liu W, Han S, Hasanbelliu E, Principe J C. The correntropy MACE filter. Pattern Recognition, 2009, 42(5): 871-885.

[31] Silverman B W. Density Estimation for Statistics and Data Analysis. New York: Chapman and Hall, 1986.

[32] Wu M, Ye J. A small sphere and large margin approach for novelty detection using training data with outliers. IEEE Transactions on Pattern Analysis and Machine Intelligence, 2009, 31(11): 2088-2092.

[33] 邢红杰, 赵浩鑫. 基于模拟退火的 SVDD 特征提取和参数选择. 计算机科学, 2013, 40(1): 302-305.

[34] Lin S W, Lee Z J, Chen S C. Parameter determination of support vector machine and feature selection using simulated annealing approach. Applied Soft Computing, 2008, 8(4): 1505-1512.

第 4 章　基于核的单类分类器

核方法通过隐式映射将低维输入空间中的非线性问题变换到高维甚至无穷维空间中的 (近似) 线性问题来解决. 它广泛地应用于有监督学习 (如支持向量机、核判别分析) 和无监督学习 (如支持向量聚类). 针对单类分类问题, 前面的章节中已介绍了几种基于核的单类分类器, 如单类支持向量机、支持向量数据描述以及核主成分分析. 本章将着重介绍我们所提出的一些基于核的单类分类器.

4.1　鲁棒的光滑单类支持向量机

受光滑支持向量机 (smooth support vector machine, SSVM)[1] 的启发, 我们提出了鲁棒的光滑单类支持向量机 (robust smooth one-class support vector machine, RSOCSVM)[2]. RSOCSVM 利用光滑技术将单类支持向量机 (OCSVM) 的二次规划问题重新公式化为无约束优化问题. 为了提高 RSOCSVM 的抗噪声能力, 利用鲁棒的 M 估计器 (M-estimator) 代替无约束优化问题中基于 ℓ_2 范数的正则化项. 此外, 利用半二次最小化优化方法求解相应的最优化问题.

4.1.1　相关工作

光滑支持向量机 (SSVM)[1] 是传统支持向量机的一种改进方法, 它利用光滑技术, 求得光滑无约束优化问题, 并采用 Newton-Armijo 算法得到最优值. SSVM 具有强凸性、可微性和更优的性能.

设 $\mathbf{A}=[\mathbf{x}_1,\mathbf{x}_2,\cdots,\mathbf{x}_N]^{\mathrm{T}}\in\Re^{N\times d}$, 其中 $\mathbf{x}_i\in\Re^{d}(i=1,2,\cdots,N)$ 表示第 i 个样本. $\mathbf{D}$ 为 N 阶对角矩阵, 其元素 $D_{ii}\in\{-1,1\}(i=1,2,\cdots,N)$ 表示 $\mathbf{x}_i$ 对应的类别标号 y_i 的取值. Lee 和 Mangasarian[1] 将传统支持向量机的优化问题改写为以下形式:

$$\begin{aligned}\min_{\mathbf{w},b,\boldsymbol{\xi}}\quad & \frac{C}{2}\boldsymbol{\xi}^{\mathrm{T}}\boldsymbol{\xi}+\frac{1}{2}(\mathbf{w}^{\mathrm{T}}\mathbf{w}+b^2)\\ \text{s.t.}\quad & \mathbf{D}(K(\mathbf{A},\mathbf{A}^{\mathrm{T}})\mathbf{D}\mathbf{w}-\mathbf{e}b)\geqslant\mathbf{e}-\boldsymbol{\xi},\quad \boldsymbol{\xi}\geqslant\mathbf{0},\end{aligned}\tag{4.1}$$

其中 $C>0$ 为折中参数, 用来调节对错分样本的惩罚程度, $\boldsymbol{\xi}=(\xi_1,\xi_2,\cdots,\xi_N)^{\mathrm{T}}$ 为松弛变量构成的向量, $\mathbf{w}$ 为分离超平面的法向量, b 为偏差项, $K(\mathbf{A},\mathbf{A}^{\mathrm{T}})$ 是从 $\Re^{N\times d}\times\Re^{d\times N}$ 到 $\Re^{N\times N}$ 的核映射.

SSVM 的非线性分离超平面表示为

$$K(\mathbf{x}^{\mathrm{T}},\mathbf{A}^{\mathrm{T}})\mathbf{D}\mathbf{w}=b, \tag{4.2}$$

其中 $K(\mathbf{x}^{\mathrm{T}},\mathbf{A}^{\mathrm{T}})\in\Re^{N}$ 为 N 维行向量.

根据优化问题 (4.1) 的约束条件, 可知 $\boldsymbol{\xi}$ 可表达成

$$\boldsymbol{\xi}=\left(\mathbf{e}-\mathbf{D}(K(\mathbf{A},\mathbf{A}^{\mathrm{T}})\mathbf{D}\mathbf{w}-\mathbf{e}b)\right)_{+}, \tag{4.3}$$

其中 $(z)_{+}=\max\{0,z\}$. 因此, 优化问题 (4.1) 可以改写为无约束优化问题:

$$\min_{\mathbf{w},b}\ \frac{C}{2}\left\|\left(\mathbf{e}-\mathbf{D}(K(\mathbf{A},\mathbf{A}^{\mathrm{T}})\mathbf{D}\mathbf{w}-\mathbf{e}b)\right)_{+}\right\|_{2}+\frac{1}{2}(\mathbf{w}^{\mathrm{T}}\mathbf{w}+b^{2}). \tag{4.4}$$

然而, 目标函数 (4.4) 不光滑. 一般情况下, 通过光滑策略求得的优化问题的最优解往往是唯一的, 因此文献 [3] 使用光滑策略将非光滑的无约束优化问题 (4.4) 转化为光滑无约束优化问题. 引入函数 $p(\Delta,\lambda)$ 近似替代 Δ_{+}, 当 $\lambda\to\infty$ 时, $p(\Delta,\lambda)$ 收敛于 Δ_{+}. $p(\Delta,\lambda)$ 的表达公式如下

$$p(\Delta,\lambda)=\Delta+\frac{1}{\lambda}\ln\left(1+e^{-\Delta\lambda}\right),\quad \lambda>0. \tag{4.5}$$

因此, 无约束优化问题 (4.4) 可以近似于光滑无约束的最优化问题, 形式如下

$$\min_{\mathbf{w},b}\ \frac{C}{2}\left\|p\left(\mathbf{e}-\mathbf{D}(K(\mathbf{A},\mathbf{A}^{\mathrm{T}})\mathbf{D}\mathbf{w}-\mathbf{e}b),\lambda\right)\right\|_{2}^{2}+\frac{1}{2}(\mathbf{w}^{\mathrm{T}}\mathbf{w}+b^{2}). \tag{4.6}$$

式 (4.6) 进一步可表示成

$$\min_{\mathbf{u}}\ \frac{C}{2}\left\|p(\mathbf{e}-\mathbf{D}\mathbf{K}\mathbf{D}_{1}\mathbf{u},\lambda)\right\|_{2}^{2}+\frac{1}{2}\left\|\mathbf{u}\right\|_{2}^{2}, \tag{4.7}$$

其中 $\mathbf{K}=\left(-\mathbf{e},K(\mathbf{A},\mathbf{A}^{\mathrm{T}})\right)$, $\mathbf{D}_{1}=\begin{pmatrix}1 & \mathbf{0}^{\mathrm{T}}\\ \mathbf{0} & \mathbf{D}\end{pmatrix}$, $\mathbf{u}=\begin{pmatrix}b\\ \mathbf{w}\end{pmatrix}$. 优化问题 (4.7) 可以利用 Newton-Armijo 算法求解, 具体求解过程可参见文献 [1].

4.1.2 数学模型

单类支持向量机的优化问题可以改写为以下形式:

$$\begin{aligned}\min_{\boldsymbol{\xi},\boldsymbol{\alpha},\rho}\quad & \frac{1}{2\nu N}\boldsymbol{\xi}^{\mathrm{T}}\boldsymbol{\xi}+\frac{1}{2}\boldsymbol{\alpha}^{\mathrm{T}}\boldsymbol{\alpha}-\rho,\\ \text{s.t.}\quad & \sum_{j=1}^{N}\alpha_{j}K(\mathbf{x}_{i},\mathbf{x}_{j})\geqslant\rho-\xi_{i},\end{aligned} \tag{4.8}$$

$$\xi_i \geqslant 0, \quad i = 1, 2, \cdots, N,$$

其中 $\nu \in [0, 1)$ 为百分比估计参数, 是边界支持向量的上界, 也是支持向量个数的下界, $\boldsymbol{\alpha} = (\alpha_1, \alpha_2, \cdots, \alpha_N)^{\mathrm{T}}$, $K(\cdot, \cdot)$ 是核函数, ρ 是分离超平面的截距. 由优化问题 (4.8) 的约束条件可得

$$\xi_i = \left(\rho - \sum_{j=1}^{N} \alpha_j K(\mathbf{x}_i, \mathbf{x}_j)\right)_+ . \tag{4.9}$$

因此, 优化问题 (4.8) 对应的无约束优化问题为

$$\min_{\boldsymbol{\alpha}, \rho} \frac{1}{2\nu N} \sum_{i=1}^{N} \left\| \left(\rho - \sum_{j=1}^{N} \alpha_j K(\mathbf{x}_i, \mathbf{x}_j)\right)_+ \right\|_2^2 + \frac{1}{2} \boldsymbol{\alpha}^{\mathrm{T}} \boldsymbol{\alpha} - \rho. \tag{4.10}$$

与优化问题 (4.10) 对应的光滑优化问题为

$$\min_{\boldsymbol{\alpha}, \rho} \frac{1}{2\nu N} \sum_{i=1}^{N} \left\| p\left(\left(\rho - \sum_{j=1}^{N} \alpha_j K(\mathbf{x}_i, \mathbf{x}_j)\right), \lambda\right) \right\|_2^2 + \frac{1}{2} \|\boldsymbol{\alpha}\|_2^2 - \rho. \tag{4.11}$$

为了进一步提高抗噪声能力, 利用 M 估计器 [4] 代替优化问题 (4.11) 中基于 ℓ_2 范数的正则化项 $\|\boldsymbol{\alpha}\|_2^2$, 而 M 估计器可以用势函数 $\Phi(\cdot)$ 表示, 可得

$$\min_{\boldsymbol{\alpha}, \rho} \frac{1}{2\nu N} \sum_{i=1}^{N} \left\| p\left(\left(\rho - \sum_{j=1}^{N} \alpha_j K(\mathbf{x}_i, \mathbf{x}_j)\right), \lambda\right) \right\|_2^2 + \frac{1}{2} \Phi(\boldsymbol{\alpha}) - \rho. \tag{4.12}$$

为了求解优化问题 (4.12), 采用基于半二次最小化技术 [7] 的迭代方法.

命题 4.1 根据凸共轭函数 [7] 理论, 对于势函数 $\Phi(\mathbf{u})$, 存在对偶势函数 $\varphi(\mathbf{v})$, 使得

$$\Phi(\mathbf{u}) = \min_{\mathbf{v}} \left\{ \|\mathbf{u} - \mathbf{v}\|_2^2 - \varphi(\mathbf{v}) \right\}, \tag{4.13}$$

其中 $\mathbf{v}$ 为辅助变量构成的向量.

根据命题 4.1, 式 (4.12) 可以改写成

$$\begin{aligned} \min_{\boldsymbol{\alpha}, \mathbf{v}, \rho} J = \min_{\boldsymbol{\alpha}, \mathbf{v}, \rho} & \frac{1}{2\nu N} \sum_{i=1}^{N} \left\| p\left(\left(\rho - \sum_{j=1}^{N} \alpha_j K(\mathbf{x}_i, \mathbf{x}_j)\right), \lambda\right) \right\|_2^2 \\ & + \frac{1}{2} \left[\|\boldsymbol{\alpha} - \mathbf{v}\|_2^2 - \varphi(\mathbf{v}) \right] - \rho. \end{aligned} \tag{4.14}$$

求目标函数 J 关于 α_j 的偏导数, 并令偏导数为零, 同时利用式 (4.5), 可得

$$\frac{\partial J}{\partial \alpha_j} = \frac{1}{\nu N}\sum_{i=1}^{N}(\Delta_i)_+ \times \frac{\partial \Delta_i}{\partial \alpha_j} \times \frac{e^{\lambda\Delta_i}}{1+e^{\lambda\Delta_i}} + (\alpha_j - v_j), \tag{4.15}$$

其中 $\Delta_i = \rho - \sum_{j=1}^{N}\alpha_j K(\mathbf{x}_i, \mathbf{x}_j)$. 令 $h_{ij} = (\Delta_i)_+ \times \frac{\partial \Delta_i}{\partial \alpha_j} \times \frac{e^{\lambda\Delta_i}}{1+e^{\lambda\Delta_i}}$. 当 $\lambda \to \infty$ 时, $p(\Delta, \lambda)$ 收敛于 Δ_+. 此外, 当 $\lambda \to \infty$ 时,

$$h_{ij} = \begin{cases} \Delta_i \dfrac{\partial \Delta_i}{\partial \alpha_j}, & \Delta_i \geqslant 0, \\ 0, & \Delta_i < 0. \end{cases} \tag{4.16}$$

可得 $\frac{\partial J}{\partial \alpha_j} = \frac{1}{\nu N}\sum_{i=1}^{N} h_{ij} + (\alpha_j - v_j)$, 令偏导数等于零, 可得 $\alpha_j = v_j - \frac{1}{\nu N}\sum_{i=1}^{N} h_{ij}$. 因此, 可通过以下的迭代过程求解优化问题 (4.14):

$$\alpha_j^{\tau} = v_j^{\tau-1} - \frac{1}{\nu N}\sum_{i=1}^{N} h_{ij} \tag{4.17}$$

和

$$v_j^{\tau} = \alpha_j^{\tau} - \frac{\alpha_j^{\tau}}{\sqrt{\theta + (\alpha_j^{\tau})^2}}, \tag{4.18}$$

其中 τ 表示第 τ 次迭代, v_j 由势函数 $\Phi(\cdot)$ 决定. 若选用 $\ell_1 - \ell_2$ 势函数 $\Phi(t) = \sqrt{\theta + t^2}$, 则有 $v_j(t) = t - t/\sqrt{\theta + t^2}$[8].

4.1.3 实验结果

为了验证 RSOCSVM 的抗噪声能力, 将它与 OCSVM 在 2 个人工数据集和 9 个基准数据集上进行了比较.

4.1.3.1 人工数据集

对实验中用到的两个人工数据集描述如下.

Line-noise: 该数据集包含 470 个二维样本点, 其中 450 个正常数据在直线 $y = x(x \in [0, 3])$ 上随机选取. 20 个噪声点在区域 $\{(x, y)|x, y \in [0, 3]\}$ 中随机选取. OCSVM 和 RSOCSVM 均采用高斯核函数 $K(\mathbf{x}, \mathbf{y}) = e^{-\frac{\|\mathbf{x}-\mathbf{y}\|^2}{2\sigma^2}}$, 其宽度参数取为 $\sigma = 0.01$, 百分比估计参数取为 $\nu = 0.15$. RSOCSVM 的迭代优化过程中的参数设定为 $\theta = 1$. 两种方法的分类效果如图 4.1 所示.

Square-noise: 该数据集包含 900 个二维样本点, 800 个正常数据从正方形区域 $\{(x, y)|x \in [0.3, 2.7], y \in [0.3, 0.6] \cup [2.4, 2.7]\} \cup \{(x, y)|x \in [0.3, 0.6] \cup$

$[2.4, 2.7], y \in [0.3, 2.7]\}$ 中随机选取, 100 个噪声点在区域 $\{(x, y)|x, y \in [0, 3]\}$ 中随机选取. 两种方法的参数设置为 $\sigma = 0.02$, $\nu = 0.05$ 和 $\theta = 1$. 两种方法的分类效果如图 4.2 所示.

由图 4.1 和图 4.2 可以看出, RSOCSVM 的分类边界更为紧致, 因此其相对于 OCSVM 展示了更优的抗噪声能力.

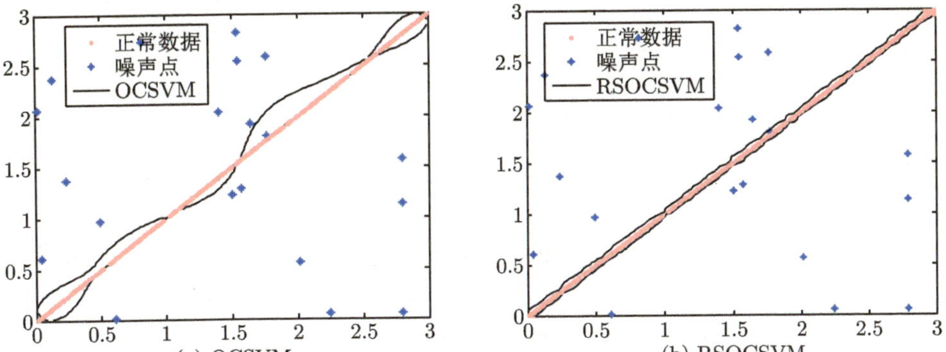

(a) OCSVM (b) RSOCSVM

图 4.1 OCSVM 和 RSOCSVM 在 *Line-noise* 上的分类效果

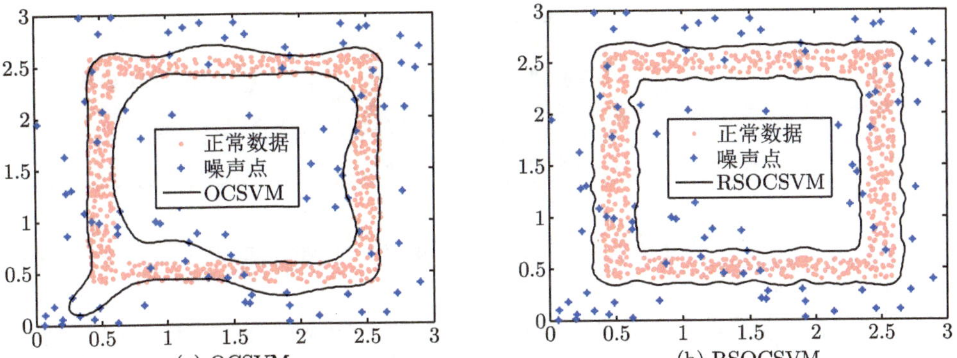

(a) OCSVM (b) RSOCSVM

图 4.2 OCSVM 和 RSOCSVM 在 *Square-noise* 上的分类效果

4.1.3.2 基准数据集

为了进一步验证 RSOCSVM 的有效性, 在基准数据集上对 OCSVM 和 RSOCSVM 进行了测试. 所使用的 9 个基准数据集均取自 UCI 机器学习数据库[9]. 对于每个数据集, 从某一类样本中随机选取 50%构成训练集, 该类中剩余的 50%和所有其他类别的样本用作测试集. 两种方法的参数设置情况如表 4.1 所示. 它们在每个数据集上重复 100 次实验, 使用 100 次所得平均测试准确率作为最终的测试准确率, 结果概括在表 4.2 中. 为了验证两种算法具有显著性差别, 使用配对 T 检验进行显著性检验, 相应的 p 值也展示在表 4.2 中.

表 4.1　OCSVM 和 RSOCSVM 在基准数据集上的参数设置

数据集	OCSVM		RSOCSVM		
	ν	σ	ν	θ	σ
Banana	0.05	0.001	0.0015	0.01	0.01
Breast Cancer	0.001	0.001	0.01	0.001	0.01
Checkdata	0.1	0.25	0.005	0.001	0.75
Glass	0.001	0.1	0.05	0.0001	0.05
Ionosphere	0.02	0.1	0.005	0.001	0.25
Iris	0.025	0.01	0.075	0.5	0.0025
Sonar	0.25	0.05	0.025	0.01	0.025
Transfusion	0.0001	0.01	0.025	0.05	0.1
Wpbc	0.001	0.2	0.0025	0.001	0.005

表 4.2　OCSVM 和 RSOCSVM 在基准数据集上的测试准确率及标准差

数据集	OCSVM 测试准确率 (p 值)	RSOCSVM 测试准确率
Banana	0.8602±0.0533(9.56E−005)	0.8898±0.0053
Breast Cancer	0.7151±0.0469(4.62E−006)	0.7299±0.0456
Checkdata	0.7553±0.1076(5.05E−015)	0.7647±0.0015
Glass	07076±0.0273(8.38E−004)	0.7158±0.0082
Ionosphere	0.8059±0.0053(4.98E−001)	0.8318±0.0030
Iris	0.8668±0.0366(7.47E−002)	0.8837±0.0119
Sonar	0.5830±0.0404(2.07E−005)	0.6016±0.0115
Transfusion	0.7720±0.0092(2.22E−001)	0.7731±0.0083
Wpbc	0.6958±0.0308(3.22E−008)	0.7143±0.0008

从表 4.2 中的结果可以发现, RSOCSVM 在所有基准数据集上的分类性能均优于 OCSVM. 具体而言:

第一, 在所有基准数据集上, RSOCSVM 的平均测试准确率均高于 OCSVM, 得到了较好的分类效果, 具有较强的鲁棒性;

第二, 从实验结果中的标准差可以看到, 考虑到平均测试准确率, RSOCSVM 方法具有更优的稳定性;

第三, 通过配对 T 检验的结果可以发现, 在大部分数据集上, RSOCSVM 与 OCSVM 具有显著性差异.

4.2　基于局部相关保留的单类支持向量机

为充分利用训练样本所具有的局部几何信息, 我们将局部相关保留 (locality correlation preserving, LCP) 引入单类支持向量机 (OCSVM), 提出了基于局部相关保留的单类支持向量机 (locality correlation preserving based one-class support vector machine, LCP-OCSVM)[10]. LCP-OCSVM 同时继承了 LCP 与 OCSVM 的优点, 既保证了特征空间中正常数据的像与原点之间的间隔最大化, 又保留了训练样本的局部相关性.

4.2.1 相关工作

OCSVM 仅用正常数据进行训练, 因此加强训练样本描述的准确性变得尤为重要. 研究者们探索了许多在训练过程中结合训练样本先验信息的分类方法, 这些方法都充分利用了样本的几何信息, 如基于协方差的单类支持向量机 (covariance-guided one-class support vector machine, COCSVM)[11] 和图嵌入单类支持向量机 (graph embedded one-class support vector machine, GE-OCSVM)[12]. 下面分别对这两种方法加以介绍.

4.2.1.1 COCSVM

COCSVM 利用训练样本的几何分布构造协方差矩阵, 用以调整分类超平面的决策方向. 其特点在于超平面的决策方向不仅受支持向量的影响, 还受其他所有训练样本的影响.

协方差矩阵可以描述数据方差由高到低的所有映射方向. 由于数据的低方差方向往往带有更多的关键信息, 因此, 将协方差矩阵运用到单类支持向量机的优化过程中, 高方差的映射方向会被惩罚得更多.

与传统 OCSVM 相同, 给定训练集 $\{\mathbf{x}_i\}_{i=1}^N$, $\mathbf{x}_i \in \Re^d$ 表示第 i 个正常数据, 在特征空间中的像为 $\phi(\mathbf{x}_i)$, 则协方差矩阵的表达式为

$$\mathbf{S} = \sum_{i=1}^{N} \left(\phi\left(\mathbf{x}_i\right) - \mathbf{m}_\phi\right)\left(\phi\left(\mathbf{x}_i\right) - \mathbf{m}_\phi\right)^{\mathrm{T}}, \tag{4.19}$$

其中 $\mathbf{m}_\phi$ 为特征空间中训练样本的平均值, 其表达式如下

$$\mathbf{m}_\phi = \frac{1}{N}\sum_{i=1}^{N} \phi\left(\mathbf{x}_i\right). \tag{4.20}$$

将协方差矩阵 $\mathbf{S}$ 运用到 COCSVM 的优化过程中, 其目标函数表达式可写为

$$\begin{aligned}
\min_{\mathbf{w},\boldsymbol{\xi},\rho} \quad & \frac{1}{2}\mathbf{w}^{\mathrm{T}}\mathbf{S}\mathbf{w} - \rho + \frac{1}{\nu N}\sum_{i=1}^{N}\xi_i \\
\text{s.t.} \quad & \mathbf{w}^{\mathrm{T}}\phi\left(\mathbf{x}_i\right) \geqslant \rho - \xi_i, \\
& \xi_i \geqslant 0, \quad i = 1, 2, \cdots, N.
\end{aligned} \tag{4.21}$$

利用拉格朗日乘子法与表示定理 [13] 对公式 (4.21) 进行求解, 并用核函数代替内积, 可得下面的优化问题:

$$\begin{aligned}
\min_{\boldsymbol{\alpha}} \quad & \frac{1}{2}\boldsymbol{\alpha}^{\mathrm{T}}\mathbf{K}\left(\mathbf{I}-\mathbf{1}_N\right)\mathbf{K}\alpha \\
\text{s.t.} \quad & \sum_{i=1}^{N}\alpha_i = 1, \\
& 0 \leqslant \alpha_i \leqslant \frac{1}{\nu N}, \quad i=1,2,\cdots,N,
\end{aligned} \tag{4.22}$$

其中 $\mathbf{I}$ 为 N 维单位矩阵, $\mathbf{1}_N$ 为全 1 的 N 维方阵, $\mathbf{K}$ 为核函数计算的核矩阵. 通过求解优化问题 (4.22) 获得 COCSVM 的支持向量, 然后根据支持向量计算偏移量 ρ, 最终得出 COCSVM 的决策函数. 根据决策函数对待测样本进行判别, 决策函数值为 $+1$, 该待测样本被判别为正常数据; 决策函数值为 -1, 该待测样本被判别为异常数据.

4.2.1.2 GE-OCSVM

局部保持投影 (LPP) 的优点是完成低维投影后仍保持样本的局部近邻结构. GE-OCSVM 结合 LPP, 对 OCSVM 中的分类间隔进行改进. 在优化进程中, 该方法利用近邻图的权重矩阵构造局部保留散布矩阵以调整单类支持向量机中法向量的方向, 使泛化能力得到进一步提高.

给定训练集 $\{\mathbf{x}_i\}_{i=1}^N$, $\phi(\mathbf{x}_i)$ 为 $\mathbf{x}_i$ 在特征空间中的像. LPP 通过构造近邻图来揭示数据内部所蕴含的局部几何信息, 对于成对的两个顶点, 它们之间的相似度可由下式进行度量:

$$v_{ij} = e^{-\|\phi(\mathbf{x}_i)-\phi(\mathbf{x}_j)\|^2/\sigma}, \tag{4.23}$$

其中 $\|\mathbf{x}\|^2 = \sum_{i=1}^{N}\mathbf{x}_i^2$ 表示 $\Re^d$ 中的欧氏范数, σ 表示大于 0 的热核系数, 对 $\phi(\mathbf{x}_i)$ 与 $\phi(\mathbf{x}_j)$ 之间的欧氏距离进行缩放. 随后, K 近邻图的权重矩阵可表示为

$$\mathbf{V} = \begin{cases} v_{ij}, & \phi(\mathbf{x}_j) \in ne(\phi(\mathbf{x}_i)) \text{ 或 } \phi(\mathbf{x}_i) \in ne(\phi(\mathbf{x}_j)), \\ 0, & \text{其他}, \end{cases} \tag{4.24}$$

其中 $ne(\phi(\mathbf{x}_i))$ 表示特征空间中 $\phi(\mathbf{x}_i)$ 的 K 近邻.

根据权重矩阵 $\mathbf{V}$ 构造局部保留散布矩阵, 其表达式为

$$\mathbf{S}_{KNN} = \boldsymbol{\Phi}(\mathbf{D}-\mathbf{V})\boldsymbol{\Phi}^{\mathrm{T}} = \boldsymbol{\Phi}\mathbf{L}_{KNN}\boldsymbol{\Phi}^{\mathrm{T}}, \tag{4.25}$$

其中 $\mathbf{D}$ 为对角矩阵, 其对角线元素 $d_{ii} = \sum_{j=1}^{N} v_{ij}$. $\mathbf{L}_{KNN}$ 为拉普拉斯矩阵, $\mathbf{L}_{KNN} = (\mathbf{D}-\mathbf{V})$.

将局部保留散布矩阵 $\mathbf{S}_{KNN}$ 运用到 GE-OCSVM 的优化过程中, 其优化问题

$$\begin{aligned}\min_{\mathbf{w},\boldsymbol{\xi},\rho} \quad & \frac{1}{2}\mathbf{w}^{\mathrm{T}}\mathbf{S}_{KNN}\mathbf{w}-\rho+\frac{1}{\nu N}\sum_{i=1}^{N}\xi_i \\ \text{s.t.} \quad & \mathbf{w}^{\mathrm{T}}\phi(\mathbf{x}_i)\geqslant\rho-\xi_i, \\ & \xi_i\geqslant 0,\quad i=1,2,\cdots,N.\end{aligned} \tag{4.26}$$

随后, 对优化问题 (4.26) 进行求解, 最后获得 GE-OCSVM 的判别函数, 根据判别函数对待测数据进行分类.

4.2.2 数学模型

由文献 [12] 可知, 图嵌入单类支持向量机将 LPP 与 OCSVM 相结合, 既考虑了训练样本的局部几何信息又继承了 OCSVM 的优点. LPP 通过构造近邻图来揭示训练样本所蕴含的局部几何信息, 与式 (4.24) 类似, 权重矩阵 $\mathbf{V}$ 中第 (i,j) 项 v_{ij} 的表达形式如下:

$$v_{ij}=\begin{cases} e^{-\frac{\|\phi(\mathbf{x}_i)-\phi(\mathbf{x}_j)\|^2}{\sigma}}, & \phi(\mathbf{x}_j)\in ne(\phi(\mathbf{x}_i)) \text{ 或 } \phi(\mathbf{x}_i)\in ne(\phi(\mathbf{x}_j)), \\ 0, & \text{其他}, \end{cases} \tag{4.27}$$

其中 $ne(\phi(\mathbf{x}_i))$ 表示特征空间中 $\phi(\mathbf{x}_i)$ 的 K 近邻.

由式 (4.27) 可知, 权重矩阵 $\mathbf{V}$ 中的元素 v_{ij} 虽然描述了连接 $\mathbf{x}_i$ 与 $\mathbf{x}_j$ 的边的权重, 却忽略了 $\mathbf{x}_i$ 与 $\mathbf{x}_j$ 的相关性. 为了优化以上问题, 提出局部相关加权矩阵 $\boldsymbol{\Lambda}$ 以度量上述相关性.

定义 4.1 给定训练集 $\mathbf{X}=[\mathbf{x}_1,\mathbf{x}_2,\cdots,\mathbf{x}_N]$, 相似性矩阵如式 (4.27) 所示, 则 $\boldsymbol{\Lambda}$ 的第 (i,j) 项 λ_{ij} 可表示为

$$\lambda_{ij}=\frac{v_{ij}}{\displaystyle\sum_{j\in ne(\phi(\mathbf{x}_i))}v_{ij}}. \tag{4.28}$$

因此, 训练样本中的局部相关几何信息可通过式 (4.28) 保留. 对于训练样本 $\mathbf{x}_i$ 而言, 传统 LPP 中权重矩阵 $\mathbf{V}$ 的组成元素 v_{ij} 只考虑了单个样本 $\mathbf{x}_j$ 对 $\mathbf{x}_i$ 的影响, 而在局部相关保留 (LCP) 中局部相关加权矩阵 $\boldsymbol{\Lambda}$ 的组成元素 λ_{ij} 考虑了所有近邻对样本 $\mathbf{x}_i$ 的影响.

随后, 局部相关保留散布矩阵可由以下方式构造.

定义 4.2 给定训练集 $\mathbf{X}=[\mathbf{x}_1,\mathbf{x}_2,\cdots,\mathbf{x}_N]$, 两个训练样本之间的局部相关关系可由公式 (4.28) 度量, 则局部相关保留散布矩阵可定义为

$$\mathbf{P}=\sum_{i=1}^{N}\left(\phi(\mathbf{x}_i)-\sum_{j\in ne(\phi(\mathbf{x}_i))}\lambda_{ij}\phi(\mathbf{x}_j)\right)\left(\phi(\mathbf{x}_i)-\sum_{j\in ne(\phi(\mathbf{x}_i))}\lambda_{ij}\phi(\mathbf{x}_j)\right)^{\mathrm{T}}$$

$$
\begin{aligned}
&= \sum_{i=1}^{N} \left(\phi(\mathbf{x}_i) - \boldsymbol{\Phi}\boldsymbol{\lambda}_i^{\mathrm{T}}\right)\left(\phi(\mathbf{x}_i) - \boldsymbol{\Phi}\boldsymbol{\lambda}_i^{\mathrm{T}}\right)^{\mathrm{T}} \\
&= \boldsymbol{\Phi}\left(\mathbf{I} - \boldsymbol{\Lambda}^{\mathrm{T}}\right)\left(\mathbf{I} - \boldsymbol{\Lambda}^{\mathrm{T}}\right)^{\mathrm{T}}\boldsymbol{\Phi}^{\mathrm{T}},
\end{aligned} \tag{4.29}
$$

其中 $\boldsymbol{\lambda}_i = (\lambda_{i1}, \lambda_{i2}, \cdots, \lambda_{iN})$, $\mathbf{I}$ 是与局部相关保留散布矩阵 $\mathbf{P}$ 维数相同的单位矩阵.

令 $\mathbf{L} = \left(\mathbf{I} - \boldsymbol{\Lambda}^{\mathrm{T}}\right)\left(\mathbf{I} - \boldsymbol{\Lambda}^{\mathrm{T}}\right)^{\mathrm{T}}$, 则有

$$
\mathbf{P} = \boldsymbol{\Phi}\mathbf{L}\boldsymbol{\Phi}^{\mathrm{T}}. \tag{4.30}
$$

为了避免 $\mathbf{P}$ 奇异, 引入正则化项, 式 (4.30) 可改写为

$$
\tilde{\mathbf{P}} = \mathbf{P} + r\mathbf{I} = \boldsymbol{\Phi}\mathbf{L}\boldsymbol{\Phi}^{\mathrm{T}} + r\mathbf{I}, \tag{4.31}
$$

其中 $r > 0$ 为正则化系数.

将局部相关保留散布矩阵 $\tilde{\mathbf{P}}$ 引入 LCP-OCSVM 的原问题中, 则有

$$
\begin{aligned}
\min_{\mathbf{w},\boldsymbol{\xi},\rho} \quad & \frac{1}{2}\mathbf{w}^{\mathrm{T}}\tilde{\mathbf{P}}\mathbf{w} - \rho + \frac{1}{\nu N}\sum_{i=1}^{N}\xi_i, \\
\text{s.t.} \quad & \mathbf{w}^{\mathrm{T}}\phi(\mathbf{x}_i) \geqslant \rho - \xi_i, \\
& \xi_i \geqslant 0, \quad i = 1, 2, \cdots, N.
\end{aligned} \tag{4.32}
$$

根据表示定理 [13], 法向量 $\mathbf{w}$ 可以由正常数据在特征空间中的像线性组合而成, 即

$$
\mathbf{w} = \boldsymbol{\Phi}\boldsymbol{\alpha}, \tag{4.33}
$$

其中 $\boldsymbol{\Phi} = [\phi(\mathbf{x}_1), \phi(\mathbf{x}_2), \cdots, \phi(\mathbf{x}_N)]$.

根据式 (4.29), (4.31) 和 (4.33), 优化问题 (4.32) 可改写为

$$
\begin{aligned}
\min_{\boldsymbol{\alpha},\boldsymbol{\xi},\rho} \quad & \frac{1}{2}\boldsymbol{\alpha}^{\mathrm{T}}(\mathbf{KLK} + r\mathbf{K})\boldsymbol{\alpha} - \rho + \frac{1}{\nu N}\sum_{i=1}^{N}\xi_i \\
\text{s.t.} \quad & \boldsymbol{\alpha}^{\mathrm{T}}\mathbf{K}_i \geqslant \rho - \xi_i, \\
& \xi_i \geqslant 0, \quad i = 1, 2, \cdots, N,
\end{aligned} \tag{4.34}
$$

其中 $\mathbf{K} = \boldsymbol{\Phi}^{\mathrm{T}}\boldsymbol{\Phi}$, $\mathbf{K}_i = (k_{i1}, k_{i2}, \cdots, k_{iN})^{\mathrm{T}}$.

根据拉格朗日乘子法, 优化问题 (4.34) 的拉格朗日函数可写为

$$
\begin{aligned}
L(\boldsymbol{\alpha}, \boldsymbol{\xi}, \rho) = & \frac{1}{2}\boldsymbol{\alpha}^{\mathrm{T}}(\mathbf{KLK} + r\mathbf{K})\boldsymbol{\alpha} - \rho + \frac{1}{\nu N}\sum_{i=1}^{N}\xi_i - \sum_{i=1}^{N}\beta_i\left(\boldsymbol{\alpha}^{\mathrm{T}}\mathbf{K}_i - \rho + \xi_i\right) \\
& - \sum_{i=1}^{N}\gamma_i\xi_i,
\end{aligned} \tag{4.35}
$$

其中 $\beta_i \geqslant 0$, $\boldsymbol{\beta} = (\beta_1, \beta_2, \cdots, \beta_N)^{\mathrm{T}}$, $\gamma_i \geqslant 0$, $\boldsymbol{\gamma} = (\gamma_1, \gamma_2, \cdots, \gamma_N)^{\mathrm{T}}$. 分别求拉格朗日函数 L 关于 $\boldsymbol{\alpha}$, ξ_i 及 ρ 的偏导数, 令偏导数为零, 则有

$$\frac{\partial L}{\partial \boldsymbol{\alpha}} = 0 \Rightarrow (\mathbf{KLK} + r\mathbf{K})\,\boldsymbol{\alpha} = \sum_{i=1}^{N} \beta_i \mathbf{K}_i, \tag{4.36}$$

$$\frac{\partial L}{\partial \xi_i} = 0 \Rightarrow \gamma_i = \frac{1}{\nu N} - \beta_i, \tag{4.37}$$

$$\frac{\partial L}{\partial \rho} = 0 \Rightarrow \sum_{i} \beta_i = 1. \tag{4.38}$$

由式 (4.36) 可得

$$\boldsymbol{\alpha} = (\mathbf{KLK} + r\mathbf{K})^{-1}\,\mathbf{K}\boldsymbol{\beta}. \tag{4.39}$$

将式 (4.37)—(4.39) 代入 (4.35) 可得原优化问题的对偶优化问题, 其表达形式为

$$\begin{aligned} \min_{\boldsymbol{\beta}} \quad & \frac{1}{2}\boldsymbol{\beta}^{\mathrm{T}}\mathbf{K}\,(\mathbf{KLK} + r\mathbf{K})^{-1}\,\mathbf{K}\boldsymbol{\beta} \\ \text{s.t.} \quad & \sum_{i=1}^{N} \beta_i = 1, \\ & 0 \leqslant \beta_i \leqslant \frac{1}{\nu N}, \quad i = 1, 2, \cdots, N. \end{aligned} \tag{4.40}$$

优化问题 (4.40) 可以采用经典的二次规划软件包或者序列最小优化算法 [14] 求解. 优化问题 (4.40) 求解后, 对应于拉格朗日乘子 $\beta_i > 0$ 的样本 $\mathbf{x}_i$ 称为支持向量.

由于支持向量位于超平面上, 因此可以通过某个支持向量 $\mathbf{x}_{SV}$ 在特征空间中的像 $\phi(\mathbf{x}_{SV})$ 及法向量 $\mathbf{w}$ 的内积求出截距

$$\rho = \mathbf{w}^{\mathrm{T}}\phi(\mathbf{x}_{SV}) = \sum_{i=1}^{N} \alpha_i K(\mathbf{x}_i, \mathbf{x}_{SV}). \tag{4.41}$$

对于待测样本 $\mathbf{x}_{ts}$, 其决策函数表达式为

$$f(\mathbf{x}_{ts}) = \operatorname{sign}\left(\mathbf{w}^{\mathrm{T}}\phi(\mathbf{x}_{ts}) - \rho\right) = \operatorname{sign}\left(\boldsymbol{\alpha}^{\mathrm{T}}\mathbf{K}_{ts} - \rho\right), \tag{4.42}$$

其中 $\mathbf{K}_{ts} = (K_{ts,1}, K_{ts,2}, \cdots, K_{ts,N})^{\mathrm{T}}$ 且 $K_{ts,i} = \mathbf{K}(\mathbf{x}_i, \mathbf{x}_{ts})$. 当决策函数值为 $+1$ 时, 待测样本被判别为正常数据; 当决策函数值为 -1 时, 待测样本被判别为异常数据.

4.2.3 算法描述

LCP-OCSVM 的整个训练及测试过程可以概括为以下 7 个步骤:

步骤 1 给定由正常数据组成的训练集 $\mathbf{X} = \{\mathbf{x}_i\}_{i=1}^{N}$, 其中 $\mathbf{x}_i \in \Re^d$;

步骤 2 根据权重矩阵 $\mathbf{V}$ 构造局部相关加权矩阵 $\mathbf{\Lambda}$, 并选择合适的近邻个数 K 和宽度参数 σ;

步骤 3 选择合适的正则化系数 r, 并构造局部相关保留散布矩阵 $\tilde{\mathbf{P}}$;

步骤 4 选择合适的核函数及其参数, 并选择合适的百分比估计参数 ν;

步骤 5 求解 LCP-OCSVM 的对偶优化问题 (4.40), 根据式 (4.39) 计算组合系数向量 $\boldsymbol{\alpha}$;

步骤 6 任选某一支持向量 $\mathbf{x}_{SV}$ 计算截距 $\rho=\sum_{i=1}^{N}\alpha_i K\left(\mathbf{x}_i,\mathbf{x}_{SV}\right)$;

步骤 7 对于待测样本 $\mathbf{x}_{ts}$, 通过决策函数 $f\left(\mathbf{x}_{ts}\right)=\operatorname{sign}\left(\boldsymbol{\alpha}^{\mathrm{T}}\mathbf{K}_{ts}-\rho\right)$ 计算决策值. 其决策函数值为 $+1$, $\mathbf{x}_{ts}$ 被判别为正常数据, 否则被判别为异常数据.

值得注意的是 LCP-OCSVM 可借助 OCSVM 的工具箱实现, 为了更好地推进实验的进行, 将 OCSVM 的核矩阵变形为

$$\tilde{\mathbf{K}}=\mathbf{K}\left(\mathbf{KLK}+r\mathbf{K}\right)^{-1}\mathbf{K}. \tag{4.43}$$

根据 Woodbury 恒等式, 式 (4.43) 可写为

$$\tilde{\mathbf{K}}=\mathbf{K}\left(\frac{1}{r}\mathbf{K}^{-1}-\frac{1}{r^2}\left(\mathbf{L}^{-1}+\frac{1}{r}\mathbf{K}\right)^{-1}\right)\mathbf{K}=\frac{1}{r}\left(\mathbf{I}-\left(\mathbf{L}+r\mathbf{K}^{-1}\right)^{-1}\mathbf{L}\right)\mathbf{K}. \tag{4.44}$$

利用式 (4.44), LCP-OCSVM 算法中步骤 5 的目标函数可表达为

$$\frac{1}{2}\boldsymbol{\beta}^{\mathrm{T}}\tilde{\mathbf{K}}\boldsymbol{\beta}. \tag{4.45}$$

因此, LCP-OCSVM 可通过标准 OCSVM 的软件工具箱来实现.

4.2.4 实验结果

为了验证 LCP-OCSVM 的有效性, 首先在人工数据集上将 LCP-OCSVM 与传统 OCSVM 进行对比, 然后在 10 个基准数据集上将 LCP-OCSVM 与传统的 OCSVM 以及其他两种相关方法进行比较. 在以下实验过程中均采用几何均值 (g-mean) 来衡量不同单类分类方法的性能. 分类器中使用的核函数为高斯核函数 $K(\mathbf{x},\mathbf{y})=e^{-\|\mathbf{x}-\mathbf{y}\|^2/\sigma}$.

4.2.4.1 人工数据集

人工数据集 *Ring-Line-Square* 如图 4.3 所示, 该数据集包括 850 个二维样本点, 分布在由圆环、直线还有方形组成的图形中. 将以上数据看作正常数据, 然后在集合 $\{(x,y)\,|x\in[0,6]\,,y\in[0,3]\}$ 中随机选取 50 个样本点作为噪声点. 其中, "·" 代表正常数据, "×" 代表噪声点, 图 4.4 同此.

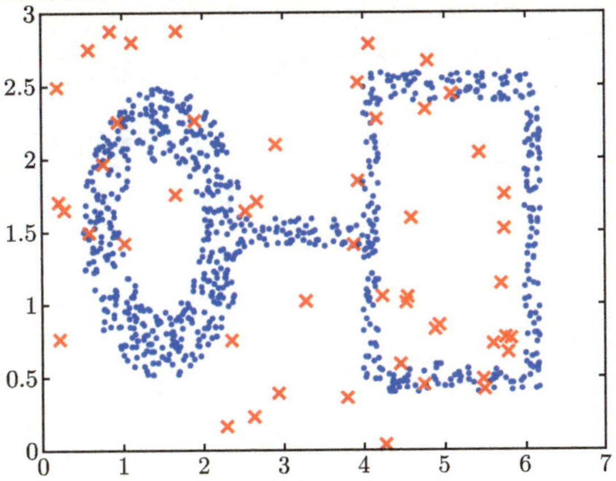

图 4.3 *Ring-Line-Square* 人工数据集

传统 OCSVM 中高斯核函数的宽度系数 σ 与百分比估计参数 ν 分别为 0.25 和 0.2. 在 LCP-OCSVM 中, 采用与 OCSVM 相同的宽度系数和百分比估计参数, 另设置近邻个数 $K=10$, 正则化系数 $r=1$. 传统 OCSVM 和 LCP-OCSVM 在 *Ring-Line-Square* 上的分类效果分别如图 4.4(a) 和图 4.4(b) 所示, 两者的 g-mean 分别为 0.8028 和 0.8382.

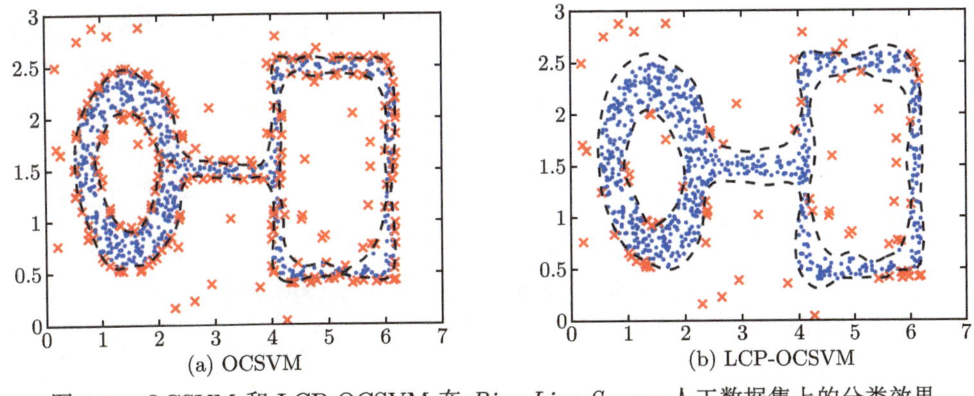

图 4.4 OCSVM 和 LCP-OCSVM 在 *Ring-Line-Square* 人工数据集上的分类效果

4.2.4.2 基准数据集

为了进一步验证所提方法的有效性, 选用 UCI 机器学习数据库 [9] 中的 10 个基准数据集进行实验, 将 LCP-OCSVM 与其相关的三种方法, 即 OCSVM、基于协方差的单类支持向量机 (COCSVM) 以及图嵌入单类支持向量机 (GE-OCSVM) 进行对比. 所选数据集均用于两类分类, 为使它们适用于单类分类, 对于每个基准数据集, 选用其中某一类样本作为正常数据, 剩余的另一类样本作为异常数据. 此外, 对于每个数据集, 训练集为随机选取其正常数据的 70%, 测试集为剩余 30% 的正常数据和所有的异常数据. 所有基准数据集的信息如表 4.3 所示.

表 4.3　实验所使用 10 个基准数据集的相关信息

数据集	正常数据个数	异常数据个数	特征数	训练样本个数	测试样本个数
Banknote Authentication	610	762	4	427	945
Cancer	239	444	9	167	516
German	300	700	20	210	790
Glass	70	76	10	49	97
Hepatitis	71	45	19	50	66
Housing	245	261	13	172	334
Parkinsons	147	48	22	103	92
Sonar	111	97	60	78	130
Wdbc	212	357	9	148	421
Wilt	313	187	5	219	281

综上, 相较于 OCSVM, LCP-OCSVM 取得了更优的分类性能.

为使 OCSVM 取得最优的分类性能, 对其在每个训练集上的高斯核函数的核宽度系数 σ 和百分比估计参数 ν 采用五折交叉验证方进行选取. σ 和 ν 的取值范围分别为 $\{2^{-10}, 2^{-9}, \cdots, 2^{10}\}$ 和 $\{0.001, 0.01, 0.05, 0.1, 0.2, 0.3, 0.4, 0.5, 1\}$. 对于其他三种方法, 即 COCSVM, GE-OCSVM 和 LCP-OCSVM, 在每个基准数据集中采用的高斯核函数的宽度系数 σ 和百分比估计参数 ν 与 OCSVM 相同. 此外, LCP-OCSVM 的近邻系数 K 和正则化系数 r 也采用五折交叉验证选取. K 和 r 的取值范围分别为 $\{3, 5, 6, 8, 10, 12, 13, 15, 30, 50\}$ 和 $\{0.001, 0.01, 0.1, 1\}$. 对于 GE-OCSVM, 其近邻个数与 LCP-OCSVM 相同. 对于 COSVM 和 GEOCSVM, 均加入正则化系数 r, r 的值与 LCP-OCSVM 采用的值相同. 最终, 四种方法采用的最优参数值概括在表 4.4 中.

表 4.4　四种方法在基准数据集上的参数设置

数据集	σ	ν	K	r
Banknote Authentication	0.5	0.001	3	0.1
Cancer	2^{10}	0.05	50	0.001
German	2^{10}	0.5	5	1
Glass	4	0.1	3	1
Hepatitis	2^{10}	0.1	6	1
Housing	2^{10}	0.2	8	0.001
Parkinsons	2^{10}	0.2	15	0.01
Sonar	2	0.001	3	0.001
Wdbc	2^{9}	0.1	50	1
Wilt	0.125	0.001	30	1

为了减小训练集的随机选取对结果的影响, 将上述四种方法分别在每个数据

集上重复 20 次实验, 用平均测试准确率作为最终的测试准确率. 实验结果如表 4.5 所示, 20 次实验结果的标准差也概括在表 4.5 中. 此外, 所提方法与其他三种单类分类器的比较结果也分别在表中 4.5 中给出.

表 4.5 四种不同方法在基准数据集上的测试结果 (平均值 ± 标准差)

数据集	OCSVM	COCSVM	GE-OCSVM	LCP-OCSVM
Banknote Authentication	0.9671±0.10	0.8088±0.03	0.9403±0.01	**0.9858±0.03**
Cancer	0.9531±0.02	0.9573±0.01	0.9518±0.14	**0.9578±0.01**
German	0.5532±0.03	0.5530±0.03	0.5544±0.03	**0.5572±0.03**
Glass	0.9101±0.04	0.8701±0.04	0.8603±0.02	**0.9114±0.03**
Hepatitis	0.7386±0.05	0.7419±0.05	0.7416±0.06	**0.7437±0.05**
Housing	0.6747±0.02	0.6847±0.02	0.6838±0.02	**0.6934±0.02**
Parkinsons	0.6910±0.03	**0.6940±0.03**	0.6615±0.02	0.6923±0.02
Sonar	0.6006±0.06	0.5825±0.05	0.6432±0.06	**0.6479±0.06**
Wdbc	0.8626±0.03	0.8643±0.03	0.8603±0.03	**0.8723±0.02**
Wilt	0.3991±0.02	**0.4150±0.02**	0.4342±0.03	0.4051±0.02

由表 4.5 可知, LCP-OCSVM 在除了 *Parkinsons* 和 *Wilt* 数据集以外的所有基准数据集上取得了优于传统 OCSVM, COCSVM 和 GE-OCSVM 的泛化能力. 此外, 综合考虑平均测试准确率及其标准差, 除了以上两个数据集, 考虑到平均测试准确率在内, 表 4.5 中的标准差表明 LCP-OCSVM 在所有基准数据集上的稳定性优于其他三种方法.

与传统的 OCSVM 相比, 所提方法虽然增加了训练时间, 但是在所有数据集上均取得了较优的结果. 此外, LCP-OCSVM 的分类性能也优于 COCSVM 和 GE-OCSVM. 其原因在于 LCP-OCSVM 利用的不是训练样本的全局均值, 而是局部加权均值来构造数据的散布矩阵. 因此, LCP-OCSVM 可以充分利用训练样本中的局部相关性.

4.3 局部保留加权单类支持向量机

为了降低错分样本对单类支持向量机分类边界的影响, 我们提出了局部保留加权单类支持向量机 (locality preserving weighted one-class support vector machine, LPWOCSVM). LPWOCSVM 根据训练样本的局部几何信息构造局部保留加权向量, 为距离数据集中心较远的样本分配较低的权重, 靠近训练集中心的点分配较高的权重, 使得该方法泛化性能更优, 抗噪声能力更强.

4.3.1 数学模型

在局部保持投影中, 训练样本的局部几何信息通过近邻图的权重矩阵得以保留. 权重矩阵 $\mathbf{V}$ 中第 (i,j) 项 v_{ij} 的表达形式与式 (4.27) 相同. 式 (4.27) 中的

$\|\phi(\mathbf{x}_i) - \phi(\mathbf{x}_j)\|^2$ 表示特征空间中欧氏范数的平方, 用于度量 $\phi(\mathbf{x}_i)$ 与 $\phi(\mathbf{x}_j)$ 之间欧氏距离的大小.

定义 4.3　给定训练集 $\mathbf{X} = [\mathbf{x}_1, \mathbf{x}_2, \cdots, \mathbf{x}_N]$, 权重矩阵 $\mathbf{V}$ 中的元素 v_{ij} 如式 (4.27) 所示, 则局部保留权重向量 $\boldsymbol{\omega}$ 的第 i 个元素 ω_i 可表达为

$$\omega_i = \sum_{j \in ne(\phi(\mathbf{x}_i))} v_{ij}. \tag{4.46}$$

由公式 (4.46) 可知, 一般情况下, 当 $\phi(\mathbf{x}_i)$ 距离训练集中心较远时, $\phi(\mathbf{x}_i)$ 距离其近邻距离也相对较远. 如图 4.5 所示, "●" 表示正常数据, "○" 表示错分样本, "□" 表示训练集中心 $\mathbf{a}$, 实线连接的是样本与其近邻, 虚线连接的是样本与中心, 样本点的近邻个数 K 取为 3. $\phi(\mathbf{x}_1)$ 距离中心 $\mathbf{a}$ 较近, 则它到其近邻的距离也较近, $\phi(\mathbf{x}_2)$ 距离中心 $\mathbf{a}$ 较远, 则它到其近邻的距离也较远.

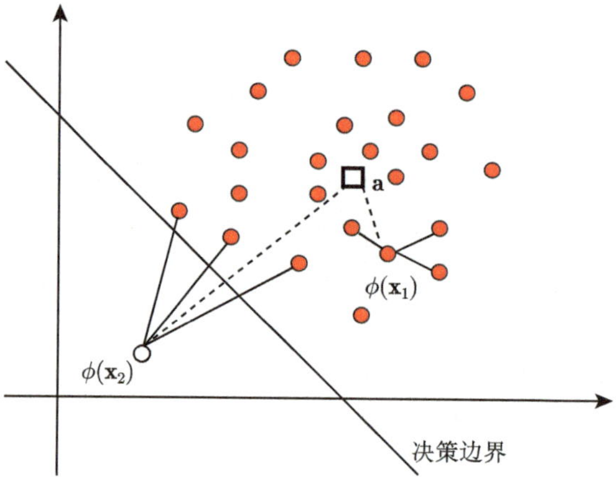

图 4.5　样本到其近邻的距离和样本到中心 $\mathbf{a}$ 距离之间的关系示意图

将局部保留权重向量 $\boldsymbol{\omega}$ 引入到 OCSVM 的优化问题中, 可以得到下面的优化问题:

$$\begin{aligned} \min_{\mathbf{w}, \boldsymbol{\xi}, \rho} \quad & \frac{1}{2}\mathbf{w}^{\mathrm{T}}\mathbf{w} - \rho + \frac{1}{\nu N}\sum_{i=1}^{N}\omega_i\xi_i \\ \text{s.t.} \quad & \mathbf{w}^{\mathrm{T}}\phi(\mathbf{x}_i) \geqslant \rho - \xi_i, \\ & \xi_i \geqslant 0, \quad i = 1, 2, \cdots, N. \end{aligned} \tag{4.47}$$

根据拉格朗日乘子法, 优化问题 (4.47) 的拉格朗日函数可写为

$$L(\mathbf{w}, \boldsymbol{\xi}, \rho) = \frac{1}{2}\mathbf{w}^{\mathrm{T}}\mathbf{w} - \rho + \frac{1}{\nu N}\sum_{i=1}^{N}\omega_i\xi_i - \sum_{i=1}^{N}\alpha_i\left(\mathbf{w}^{\mathrm{T}}\phi(\mathbf{x}_i) - \rho + \xi_i\right) - \sum_{i=1}^{N}\gamma_i\xi_i, \tag{4.48}$$

其中 $\alpha_i \geqslant 0$, $\boldsymbol{\alpha} = (\alpha_1, \alpha_2, \cdots, \alpha_N)^{\mathrm{T}}$, $\gamma_i \geqslant 0$, $\boldsymbol{\gamma} = (\gamma_1, \gamma_2, \cdots, \gamma_N)^{\mathrm{T}}$. 分别求拉格朗日函数 L 关于 $\mathbf{w}$, ξ_i 及 ρ 的偏导数, 令偏导数为零, 则有

$$\frac{\partial L}{\partial \mathbf{w}} = 0 \Rightarrow \mathbf{w} = \sum_{i=1}^{N} \alpha_i \phi(\mathbf{x}_i), \tag{4.49}$$

$$\frac{\partial L}{\partial \xi_i} = 0 \Rightarrow \gamma_i = \frac{1}{\nu N} - \alpha_i, \tag{4.50}$$

$$\frac{\partial L}{\partial \rho} = 0 \Rightarrow \sum_{i=1}^{N} \alpha_i = 1. \tag{4.51}$$

将 (4.49)—(4.51) 代入拉格朗日函数 (4.48) 中, 优化问题 (4.47) 的对偶优化问题为

$$\begin{aligned} \min_{\boldsymbol{\alpha}} \quad & \frac{1}{2}\boldsymbol{\alpha}^{\mathrm{T}}\mathbf{K}\boldsymbol{\alpha}, \\ \text{s.t.} \quad & \sum_{i=1}^{N} \alpha_i = 1, \\ & 0 \leqslant \alpha_i \leqslant \frac{\omega_i}{\nu N}, \quad i = 1, 2, \cdots, N, \end{aligned} \tag{4.52}$$

其中 $\mathbf{K} = (K_{ij})_{N \times N}$ 为核矩阵, $K_{ij} = K(\mathbf{x}_i, \mathbf{x}_j) = \phi(\mathbf{x}_i)^{\mathrm{T}} \phi(\mathbf{x}_j)$.

利用二次规划求解 (4.52), 对应于 $\alpha_i > 0$ 的样本 $\mathbf{x}_i$ 称为支持向量. 由于支持向量位于超平面上, 因此可以通过某个支持向量 $\mathbf{x}_{SV}$ 在特征空间中的像 $\phi(\mathbf{x}_{SV})$ 及法向量 $\mathbf{w}$ 的内积求取截距 ρ, 其表达形式与式 (4.41) 完全相同.

对于待测样本 $\mathbf{x}_{ts}$, LPWOCSVM 的决策函数与式 (4.42) 相同.

当决策函数值为 +1 时, 该待测样本 $\mathbf{x}_{ts}$ 被判别为正常数据; 当决策函数值为 −1 时, 该待测样本被判别为异常数据.

4.3.2 算法描述

LPWOCSVM 的整个训练和测试过程可以概括为以下 6 个步骤:

步骤 1 给定由正常数据组成的训练集 $\mathbf{X} = \{\mathbf{x}_i\}_{i=1}^{N}$, 其中 $\mathbf{x}_i \in \Re^d$;

步骤 2 根据权重矩阵 $\mathbf{V}$ 构造局部保留权重向量 $\boldsymbol{\omega}$, 并选择合适的近邻个数 K 和宽度参数 σ;

步骤 3 选择合适的核函数及其参数, 并选择合适的百分比估计参数 ν;

步骤 4 求解 LPWOCSVM 的对偶优化问题 (4.52), 得到最优解 $\boldsymbol{\alpha}$;

步骤 5 任选某一支持向量 $\mathbf{x}_{SV}$ 并利用支持向量计算截距 $\rho = \sum_{i=1}^{N} \alpha_i K(\mathbf{x}_i, \mathbf{x}_{SV})$;

步骤 6 对于待测样本 $\mathbf{x}_{ts}$, 利用决策函数 $f(\mathbf{x}_{ts}) = \mathrm{sign}\left(\boldsymbol{\alpha}^{\mathrm{T}}\mathbf{K}_{ts} - \rho\right)$ 计算其决策函数值. 若决策函数值为 $+1$, $\mathbf{x}_{ts}$ 被判别为正常数据, 否则被判别为异常数据.

4.3.3 实验结果

为了验证所提方法, 即 LPWOCSVM 的有效性. 首先在 3 个人工数据集上将 LPWOCSVM 与 OCSVM 进行对比, 然后在 5 个基准数据集上将 LPWOCSVM 与 OCSVM 以及自适应加权单类支持向量机 [15] 进行比较. 在以下实验过程中均采用几何均值 (g-mean) 衡量不同单类分类方法的性能. 此外, 以下所有分类器中使用的核函数均为高斯核函数 $K(\mathbf{x}, \mathbf{y}) = e^{-\|\mathbf{x}-\mathbf{y}\|^2/\sigma}$.

4.3.3.1 人工数据集

本节所使用的 3 个人工数据集分别为 *Square*, *Ring-Line-Square* 和 *Spiral*, 对 3 个人工数据集的描述如下.

Square: 如图 4.6(a) 所示, 该数据集包含 450 个二维样本点, 分布在方形图形中. 将以上数据看作正常数据, 然后从集合 $\{(x, y)\,|x, y \in [0, 3]\}$ 中随机选取 50 个样本点作为噪声点. 其中 “∘” 代表正常数据, “*” 代表噪声点.

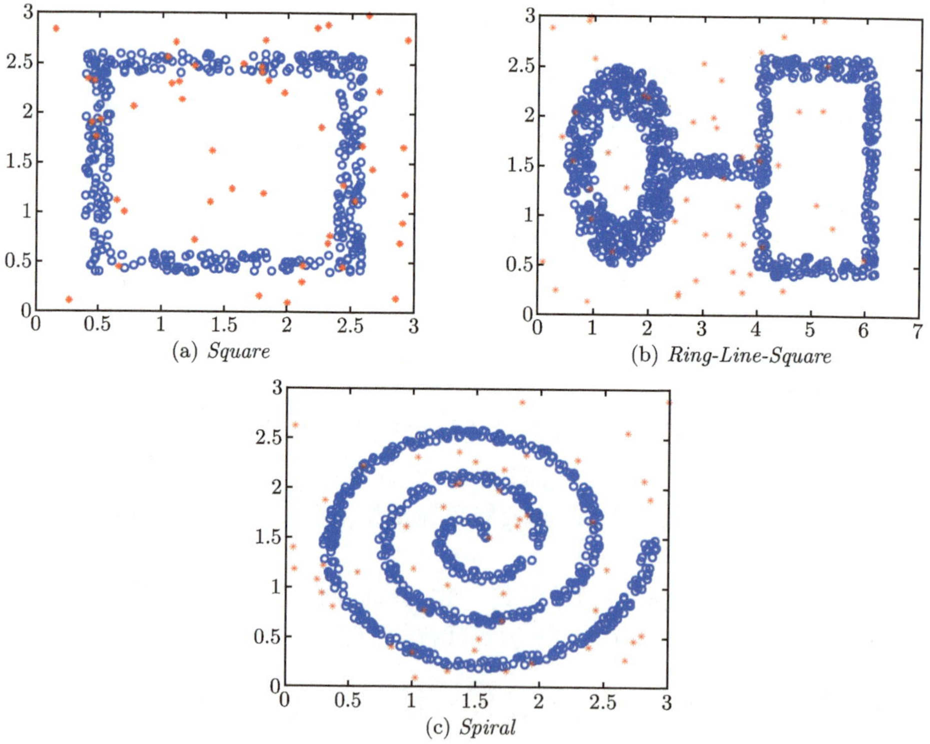

(a) *Square*

(b) *Ring-Line-Square*

(c) *Spiral*

图 4.6 人工数据集

Ring-Line-Square: 如图 4.6(b) 所示, 该数据集包括 850 个二维样本点, 分布在由圆环、直线还有方形组成的图形中. 将以上数据看作正常数据, 然后在集合 $\{(x,y)\,|x\in[0,6]\,,y\in[0,3]\}$ 中随机选取 50 个样本点作为噪声点. 其中, "∘" 代表正常数据, "*" 代表噪声点.

Spiral: 如图 4.6(c) 所示, 该数据集包含 750 个二维样本点, 分布在螺旋形图形中. 将以上数据看作正常数据, 然后从集合 $\{(x,y)\,|x,y\in[0,3]\}$ 中随机选取 50 个样本点作为噪声点. 其中, "∘" 代表正常数据, "*" 代表噪声点.

传统 OCSVM 中高斯核函数的宽度参数 σ 与百分比估计参数 ν 分别为 0.25 和 0.35. 在 LPWOCSVM 中, 采用与 OCSVM 相同的宽度参数和百分比估计参数, 另设置近邻个数 $K=1$. OCSVM 和 LPWOCSVM 在 *Square* 人工数据集上的分类效果分别如图 4.7(a) 和图 4.7(b) 所示, 两者的 g-mean 分别为 0.6906 和 0.7861. OCSVM 和 LPWOCSVM 在 *Ring-Line-Square* 人工数据集上的分类效果分别如图 4.8(a) 和图 4.8(b) 所示, 两者的 g-mean 分别为 0.6942 和 0.7829.

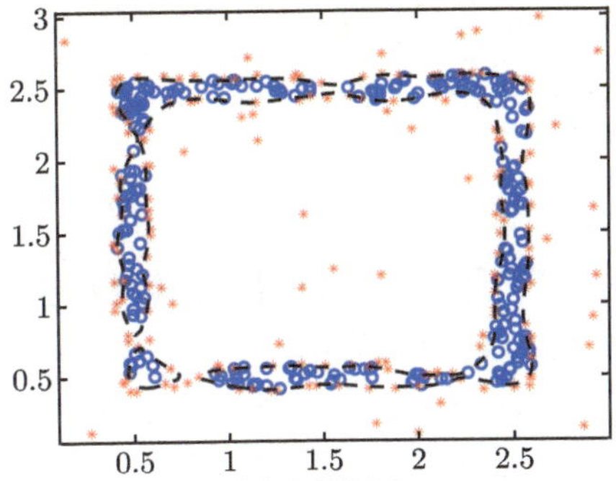

(a) OCSVM

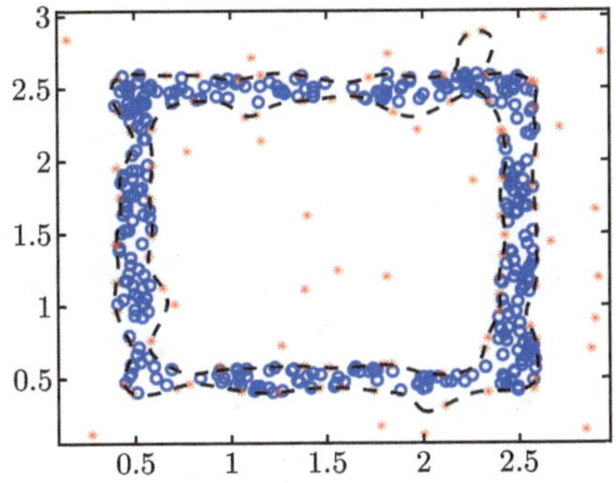

(b) LPWOCSVM

图 4.7 OCSVM 和 LPWOCSVM 在 *Square* 上的分类效果

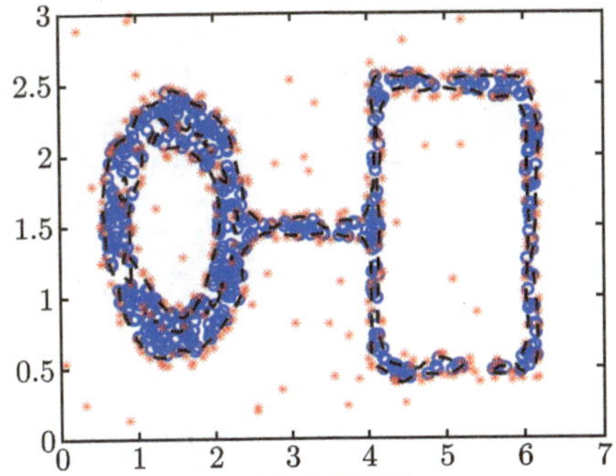

(a) OCSVM

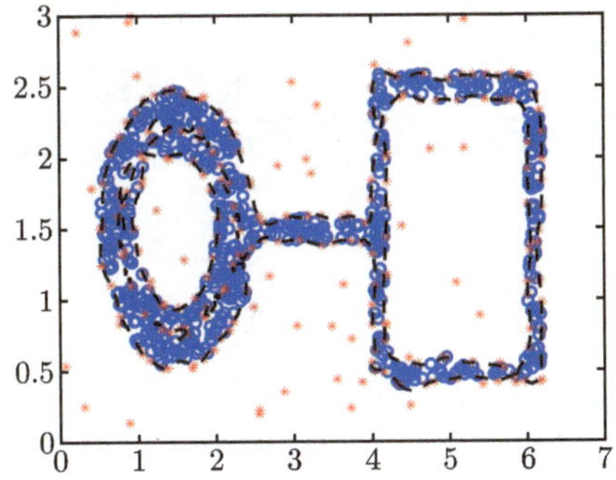

(b) LPWOCSVM

图 4.8 OCSVM 和 LPWOCSVM 在 *Ring-Line-Square* 上的分类效果

OCSVM 和 LPWOCSVM 在 *Spiral* 人工数据集上的分类效果分别如图 4.9(a) 和图 4.9(b) 所示, 两者的 g-mean 分别为 0.7599 和 0.8361.

由人工数据集上的实验结果可知, 相较于 OCSVM, LPWOCSVM 的分类边界包裹住了更多的正常数据, 且对于错分样本而言其分类误差相对较低. 此外, LPWOCSVM 的 g-mean 均高于传统的 OCSVM. 因此, 相较于 OCSVM, LPWOCSVM 的分类准确率更高, 取得了更优的抗噪声能力和分类性能.

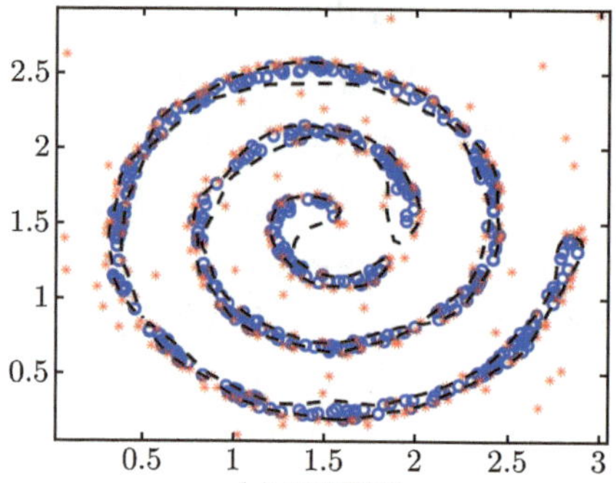

(a) OCSVM

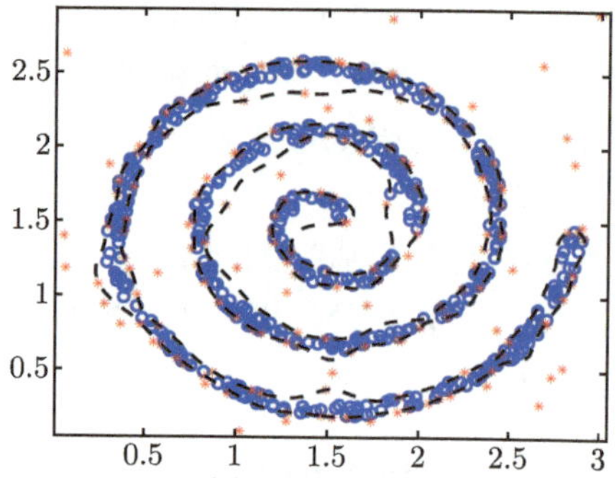

(b) LPWOCSVM

图 4.9 OCSVM 和 LPWOCSVM 在 *Spiral* 上的分类效果

4.3.3.2 基准数据集

为了进一步验证 LPWOCSVM 的有效性, 下面选用 UCI 机器学习数据库[9]中的5个基准数据集进行实验, 将LPWOCSVM与其相关的两种方法, 即OCSVM以及自适应加权单类支持向量机 (AWOCSVM)[15] 进行对比. 所选数据集均用于两类分类, 为使其适用于单类分类, 对于每个基准数据集, 选用其中某一类样本作为正常数据, 剩余的另一类样本作为异常数据. 此外, 对于每个数据集, 训练集为随机选取其正常数据的 70%, 测试集为剩余 30%的正常数据和所有的异常数据. 所有基准数据集的信息如表 4.6 所示.

表 4.6 实验所使用 5 个基准数据集的相关信息

数据集	正常数据个数	异常数据个数	特征数	训练样本个数	测试样本个数
Breast Cancer	77	186	9	54	209
Image	1188	898	18	823	1254
Sonar	111	97	60	78	130
Thyroid	65	150	5	46	169
Titanic	14	10	3	10	14

为使 OCSVM 取得最优的分类性能, 其在每个训练集上的高斯核函数的宽度参数 σ 和百分比估计参数 ν 采用五折交叉验证选取. σ 和 ν 的取值范围分别为 $\{2^{-10}, 2^{-9}, \cdots, 2^{10}\}$ 和 $\{0.001, 0.01, 0.05 : 0.05 : 0.7, 0.8, 0.9, 1\}$, 对于其他两种相

关方法, 即 AWOCSVM 和 LPWOCSVM, 在每个基准数据集中采用的高斯核函数的宽度参数 σ 和百分比估计参数 ν 与 OCSVM 相同. 此外, LPWOCSVM 的近邻系数 K 也采用五折交叉验证选取, K 的取值范围为 $\{1,3,5,6,8,10,12,13,15,30,50\}$. 最终, 三种方法采用的最优参数值概括在表 4.7 中.

表 4.7 三种方法在基准数据集上的参数设置

数据集	σ	ν	K
Breast Cancer	4	0.55	1
Image	1	0.05	1
Sonar	4	0.4	1
Thyroid	0.5	0.4	1
Titanic	128	0.7	1

为了减小训练集的随机选取对结果的影响, 将上述三种方法分别在每个数据集上重复 20 次实验, 用平均测试准确率作为最终的测试准确率. 实验结果如表 4.8 所示, 20 次实验结果的标准差也概括在表中. 此外, 其他两种单类分类器的比较结果也在表 4.8 中给出.

与 OCSVM 相比, LPWOCSVM 虽然增加了训练时间, 但是在所有数据集上均取得了较优的结果. 由表 4.8 可知, LPWOCSVM 在所有基准数据集上取得了优于传统 OCSVM, AWOCSVM 的泛化性能. 此外, 综合考虑平均测试准确率及其标准差, 表 4.8 中的标准差表明 LPWOCSVM 在所有基准数据集上的稳定性均优于其他两种方法.

表 4.8 三种不同方法在基准数据集上的测试结果 (平均值 ± 标准差)

数据集	OCSVM	AWOCSVM	LPWOCSVM
Breast Cancer	0.4864±0.06	0.4675±0.09	0.4999±0.04
Image	0.7953±0.01	0.7923±0.01	0.7954±0.01
Sonar	0.6109±0.04	0.5873±0.05	0.6161±0.03
Thyroid	0.5059±0.10	0.4753±0.11	0.5081±0.10
Titanic	0.2905±0.28	0.2791±0.20	0.4574±0.17

4.4 自适应加权单类支持向量机

当正常数据中的离群点 (outliers) 非常复杂时, 单类支持向量机 (OCSVM) 的检测效果往往不能尽如人意. 针对这种情形, 我们提出了应用于离群点检测 (outlier detection) 的自适应加权单类支持向量机 (adaptive-weighted one-class support vector machine, AWOCSVM)[16]. 通过综合每个样本的局部密度和它到样本中心的距离, 从而为每个样本赋予合适的权重.

4.4.1 相关工作

传统 OCSVM 对训练样本中的离群点非常敏感. 为了降低离群点对 OCSVM 的影响, 可以为这些离群点赋予较小的权重. 离群点常常偏离正常数据而且存在于低密度区域. 因此, 上述特征可以考虑用于计算给定训练样本的权重.

4.4.1.1 基于密度的加权策略

对于训练样本 $\mathbf{x}_i$, 其密度权重可以按下面的方式确定 [17].

定义 4.4 设 $\mathbf{x}_i^k$ 表示样本 $\mathbf{x}_i$ 的第 k 个近邻. $\mathbf{x}_i$ 与 $\mathbf{x}_i^k$ 在特征空间中的像之间的距离为 $d(\phi(\mathbf{x}_i),\phi(\mathbf{x}_i^k))$. 样本 $\mathbf{x}_i$ 的密度权重由下式确定:

$$den(\mathbf{x}_i)=1-\frac{d(\phi(\mathbf{x}_i),\phi(\mathbf{x}_i^k))}{\max\limits_{j=1,2,\cdots,N} d(\phi(\mathbf{x}_j),\phi(\mathbf{x}_i^k))},\tag{4.53}$$

其中 $d(\phi(\mathbf{x}_i),\phi(\mathbf{x}_i^k))=\dfrac{1}{k}\sum\limits_{j=1}^{k}d(\phi(\mathbf{x}_i),\phi(\mathbf{x}_j))$ 为样本 $\mathbf{x}_i$ 到其 k 个近邻之间距离的平均值.

定义 4.4 中样本 $\mathbf{x}_i$ 和 $\mathbf{x}_j$ 之间的核化距离可由下式计算得到

$$d(\phi(\mathbf{x}_i),\phi(\mathbf{x}_j))=\|\phi(\mathbf{x}_i)-\phi(\mathbf{x}_j)\|^2=\sqrt{K(\mathbf{x}_i,\mathbf{x}_i)-2K(\mathbf{x}_i,\mathbf{x}_j)+K(\mathbf{x}_j,\mathbf{x}_j)}.\tag{4.54}$$

若选用高斯核函数, 式 (4.54) 可写成

$$d(\phi(\mathbf{x}_i),\phi(\mathbf{x}_j))=\sqrt{2-2K(\mathbf{x}_i,\mathbf{x}_j)}.\tag{4.55}$$

由式 (4.53) 可以推断出 $den(\mathbf{x}_i)$ 的范围是 $[0,1)$. 当 $\mathbf{x}_i$ 位于高密度区域时, $d(\phi(\mathbf{x}_i),\phi(\mathbf{x}_i^k))$ 则会较小, 从而 $\mathbf{x}_i$ 的密度权重就会变大. 然而, 当离群点位于训练样本的高密度区域时, 这些离群点会聚集在一起, 并且取得较大的密度权重.

4.4.1.2 基于距离的加权策略

训练样本在特征空间中的像的均值由下式计算得到

$$\phi(\boldsymbol{\mu})=\frac{1}{N}\sum_{j=1}^{N}\phi(\mathbf{x}_j).\tag{4.56}$$

于是, 基于距离的加权策略可以按照下述方式进行定义.

定义 4.5 给定训练样本集 $\{\mathbf{x}_i\}_{i=1}^N$, $\phi(\boldsymbol{\mu})$ 为训练样本在特征空间中像的均值. 对于样本 $\mathbf{x}_i$, 其基于距离的权重由下式给出

$$dis(\mathbf{x}_i)=1-\frac{d(\phi(\mathbf{x}_i)-\phi(\boldsymbol{\mu}))}{\max\limits_{j=1,2,\cdots,N} d(\phi(\mathbf{x}_j)-\phi(\boldsymbol{\mu}))}.\tag{4.57}$$

假定使用高斯核函数, 定义 4.5 中的核化距离

$$d(\phi(\mathbf{x}_i)-\phi(\boldsymbol{\mu}))=\sqrt{1-\frac{2}{N}\sum_{j=1}^{N}K(\mathbf{x}_i,\mathbf{x}_j)+\frac{1}{N^2}\sum_{j,k=1}^{N}K(\mathbf{x}_j,\mathbf{x}_k)}. \tag{4.58}$$

由式 (4.57) 可以发现, 当某一训练样本在特征空间中的像远离所有样本像的均值时, 该训练样本则获得较小的权重. 众所周知, 离群点往往远离正常数据. 因此, 与正常数据相比, 根据式 (4.57), 离群点将会取得较小的权重.

4.4.2 数学模型

如上所述, 式 (4.53) 为基于局部密度的权重计算公式, 而 (4.57) 则是基于距离的权重计算公式. 因此, 将两种计算方式融合在一起, 可得自适应权重的定义.

定义 4.6 给定训练样本集 $\{\mathbf{x}_i\}_{i=1}^N$, 样本 $\mathbf{x}_i$ 的自适应权重为

$$\beta(\mathbf{x}_i)=(1-\gamma)\times dis(\mathbf{x}_i)+\gamma\times den(\mathbf{x}_i), \tag{4.59}$$

其中, $\gamma\in[0,1]$ 为折中参数. $dis(\mathbf{x}_i)$ 和 $den(\mathbf{x}_i)$ 分别为对应于 $\mathbf{x}_i$ 的基于距离的权重和基于局部密度的权重.

当 $\gamma=0$ 时, 式 (4.59) 退化为基于距离的权重; 当 $\gamma=1$ 时, 式 (4.59) 则退化为基于局部密度的权重.

AWOCSVM 的优化问题为

$$\begin{aligned}\min_{\mathbf{w},\rho,\boldsymbol{\xi}}\quad & \frac{1}{2}||\mathbf{w}||^2-\rho+\frac{1}{\nu N}\sum_{i=1}^{N}\beta(\mathbf{x}_i)\xi_i\\ \text{s.t.}\quad & w^{\mathrm{T}}\phi(x_i)\geqslant\rho-\xi_i,\\ & \xi_i\geqslant 0,\quad i=1,2,\cdots,N.\end{aligned} \tag{4.60}$$

根据拉格朗日乘子法, 优化问题 (4.60) 的拉格朗日函数为

$$L(\mathbf{w},\boldsymbol{\xi},\rho)=\frac{1}{2}\mathbf{w}^{\mathrm{T}}\mathbf{w}-\rho+\frac{1}{\nu N}\sum_{i=1}^{N}\beta(\mathbf{x}_i)\xi_i-\sum_{i=1}^{N}\alpha_i\left(\mathbf{w}^{\mathrm{T}}\phi\left(\mathbf{x}_i\right)-\rho+\xi_i\right)-\sum_{i=1}^{N}\gamma_i\xi_i. \tag{4.61}$$

分别求拉格朗日函数 L 关于 $\mathbf{w}$, ξ_i 及 ρ 的偏导数, 并令偏导数为零, 则有

$$\frac{\partial L}{\partial\mathbf{w}}=0\Rightarrow\mathbf{w}=\sum_{i=1}^{N}\alpha_i\phi\left(\mathbf{x}_i\right), \tag{4.62}$$

$$\frac{\partial L}{\partial\xi_i}=0\Rightarrow\gamma_i=\frac{1}{\nu N}\beta(\mathbf{x}_i)-\alpha_i, \tag{4.63}$$

$$\frac{\partial L}{\partial \rho} = 0 \Rightarrow \sum_{i}^{N} \alpha_i = 1. \tag{4.64}$$

将 (4.62)—(4.64) 代入拉格朗日函数 (4.61) 中, 可得优化问题 (4.60) 的对偶优化问题:

$$\begin{aligned} \min_{\boldsymbol{\alpha}} \quad & \frac{1}{2}\sum_{i=1}^{N}\sum_{j=1}^{N}\alpha_i\alpha_j K(\mathbf{x}_i, \mathbf{x}_j) \\ \text{s.t.} \quad & \sum_{i=1}^{\mathrm{N}} \alpha_i = 1, \\ & 0 \leqslant \alpha_i \leqslant \frac{1}{\nu N}\beta(\mathbf{x}_i), \quad i = 1, 2, \cdots, N. \end{aligned} \tag{4.65}$$

由式 (4.53), (4.57) 及 (4.59) 可以求得权重 $\beta(\mathbf{x}_i)(i = 1, 2, \cdots, N)$, 利用二次规划求解 (4.65), 可以得到最优解 $\boldsymbol{\alpha}^*$, 根据任一个支持向量 (对应的拉格朗日乘子 $\alpha_i^* > 0$) 可以求得截距 ρ, 最终可以求得决策函数.

4.4.3 算法描述

AWOCSVM 的整个训练和测试过程可以概括为以下 6 个步骤:

步骤 1　给定训练集 $\{\mathbf{x}_i\}_{i=1}^{N}$;

步骤 2　选择高斯核函数中的宽度参数 σ 和百分比估计参数 ν, 近邻个数 k;

步骤 3　对于每个样本 $\mathbf{x}_i(i = 1, 2, \cdots, N)$, 计算基于距离的权重 $dis(\mathbf{x}_i)$ 和局部密度权重 $den(\mathbf{x}_i)$, 然后计算自适应权重 $\beta(\mathbf{x}_i)$;

步骤 4　求解对偶优化问题 (4.65), 得到最优解 $\boldsymbol{\alpha}^*$;

步骤 5　任选一个支持向量 $\mathbf{x}_{SV}$, 计算截距 ρ;

步骤 6　对于待测样本 $\mathbf{x}_{ts}$, 根据决策函数 $y = \mathrm{sign}\left(\sum_{i=1}^{N}\alpha_i^* k(\mathbf{x}, \mathbf{x}_i) - \rho\right)$, 计算决策函数值. 决策函数值若为 +1, $\mathbf{x}_{ts}$ 被判别为正常数据, 否则被判别为异常数据.

4.4.4 实验结果

为了验证 AWOCSVM 的有效性, 在两个人工数据集上同传统的单类支持向量机 (OCSVM) 进行了比较, 然后在 8 个基准数据集上与 OCSVM 及密度加权单类支持向量机 (density weighted OCSVM, DWOCSVM)[17] 进行了对比.

4.4.4.1 人工数据集

所使用的两个人工数据集分别为 *Square-outlier* 和 *Sine-outlier*, 对它们的描述如下.

Square-outlier: 该数据集包含 250 个二维样本点, 200 个正常数据从区域 $\{(x,y)|x\in[0.3,2.7],y\in[0.3,0.6]\cup[2.4,2.7]\}\cup\{(x,y)|x\in[0.3,0.6]\cup[2.4,2.7],y\in[0.3,2.7]\}$ 中随机选取, 50 个离群点从区域 $\{(x,y)|x,y\in[0,3]\}$ 中随机选取. 图 4.10(a) 展示了所有的训练数据.

Sine-outlier: 该数据集共有 250 个二维样本点, 其中 200 个正常数据从区域 $\left\{(x,y)\middle|y=\sin\left(\frac{2}{3}\pi x\right)\right\}$ 中随机选取, 50 个离群点从 $\{(x,y)|x\in[0,2],y\in[-2,2]\}$ 中随机选取. 所有的训练数据如图 4.10(b) 所示.

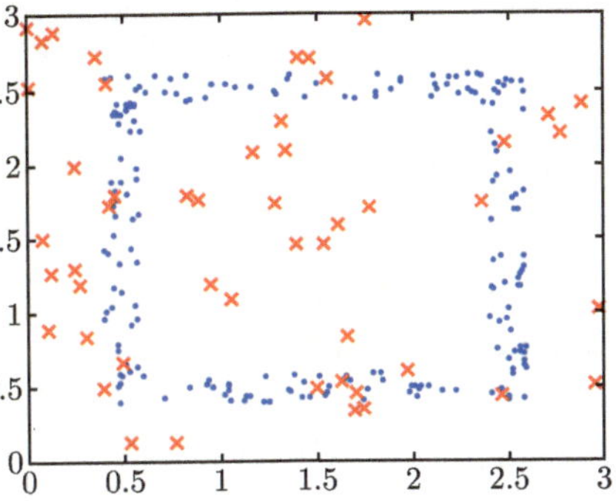

(a) *Square-outlier*

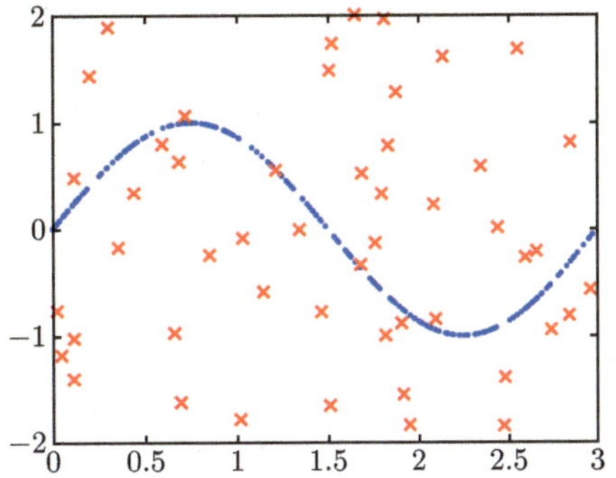

(b) *Sine-outlier*

图 4.10 人工数据集

正常数据和离群点分别用 "." 和 "×" 表示, 余同.

对于 *Square-outlier* 数据集, OCSVM 中的宽度参数和百分比估计参数分别取为 $\sigma=0.1$ 和 $\nu=0.2$. AWOCSVM 的宽度参数、百分比估计参数、近邻个数及折中参数分别取为 $\sigma=0.08$, $\nu=0.1$, $K=5$ 和 $\gamma=0.2$. 两种方法的分类结果如图 4.11 所示.

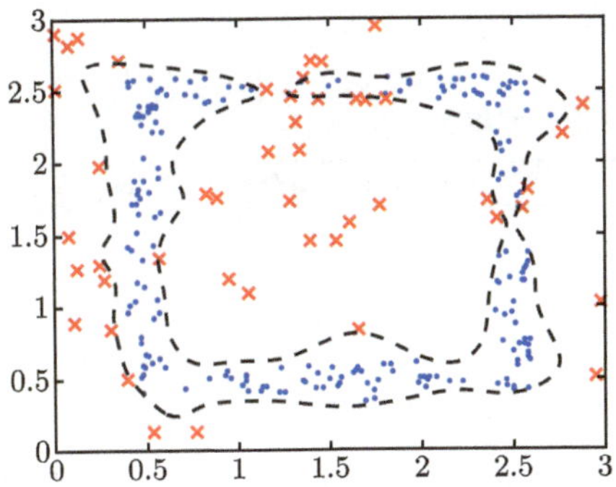

(a) OCSVM

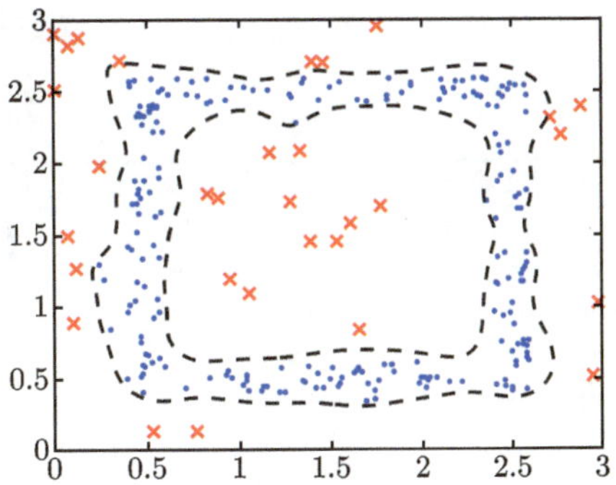

(b) AWOCSVM

图 4.11 两种方法在 *Square-outlier* 上的分类结果

(a) OCSVM (g-mean 为 0.812); (b) AWOCSVM (g-mean 为 0.896).

对于 *Sine-outlier* 数据集, OCSVM 的两个参数取值为 $\sigma = 0.32$ 和 $\nu = 0.18$. AWOCSVM 的四个参数取值分别为 $\sigma = 0.25$, $\nu = 0.07$, $K = 7$ 及 $\gamma = 0.3$. 两种方法的分类结果如图 4.12 所示.

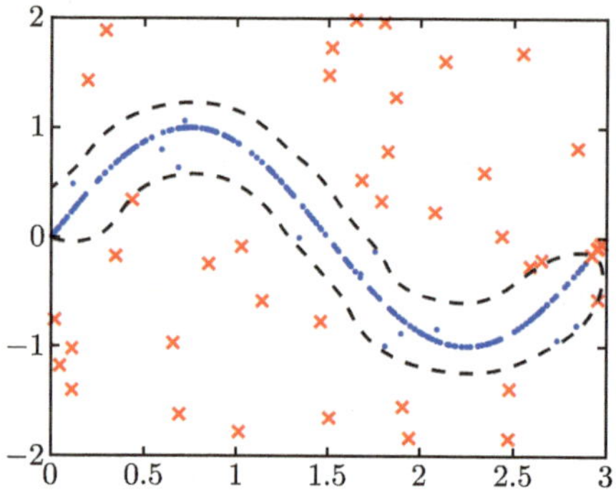

(a) OCSVM

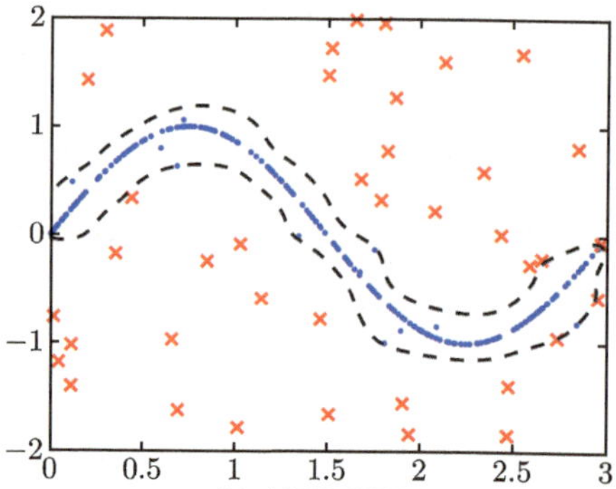

(b) AWOCSVM

图 4.12　两种方法在 *Sine-outlier* 上的分类结果

(a) OCSVM (g-mean 为 0.828); (b) AWOCSVM (g-mean 为 0.840).

通过在两个人工数据集上的实验结果可知, 相较于 OCSVM, AWOCSVM 取得了更为紧致的分类边界, 且 AWOCSVM 的 g-mean 均高于 OCSVM. 因此 AWOCSVM 具有更优的分类性能和抗离群点的能力.

4.4.4.2　基准数据集

为了进一步验证 AWOCSVM 的有效性, 选用 UCI 机器学习数据库 [9] 中的 8 个基准数据集进行实验, 分别与 OCSVM 和 DWOCSVM[17] 进行比较. 每个所选的数据集都有两类样本. 为了适用于本实验, 选取其中一类样本作为正常数据, 另一类作为离群点. 对于正常数据, 从中随机选取 70%作为训练集, 剩余的 30%和所有离群点用作测试集. 所选取数据集的信息如表 4.9 所示.

表 4.9　实验所使用 8 个基准数据集的相关信息

数据集	正常数据个数	离群点个数	特征数	训练样本个数	测试样本个数
Blood Transfusion	178	570	4	125	623
Cancer	239	444	9	167	516
Diabetis	500	268	8	188	580
Glass	70	76	10	49	97
Ionosphere	225	126	34	158	193
Pima	500	268	8	350	418
Sonar	111	97	60	78	130
Wholesale Customers	142	298	7	99	341

为了使 OCSVM 能够取得较好的分类性能, 其宽度参数 σ 和百分比估计参

数 ν 分别在范围 $\{0.1, 0.7, 0.8, 1, 2, 7, 8, 9\}$ 和 $\{0.01, 0.08, 0.4, 0.6, 0.9, 2\}$ 中穷尽搜索. 其他两种方法, 即 DWOCSVM 和 AWOCSVM, σ 和 ν 的取值均与 OCSVM 相同. AWOCSVM 的近邻个数 K 和折中参数 γ 分别在 $\{46, 7, 8, 14, 15, 20\}$ 和 $\{0.5, 0.6, 0.8, 0.9, 0.98\}$ 中穷尽搜索. 参数的取值情况概括在表 4.10 中.

表 4.10 三种方法在基准数据集上的参数设置

数据集	σ	ν	K	γ
Blood Transfusion	0.1	0.6	20	0.8
Cancer	8	0.01	4	0.6
Diabetis	2	0.9	7	0.5
Glass	1	0.08	14	0.5
Ionosphere	9	0.4	7	0.6
Pima	0.8	2	6	0.98
Sonar	7	0.9	8	0.8
Wholesale Customers	0.7	2	15	0.9

为了减小随机选取训练集对于实验结果的影响, 对于每个数据集, 三种方法分别进行 20 次实验, 最后用平均测试结果作为最后的结果. 实验结果如表 4.11 所示, 对于 20 次实验结果的标准差同样概括在表 4.11 中. 此外, 配对 T 检验结果的 p 值也概括在表 4.11 中.

表 4.11 三种不同方法在基准数据集上的测试结果 (平均值 ± 标准差)

数据集	OCSVM(p 值)	DWOCSVM(p 值)	AWOCSVM
Blood Transfusion	0.5926±0.03(0.047)	0.5628±0.05(4.63E−004)	0.6084±0.06
Cancer	0.9381±0.02(3.05E−004)	0.9492±0.01(5.00E−003)	0.9578±1.26
Diabetis	0.4647±0.02(1.33E−007)	0.4783±0.02(2.84E−009)	0.4862±0.02
Glass	0.9017±0.04(8.00E−002)	0.8917±0.06(7.60E−001)	0.8921±0.05
Ionosphere	0.7386±0.01(2.35E−008)	0.7449±0.02(1.46E−006)	0.7512±0.02
Pima	0.5007±0.02(1.98E−005)	0.4960±0.02(1.00E−003)	0.5062±0.02
Sonar	0.4990±0.02(8.83E−005)	0.4960±0.02(3.48E−004)	0.5133±0.03
Wholesale Customers	0.5475±0.01(2.12E−008)	0.5465±0.01(4.95E−009)	0.5571±0.01

从表 4.11 的实验结果可以发现, 除了 *Glass*, AWOCSVM 在统计上与 OCSVM 和 DWOCSVM 在 7 个数据集上均有显著性差异. AWOCSVM 在泛化能力上优于其他两种方法. 考虑到平均测试准确率, 表 4.11 的结果也显示 AWOCSVM 比其他两个方法具有更优的稳定性.

4.5 基于可缩放 hinge 损失函数的鲁棒单类支持向量机

为了提高单类支持向量机 (OCSVM) 的抗离群点能力, 我们提出了基于可缩放 hinge 损失函数的鲁棒单类支持向量机 [18]. 鲁棒单类支持向量机的优化问题可以通过半二次优化技术迭代求解. 通过理论分析, 发现鲁棒单类支持向量机具有比 OCSVM 更优的泛化性能. 此外, 从加权角度解释了鲁棒单类支持向量机的强鲁棒性.

4.5.1 数学模型

如文献 [19] 所述, OCSVM 的原优化问题可以改写为以下形式:

$$\min_{\mathbf{w},\rho} J(\mathbf{w},\rho) = \frac{1}{2}\|\mathbf{w}\|^2 - \rho + \frac{1}{\nu N}\sum_{i=1}^{N} H_{hinge}(z_i), \tag{4.66}$$

其中 $H_{hinge}(z_i) = \max\{0, \rho - z_i\}$ 是 hinge 损失函数且 $z_i = \mathbf{w}^{\mathrm{T}}\phi(\mathbf{x}_i)$. hinge 损失函数如图 4.13(a) 所示, 它是一个无界函数. 因此, 由离群点造成的较大损失不可避免, 这无疑会降低 OCSVM 的抗离群点能力和泛化性能.

与基于可缩放 hinge 损失函数的鲁棒支持向量机类似 [20], 用于 OCSVM 的可缩放 hinge 损失函数也是单调、有界和非凸损失函数, 表示如下

$$H_{rhinge}(z_i) = \beta\left[1 - \exp\{-\eta H_{hinge}(z_i)\}\right], \tag{4.67}$$

其中 $\beta = \dfrac{1}{1-\exp\{-\eta\}}$ 为归一化常量, $\eta > 0$ 为缩放比. 图 4.13(b) 展示了对应于不同 η 值的可缩放 hinge 损失函数.

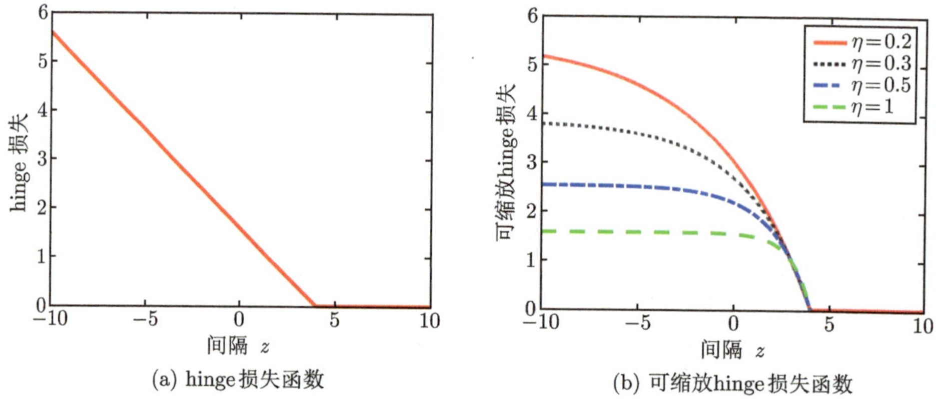

图 4.13 hinge 损失函数和可缩放 hinge 损失函数的函数曲线

从图 4.13 可以观察到无界的 hinge 损失函数缩放后变为有界函数. 此外, 从图 4.13(b) 可以看出不同的缩放比例受 η 的不同值控制, 缩放程度会随 η 的值变大而变大, 可缩放 hinge 损失函数的上界也会随之变为一个相对较小的值. 对应于 η 取不同值时的上界值概括在表 4.12 中. 值得一提的是, 当 $\eta \to 0$ 时, $H_{rhinge} \to H_{hinge}$, 即传统的 hinge 损失函数是可缩放 hinge 损失函数的一个特例.

表 4.12 当 η 取不同值时, H_{rhinge} 的不同上界

η	0.2	0.4	0.6	0.8	1	2
H_{rhinge} 的上界	5.52	3.04	2.22	1.82	1.58	1.17

利用有界的可缩放 hinge 损失函数代替 OCSVM 的 hinge 损失函数, 可以得到基于可缩放 hinge 损失函数的鲁棒单类支持向量机的优化问题, 如下所示

$$\min_{\mathbf{w},\rho} \tilde{J}_1(\mathbf{w},\rho) = \frac{1}{2}\|\mathbf{w}\|^2 - \rho + \frac{1}{\nu N}\sum_{i=1}^{N} H_{rhinge}(z_i). \tag{4.68}$$

由于优化问题 (4.68) 中的可缩放 hinge 损失函数是非凸的, 传统的优化方法不能用于求解 (4.68). 下面使用半二次优化技术 [5,7] 求解优化问题 (4.68). 将式 (4.67) 代入 (4.68), 可得如下等价的优化问题:

$$\max_{\mathbf{w},\rho} \tilde{J}_2(\mathbf{w},\rho) = -\frac{1}{2}\|\mathbf{w}\|^2 + \rho + \frac{\beta}{\nu N}\sum_{i=1}^{N} \exp\{-\eta H_{hinge}(z_i)\}. \tag{4.69}$$

为了使用半二次优化技术求解优化问题 (4.69), 可以定义如下形式的凸函数:

$$g(u) = -u\log(-u) + u, \quad u < 0. \tag{4.70}$$

根据共轭函数理论 [21], 可知

$$\exp\{-\eta H_{hinge}(z)\} = \sup_{u<0}\{\eta H_{hinge}(z)u - g(u)\}. \tag{4.71}$$

当 $u = -\exp\{-\eta H_{hinge}(z)\} < 0$ 时, $\exp\{-\eta H_{hinge}(z)\}$ 取得上确界. 因此, 优化问题 (4.69) 中的 $\tilde{J}_2(\mathbf{w},\rho)$ 可以改写成

$$\begin{aligned} J(\mathbf{w},\rho) &= -\frac{1}{2}\|\mathbf{w}\|^2 + \rho + \frac{\beta}{\nu N}\sum_{i=1}^{N}\sup_{u_i<0}\{\eta H_{hinge}(z_i)u_i - g(u_i)\} \\ &= -\frac{1}{2}\|\mathbf{w}\|^2 + \rho + \frac{\beta}{\nu N}\sup_{\mathbf{u}<\mathbf{0}}\left\{\sum_{i=1}^{N}[\eta H_{hinge}(z_i)u_i - g(u_i)]\right\} \\ &= \sup_{\mathbf{u}<\mathbf{0}}\left\{-\frac{1}{2}\|\mathbf{w}\|^2 + \rho + \frac{\beta}{\nu N}\sum_{i=1}^{N}[\eta H_{hinge}(z_i)u_i - g(u_i)]\right\}, \end{aligned} \tag{4.72}$$

其中 $\mathbf{u} = (u_1, u_2, \cdots, u_N)^{\mathrm{T}} \in \Re^N$ 且其元素 $u_i < 0$. 因此, 优化问题 (4.69) 等价于

$$\max_{\mathbf{w},\rho,\mathbf{u}} \tilde{J}_3(\mathbf{w},\rho,\mathbf{u}) = -\frac{1}{2}\|\mathbf{w}\|^2 + \rho + \frac{\beta}{\nu N}\sum_{i=1}^{N}[\eta H_{hinge}(z_i)u_i - g(u_i)]. \tag{4.73}$$

可以利用迭代优化方法求解优化问题 (4.73). 对于固定的 $\mathbf{w}$ 和 ρ, 优化 $\mathbf{u}$; 对于固定的 $\mathbf{u}$, 优化 $\mathbf{w}$ 和 ρ. 因此, 在第 τ 次迭代中, 对于给定的 $\mathbf{w}^\tau$ 和 ρ^τ, 优化问题 (4.73) 等价于

$$\max_{\mathbf{u}^\tau<\mathbf{0}} \sum_{i=1}^{N}[\eta H_{hinge}(z_i^\tau)u_i^\tau - g(u_i^\tau)]. \tag{4.74}$$

优化问题 (4.74) 的分析解为

$$u_i^\tau = -\exp\{-\eta H_{hinge}(z_i^\tau)\}, \quad i=1,2,\cdots,N. \tag{4.75}$$

当求得 u_i^τ 后, 可以通过求解以下的二次优化问题求解 $\mathbf{w}^{\tau+1}$ 和 $\rho^{\tau+1}$:

$$\max_{\mathbf{w},\rho} -\frac{1}{2}\|\mathbf{w}\|^2 + \rho + \frac{\beta}{\nu N}\sum_{i=1}^{N}\eta H_{hinge}(z_i)u_i. \tag{4.76}$$

等价于求解如下优化问题:

$$\min_{\mathbf{w},\rho} \frac{1}{2}\|\mathbf{w}\|^2 - \rho + \frac{1}{\nu N}\sum_{i=1}^{N}s_i H_{hinge}(z_i), \tag{4.77}$$

其中 $s_i = \beta\eta(-u_i) > 0$. 注意优化问题 (4.77) 对应于加权单类支持向量机. 迄今为止, 加权单类支持向量机已得到了很好的研究 [15,17,22].

根据拉格朗日乘子法, 可得优化问题 (4.77) 的对偶优化问题, 如下

$$\begin{aligned}
\min_{\boldsymbol{\alpha}} \quad & \frac{1}{2}\sum_{i=1}^{N}\sum_{j=1}^{N}\alpha_i\alpha_j K(\mathbf{x}_i,\mathbf{x}_j) \\
\text{s.t.} \quad & \sum_{i=1}^{N}\alpha_i = 1; \quad 0 \leqslant \alpha_i \leqslant \frac{1}{\nu N}s_i, \quad i=1,2,\cdots,N,
\end{aligned} \tag{4.78}$$

其中 $\boldsymbol{\alpha} = (\alpha_1,\alpha_2,\cdots,\alpha_N)^{\mathrm{T}}$ 为拉格朗日乘子构成的向量, $K(\cdot,\cdot)$ 为核函数. 对偶优化问题 (4.78) 求解之后, 权重向量 $\mathbf{w}$ 可以表示为 $\mathbf{w} = \sum_{i=1}^{N}\alpha_i\phi(\mathbf{x}_i)$, 截距 ρ 可以由任何一个支持向量 $\mathbf{x}_{SV}$ 求得, 计算公式如下

$$\rho = \sum_{j=1}^{N}\alpha_j K(\mathbf{x}_j,\mathbf{x}_{SV}). \tag{4.79}$$

最终, 可得决策函数, 表示为

$$f(\mathbf{x}) = \sum_{i=1}^{N}\alpha_i K(\mathbf{x}_i,\mathbf{x}) - \rho. \tag{4.80}$$

此外, 测试样本 $\mathbf{x}$ 的类别标号可以由下式确定:

$$\hat{y} = \mathrm{sign}(f(\mathbf{x})),$$

其中 $\mathrm{sign}(\cdot)$ 表示符号函数.

4.5.2 算法描述

鲁棒单类支持向量机的整个训练过程概括在算法 4.1 中. 算法 4.1 的收敛性可以表述为命题 4.2.

算法 4.1 基于可缩放 hinge 损失函数的鲁棒单类支持向量机

输入 训练集 $\{\mathbf{x}_i\}_{i=1}^N$, 百分比估计参数 ν, 缩放比 η, 最大迭代次数 $T_{\max}$.

输出 拉格朗日乘子构成的向量 $\boldsymbol{\alpha}$, 截距 ρ.

初始化 迭代次数 $\tau = 0$, 辅助变量构成的向量 $\mathbf{u} = (-1, -1, \cdots, -1)^{\mathrm{T}} \in \Re^N$.

while $\tau < T_{\max}$ **do**

  利用公式 (4.78) 求取 $\boldsymbol{\alpha}^{\tau+1}$ 和 $\rho^{\tau+1}$;

  利用公式 (4.75) 更新 $\mathbf{u}^{\tau+1}$;

  设置 $\tau = \tau + 1$.

end while

return $\boldsymbol{\alpha} = \boldsymbol{\alpha}^{\tau+1}$ 和 $\rho = \rho^{\tau+1}$.

命题 4.2 由算法 4.1 产生的序列 $\{\tilde{J}_3(\mathbf{w}^\tau, \rho^\tau, \mathbf{u}^\tau),\ \tau = 1, 2, \cdots\}$ 收敛.

证明 由式 (4.72) 和 (4.73) 可得 $\tilde{J}_3(\mathbf{w}, \rho, \mathbf{u}) \leqslant \tilde{J}_2(\mathbf{w}, \rho) \leqslant \rho + \dfrac{\beta}{\nu}$, 即 $\tilde{J}_3(\mathbf{w}, \rho, \mathbf{u})$ 有上界. 此外, 由 (4.74) 和 (4.76) 可得 $\tilde{J}_3(\mathbf{w}^\tau, \rho^\tau, \mathbf{u}^\tau) \leqslant \tilde{J}_3(\mathbf{w}^{\tau+1}, \rho^{\tau+1}, \mathbf{u}^\tau) \leqslant \tilde{J}_3(\mathbf{w}^{\tau+1}, \rho^{\tau+1}, \mathbf{u}^{\tau+1})$. 所以序列 $\{\tilde{J}_3(\mathbf{w}^\tau, \rho^\tau, \mathbf{u}^\tau),\ \tau = 1, 2, \cdots\}$ 非递减. 据此可知, 该序列收敛.

求解 OCSVM 对偶优化问题的计算复杂度为 $O(N^3)$[11], 其中 N 为训练样本个数. 因此, 对于鲁棒单类支持向量机而言, 每次迭代过程中计算拉格朗日乘子 $\boldsymbol{\alpha}$ 的计算复杂度也是 $O(N^3)$. 此外, 每次迭代中计算截距 ρ 和辅助向量 $\mathbf{u}$ 的计算开销分别为 $O(N)$ 和 $O(N^2)$, 则有整个算法的计算复杂度为 $O(I_{HQ}(N^3 + N^2 + N))$, 其中 I_{HQ} 为半二次优化的迭代次数. 忽略低阶项, 算法 4.1 最终的计算复杂度为 $O(I_{HQ}N^3)$.

4.5.3 鲁棒单类支持向量机的泛化性能和鲁棒性

下面从理论上分析鲁棒单类支持向量机的泛化性能, 并从加权角度讨论鲁棒单类支持向量机的鲁棒性.

4.5.3.1 性能估计

为了评估支持向量机的性能, Joachims[23] 提出了 $\xi\alpha$ 估计器, 它能够对通过留一法计算所得误差数的上界进行有效的估计. Yang 等 [24] 对模糊支持向量机进行了鲁棒性分析, 进而证明了模糊支持向量机的 $\xi\alpha$ 边界比传统支持向量机的 $\xi\alpha$ 边界小很多. Tran 等 [25] 分析了 OCSVM 和传统支持向量机的不同, 并提出了分析 OCSVM 泛化能力的 $\xi\alpha\rho$ 估计法.

根据文献 [25], 将 OCSVM 的截距 ρ 固定为 ρ^*, 且 OCSVM 的原问题中所有变量均乘以因子 $\dfrac{2}{\rho^*}$, 则 OCSVM 的优化问题可改写为

$$\begin{aligned}\min_{\mathbf{w},\boldsymbol{\xi}} \quad & \frac{1}{2}\left(\frac{2}{\rho^*}\right)^2\|\mathbf{w}\|^2+\frac{2}{\rho^*\nu N}\sum_{i=1}^{N}\frac{2}{\rho^*}\xi_i \\ \text{s.t.} \quad & \frac{2}{\rho^*}\mathbf{w}^{\mathrm{T}}\phi(\mathbf{x}_i)\geqslant 2-\frac{2}{\rho^*}\xi_i, \\ & \frac{2}{\rho^*}\xi_i\geqslant 0, \quad i=1,2,\cdots,N.\end{aligned} \tag{4.81}$$

设 $\mathbf{w}^*$ 和 $\boldsymbol{\xi}^*$ 为优化问题 (4.81) 的最优解. 此外, $\boldsymbol{\alpha}^*$ 为优化问题 (4.81) 对应的对偶优化问题的最优解, OCSVM 的 $\xi\alpha\rho$ 边界由下式给出

$$E_{\xi\alpha\rho}=\frac{Card\left(\left\{i\left|\left(\frac{2}{\rho^*}\right)2\alpha_i^*R_\Delta^2+\left(\frac{2}{\rho^*}\right)\xi_i^*\geqslant 1\right.\right\}\right)}{N}, \tag{4.82}$$

其中 $Card(\cdot)$ 为统计集合中元素个数的函数, R_Δ^2 是 $K(\mathbf{x}_i,\mathbf{x}_i)-K(\mathbf{x}_i,\mathbf{x}_j)$ 的上界, 指标 $i,j=1,2,\cdots,N$.

对于 OCSVM, 松弛变量的表达形式可以从其优化问题的约束条件求取. 对于第 i 个样本, 其对应的松弛变量可以表达为

$$\xi_i=\max\{0,\rho-\mathbf{w}^{\mathrm{T}}\phi(\mathbf{x}_i)\}=\max\{0,\rho-z_i\}=H_{hinge}(z_i). \tag{4.83}$$

对于鲁棒单类支持向量机, 由 (4.77) 可知, 对应于第 i 个样本的松弛变量可以表示为

$$\tilde{\xi}_i=s_iH_{hinge}(z_i)=\max\{0,s_i(\rho-z_i)\}=s_i\xi_i. \tag{4.84}$$

基于 OCSVM 的 $\xi\alpha\rho$ 边界 (4.82) 以及 OCSVM 和鲁棒单类支持向量机的松弛变量之间的关系, 可以得到鲁棒单类支持向量机的 $\xi\alpha\rho$ 边界, 如下所示

$$\tilde{E}_{\xi\alpha\rho}=\frac{Card\left(\left\{i\left|\left(\frac{2}{\tilde{\rho}^*}\right)2\tilde{\alpha}_i^*R_\Delta^2+\left(\frac{2}{\tilde{\rho}^*}\right)\frac{\tilde{\xi}_i^*}{s_i}\geqslant 1\right.\right\}\right)}{N}, \tag{4.85}$$

其中 $\tilde{\rho}^*$ 为预先定义的截距, $\tilde{\xi}_i^*(i=1,2,\cdots,N)$ 为下面优化问题的最优解:

$$\min_{\mathbf{w},\boldsymbol{\xi}} \quad \frac{1}{2}\left(\frac{2}{\tilde{\rho}^*}\right)^2\|\mathbf{w}\|^2+\frac{2}{\tilde{\rho}^*\nu N}\sum_{i=1}^{N}\frac{2}{\tilde{\rho}^*}s_i\xi_i$$

$$\text{s.t.} \quad \frac{2}{\tilde{\rho}^*}\mathbf{w}^{\mathrm{T}}\phi(\mathbf{x}_i) \geqslant 2 - \frac{2}{\tilde{\rho}^*}\xi_i, \tag{4.86}$$
$$\frac{2}{\tilde{\rho}^*}\xi_i \geqslant 0, \quad i = 1, 2, \cdots, N.$$

另外, $\tilde{\alpha}_i^*(i = 1, 2, \cdots, N)$ 为优化问题 (4.84) 对应的对偶优化问题的最优解.

式 (4.82) 和 (4.85) 中的 $E_{\xi\alpha\rho}$ 和 $\tilde{E}_{\xi\alpha\rho}$ 均可以分解为四个度量, 即 R_Δ^2, ρ, $\boldsymbol{\xi}$ 和 $\boldsymbol{\alpha}$. 对于相同的数据集, R_Δ^2 为一个常数, 截距 ρ 和 $\tilde{\rho}$ 相同, 由式 (4.84) 可知 $\boldsymbol{\xi}$ 与 $\dfrac{\tilde{\boldsymbol{\xi}}}{s_i}$ 也相同. 因此, OCSVM 和鲁棒单类支持向量机的 $\xi\alpha\rho$ 边界的关键差异是它们的 $\boldsymbol{\alpha}$ 度量. 在 OCSVM 中, α_i 的上界为 $\dfrac{1}{\nu N}$, 而鲁棒单类支持向量机中 α_i 的上界为 $\dfrac{1}{\nu N}s_i$. 因此, 当 $0 < s_i < 1$ 时, $\dfrac{1}{\nu N}s_i$ 就会小于 OCSVM 中 α_i 的上界. 根据 (4.77) 中 s_i 的定义, 可知 $s_i = \beta\eta(-u_i) = \dfrac{\eta}{1 - \exp\{-\eta\}}\exp\{-\eta\xi_i\}$, 则可知使得 $s_i < 1$ 成立的条件为

$$\xi_i > \frac{1}{\eta}\ln\frac{\eta}{1 - \exp\{-\eta\}} > \frac{\ln\eta}{\eta}. \tag{4.87}$$

因为 $\eta > 0$, 可知当 $0 < \eta < 1$ 时, $\dfrac{\ln\eta}{\eta} < 0$ 成立. 由于 $\xi_i \geqslant 0$, 可得条件 (4.87) 成立. 当 $\eta \geqslant 1$ 时, $0 \leqslant \dfrac{\ln\eta}{\eta} \leqslant \dfrac{1}{e}$ 成立, 对于这种情况需要 $\xi_i > \dfrac{1}{e}$. 上述分析可以概括为以下命题.

命题 4.3 当 $0 < \eta < 1$ 时, $s_i < 1$ 恒成立; 当 $\eta \geqslant 1$ 时, 若满足条件 $\xi_i > \dfrac{1}{e}$, 则 $s_i < 1$ 成立.

最终可知, 若满足命题 4.3 中的条件, 则鲁棒单类支持向量机的 $\xi\alpha\rho$ 边界小于 OCSVM 的 $\xi\alpha\rho$ 边界. 进而可知, 鲁棒单类支持向量机较 OCSVM 具有更优的泛化性能.

4.5.3.2 鲁棒性分析

迄今为止, 存在多种定量度量学习模型鲁棒性的方法, 如影响函数 (influence function)[26]、分解点 (break-down point)[27] 及敏感度曲线 (sensitivity curve)[28] 等. 最近, Feng 等 [29] 从加权角度考察了他们所提出的鲁棒支持向量机的鲁棒性.

受文献 [29] 的启发, 鲁棒单类支持向量机的鲁棒性也可从加权角度进行解释. 设 $\max\{0, \rho - \mathbf{w}^{\mathrm{T}}\phi(\mathbf{x}_i)\} = \left[\rho - \mathbf{w}^{\mathrm{T}}\phi(\mathbf{x}_i)\right]_+ = [\rho - z_i]_+$. 式 (4.78) 可改写为

$$u_i^\tau = -\exp\{-\eta[\rho^\tau - z_i^\tau]_+\}, \quad i = 1, 2, \cdots, N. \tag{4.88}$$

对于第 τ 次迭代, 对应于第 i 个训练样本的权重 s_i^τ 由下式给出

$$s_i^\tau = \beta\eta(-u_i^\tau) = \beta\eta\exp\{-\eta[\rho^\tau - z_i^\tau]_+\}. \tag{4.89}$$

在不引起混淆的情况下, 为了使公式更为简洁, 在下面的公式中去掉上标 τ.

设 $f(\mathbf{x}) = \mathbf{w}^{\mathrm{T}}\phi(\mathbf{x}) - \rho = \sum_{i=1}^{N}\alpha_i K(\mathbf{x}_i, \mathbf{x}) - \rho$ 为鲁棒单类支持向量机的决策函数. 对于错分样本 $\{\mathbf{x}_j | y_j f(\mathbf{x}_j) < 0\}$, 即对于目标样本 $\mathbf{x}_j$, 其真实类标为 $y_j = +1$, 而其决策函数的值 $f(\mathbf{x}_j) < 0$; 对于非目标样本 $\mathbf{x}_j$, 其真实类标为 $y_j = -1$, 而其决策函数的值 $f(\mathbf{x}_j) > 0$. 因此, $|f(\mathbf{x}_j)|$ 的值越大, $\mathbf{x}_j$ 越倾向成为离群点. 由式 (4.89) 可知, 对于错分样本 $\mathbf{x}_j$, s_j 的值会随 $|f(\mathbf{x}_j)|$ 的值变大而减小. 因此, H_{rhinge} 能够减弱错分严重的样本的影响. 据此, 鲁棒单类支持向量机的鲁棒性从加权角度得到了解释.

4.5.4 实验结果

为了验证鲁棒单类支持向量机的鲁棒性, 将它与相关方法进行比较. 由于鲁棒单类支持向量机基于可缩放 hinge 损失函数并利用半二次优化技术进行求解, 可以将其命名为 ROCSVM-RHHQ. 在以下实验中, 与 ROCSVM-RHHQ 进行比较的三种相关方法分别为 OCSVM、加权 OCSVM(WOCSVM)[22]、ramp 损失 OCSVM(RLOCSVM)[19]. 四种方法均使用高斯核函数 $K(\mathbf{x}, \mathbf{y}) = \exp\left\{-\frac{\|\mathbf{x}-\mathbf{y}\|^2}{2\sigma^2}\right\}$.

4.5.4.1 人工数据集

为了从视觉上展示 ROCSVM-RHHQ 的鲁棒性, 这里生成了两个人工数据集. 半二次优化的最大迭代次数取为 20. 对两个人工数据集的描述如下.

Ellipse-outlier: 这是一个二维数据集. 生成 100 个正常数据的均值和协方差矩阵分别为 $(0,0)^{\mathrm{T}}$ 和 $\begin{pmatrix} 1 & 0 \\ 0 & 0.2 \end{pmatrix}$. 离群点的均值为 $(5,2)^{\mathrm{T}}$, 另外, 离群点的两个特征向量相互独立且它们的标准差均为 0.1, 因此离群点的协方差矩阵为对角矩阵, 并且主对角线上的元素均为 0.01. 图 4.14(a) 展示了该数据集.

Square-outlier: 从正方形区域 $\{(x,y)|x \in [0.4, 2.6], y \in [0.4, 0.6] \cup [2.4, 2.6]\} \cup \{(x,y)|x \in [0.4, 0.6] \cup [2.4, 2.6], y \in [0.4, 2.6]\}$ 中随机选取 100 个样本点作为正常数据. 10 个离群点在区域 $\{(x,y)|x, y \in [0, 3]\}$ 中随机选取. 图 4.14(b) 展示了该数据集.

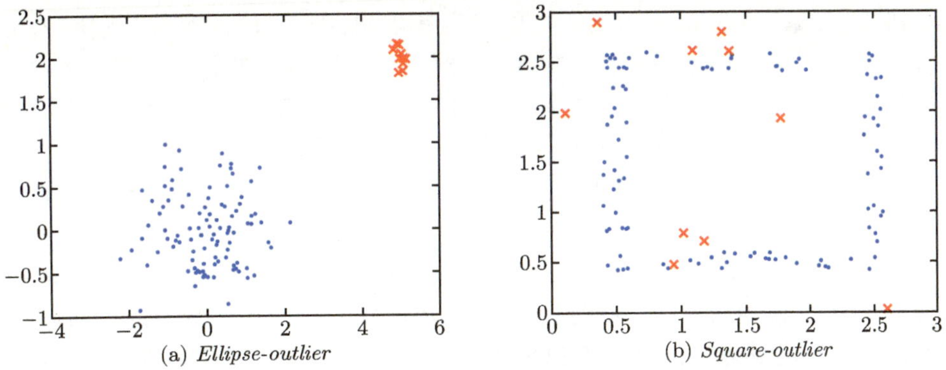

图 4.14 两个人工数据集

其中 “.” 表示正常数据, “×” 表示离群点, 余同.

对于 *Ellipse-outlier*, OCSVM 的宽度参数和百分比估计参数分别取为 $\sigma = 4$ 和 $\nu = 0.1$. WOCSVM, RLOCSVM 和 ROCSVM-RHHQ 的宽度参数和百分比估计参数均使用与 OCSVM 相同的值. 与文献 [19] 相同, RLOCSVM 的参数 r 取为 0.95. ROCSVM-RHHQ 的缩放比 η 取为 0.4. 四种方法在 *Ellipse-outlier* 上的分类结果如图 4.15 所示.

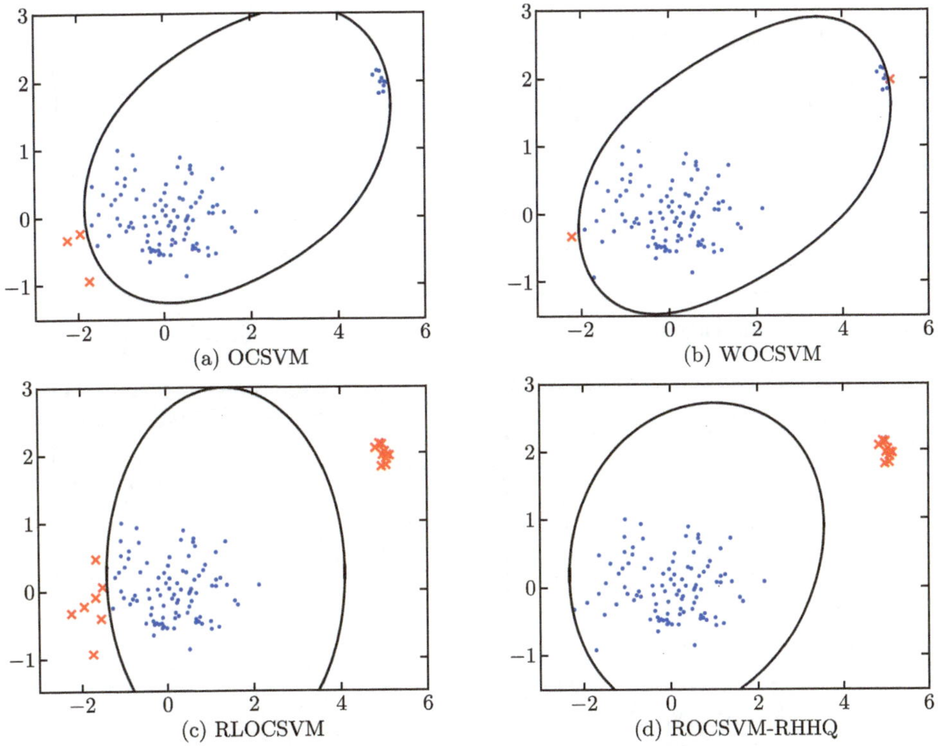

图 4.15 四种方法在 *Ellipse-outlier* 上的分类结果

对于 *Square-outlier*, OCSVM 的宽度参数和百分比估计参数分别取为 $\sigma = 0.35$ 和 $\nu = 0.1$. 其他三种方法的宽度参数和百分比估计参数均使用与 OCSVM 相同的设置. RLOCSVM 的参数 r 也取为 0.95. ROCSVM-RHHQ 的缩放比设置为 $\eta = 0.6$. 四种方法在 *Square-outlier* 上的分类结果如图 4.16 所示.

在图 4.15(a) 中, 3 个正常数据落到了 OCSVM 的分类边界 (用黑色曲线表示) 外面, 而全部离群点均落到了分类边界内部, 可知 OCSVM 的性能受离群点的影响非常严重. 在图 4.15(b) 中, 一个正常数据和一个离群点落到了 WOCSVM 的分类边界外部, 9 个离群点落到了分类边界内部. 从图 4.15(c) 和 4.15(d) 中可以看出, 10 个离群点均落到了 RLOCSVM 和 ROCSVM-RHHQ 的分类边界的外部, 然而 7 个正常数据落到了 RLOCSVM 的分类边界外部. ROCSVM-RHHQ 的分类边界成功地包围了所有正常数据, 同时又排除了所有的离群点.

在图 4.16(a) 中, 两个离群点落到了 OCSVM 的分类边界外部. 在图 4.16(b) 中, WOCSVM 取得了与 OCSVM 形状相似的分类边界, 然而两个正常数据和一个离群点落到了其分类边界的外部. 在图 4.16(c) 和图 4.16(d) 中, RLOCSVM 和 ROCSVM-RHHQ 均将 5 个离群点排除在它们的分类边界外部. 然而, 16 个正常

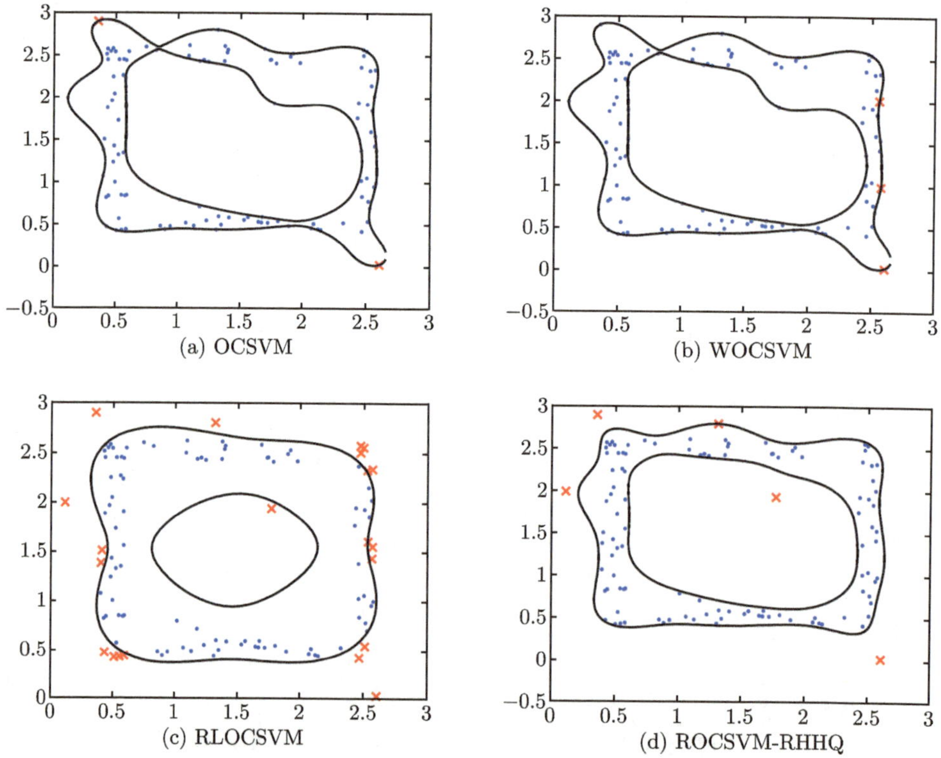

图 4.16 四种方法在 *Square-outlier* 上的分类结果

数据却落到了 RLOCSVM 的外部. 与其他三种方法相比, ROCSVM-RHHQ 的分类边界能够包围所有的正常数据, 同时能够正确地辨识出相同或更多数目的离群点.

因此, 与其他三种方法相比, ROCSVM-RHHQ 能够包围所有的正常数据. 从图 4.15 和图 4.16 可以进一步观察到 ROCSVM-RHHQ 的分类边界更为紧致. 故与其他三种方法相比, ROCSVM-RHHQ 在两个人工数据集上取得了更强的抗离群点性能.

4.5.4.2 基准数据集

在以下的实验中, 使用几何均值 (g-mean) 度量单类分类方法的性能. 与人工数据集相同, ROCSVM-RHHQ 也和其余三种相关方法进行比较. 三种方法分别为 OCSVM, WOCSVM 和 RLOCSVM. 所使用的 20 个基准数据集均取自 UCI 机器学习数据库 [9]. 为了使这些用于两类分类的数据集适用于单类分类, 把其中某一类样本用作正常数据, 另一类样本用作异常数据. 对于每个数据集, 从正常数据中随机选取 80%放入训练集. 为了验证不同方法的抗离群点能力, 从异常数据中随机选取 5%用作离群点放入到训练集中, 并将它们的类别标号从负类变为正类. 剩余的 20%正常数据和 95%异常数据被用于测试. 对 20 个基准数据集的描述概括在表 4.13 中.

表 4.13 实验中所使用的基准数据集相关信息

数据集	正常数据个数	异常数据个数	特征数	训练样本个数	测试样本个数
Blood Transfusion	178	570	4	171	577
Breast Cancer	77	186	9	71	192
Cancer	239	444	9	213	470
Cleverland Heart	214	83	13	175	122
Climate Model	494	46	18	397	143
Fertility	88	12	9	71	29
Flare Solar	94	50	9	71	29
Glass	70	77	10	60	86
Heart	120	150	13	104	166
Hepatitis	123	32	19	100	55
Housing	245	261	13	209	297
Liver	145	200	6	126	219
Parkinsons	147	48	22	120	75
Pima	268	500	8	239	529
Planning Relax	130	52	12	107	75
QSAR Biodegradation	356	699	41	320	735
Sonar	111	97	60	94	114
Vertebral Column	210	100	6	173	137
Wdbc	212	357	9	188	381
Wholesale Customers	298	142	7	245	195

OCSVM 的宽度参数 σ 和百分比估计参数 ν 在训练集上使用基于五折交叉验证的格搜索策略进行选取. σ 的取值范围是 $\{0.1, 0.25, 0.4, 0.5, \cdots, 1, 2, 4, 8, 16, 32, 50, 64\}$, ν 的取值范围是 $\{0.01, 0.05, 0.1, 0.2, \cdots, 1\}$. 其他三种方法的宽度参数和百分比估计参数在每个数据集上的取值均与 OCSVM 相同. RLOCSVM 的参数 r 仍取为 0.95. 对于 ROCSVM-RHHQ, 其半二次优化的最大迭代次数设置为 30, 缩放比 η 使用五折交叉验证选取, 取值范围是 $\{0.0005, 0.001, 0.005, 0.01, 0.1, 0.3, 0.5, 0.6, \cdots, 1, 1.2, 1.5, 1.6, 2.5\}$. 四种方法在 20 个基准数据集上的参数设置概括在表 4.14 中.

表 4.14 四种方法在 20 个基准数据集上的参数设置

数据集	σ	ν	η	数据集	σ	ν	η
Blood Transfusion	0.4	1	0.9	*Housing*	1	0.5	1.2
Breast Cancer	2	0.5	0.9	*Liver*	0.5	1	0.5
Cancer	50	0.01	0.6	*Parkinsons*	1	0.5	2.5
Cleverland Heart	8	0.4	0.8	*Pima*	0.4	0.3	0.7
Climate Model	64	1	0.0005	*Planning Relax*	2	1	0.1
Fertility	4	1	0.0005	*QSAR Biodegradation*	64	1	1
Flare Solar	2	1	0.001	*Sonar*	2	0.5	1
Glass	2	0.5	1.2	*Vertebral Column*	0.25	0.3	0.9
Heart	32	1	1.2	*Wdbc*	16	1	0.0005
Hepatitis	2	1	0.6	*Wholesale Customers*	2	1	0.5

四种方法在 20 个基准数据集的训练集及测试集上均重复 20 次实验, 相应的平均 g-mean 及标准差概括在表 4.15 和表 4.16 中. 此外, ROCSVM-RHHQ 与其他三种方法之间的配对 T 检验和 Wilcoxon 秩和检验结果也包含在两个表中, 用于检验 ROCSVM-RHHQ 是否在统计上与其他三种方法存在差异.

从表 4.16 可以看出, 除了 *Breast Cancer*, *Flare Solar*, *Housing*, *Parkinsons* 和 *Sonar*, ROCSVM-RHHQ 在其余数据集上均与 OCSVM, WOCSVM 及 RLOCSVM 统计上存在差异. 此外, ROCSVM-RHHQ 的泛化性能优于其他三种方法. 考虑到平均 g-mean, 除了 *Cancer* 和 *Housing*, ROCSVM-RHHQ 在其余数据集上均比其他三种方法更为稳定.

对于表 4.15 和表 4.16 中的结果, 有两点需要加以说明:

(1) 在训练样本中引入离群点会降低四种方法的泛化性能, 尤其是在 *Breast Cancer*, *Flare Solar*, *Pima* 和 *Planning Relax* 上, 它们的测试集上的平均 g-mean 均低于 0.5, 然而它们的训练集上的平均 g-mean 却相对高很多. 与其他三种方法相比, 除了 *Breast Cancer*, 它在其余数据集上均表现了更优的泛化性能. 因此, 在 OCSVM 中引入可缩放 hinge 损失函数能够提高其抗离群点的能力.

表 4.15 四种方法在 20 个基准数据集的训练集上的平均 g-mean 及相应的标准差

数据集	OCSVM P_1,P_2	WOCSVM P_1,P_2	RLOCSVM P_1,P_2	ROCSVM-RHHQ
Blood Transfusion	0.7382±0.0315 0.0017, 0.0212	0.7370±0.0217 4.90E−013, 6.42E−008	0.7409±0.0123 5.19E−008, 0.0567	0.7582±0.0105
Breast Cancer	0.8496±0.0152 1.79E−005, 0.0034	0.9099±0.0162 5.40E−010, 1.04E−007	0.8012±0.0416 1.48E−006, 3.73E−007	0.8647±0.0135
Cancer	0.9973±0.0046 1.79E−005, 0.0034	0.9526±0.0340 5.40E−010, 1.04E−007	0.7961±0.0260 1.48E−006, 3.73E−007	0.8807±0.0160
Cleverland Hear	0.9158±0.0614 6.59E−011, 2.54E−012	0.9093±0.0176 6.59E−008, 3.68E−009	0.8812±0.0228 4.79E−007, 4.58E−007	0.8876±0.0474
Climate Model	0.7487±0.0282 0.0081, 0.0458	0.8951±0.0203 2.18E−009, 4.54E−008	0.7421±0.0357 0.0013, 0.0142	0.7070±0.0060
Fertility	0.7671±0.0175 0.8902, 0.9017	0.8723±0.0144 1.02E−013, 5.94E−008	0.7834±0.0184 0.0006, 0.0062	0.7678±0.0175
Flare Solar	0.7213±0.0296 0.6124, 0.8617	0.8092±0.0140 1.24E−011, 1.24E−009	0.7413±0.0323 5.35E−005, 5.15E−006	0.7213±0.0296
Glass	0.8891±0.0141 0.3259, 0.8894	0.9520±0.0157 8.07E−014, 6.09E−008	0.8060±0.0165 3.88E−007, 5.66E−008	0.8882±0.0144
Heart	0.7376±0.0118 2.23E−013, 5.94E−008	0.8704±0.0098 4.95E−005, 5.83E−008	0.7416±0.0112 0.0817, 5.94E−008	0.7977±0.0114
Hepatitis	0.7407±0.0285 0.0627, 0.1610	0.8622±0.0096 1.06E−021, 5.40E−008	0.7182±0.0099 5.24E−006, 0.0003	0.7617±0.0100
Housing	0.8197±0.0413 0.0728, 0.0598	0.8328±0.0460 0.0568, 0.0581	0.7725±0.0110 7.83E−007, 1.71E−007	0.8457±0.0478
Liver	0.7652±0.0141 0.0060, 0.0091	0.8217±0.0092 3.57E−015, 6.21E−008	0.7526±0.0130 0.0398, 0.0927	0.7721±0.0132
Parkinsons	0.8895±0.0057 5.00E−020, 4.76E−008	0.9068±0.0066 8.01E−017, 4.67E−008	0.7888±0.0169 5.35E−020, 5.05E−008	0.9654±0.0051

续表

数据集	OCSVM P_1,P_2	WOCSVM P_1,P_2	RLOCSVM P_1,P_2	ROCSVM-RHHQ
Pima	0.9644±0.0039 1.85E−018, 6.20E−008	0.9668±0.0028 0.0029, 5.20E−008	0.8303±0.0284 0.0002, 6.39E−008	0.9426±0.0056
Planning Relax	0.8344±0.0219 1.28E−009, 7.24E−008	0.8865±0.0102 9.00E−008, 5.95E−008	0.7826±0.0108 0.0244, 0.9102	0.7823±0.0108
QSAR Biodegradation	0.8740±0.0124 0.0041, 0.0066	0.8635±0.0120 2.96E−006, 6.55E−008	0.8763±0.0133 0.0017, 0.0050	0.8919±0.0076
Sonar	0.8790±0.0086 0.1626, 0.8671	0.8926±0.0092 3.67E−008, 0.0001	0.7414±0.0155 1.25E−005, 5.82E−008	0.8797±0.0082
Vertebral Column	0.5141±0.0463 1.19E−011, 7.01E−008	0.5153±0.0459 5.54E−013, 6.01E−008	0.4900±0.0438 2.88E−016, 6.36E−008	0.5300±0.0410
Wdbc	0.8403±0.0216 0.0071, 0.0234	0.8878±0.0162 4.11E−005, 4.75E−008	0.8469±0.0173 0.0604, 0.0001	0.8563±0.0087
Wholesale Customers	0.8456±0.0112 0.0081, 0.0046	0.8551±0.0138 0.0153, 0.0306	0.8444±0.0098 1.65E−004, 0.0039	0.8649±0.0172

注: P_1—配对 T 检验的 p 值; P_2—Wilcoxon 秩和检验的 p 值, 余同.

表 4.16 四种方法在 20 个基准数据集的测试集上的平均 g-mean 及相应的标准差

数据集	OCSVM P_1, P_2	WOCSVM P_1, P_2	RLOCSVM P_1,P_2	ROCSVM-RHHQ
Blood Transfusion	0.6303±0.0320 0.0021, 0.0064	0.6120±0.0356 0.0004, 0.0021	0.6389±0.0344 0.0045, 0.0086	**0.6463±0.0302**
Breast Cancer	**0.4783±0.0466** 0.2931, 0.3660	0.4668±0.0437 0.0251, 0.0029	0.4067±0.0758 8.10E−005, 0.0010	0.4782±0.0496
Cancer	0.5216±0.0100 0.0044, 0.0037	0.5358±0.0250 0.0084, 0.0067	0.5543±0.0305 0.0480, 0.0352	**0.5689±0.0413**
Cleverland Hear	0.6573±0.0849 0.0004, 0.0007	0.6613±0.0170 0.0 016, 0.0024	0.6918±0.0355 0.0387, 0.0186	**0.7221±0.0290**
Climate Model	0.7421±0.0251 0.0144, 0.0033	0.7379±0.0122 0.0029, 4.11E−006	0.7411±0.0276 0.0140, 0.0053	**0.7605±0.0265**
Fertility	0.6071±0.0899 0.0001, 0.0053	0.5560±0.0556 5.33E−006, 0.0023	0.6140±0.0825 0.0520, 0.0400	**0.6271±0.0899**
Flare Solar	0.3957±0.0407 0.1099, 0.0968	0.3421±0.0466 4.53E−006, 6.81E−005	0.3871±0.0470 0.0101, 0.0101	**0.4074±0.0403**
Glass	0.8822±0.0532 0.0018, 0.0035	0.8422±0.0333 0.0003, 0.0017	0.7463±0.0718 1.05E−010, 3.88E−007	**0.8981±0.0545**
Heart	0.6675±0.0742 0.0043, 0.0062	0.5939±0.0343 1.65E−007, 4.95E−005	0.6676±0.0743 0.0250, 0.0817	**0.6788±0.0600**
Hepatitis	0.6491±0.0596 0.0394, 0.0099	0.6246±0.0492 0.0035, 0.0192	0.6515±0.0763 0.0404, 0.0353	**0.6686±0.0681**
Housing	0.6669±0.0326 0.0164, 0.0515	**0.6800±0.0325** 0.6447, 0.8076	0.6483±0.0353 0.0015, 0.0098	0.6794±0.0316
Liver	0.5423±0.0430 0.0163, 0.0491	0.5179±0.0391 9.58E−008, 0.0138	0.5511±0.0427 0.0411, 0.0398	**0.5596±0.0442**
Parkinsons	0.6533±0.0375 0.0296, 0.0165	0.6570±0.0397 0.0415, 0.0647	0.5910±0.0599 5.60E−008, 0.0003	**0.6699±0.0478**
Pima	0.4687±0.0404 0.0006, 0.0099	0.4682±0.0399 0.0004, 0.0029	0.4171±0.0311 1.39E−005, 0.0002	**0.4821±0.0353**

续表

数据集	OCSVM P_1, P_2	WOCSVM P_1, P_2	RLOCSVM P_1,P_2	ROCSVM-RHHQ
Planning Relax	0.4319±0.0542 3.84E−005, 0.0049	0.3541±0.0375 8.21E−011, 9.00E−008	0.4836±0.0497 0.0143, 0.0244	**0.4994±0.0431**
QSAR Biodegradation	0.8028±0.0155 0.0001, 0.0032	0.7858±0.0321 2.48E−007, 2.60E−007	0.8234±0.0521 0.0001, 0.0043	**0.8454±0.0321**
Sonar	0.6673±0.0648 0.0565, 0.0716	0.6694±0.0558 0.0410, 0.0389	0.5543±0.0464 3.39E−009, 1.24E−005	**0.6773±0.0677**
Vertebral Column	0.5108±0.0407 0.0030, 0.0041	0.5095±0.0405 0.0199, 0.0046	0.4141±0.0264 3.98E−008, 5.21E−007	**0.5294±0.0434**
Wdbc	0.7890±0.0105 0.0409, 0.0248	0.7549±0.0170 1.40E−005, 4.11E−005	0.7896±0.0806 0.0350, 0.0604	**0.8036±0.0300**
Wholesale Customers	0.7640±0.0176 0.0019, 0.0027	0.6924±0.0201 3.42E−008, 2.06E−007	0.7714±0.0132 0.0228, 0.0369	**0.7839±0.0181**

注：最优结果用黑体加粗显示.

(2) 与 OCSVM 相比, WOCSVM 在 5 个数据集上取得了较优的性能, 而 RLOCSVM 和 ROCSVM-RHHQ 分别在 11 个和 19 个数据集上取得了较优的结果. WOCSVM 的效果较差, 主要原因是训练样本中的离群点降低了其分类性能. 相对而言, RLOCSVM 和 ROCSVM-RHHQ 取得了较好的结果, 这再一次表明, 将 OCSVM 中的 hinge 损失函数替换为更为合适的损失函数, 能够提高其抗离群点的能力.

此外, 四种方法的测试性能与离群点占整个训练集的比例有关, 它们之间的关系在四个基准数据集上如图 4.17 所示. 离群点占整个训练集的比例从 5%增加到 30%, 增加的步长取为 5%. 根据图 4.17 中性能曲线的变化趋势, 可以得到以下结论:

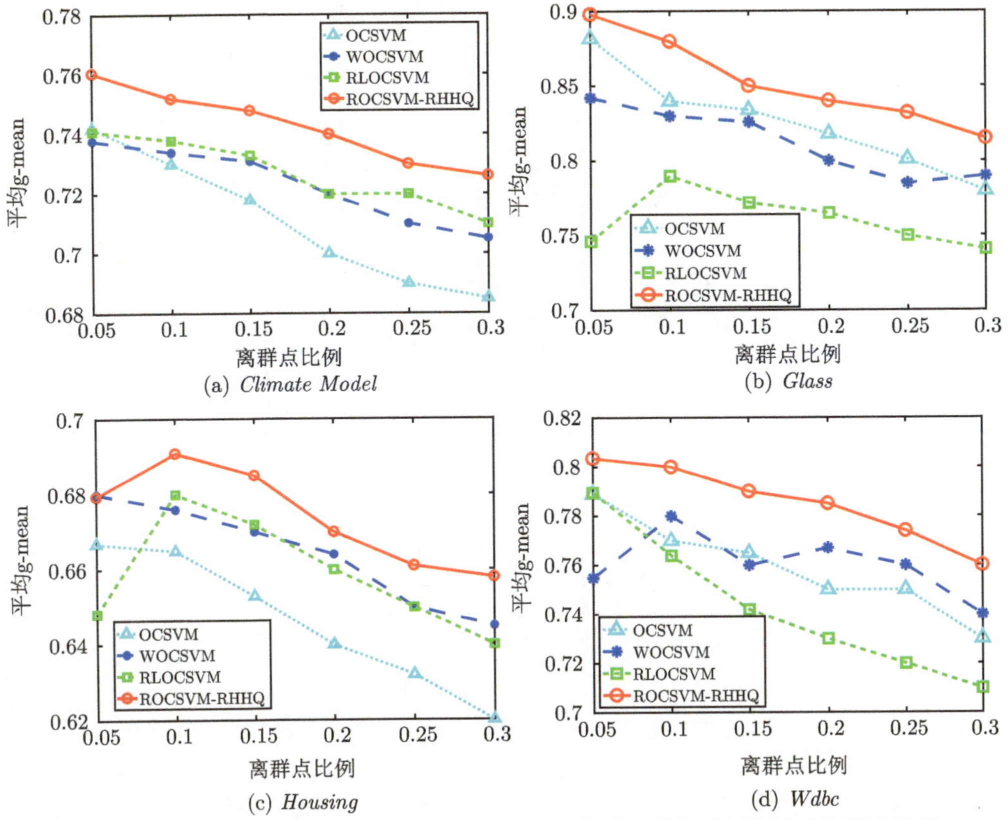

(a) *Climate Model* (b) *Glass* (c) *Housing* (d) *Wdbc*

图 4.17 四种方法在四个基准数据集上对应于离群点所占不同比例时的测试性能

(1) 随着离群点比例的增加, 四种方法的测试性能总体上呈下降趋势. 与其他三种方法相比, ROCSVM-RHHQ 在四个数据集上取得了最优的结果.

(2) 与 OCSVM 相比, WOCSVM 在 *Glass* 上取得了较差的性能, RLOCSVM 在 *Glass* 和 *Wdbc* 上取得了较差的性能, ROCSVM-RHHQ 在四个数据集上均取

得了更优的抗离群点性能.

针对上面四个数据集, 本节也考察了不同的参数设置对 ROCSVM-RHHQ 的影响. ROCSVM-RHHQ 的三个参数分别为: 宽度参数 σ、百分比估计参数 ν 和缩放比 η. 对于每个参数, 让其在相应的取值范围中变动, 同时保持其他两个参数固定不变, 其他参数的固定取值直接取自表 4.14. 此外, 对于 σ, ν 及 η 的每种参数设置, 重复 20 次实验. 图 4.18 展示了不同 σ 值、不同 ν 值及不同 η 值分别对测试集上的平均 g-mean 的影响.

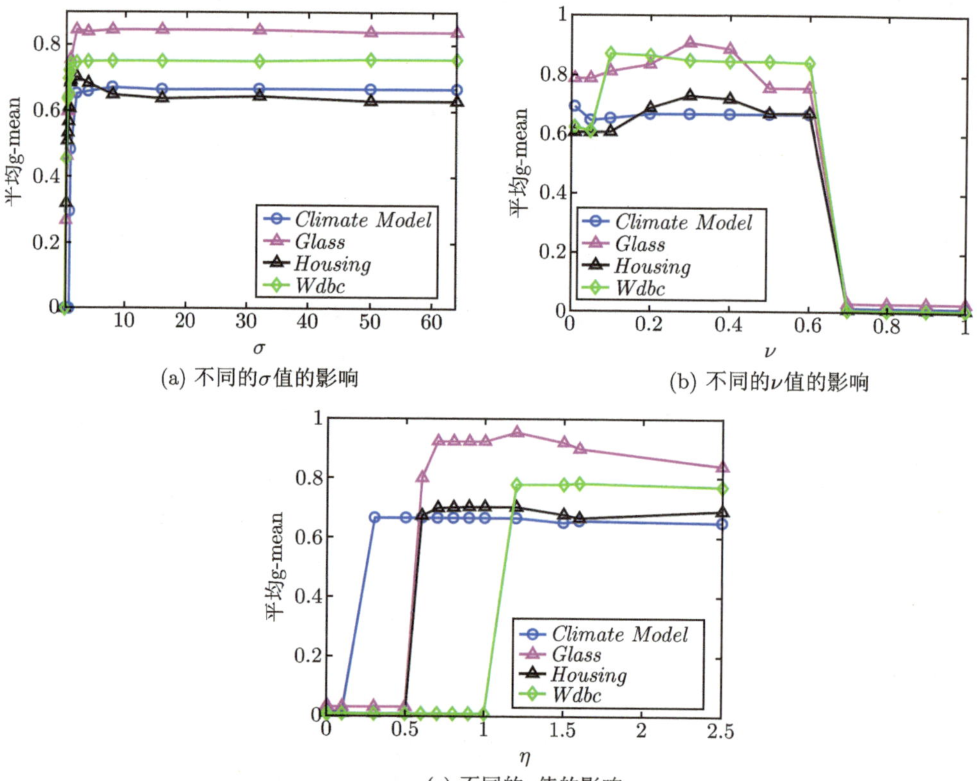

(a) 不同的σ值的影响　　(b) 不同的ν值的影响

(c) 不同的η值的影响

图 4.18　在四个基准数据集上不同的参数值对 ROCSVM-RHHQ 性能的影响

由图 4.18(a) 可知, 当 $\sigma \in [0.1, 1]$ 时, 平均 g-mean 增加得极为迅速, 当 $\sigma \in [8, 64]$ 时变化则非常小, ROCSVM-RHHQ 在四个数据集上的最优性能对应的 σ 值分别为 8, 2, 2 和 50. 图 4.18(b) 中, 当 $\nu \in [0.7, 1]$ 时, 平均 g-mean 急速下降并接近于零, ROCSVM-RHHQ 在四个数据集上的最优性能对应的 ν 值分别为 0.01, 0.3, 0.3 和 0.1. 图 4.18(c) 中, 四条性能曲线均急速增加, 到某个点以后则变化较为微小, ROCSVM-RHHQ 在四个数据集上的最优性能对应的 η 值分别为 0.3, 1.2, 1 和 1.6.

因此, 根据上述观察, ROCSVM-RHHQ 的性能依赖于 σ, ν 及 η 的取值. 对参数的合理设置会使 ROCSVM-RHHQ 取得较优的性能, 不合理的设置则会使 ROCSVM-RHHQ 的性能变差.

4.5.4.3 手写数据集

ROCSVM-RHHQ 的有效性进一步在两个手写数据集上进行了验证, 这两个手写数据集分别是 MNIST[30] 和 C-Cube[31], 下面对这两个数据集加以简要的描述.

MNIST: 该数据集共有 60000 张训练图像和 10000 张测试图像, 图像内容为手写数字 0~9. 每张图像的分辨率为 28×28 像素, 且每个像素点用一个灰度值表示. 以下实验中, 原始图像经模糊化和下采样至 8×8 像素. 然后, 将某一类图像用作正常数据, 其余类图像用作异常数据. 从训练图像的正常数据中随机选取 2000 个样本放入训练集, 再从训练图像的异常数据中随机选取 100 个样本用作离群点并放入训练集. 测试图像中所有的正常数据以及测试图像中每个数字的前 109 个异常数据被用于测试.

C-Cube: 该数据集包含 57293 个从草体手写单词中手工抽取的草体字母, 每个字母分别包含大写和小写两种形式. 这个数据集的类别数为 52. 整个数据集被分成包含 38160 个字母的训练字母和包含 19133 个字母的测试字母. 某一类字母被用作正常数据, 其余 51 类字母被用作异常数据. 在训练字母的正常数据中随机抽取 1760 个样本用作单类分类的训练集, 然后在训练字母的异常数据中随机选取 88 个样本作为离群点放入训练集. 测试字母中所有的正常数据和测试字母中每类异常数据前 35 个样本被用于测试. 这里需要说明的是训练字母中仅有四类正常数据多于 2000 个样本. 因此, 在下面的实验中考虑了四个单类分类问题.

四种方法在 MNIST 上的参数设置为: $\sigma=2$, $\nu=0.1$, $r=0.95$ 和 $\eta=1.2$, 在 C-Cube 上的参数设置为: $\sigma=16$, $\nu=0.1$, $r=0.95$ 和 $\eta=0.5$. 在 MNIST 和 C-Cube 的训练集和测试集上 20 次实验的平均 g-mean 和标准差分别概括在表 4.17 和表 4.18 中. 图 4.19 展示了被 ROCSVM-RHHQ 识别的 100 个效果最好和 100 个效果最差的正常数据.

由表 4.18 即可发现 ROCSVM-RHHQ 与其他三种方法在大多数数据集上均存在显著性差异. 除了 MNIST(5) 和 MNIST(7), ROCSVM-RHHQ 均取得了优于其他三种方法的泛化性能. 此外, ROCSVM-RHHQ 的抗离群点能力也优于其他三种方法. 最后, 从图 4.19 可以发现 ROCSVM-RHHQ 能够为书写较规范的样本赋予较高的决策函数值, 且为较不正规的样本赋予较低的决策函数值.

表 4.17　四种不同方法在两个手写数据集的训练集上的平均 g-mean 及相应的标准差

数据集	OCSVM P_1, P_2	WOCSVM P_1, P_2	RLOCSVM P_1, P_2	ROCSVM-RHHQ
MNIST(0)	0.7925±0.0824 0.0144, 0.0860	0.7495±0.0049 0.0195, 0.0448	0.7538±0.0730 0.0250, 0.0432	0.7604±0.0371
MNIST(1)	0.8317±0.0039 0.0524, 0.0525	0.8285±0.0057 0.0046, 0.0140	0.8324±0.0063 0.0625, 0.0834	0.8311±0.0050
MNIST(2)	0.7463±0.0543 0.0308, 0.0394	0.7334±0.0042 0.0882, 0.0892	0.7382±0.0040 0.0496, 0.0523	0.7333±0.0043
MNIST(3)	0.8079±0.0908 0.0751, 0.0655	0.7883±0.0714 0.0700, 0.0957	0.7932±0.0817 0.0532, 0.0621	0.7978±0.0764
MNIST(4)	0.7799±0.0346 9.69E−004, 0.0207	0.8626±0.0878 0.0761, 0.0570	0.7998±0.0423 1.35E−003, 0.0112	0.8719±0.0954
MNIST(5)	0.8483±0.0900 0.0148, 0.0106	0.7680±0.0317 0.9660, 0.7147	0.7683±0.0654 0.8976, 0.8324	0.7685±0.0413
MNIST(6)	0.7732±0.0474 0.0023, 0.0080	0.8402±0.0736 0.0206, 0.0077	0.8036±0.0324 0.0103, 0.0079	0.8641±0.0930
MNIST(7)	0.7805±0.0039 0.0716, 0.0167	0.8023±0.0614 0.0839, 0.0685	0.7813±0.0324 0.0732, 0.0217	0.8641±0.0930
MNIST(8)	0.8127±0.0851 0.0289, 0.0310	0.7959±0.0608 0.0585, 0.0808	0.8032±0.0738 0.0156, 0.0230	0.8497±0.0960
MNIST(9)	0.7751±0.0029 0.0386, 0.0525	0.8083±0.0736 0.0909, 0.0776	0.7932±0.0067 0.0517, 0.0856	0.7837±0.0434
C-Cube(a)	0.7534±0.0032 0.0149, 0.0222	0.7444±0.0048 1.44E−006, 4.49E−007	0.7523±0.0138 0.0235, 0.0796	0.7564±0.0149
C-Cube(e)	0.7458±0.0049 0.0029, 0.0024	0.7395±0.0034 1.14E−010, 2.47E−007	0.7413± 0.0055 1.64E−009, 7.95E−009	0.7505±0.0047
C-Cube(l)	0.7670±0.0067 0.2062, 0.2553	0.7517±0.0049 6.52E−006, 1.08E−004	0.7453±0.0056 9.00E−007, 7.83E−005	0.7640±0.0085
C-Cube(n)	0.7353±0.0043 0.0756, 0.2331	0.7311±0.0038 7.32E−006, 9.70E−005	0.7323±0.0042 7.32E−006, 9.70E−005	0.7370±0.0036

表 4.18　四种不同方法在两个手写数据集的测试集上的平均 g-mean 及相应的标准差

数据集	OCSVM P_1, P_2	OCSVM P_1, P_2	OCSVM P_1, P_2	ROCSVM-RHHQ
MNIST(0)	0.7421±0.0492 0.0156, 0.0946	0.7547±0.0049 0.0232, 0.0946	0.7503±0.0217 0.0342, 0.0840	**0.7590±0.0175**
MNIST(1)	0.8276±0.0053 0.0260, 0.0461	0.8356±0.0040 1.39E−008, 1.60E−005	0.8290±0.0324 1.24E−006, 1.49E−004	**0.8372±0.0052**
MNIST(2)	0.6885±0.0395 0.0422, 0.0989	0.6959±0.0080 0.0479, 0.0871	0.6732±0.0431 0.0023, 0.0047	**0.6964±0.0077**
MNIST(3)	0.7043±0.0571 0.0494, 0.0776	0.7115±0.0367 0.0808, 0.0818	0.7128±0.0679 0.0635, 0.0721	**0.7154±0.0397**
MNIST(4)	0.7308±0.0701 0.0144, 0.0126	0.7560±0.0505 0.0257, 0.0508	0.7413±0.0635 0.0234, 0.0213	**0.7743±0.0149**
MNIST(5)	0.6566±0.0317 0.0457, 0.0250	**0.6766±0.0177** 0.1017, 0.6849	0.6638±0.0233 0.0324, 0.0708	0.6729±0.0133

续表

数据集	OCSVM P_1, P_2	OCSVM P_1, P_2	OCSVM P_1, P_2	ROCSVM-RHHQ
MNIST(6)	0.7479±0.0311	0.7340±0.0691	0.7354±0.0700	**0.7561±0.0376**
	0.4129, 0.3235	0.2424, 0.4903	0.3827, 0.2730	
MNIST(7)	**0.7587±0.0039**	0.7451±0.0372	0.7384±0.0091	0.7571±0.0376
	0.0335, 0.2235	0.1415, 0.0275	0.0501, 0.0432	
MNIST(8)	0.7454±0.0596	0.7262±0.0837	0.7313±0.0707	**0.7644±0.0532**
	0.0455, 0.0653	0.0111, 0.0190	0.0214, 0.0408	
MNIST(9)	0.7771±0.0237	0.7714±0.0435	0.7738±0.0211	**0.7851±0.0044**
	0.0150, 0.0123	0.0441, 0.0569	0.0178, 0.0166	
C-Cube(a)	0.7161±0.0172	0.6871±0.0105	0.6774±0.0183	**0.7324±0.0174**
	0.0040, 8.36E−004	9.65E−011, 1.20E−006	1.53E−013, 8.00E−009	
C-Cube(e)	0.7065±0.0202	0.6829±0.0062	0.6987±0.0031	**0.7244±0.0098**
	0.0028, 0.0016	5.83E−014, 6.79E−008	3.49E−012, 8.00E−007	
C-Cube(l)	0.6306±0.0088	0.6255±0.0067	0.6211±0.0076	**0.6331±0.0057**
	0.0876, 0.5075	8.28E−004, 0.0207	6.84E−005, 8.01E−004	
C-Cube(n)	0.6130±0.0132	0.5965±0.0064	0.6143±0.0094	**0.6201±0.0084**
	0.0238, 0.0106	1.89E−010, 6.91E−007	3.67E−003, 7.80E−004	

注：最优结果用黑体加粗显示.

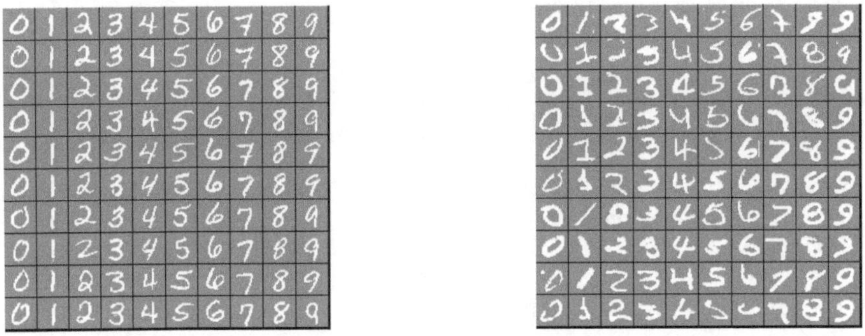

(a) 100个识别效果最好的正常数据　　(b) 100个识别效果最差的正常数据

图 4.19　ROCSVM-RHHQ 识别出的测试集中 100 个效果最好的正常数据和 100 个效果最差的正常数据

4.6 基于截断 ℓ_1 范数的鲁棒最小二乘单类支持向量机

与传统的 OCSVM 相比, 最小二乘单类支持向量机 (least squares OCSVM, LS-OCSVM)[32]能够更加准确地描述新样本与训练集的相似度. 然而, LS-OCSVM 对训练集中的离群点非常敏感, 其根本原因在于离群点对应的平方误差函数值较大, 从而使得 LS-OCSVM 会更多地偏向于这些离群点. 为了提高 LS-OCSVM 对于离群点的鲁棒性, 我们提出了基于截断 ℓ_1 范数的鲁棒最小二乘单类支持向量机 (robust LS-OCSVM with capped ℓ_1-norm, RLSOCSVM-CL).

4.6.1 相关工作

LS-OCSVM[32] 通过求解一个线性方程组而非求解二次规划问题来得到超平面. 给定训练集 $\{\mathbf{x}_i\}_{i=1}^N$, 其中 $\mathbf{x}_i \in \Re^d$ 为第 i 个训练样本且 d 为样本的维数. 为了在特征空间中构造分离超平面, 需要将样本从输入空间映射到高维的特征空间, 设映射函数为 $\phi: \Re^d \mapsto F$, 由于映射函数 $\phi(\cdot)$ 的表达形式往往未知, 因此常用"核技巧"(kernel trick)[13] 来解决此问题, 即利用核函数代替两个样本经特征映射后像的内积, 即 $K(\mathbf{x}_i, \mathbf{x}_j) = \phi(\mathbf{x}_i)^{\mathrm{T}}\phi(\mathbf{x}_j)$.

LS-OCSVM 试图在特征空间中寻找一个最优分离超平面, 使得样本的像距离超平面的远近能够反映样本与训练集间的相似度. LS-OCSVM 的优化问题为

$$\begin{aligned}\min_{\mathbf{w},\rho} \quad & \frac{1}{2}\|\mathbf{w}\|^2 - \rho + \frac{1}{2}C\sum_{i=1}^N \xi_i^2 \\ \text{s.t.} \quad & \mathbf{w}^{\mathrm{T}}\phi(\mathbf{x}_i) = \rho - \xi_i, \quad i = 1, 2, \cdots, N,\end{aligned} \tag{4.90}$$

其中 $\mathbf{w}$ 和 ρ 分别为分离超平面的权重向量和偏差项, C 为折中参数.

根据拉格朗日乘子法, 可得线性方程组

$$\begin{bmatrix} 0 & \mathbf{e}^{\mathrm{T}} \\ \mathbf{e} & \mathbf{K} + \mathbf{I}/C \end{bmatrix} \begin{bmatrix} -\rho \\ \boldsymbol{\alpha} \end{bmatrix} = \begin{bmatrix} 1 \\ \mathbf{0} \end{bmatrix}, \tag{4.91}$$

其中 $\mathbf{e} = (1, 1, \cdots, 1)^{\mathrm{T}}$ 和 $\mathbf{0} = (0, 0, \cdots, 0)^{\mathrm{T}}$ 均为 N 维列向量, $\mathbf{K} = (\mathbf{K}_{ij})_{N\times N}$ 为核矩阵, $\mathbf{I}_{N\times N}$ 为单位矩阵, 且 $\boldsymbol{\alpha} = (\alpha_1, \alpha_2, \cdots, \alpha_N)^{\mathrm{T}}$ 为拉格朗日乘子构成的向量.

利用分块矩阵求逆的方法, 可得

$$\rho = \frac{1}{\mathbf{e}^{\mathrm{T}}\left(\mathbf{I}/C + \mathbf{K}\right)^{-1}\mathbf{e}}, \tag{4.92}$$

$$\boldsymbol{\alpha} = \frac{\left(\mathbf{I}/C + \mathbf{K}\right)^{-1}\mathbf{e}}{\mathbf{e}^{\mathrm{T}}\left(\mathbf{I}/C + \mathbf{K}\right)^{-1}\mathbf{e}}. \tag{4.93}$$

LS-OCSVM 的超平面为

$$f(\mathbf{x}) = \mathbf{w}^{\mathrm{T}}\phi(\mathbf{x}) - \rho = \mathbf{k}^{\mathrm{T}}\boldsymbol{\alpha} - \rho, \tag{4.94}$$

其中 $\mathbf{k} \in \Re^N$ 为 N 维向量且其第 i 个元素为 $k_i = K(\mathbf{x}_i, \mathbf{x})$. 将式 (4.92) 和 (4.93) 代入 (4.94) 可得

$$f(\mathbf{x}) = \frac{\mathbf{k}^{\mathrm{T}}\left(\mathbf{I}/C + \mathbf{K}\right)^{-1}\mathbf{e} - 1}{\mathbf{e}^{\mathrm{T}}\left(\mathbf{I}/C + \mathbf{K}\right)^{-1}\mathbf{e}}. \tag{4.95}$$

然而, 需要注意的是式 (4.95) 中的函数是超平面, 而不是决策函数. 因此, 需要定义一个距离函数用于判别待测样本 $\mathbf{x}$ 的类别. 所定义的 $\mathbf{x}$ 到超平面 $f(\mathbf{x})$ 的距离函数如下

$$d(\mathbf{x}) = \frac{|f(\mathbf{x})|}{\|\boldsymbol{\alpha}\|} = \frac{\left|\sum_{i=1}^{N} \alpha_i K(\mathbf{x}_i, \mathbf{x}) - \rho\right|}{\|\boldsymbol{\alpha}\|}. \tag{4.96}$$

则 LS-OCSVM 的判别函数 $g(\mathbf{x})$ 定义为

$$g(\mathbf{x}) = \begin{cases} 1, & d \leqslant \theta, \\ -1, & d > \theta, \end{cases} \tag{4.97}$$

其中 θ 为训练样本到超平面的最大距离, 即 $\theta = \max\limits_{i=1,2,\cdots,N} d(\mathbf{x}_i)$.

4.6.2 数学模型

受文献 [33] 的启发, 将截断 ℓ_1 范数引入 LS-OCSVM 中代替原有的平方损失, 即可得到 RLSOCSVM-CL 的目标函数如下

$$\begin{aligned} \min_{\mathbf{w},\rho,\boldsymbol{\xi}} \quad & \frac{1}{2}\|\mathbf{w}\|^2 - \rho + C\sum_{i=1}^{N} \min(|\xi_i|, \varepsilon) \\ \text{s.t.} \quad & \mathbf{w}^{\mathrm{T}}\phi(\mathbf{x}_i) = \rho - \xi_i, \quad i = 1, 2, \cdots, N, \end{aligned} \tag{4.98}$$

其中 ξ_i 是松弛变量, $\min(a, b)$ 表示取 a 和 b 中的较小值.

根据重加权技巧 [34−36], 可以得到和原目标函数近似的函数如下

$$\begin{aligned} \min_{\mathbf{w},\rho,\boldsymbol{\xi}} \quad & \frac{1}{2}\mathbf{w}^{\mathrm{T}}\mathbf{w} - \rho + \frac{1}{2}C\boldsymbol{\xi}^{\mathrm{T}}\mathbf{D}\boldsymbol{\xi} \\ \text{s.t.} \quad & \mathbf{w}^{\mathrm{T}}\phi(\mathbf{x}_i) = \rho - \xi_i, \quad i = 1, 2, \cdots, N, \end{aligned} \tag{4.99}$$

其中 $\mathbf{D}$ 是对角矩阵, 其对角线上的第 i 个元素表示为

$$d_i = \begin{cases} \dfrac{1}{|\xi_i|}, & |\xi_i| \leqslant \varepsilon, \\ 0, & \text{其他}. \end{cases} \tag{4.100}$$

从式 (4.100) 可以看出, $\mathbf{D}$ 矩阵可用于剔除样本中的离群点. 在特征空间中, 样本距离超平面越远则说明样本和所有样本的相似度越小, 便可能是一个离群点. 当样本 $\mathbf{x}_i$ 距离超平面的距离大于 ε 时, 对应的 d_i 会赋予一个极小的权重 (实验中使用非常小的数代替零), 极大地减少了离群点对分类器的影响. 另外, 在后面的实验中, 对 $\xi_i (i = 1, 2, \cdots, N)$ 进行归一化, 以方便阈值 ε 的选取.

优化问题 (4.99) 对应的拉格朗日函数为

$$L(\mathbf{w},\rho,\boldsymbol{\xi},\boldsymbol{\alpha})=\frac{1}{2}\|\mathbf{w}\|^2-\rho+\frac{C}{2}\boldsymbol{\xi}^{\mathrm{T}}\mathbf{D}\boldsymbol{\xi}-\boldsymbol{\alpha}^{\mathrm{T}}\left\{[\boldsymbol{\Phi}(\mathbf{X})]^{\mathrm{T}}\mathbf{w}-\mathbf{e}\rho+\boldsymbol{\xi}\right\},\tag{4.101}$$

其中 $\boldsymbol{\xi}=(\xi_1,\xi_2,\cdots,\xi_N)^{\mathrm{T}}$, $\boldsymbol{\Phi}(\mathbf{X})=[\phi(\mathbf{x}_1),\phi(\mathbf{x}_2),\cdots,\phi(\mathbf{x}_N)]$. 对式 (4.101) 分别关于 $\mathbf{w}$, ρ, $\boldsymbol{\xi}$ 和 $\boldsymbol{\alpha}$ 求偏导数, 并令偏导数为零, 可得

$$\frac{\partial L}{\partial \mathbf{w}}=\mathbf{w}-\boldsymbol{\Phi}(\mathbf{X})\boldsymbol{\alpha}=\mathbf{0}\Rightarrow\mathbf{w}=\boldsymbol{\Phi}(\mathbf{X})\boldsymbol{\alpha},\tag{4.102}$$

$$\frac{\partial L}{\partial \rho}=\mathbf{e}^{\mathrm{T}}\boldsymbol{\alpha}-1=0,\tag{4.103}$$

$$\frac{\partial L}{\partial \boldsymbol{\xi}}=C\mathbf{D}\boldsymbol{\xi}-\boldsymbol{\alpha}=\mathbf{0},\tag{4.104}$$

$$\frac{\partial L}{\partial \boldsymbol{\alpha}}=-\left\{[\boldsymbol{\Phi}(\mathbf{X})]^{\mathrm{T}}\mathbf{w}-\mathbf{e}\rho+\boldsymbol{\xi}\right\}=\mathbf{0}.\tag{4.105}$$

将 (4.102)—(4.104) 代入式 (4.105) 可得

$$\sum_{i=1}^{N}\alpha_i\phi(\mathbf{x}_i)^{\mathrm{T}}\phi(\mathbf{x}_j)+\frac{d_j^{-1}\alpha_j}{C}-\rho=0.\tag{4.106}$$

进而可以得到

$$\begin{bmatrix}0 & \mathbf{e}^{\mathrm{T}}\\ \mathbf{e} & \mathbf{K}+\dfrac{\mathbf{D}^{-1}}{C}\end{bmatrix}\begin{bmatrix}-\rho\\ \boldsymbol{\alpha}\end{bmatrix}=\begin{bmatrix}1\\ \mathbf{0}\end{bmatrix}.\tag{4.107}$$

利用分块矩阵的逆可得

$$\rho=\frac{1}{\mathbf{e}^{\mathrm{T}}\left(\dfrac{\mathbf{D}^{-1}}{C}+\mathbf{K}\right)^{-1}\mathbf{e}},\tag{4.108}$$

$$\boldsymbol{\alpha}=\frac{\left(\dfrac{\mathbf{D}^{-1}}{C}+\mathbf{K}\right)^{-1}\mathbf{e}}{\mathbf{e}^{\mathrm{T}}\left(\dfrac{\mathbf{D}^{-1}}{C}+\mathbf{K}\right)^{-1}\mathbf{e}}.\tag{4.109}$$

则有 RLSOCSVM-CL 的超平面为

$$f(\mathbf{x})=\frac{\mathbf{k}^{\mathrm{T}}\left(\dfrac{\mathbf{D}^{-1}}{C}+\mathbf{K}\right)^{-1}\mathbf{e}-1}{\mathbf{e}^{\mathrm{T}}\left(\dfrac{\mathbf{D}^{-1}}{C}+\mathbf{K}\right)^{-1}\mathbf{e}}.\tag{4.110}$$

由式 (4.104) 可得

$$\boldsymbol{\xi}=\frac{\mathbf{D}^{-1}}{C}\boldsymbol{\alpha}.\tag{4.111}$$

4.6.3 算法描述

RLSOCSVM-CL 的整个训练过程概括在算法 4.2 中. 求解线性方程组 (4.107), 即求取 $\boldsymbol{\alpha}$ 和 ρ 的计算复杂度为 $O((N+1)^3)$, 求取 $\boldsymbol{\xi}$ 的计算复杂度为 $O(N^3)$, 因此, 对于每次迭代过程, 总的计算复杂度为 $O((N+1)^3+N^3+1)$. 忽略低阶项, 则 RLSOCSVM-CL 训练过程的计算复杂度为 $O(T_{\max}(N+1)^3)$, 其中 $T_{\max}$ 为最大迭代次数. LS-OCSVM 训练过程的计算复杂度为 $O((N+1)^3)$, 所以, 与 LS-OCSVM 相比, RLSOCSVM-CL 并不会增加太多的计算复杂度.

算法 4.2 基于截断 ℓ_1 范数的鲁棒最小二乘单类支持向量机

输入 训练集 $\{\mathbf{x}_i\}_{i=1}^N$, 折中参数 C, 最大迭代次数 $T_{\max}$.
输出 拉格朗日乘子 $\boldsymbol{\alpha}^{\tau+1}$, 偏差项 $\rho^{\tau+1}$.
初始化 $\mathbf{D}=\mathbf{I}$.
for $\tau=1,2,\cdots,T_{\max}$
  步骤 1: 利用式 (4.109) 求取 $\boldsymbol{\alpha}^{\tau}$;
  步骤 2: 利用式 (4.111) 求取 $\boldsymbol{\xi}^{\tau}$;
  步骤 3: 利用式 (4.100) 更新矩阵 $\mathbf{D}^{\tau}$;
  步骤 4: 利用式 (4.109) 和 (4.110) 分别求取 $\boldsymbol{\alpha}^{\tau+1}$ 和 $\rho^{\tau+1}$.
end for

4.6.4 实验结果

为了验证 RLSOCSVM-CL 的有效性, 在两个人工数据集和 9 个 UCI 基准数据集上与 OCSVM 和 LS-OCSVM 进行了比较. 三种方法的核函数均采用高斯核函数 $K(\mathbf{x},\mathbf{y})=\exp\left(-\dfrac{\|\mathbf{x}-\mathbf{y}\|^2}{2\sigma^2}\right)$. 此外, 利用几何均值 (g-mean) 度量各种方法的性能.

4.6.4.1 人工数据集

对所使用的两个人工数据集的描述如下.

Ellipse-outlier: 该数据集包含 100 个正常数据和 10 个离群点. 正常数据和离群点均服从二维高斯分布, 它们对应的均值向量分别为 $(0,0)^{\mathrm{T}}$ 和 $(5,3)^{\mathrm{T}}$, 协方差矩阵分别为 $\begin{pmatrix}1 & 0\\ 0 & 0.2\end{pmatrix}$ 和 $\begin{pmatrix}0.01 & 0\\ 0 & 0.01\end{pmatrix}$. 所有的数据点如图 4.20(a) 所示.

Square-outlier: 该数据集包含 200 个正常数据和 20 个离群点. 正常数据从域 $\{(x,y)|x\in(0.2,2.4),y\in(0.2,0.4)\cup(2.2,2.4)\}\cup\{(x,y)|x\in(0.2,0.4)\cup(2.2,2.4),y\in(0.2,2.4)\}$ 中随机选取, 离群点在区域 $\{(x,y)|x,y\in(0,3)\}$ 中随机选取. 所有的数据点如图 4.20(b) 所示.

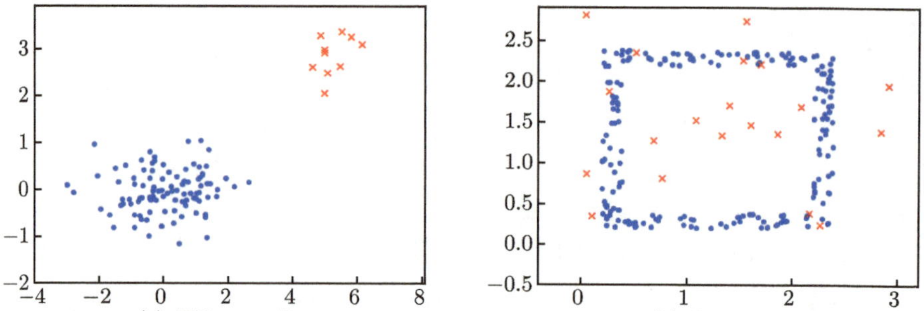

(a) *Ellipse-outlier*　　(b) *Square-outlier*

图 4.20　两个人工数据集

正常数据和离群点分别用 • 和 × 表示, 余同.

对于 *Ellipse-outlier*, OCSVM 中高斯核函数的宽度参数和百分比估计参数分别取为 $\sigma_1 = 20$ 和 $\nu = 0.2$. LS-OCSVM 的宽度参数和折中参数分别设置为 $\sigma_2 = 40$ 和 $C = 1$. RLSOCSVM-CL 的宽度参数和折中参数的设置与 LS-OCSVM 相同, 阈值取为 $\varepsilon = 0.95$. 三种方法在 *Ellipse-outlier* 上的结果如图 4.21 所示.

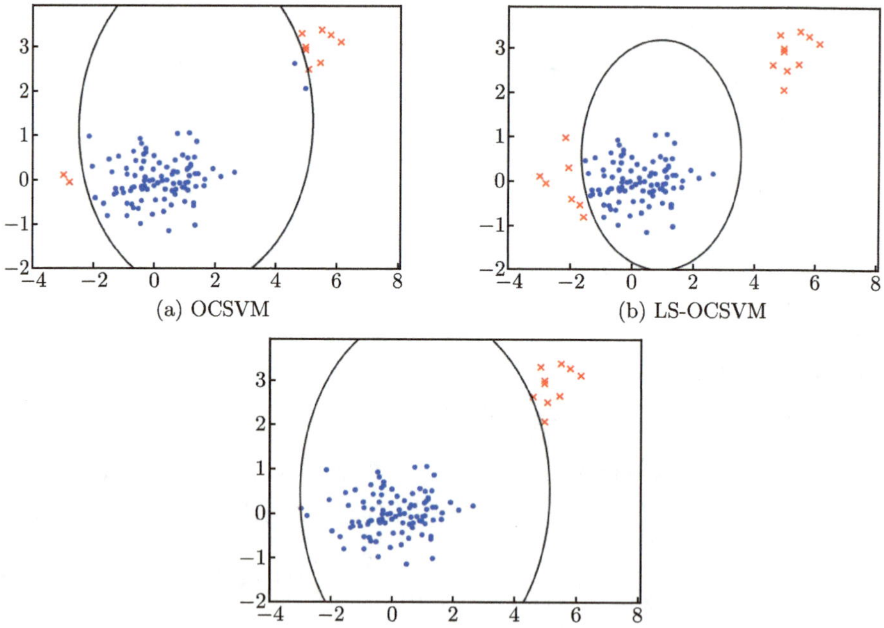

(a) OCSVM　　(b) LS-OCSVM

(c) RLSOCSVM-CL

图 4.21　三种方法在 *Ellipse-outlier* 上的分类效果

对于 *Square-outlier*, OCSVM 的宽度参数和百分比估计参数分别取为 $\sigma_1 = 1$ 和 $\nu = 0.4$. LS-OCSVM 的宽度参数和折中参数分别取为 $\sigma_2 = 1$ 和 $C = 0.7$.

RLSOCSVM-CL 的宽度参数和折中参数的设置与 LS-OCSVM 相同, 阈值取为 $\varepsilon = 0.95$. 三种方法在 *Square-outlier* 上的结果如图 4.22 所示.

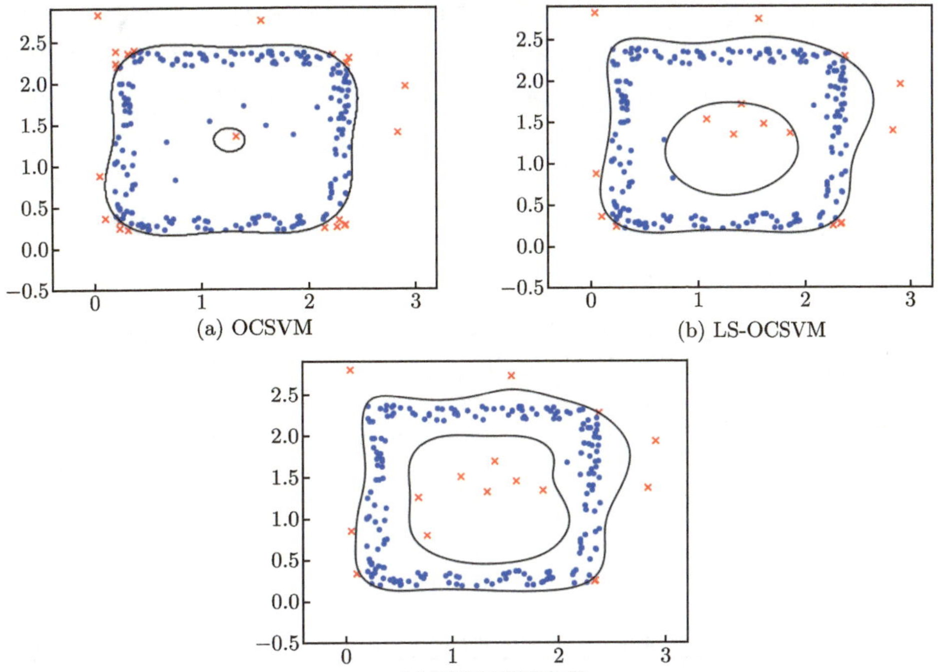

(a) OCSVM (b) LS-OCSVM

(c) RLSOCSVM-CL

图 4.22 三种方法在 *Square-outlier* 上的分类效果

由图 4.21(a) 可以发现, 对于 OCSVM, 2 个正常数据和 2 个离群点分别落在了分类边界外部和内部, 即 OCSVM 错分了 2 个正常数据和 2 个离群点. 由图 4.21(b) 可以看出, 虽然 LS-OCSVM 将所有离群点分到了分类边界外部, 却将 7 个正常数据排除到了分类边界外部, 即错分了 7 个正常数据. 因此, OCSVM 和 LS-OCSVM的性能均受到了离群点的负面影响. 由图4.21(c)可以看出, RLSOCSVM-CL 将所有正常数据包含在其分类边界内部, 同时将所有离群点排除到其分类边界外部. 因此, RLSOCSVM-CL 在 *Ellipse-outlier* 上取得了优于其他两种方法的抗离群点能力.

由图 4.22 可以观察到, OCSVM 错分了 13 个正常数据和 10 个离群点, LS-OCSVM 错分了 3 个正常数据和 8 个离群点, RLSOCSVM-CL 错分了 1 个正常数据和 6 个离群点. 因此, RLS-OCSVM 在 *Square-outlier* 上也取得了优于其他两种方法的抗离群点性能.

4.6.4.2 基准数据集

为了进一步验证 RLSOCSVM-CL 的有效性, 将它与 OCSVM 及 LS-OCSVM 在 UCI 基准数据集上进一步加以比较. 因为所使用的 UCI 数据集最初被用于两类分类或多类分类, 为了使它们适用于单类分类, 本实验中将其中某一类样本用作正常数据, 其余类的所有样本用作异常数据. 对于每一个数据集, 从正常数据中随机选取 80%放入训练集, 为了检验三种单类分类器的鲁棒性, 从异常数据中随机选取 5%放入训练集, 并将它们的类别标号由 -1 变为 $+1$. 剩余的 20%正常数据和 95%异常数据用作测试集. 以下实验中所使用的 9 个 UCI 基准数据集的信息如表 4.19 所示.

表 4.19 实验中所使用的 9 个 UCI 基准数据集相关信息

数据集	正常数据个数	异常数据个数	特征数	训练样本个数	测试样本个数
Australian	307	383	13	264	426
Glass	70	77	10	60	86
Heart	119	151	13	103	167
Iris	50	100	4	45	105
Liver	145	200	6	126	219
Parkinsons	147	48	22	120	75
Planning	130	52	12	107	75
Vertebral Column	210	100	6	173	137
Wholesale Customers	298	142	7	245	195

为了使 OCSVM 取得较好的分类效果, 其宽度参数 σ_1 和百分比估计参数 ν 的最优取值利用格搜索策略在范围 $\{2^{-7}, 2^{-6}, \cdots, 2^{7}\}$ 和 $\{0.01, 0.05, 0.1, 0.2, \cdots, 1\}$ 内穷举选取. LS-OCSVM 的宽度参数 σ_2 和折中参数 C 分别在取值范围 $\{2^{-7}, 2^{-6}, \cdots, 2^{7}\}$ 和 $\{0.001,0.01,0.1,1,10,100,1000\}$ 中穷举选取. RLSOCSVM-CL 的宽度参数和折中参数与 LS-OCSVM 取值相同, 阈值 ε 的取值范围为 $\{0.1, 0.15, 0.2, 0.3, \cdots, 0.9\}$. 三种方法在 9 个 UCI 基准数据集上的参数设置如表 4.20 所示.

三种方法在 UCI 基准数据集的测试集上的实验结果概括在表 4.21 中. 对于每个数据集, 为了减小构造训练集和测试集的随机性, 三种方法在每个数据集上均重复实验 20 次, 并将测试集上的平均 g-mean 作为最终的测试结果. 与平均 g-mean 对应的标准差也概括在表 4.21 中, 以展示各种方法的稳定性. 此外, 为了检验 RLSOCSVM-CL 与其他两种方法是否存在显著性差异, 利用配对 T 检验对 RLSOCSVM-CL 的测试结果与其他方法的测试结果进行了统计检验, 所得 p 值也包含在表 4.21 中. 由表 4.21 中的测试结果即可发现, 与其他两种方法相比, RLSOCSVM-CL 在所有数据集上均取得了较高的平均 g-mean, 将测试准确率考虑在内, 与其他方法相比, RLSOCSVM-CL 更为稳定. 因此, 与其他两种方法相比, RLSOCSVM-CL 在 UCI 基准数据集上取得了更优的抗离群点性能.

表 4.20 三种方法在 UCI 基准数据集上的参数设置

数据集	σ_1	ν	σ_2	C	ε
Australian	8	1	0.5	1	0.7
Glass	1	0.5	0.25	0.01	0.05
Heart	32	0.9	0.5	0.001	0.6
Iris	128	0.3	1	1000	0.6
Liver	0.25	0.9	0.125	0.001	0.9
Parkinsons	1	0.05	1	10	0.15
Planning	0.5	0.7	2	1000	0.1
Vertebral Column	0.125	0.4	0.25	100	0.15
Wholesale Customers	0.125	0.4	0.25	100	0.15

表 4.21 三种方法在 9 个 UCI 基准数据集的测试集上所得的平均 g-mean 和标准差

数据集	OCSVM p 值	LS-OCSVM p 值	RLSOCSVM-CL p 值
Australian	0.5788±0.0544 0.0201	0.5641±0.0683 0.0017	**0.5811±0.0602**
Glass	0.7938±0.0609 0.0417	0.7817±0.0728 0.0005	**0.8251±0.0596**
Heart	0.6733±0.0522 1.16E−009	0.5988±0.0629 2.66E−021	**0.7202±0.0452**
Iris	0.4555±0.1638 0.0344	0.5064±0.0728 0.0084	**0.5594±0.0726**
Liver	0.5778±0.0417 0.0280	0.5950±0.0363 0.0346	**0.6012±0.0451**
Parkinsons	0.7961±0.0432 0.0011	0.8071±0.0495 0.0028	**0.8235±0.0474**
Planning	0.6578±0.0452 1.49E−005	0.6757±0.0685 5.49E−008	**0.6987±0.0592**
Vertebral Column	0.8401±0.0357 0.0013	0.8404±0.0347 0.0014	**0.8590±0.0354**
Wholesale Customers	0.6756±0.0335 8.27E−012	0.6711±0.0404 0.0009	**0.6879±0.0405**

注：最优结果用黑色字体加粗显示.

此外, 在数据集 *Planning* 和 *Wholesale Customers* 上, 观察当离群点的比例不同时, 比较三种方法的鲁棒性. 离群点的比例为从 5%增加到 30%, 间隔取为 5%. 结果如图 4.23 所示. 从图 4.23 可以看出随着离群点比例的增加, 三种方法的分类性能均逐渐下降. 当离群点的比例不同时, OCSVM 和 LS-OCSVM 的 g-mean 在整个范围 [5%,30%] 内均有好有差. 与 OCSVM 及 LS-OCSVM 相比, RLSOCSVM-CL 在整个范围内都取得了更优的 g-mean. 然而, 当离群点所占比例越来越大时, 则呈现出与其他两种方法的分类效果逐渐接近的趋势.

为了更加清楚地说明核宽度参数σ、折中参数C和阈值参数ε对RLSOCSVM-CL 性能产生的影响, 分别固定其中的两个参数, 变化剩余的一个参数, 得到的结果如图 4.24 所示. 从图 4.24(a) 可以看出, 在三个数据集上, 当 σ 的取值非常小时, 取得了较好的分类效果, 当 σ 增大时, 分类效果急剧下降. 在图 4.24(b) 中, 当 $C < 100$ 时, RLSOCSVM-CL 在 *Planning* 和 *Wholesale Customers* 上的 g-mean

快速增加, 之后缓慢增加, 而在 *Liver* 上, 则相反. 如图 4.24(c) 所示, 在 *Planning* 和 *Wholesale Customers* 上, g-mean 先达到最高, 然后上下震荡, 而在 *Liver* 数据集上, g-mean 则随 ε 值的增加而增加.

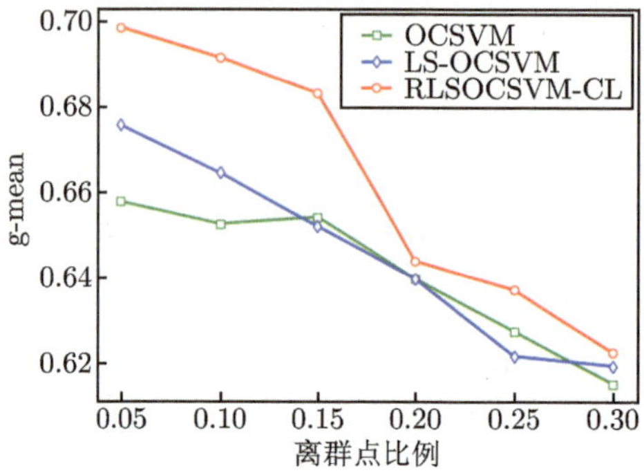

(a) *Planning*

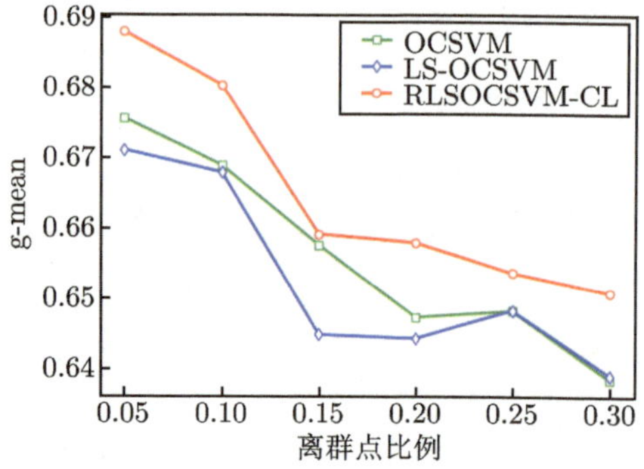

(b) *Wholesale Customers*

图 4.23　当离群点在训练集中所占比例变化时, 三种方法的分类性能的变化情况

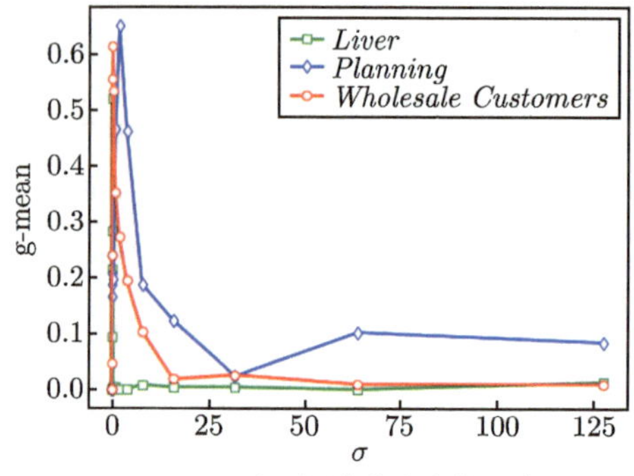

(a) σ 取不同的值产生的影响

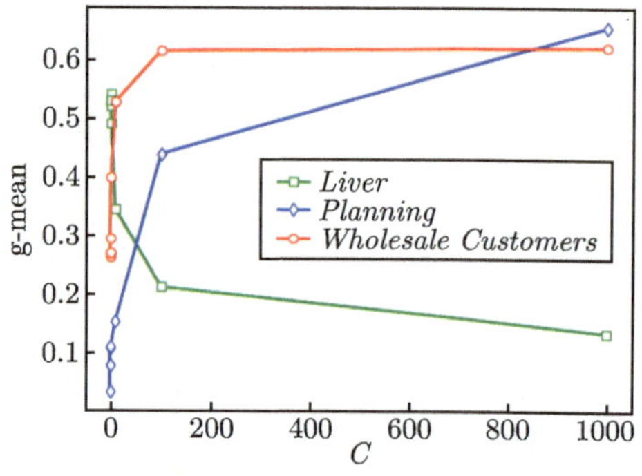

(b) C 取不同的值产生的影响

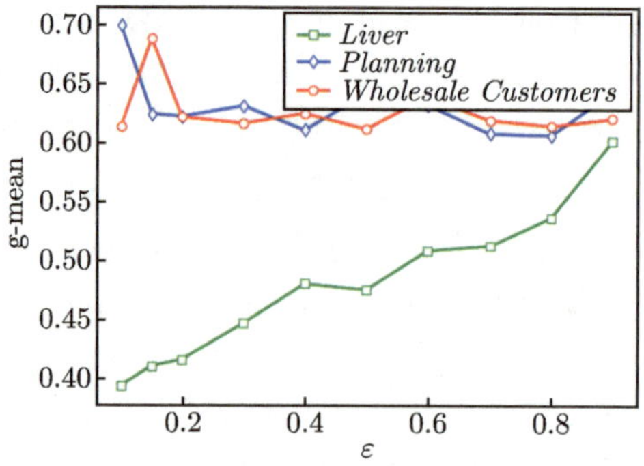

(c) ε 取不同的值产生的影响

图 4.24　当 σ, C 和 ε 取不同值时, 对 RLSOCSVM-CL 在三个基准数据集上分类性能的影响

4.7 基于样本选取和加权 KPCA-ℓ_1 的异常检测

为了提高基于 ℓ_1 范数的核主成分分析 (ℓ_1-norm based kernel principal component analysis, KPCA-ℓ_1) 算法处理异常检测问题的速度, 我们提出了基于样本选取和加权 KPCA-ℓ_1 的异常检测方法 [37]. 首先从训练集中选取具有代表性的样本子集, 然后为所得样本子集中的样本赋予权重, 用带有权重的样本子集训练模型, 构造加权 KPCA-ℓ_1. 与 KPCA-ℓ_1 相比, 所提方法能够有效地减小训练集的规模, 同时改善了 KPCA-ℓ_1 算法的更新方法.

4.7.1 相关工作

KPCA-ℓ_1[38] 通过非线性映射将原始数据集 $\mathbf{X} \in \Re^{d\times n}$ 映射到高维空间, 得到原始数据集的像集 $\mathbf{\Psi}(\mathbf{X}) \in \Re^{f\times n}$, 其中 $f \gg d$. 假设所有像的均值为 $\mathbf{0}$, 在特征空间中寻找一组正交向量 $\mathbf{v}_1, \mathbf{v}_2, \cdots, \mathbf{v}_p$, 使得高维数据集在这组向量上映射的 ℓ_1 范数方差最大. 使用 ℓ_1 范数来求解核主成分分析时, 当特征向量个数大于 1 时, 同时获得 p 个特征向量比较困难, 使用贪婪算法逐个求出特征向量, 并在求解过程中对数据集进行变换, 从而保证向量组相互正交.

KPCA-ℓ_1 求取特征向量 $\mathbf{v}_i\,(i = 1, 2, \cdots, p)$ 的优化问题如下 [38]

$$\mathbf{v}_i^* = \arg\max_{\mathbf{v}_i} \left\|\mathbf{\Psi}(\mathbf{X})^{\mathrm{T}}\mathbf{v}_i\right\|_1 \quad \text{s.t.} \quad \mathbf{v}_i^{\mathrm{T}}\mathbf{v}_i = 1. \tag{4.112}$$

但是向量 $\mathbf{v}_i$ 不能直接通过式 (4.112) 得到, 因为 (4.112) 中的 $\mathbf{\Psi}(\mathbf{X})$ 是训练集样本在高维特征空间中的像集, 而映射函数的形式未知, 且 $\mathbf{\Psi}(\mathbf{X})$ 的维数亦未知. 然而, $\mathbf{v}_i$ 可以利用像集 $\mathbf{\Psi}(\mathbf{X})$ 线性表出

$$\mathbf{v}_i = \sum_{j=1}^{n} \alpha_{ij}\mathbf{\Psi}(\mathbf{x}_j) = \mathbf{\Psi}(\mathbf{X})\boldsymbol{\alpha}_i. \tag{4.113}$$

将式 (4.113) 代入 (4.112) 得

$$\boldsymbol{\alpha}_i^* = \arg\max_{\boldsymbol{\alpha}_i} \|\mathbf{K}\boldsymbol{\alpha}_i\|_1 \quad \text{s.t.} \quad \boldsymbol{\alpha}_i^{\mathrm{T}}\mathbf{K}\boldsymbol{\alpha}_i = 1, \tag{4.114}$$

其中, $\mathbf{K} = \mathbf{\Psi}(\mathbf{X})^{\mathrm{T}}\mathbf{\Psi}(\mathbf{X})$ 为 n 维核矩阵. 由式 (4.114), 即可将利用 $\mathbf{\Psi}(\mathbf{X})$ 求解 $\mathbf{v}_i$ 转换为利用 $\mathbf{K}$ 求解 $\boldsymbol{\alpha}_i$. $\mathbf{K}$ 可以直接利用原始数据集和核函数求得, 从而解决了 $\mathbf{\Psi}(\mathbf{X})$ 未知的问题.

利用贪婪算法, 由式 (4.114) 确定 $\boldsymbol{\alpha}_i$ 后, 对数据集 $\mathbf{\Psi}(\mathbf{X})$ 进行变换, 重新确定核矩阵 $\mathbf{K}$, 进一步求取 $\boldsymbol{\alpha}_2, \cdots, \boldsymbol{\alpha}_p$, 具体求解过程参见文献 [38].

4.7.2 构造过程

下面将详细描述基于样本选取和加权 KPCA-ℓ_1 的异常检测方法, 构造该方法需要两个阶段: 第一阶段, 对训练集进行样本选取, 得到样本子集; 第二阶段, 在样本子集上构造加权 KPCA-ℓ_1.

4.7.2.1 样本选取

在 KPCA-ℓ_1 中, 核矩阵的规模由训练集中的样本个数决定, 当样本个数较大时, 核矩阵的维数也会较大, 其运算与存储所需的时间空间消耗将很大. 为了减小核矩阵的规模, 提高所提模型的训练效率, 在异常检测方法中加入了样本选取步骤.

所使用的样本选取的方法 [39] 利用残余误差函数对训练集中的样本进行判断, 如果某一样本用样本子集线性表示后, 误差偏大, 则将该样本放入样本子集中; 如果误差较小, 则样本子集保持不变. 通过一次遍历整个训练集, 即可得到一组可以表示整个训练集的样本子集.

将训练集中的样本映射到高维的特征空间, 映射后的高维训练集为 $\mathbf{\Psi}(\mathbf{X})$. 假设样本子集中的样本为 $\mathbf{\Phi}(\mathbf{x}_1), \mathbf{\Phi}(\mathbf{x}_2), \cdots, \mathbf{\Phi}(\mathbf{x}_m)$(初始时为空), 则对高维训练集中的样本 $\mathbf{\Psi}(\mathbf{x}_i)$ 进行样本选取的公式如下

$$\varepsilon_i = \min \left\| \mathbf{\Psi}(\mathbf{x}_i) - \sum_{k=1}^{m} b_{ik} \mathbf{\Phi}(\mathbf{x}_k) \right\|^2. \tag{4.115}$$

展开得

$$\varepsilon_i = \min \left[K_{i,i} - \mathbf{2b}_i \tilde{\mathbf{k}}_i + \mathbf{b}_i \tilde{\mathbf{K}} \mathbf{b}_i^{\mathrm{T}} \right], \tag{4.116}$$

其中 ε_i 为 $\mathbf{\Psi}(\mathbf{x}_i)$ 用样本子集线性表示所产生的误差, b_{ik} 为样本子集中第 k 个样本的系数, $K_{i,i}$ 为核矩阵 $\mathbf{K}$ 的第 i 行第 i 列元素, $\mathbf{b}_i = (b_{i1}, b_{i2}, \cdots, b_{im})$ 为样本子集中各个样本表示 $\mathbf{\Psi}(\mathbf{x}_i)$ 的系数所组成的向量, $\tilde{\mathbf{k}}_i = [\mathbf{\Psi}(\mathbf{x}_i)^{\mathrm{T}} \mathbf{\Phi}(\mathbf{x}_1), \cdots, \mathbf{\Psi}(\mathbf{x}_i)^{\mathrm{T}} \mathbf{\Phi}(\mathbf{x}_m)]^{\mathrm{T}}$, $\tilde{\mathbf{K}} = \mathbf{\Phi}(\mathbf{X})^{\mathrm{T}} \mathbf{\Phi}(\mathbf{X}) = [\mathbf{\Phi}(\mathbf{x}_1), \cdots, \mathbf{\Phi}(\mathbf{x}_m)]^{\mathrm{T}} [\mathbf{\Phi}(\mathbf{x}_1), \cdots, \mathbf{\Phi}(\mathbf{x}_m)]$ 为 m 维核矩阵. 下面使用高斯核函数对核矩阵进行求解, 表达式如公式 (4.117) 所示.

$$K(\mathbf{x}, \mathbf{y}) = \exp(-||\mathbf{x} - \mathbf{y}||^2 / (2\sigma^2)). \tag{4.117}$$

对式 (4.116) 关于 $\mathbf{b}_i$ 求偏导数并令偏导数为零, 即可求得 $\mathbf{b}_i$ 及由样本子集线性表示 $\mathbf{\Psi}(\mathbf{x}_i)$ 产生的误差 ε_i:

$$\mathbf{b}_i = \tilde{\mathbf{k}}_i \tilde{\mathbf{K}}^{-1} \tag{4.118}$$

和

$$\varepsilon_i = K_{i,i} - \tilde{\mathbf{k}}_i^{\mathrm{T}} \tilde{\mathbf{K}}^{-\mathbf{1}} \tilde{\mathbf{k}}_i. \tag{4.119}$$

确定一个阈值 v, 用于判断样本 $\boldsymbol{\Psi}(\mathbf{x}_i)$ 是否可由样本子集线性表示. 如果 $\varepsilon_i < v$, 则样本子集保持不变, 系数 $\mathbf{b}_i$ 由式 (4.118) 确定; 如果 $\varepsilon_i > v$, 说明 $\boldsymbol{\Psi}(\mathbf{x}_i)$ 由样本子集线性表示所产生的误差较大, 将该样本放入样本子集中, 样本子集中的样本个数 m 加 1, 与 $\boldsymbol{\Psi}(\mathbf{x}_i)$ 对应的样本子集的系数向量设置为 $\mathbf{b}_i = (0, \cdots, 0, 1)_{1\times m}$, 即该样本由其本身线性表示. 当数据集规模较大时, 可把阈值 v 设置得大些, 从而减少样本子集中的样本个数; 当数据集规模较小时, 可把阈值 v 设置得小些, 以减小由样本子集线性表示产生的误差.

为了进一步缩小样本子集的规模, 利用样本选取过程中所得的 m 维系数向量 $\mathbf{b}_i(i = 1, 2, \cdots, n)$, 为样本子集中每个样本赋予权重, 表示各子集样本对原训练集的贡献程度, 从而提高使用样本子集训练模型的精度. 样本 $\boldsymbol{\Psi}(\mathbf{x}_i)$ 对样本子集中第 k 个样本的权重增量公式为

$$q_{ik} = \frac{b_{ik}\tilde{K}_{k,k}}{\sum\limits_{k=1}^{m} b_{ik}\tilde{K}_{k,k}}, \tag{4.120}$$

其中 $\tilde{K}_{k,k}$ 为核矩阵 $\tilde{\mathbf{K}}$ 的第 k 行第 k 列元素. 利用高斯核函数的性质, 式 (4.120) 可写为

$$q_{ik} = \frac{b_{ik}}{\sum\limits_{k=1}^{m} b_{ik}}. \tag{4.121}$$

则对应于全体训练集, 由样本子集中各个元素的权重所组成的权重向量的求解公式为

$$\mathbf{q} = \sum_{i} \mathbf{q}_i = \sum_{i} \frac{\mathbf{b}_i}{\sum\limits_{k=1}^{m} b_{ik}}. \tag{4.122}$$

当 $\mathbf{q}$ 确定后, 对 $\mathbf{q}$ 中的各个元素进行遍历, 删除值为 1 的元素, 并剔除样本子集中与之对应的样本, 以及样本系数中与该样本点对应的那一维元素. 上述操作的原因是: $\mathbf{q}$ 表示样本子集中各个样本的权重, $\mathbf{q}$ 中各个元素的值不小于 1, 当某一元素的值等于 1 时, 表明与之对应的样本仅能表示其自身, 为一孤立点, 则该样本可从样本子集中剔除.

4.7.2.2 加权 KPCA-ℓ_1

利用样本子集及其权重向量, 可以构造加权 KPCA-ℓ_1. 在构造加权 KPCA-ℓ_1 之前, 先要对样本子集 $\boldsymbol{\Phi}(\mathbf{X})$ 进行中心化, 使得样本子集的均值为 $\mathbf{0}$. 在样本选取过程中, 使用样本子集 $\boldsymbol{\Phi}(\mathbf{X})$ 表示原训练集第 i 个样本 $\boldsymbol{\Psi}(\mathbf{x}_i)$ 的系数为 $\mathbf{b}_i$, 所以

由样本子集表示全体训练样本的系数总和为

$$\mathbf{b}=\sum_i \mathbf{b}_i. \tag{4.123}$$

在 KPCA-ℓ_1 的构造过程中, 并不直接使用高维数据集 $\boldsymbol{\Phi}(\mathbf{X})$, 而是使用数据集 $\boldsymbol{\Phi}(\mathbf{X})$ 所对应的核矩阵, 对其核矩阵第 i 行第 j 列元素进行中心化的公式为

$$\begin{aligned}\overline{\tilde{K}_{i,j}}&=[\boldsymbol{\Phi}(\mathbf{x}_i)-\bar{\boldsymbol{\Psi}}(\mathbf{x})]^{\mathrm{T}}[\boldsymbol{\Phi}(\mathbf{x}_j)-\bar{\boldsymbol{\Psi}}(\mathbf{x})]\\&=\left[\boldsymbol{\Phi}(\mathbf{x}_i)-\frac{1}{n}\sum_{o=1}^{n}\boldsymbol{\Psi}(\mathbf{x}_o)\right]^{\mathrm{T}}\left[\boldsymbol{\Phi}(\mathbf{x}_j)-\frac{1}{n}\sum_{o=1}^{n}\boldsymbol{\Psi}(\mathbf{x}_o)\right]\\&\approx\left[\boldsymbol{\Phi}(\mathbf{x}_i)-\frac{1}{n}\sum_{o=1}^{m}b_o\boldsymbol{\Phi}(\mathbf{x}_o)\right]^{\mathrm{T}}\left[\boldsymbol{\Phi}(\mathbf{x}_j)-\frac{1}{n}\sum_{o=1}^{m}b_o\boldsymbol{\Phi}(\mathbf{x}_o)\right]\\&=\tilde{K}_{i,j}-\frac{1}{n}\tilde{\mathbf{K}}_{i,\cdot}\mathbf{b}^{\mathrm{T}}-\frac{1}{n}\mathbf{b}\tilde{\mathbf{K}}_{\cdot,j}+\frac{1}{n^2}\mathbf{b}\tilde{\mathbf{K}}\mathbf{b}^{\mathrm{T}},\end{aligned} \tag{4.124}$$

其中 $\bar{\boldsymbol{\Psi}}(\mathbf{x})$ 表示原训练集的均值, n 为原训练集的样本个数, m 为样本子集的样本个数, $\tilde{\mathbf{K}}_{i,\cdot}$ 表示核矩阵 $\tilde{\mathbf{K}}$ 的第 i 行所有元素构成的行向量. 整个核矩阵的中心化公式可写为

$$\bar{\tilde{\mathbf{K}}}=\tilde{\mathbf{K}}-\frac{1}{n}\tilde{\mathbf{K}}\mathbf{b}^{\mathrm{T}}\mathbf{1}_m^{\mathrm{T}}-\frac{1}{n}\mathbf{1}_m\mathbf{b}\tilde{\mathbf{K}}+\frac{1}{n^2}\mathbf{1}_m\mathbf{b}\tilde{\mathbf{K}}\mathbf{b}^{\mathrm{T}}\mathbf{1}_m^{\mathrm{T}}, \tag{4.125}$$

其中 $\mathbf{1}_m$ 为 m 维的全 1 列向量. 如无特别指明, 所用数据集 $\boldsymbol{\Phi}(\mathbf{X})$ 及核矩阵 $\tilde{\mathbf{K}}$ 均在中心化后的样本子集上得到.

利用样本子集, 式 (4.112) 可改写为

$$\mathbf{v}_i^*=\arg\max_{\mathbf{v}_i}\left\|\boldsymbol{\Phi}(\mathbf{X})^{\mathrm{T}}\mathbf{v}_i\right\|_1 \quad \text{s.t.} \quad \mathbf{v}_i^{\mathrm{T}}\mathbf{v}_i=1. \tag{4.126}$$

向量 $\mathbf{v}_i(i=1,2,\cdots,p)$ 均可用样本子集 $\boldsymbol{\Phi}(\mathbf{X})$ 线性表示

$$\mathbf{v}_i=\sum_{k=1}^{m}\alpha_{ik}\boldsymbol{\Phi}(\mathbf{x}_k)=\boldsymbol{\Phi}(\mathbf{X})\boldsymbol{\alpha}_i. \tag{4.127}$$

将式 (4.127) 代入 (4.126) 得

$$\boldsymbol{\alpha}_i^*=\underset{\boldsymbol{\alpha}_i}{\operatorname{argmax}}\left\|\tilde{\mathbf{K}}\boldsymbol{\alpha}_i\right\|_1 \quad \text{s.t.} \quad \boldsymbol{\alpha}_i^{\mathrm{T}}\tilde{\mathbf{K}}\boldsymbol{\alpha}_i=1. \tag{4.128}$$

由 (4.128) 式可知, 对 $\mathbf{v}_i(i=1,2,\cdots,p)$ 的求解可转化为求解 $\boldsymbol{\alpha}_i(i=1,2,\cdots,p)$, 其中 $\boldsymbol{\alpha}_i\in\Re^m$, $\tilde{\mathbf{K}}=\boldsymbol{\Phi}(\mathbf{X})^{\mathrm{T}}\boldsymbol{\Phi}(\mathbf{X})$ 为 m 维核矩阵. 对优化问题 (4.128) 的求解与 KPCA-ℓ_1 类似, 不同的是这里使用的训练集是带有权重的样本子集. 具体的求解

过程分为两个步骤: 第一步更改数据集, 保证向量组 $\mathbf{v}_1, \mathbf{v}_2, \cdots, \mathbf{v}_p$ 相互正交; 第二步通过迭代求得向量 $\boldsymbol{\alpha}_i(i = 1, 2, \cdots, p)$.

正交化过程如下: 对 (4.128) 求解, 得到第一主成分所对应的特征向量 $\boldsymbol{\alpha}_1$, 为了得到前 q 个主成分且保证由 $\boldsymbol{\alpha}_i(i = 1, 2, \cdots, p)$ 确定的 $\mathbf{v}_i(i = 1, 2, \cdots, p)$ 相互正交, 需要对原数据集进行变换, 变换公式为

$$\begin{aligned}\boldsymbol{\Phi}(\mathbf{X}_{i+1}) &= \boldsymbol{\Phi}(\mathbf{X}_i) - \mathbf{v}_i\mathbf{v}_i^{\mathrm{T}}\boldsymbol{\Phi}(\mathbf{X}_i) \\ &= \boldsymbol{\Phi}(\mathbf{X}_i) - \boldsymbol{\Phi}(\mathbf{X}_i)\boldsymbol{\alpha}_i\boldsymbol{\alpha}_i^{\mathrm{T}}\boldsymbol{\Phi}(\mathbf{X}_i)^{\mathrm{T}}\boldsymbol{\Phi}(\mathbf{X}_i) \\ &= \boldsymbol{\Phi}(\mathbf{X}_i) - \boldsymbol{\Phi}(\mathbf{X}_i)\boldsymbol{\alpha}_i\boldsymbol{\alpha}_i^{\mathrm{T}}\tilde{\mathbf{K}}_i.\end{aligned} \tag{4.129}$$

与其对应的核矩阵变换公式为

$$\tilde{\mathbf{K}}_{i+1} = \boldsymbol{\Phi}(\mathbf{X}_{i+1})^{\mathrm{T}}\boldsymbol{\Phi}(\mathbf{X}_{i+1}) = \tilde{\mathbf{K}}_i - \tilde{\mathbf{K}}_i\boldsymbol{\alpha}_i\boldsymbol{\alpha}_i^{\mathrm{T}}\tilde{\mathbf{K}}_i. \tag{4.130}$$

迭代求解向量 $\boldsymbol{\alpha}_i(i = 1, 2, \cdots, p)$ 的过程如下.

步骤 1 初始化 $\boldsymbol{\alpha}_i$, 令 $\boldsymbol{\alpha}_i = \boldsymbol{\alpha}_i/\sqrt{\boldsymbol{\alpha}_i^{\mathrm{T}}\tilde{\mathbf{K}}_i\boldsymbol{\alpha}_i}$.

步骤 2 $j \in \{1, 2, \cdots, m\}$, 如果 $\boldsymbol{\alpha}_i^{\mathrm{T}}(\tilde{\mathbf{K}}_i)_{\cdot,j} < 0$, 令 $s_j = -1$, 否则, 令 $s_j = 1$.

步骤 3 加入权重, 更新 $\boldsymbol{\alpha}_i = (\mathbf{s} \circ \mathbf{q})^{\mathrm{T}}$, 其中 $\circ$ 为 Hadamard(元素) 乘积, 即为两向量对应元素相乘后得到的向量.

步骤 4 检查收敛性:

(1) 如果更新前后的 $\boldsymbol{\alpha}_i$ 不相等, 则返回步骤 2, 继续迭代;

(2) 若存在 $j \in \{1, 2, \cdots, m\}$, 令 $\boldsymbol{\alpha}_i^{\mathrm{T}}(\tilde{\mathbf{K}}_i)_{\cdot,j} = 0$, 则对 $\boldsymbol{\alpha}_i$ 加一个小的扰动, 即令 $\boldsymbol{\alpha}_i = \boldsymbol{\alpha}_i + \Delta$, 返回步骤 2, 继续迭代;

(3) 如果更新前后的 $\boldsymbol{\alpha}_i$ 相等, 或者达到了最大迭代次数, 则进入步骤 5.

步骤 5 令 $\boldsymbol{\alpha}_i = \boldsymbol{\alpha}_i/\sqrt{\boldsymbol{\alpha}_i^{\mathrm{T}}\tilde{\mathbf{K}}_i\boldsymbol{\alpha}_i}$, 结束迭代.

由文献 [32] 可知, 上面步骤 3 的推导过程为

$$\boldsymbol{\Phi}(\mathbf{X}_i)\boldsymbol{\alpha}_i = \sum_{j=1}^{n} s_j\boldsymbol{\Psi}(\mathbf{X}_i) = \sum_{j=1}^{m} s_j q_j\boldsymbol{\Phi}(\mathbf{X}_i) = \boldsymbol{\Phi}(\mathbf{X}_i)(\mathbf{s} \circ \mathbf{q})^{\mathrm{T}}. \tag{4.131}$$

步骤 5 的推导过程为: 由 $\mathbf{v}_i = \mathbf{v}_i/\|\mathbf{v}_i\|$(约束条件 $\mathbf{v}_i^{\mathrm{T}}\mathbf{v}_i = 1$) 得

$$\boldsymbol{\Phi}(\mathbf{X}_i)\boldsymbol{\alpha}_i = \boldsymbol{\Phi}(\mathbf{X}_i)\boldsymbol{\alpha}_i/\|\boldsymbol{\Phi}(\mathbf{X}_i)\boldsymbol{\alpha}_i\| = \boldsymbol{\Phi}(\mathbf{X}_i)\boldsymbol{\alpha}_i/\sqrt{\boldsymbol{\alpha}_i^{\mathrm{T}}\tilde{\mathbf{K}}_i\boldsymbol{\alpha}_i}. \tag{4.132}$$

4.7.2.3 异常检测

对样本 $\boldsymbol{\Psi}(\mathbf{x})$ 进行异常检测的判别公式为

$$\tau = \boldsymbol{\Psi}(\mathbf{x})^{\mathrm{T}}\boldsymbol{\Psi}(\mathbf{x}) - \boldsymbol{\Psi}(\mathbf{x})^{\mathrm{T}}\mathbf{v}\mathbf{v}^{\mathrm{T}}\boldsymbol{\Psi}(\mathbf{x})$$

$$
\begin{aligned}
&= K(\mathbf{x},\mathbf{x}) - \left[\boldsymbol{\Psi}(\mathbf{x})^{\mathrm{T}}\mathbf{v}_1, \boldsymbol{\Psi}(\mathbf{x})^{\mathrm{T}}\mathbf{v}_2, \cdots, \boldsymbol{\Psi}(\mathbf{x})^{\mathrm{T}}\mathbf{v}_p\right]\mathbf{v}^{\mathrm{T}}\boldsymbol{\Psi}(\mathbf{x}) \\
&= K(\mathbf{x},\mathbf{x}) - \left[\boldsymbol{\Psi}(\mathbf{x})^{\mathrm{T}}\boldsymbol{\Phi}(\mathbf{X}_1)\boldsymbol{\alpha}_1, \boldsymbol{\Psi}(\mathbf{x})^{\mathrm{T}}\boldsymbol{\Phi}(\mathbf{X}_2)\boldsymbol{\alpha}_2, \cdots, \boldsymbol{\Psi}(\mathbf{x})^{\mathrm{T}}\boldsymbol{\Phi}(\mathbf{X}_p)\boldsymbol{\alpha}_p\right]\mathbf{v}^{\mathrm{T}}\boldsymbol{\Psi}(\mathbf{x}),
\end{aligned}
\tag{4.133}
$$

其中 τ 为误差, $K(\mathbf{x},\mathbf{x})$ 为利用式 (4.117) 对 $\boldsymbol{\Psi}(\mathbf{x})^{\mathrm{T}}\boldsymbol{\Psi}(\mathbf{x})$ 进行求解的值. 设定阈值 ς, 如果 $\tau < \varsigma$, 则判定该待测样本为正常样本; 反之, 则判定其为异常样本.

对于不同的 $\boldsymbol{\alpha}_i$, 其对应的数据集 $\boldsymbol{\Phi}(\mathbf{X}_i)$ 不同. 在进行异常检测时, 需迭代求出各个 $\boldsymbol{\Psi}(\mathbf{x})^{\mathrm{T}}\boldsymbol{\Phi}(\mathbf{X}_i)\boldsymbol{\alpha}_i$, 由 (4.129) 得

$$
\boldsymbol{\Psi}(\mathbf{x})^{\mathrm{T}}\boldsymbol{\Phi}(\mathbf{X}_{j+1}) = \boldsymbol{\Psi}(\mathbf{x})^{\mathrm{T}}\boldsymbol{\Phi}(\mathbf{X}_j) - \boldsymbol{\Psi}(\mathbf{x})^{\mathrm{T}}\boldsymbol{\Phi}(\mathbf{X}_j)\boldsymbol{\alpha}_j\boldsymbol{\alpha}_j^{\mathrm{T}}\boldsymbol{\Phi}(\mathbf{X}_j)^{\mathrm{T}}\boldsymbol{\Phi}(\mathbf{X}_j). \tag{4.134}
$$

4.7.2.4　模型的更新

对于现实应用, 随着测试集的不断测试, 对测试数据进行记录, 以简化模型的更新.

其主要思想是, 将异常检测后的样本, 用子空间表示, 看其产生的误差是否小于子空间阈值. 样本误差若小于阈值, 则将此样本用子空间样本表示, 并更新权重向量 $\mathbf{q}$ 及中心化所需向量 $\mathbf{b}$; 若误差大于阈值且此样本点被判定为正常数据, 则将此样本加入子空间, 并更新 $\mathbf{q}$ 和 $\mathbf{b}$; 否则舍弃对此样本的记录.

当子空间样本数目增加到一定数量, 或者增加了原子空间数据量的某一比例后, 对模型进行更新, 而训练所需的训练样本采用子空间样本, 并利用子空间样本所携带的信息 $\mathbf{b}$, 对子空间进行再次的子空间样本选择, 并得到新的 $\mathbf{q}'$ 和 $\mathbf{b}'$, 其中

$$
\mathbf{q}' = \sum_{i=1}^{m} b_i \mathbf{q}'_i \tag{4.135}
$$

且

$$
\mathbf{b}' = \sum_{i=1}^{m} b_i \mathbf{b}'_i. \tag{4.136}
$$

在模型运行初期, 由于可用数据点有限, 设置一个较小的子空间阈值, 以保证子空间中有一定的样本点, 随着模型运行中的更新, 逐渐增大子空间阈值, 增大子空间样本点携带的信息量.

4.7.3　实验结果

为了验证所提异常检测方法的有效性, 首先利用人工数据集验证其有效性, 然后在基准数据集上将所提异常检测方法与基于 KPCA-ℓ_1 的异常检测方法进行比较.

4.7.3.1 人工数据集

在下面的实验中, 使用了两个人工数据集: *Square-Noise* 1 和 *Square-Noise* 2. 对这两个数据集的描述如下.

Square-Noise 1: 在该数据集中, 800 个正常数据均匀地分布在一个方形带状图中; 100 个异常数据均匀分布于一个长和宽均为 3 厘米的正方形中. 数据分布如图 4.25(a) 所示. 从正常数据中随机选取 400 个数据作为训练集, 并从异常数据中随机选取 50 个数据作为噪声数据, 将它们的类标改为正常加入到训练集中, 则训练集中含有 450 个样本且它们的类标均为正常. 将剩余的 450 个数据用作测试集.

Square-Noise 2: 在该数据集中, 400 个正常数据均匀地分布在一个方形带状图中; 200 个异常数据均匀分布于一个长和宽均为 1 厘米的正方形中. 数据分布如图 4.25(b) 所示. 从正常数据中随机选取 200 个数据作为训练集, 并从异常数据中随机选取 10 个数据作为噪声数据, 将它们的类标改为正常加入到训练集中, 则训练集中含有 210 个样本且它们的类标均为正常. 将剩余的 390 个数据用作测试集.

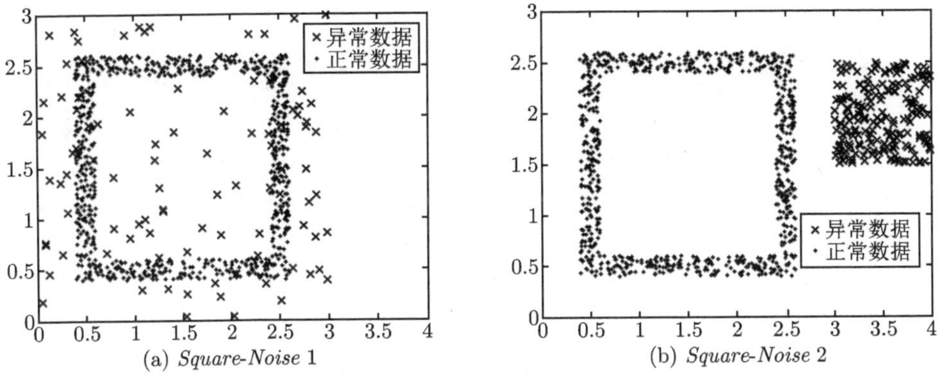

图 4.25 两个人工数据集的数据分布

在下面的实验中, KPCA-ℓ_1 和所提的基于样本选取和加权 KPCA-ℓ_1 的异常检测方法 (sample selection and weighted KPCA-ℓ_1, SSW-KPCA-ℓ_1) 均使用高斯核函数 (4.117). 两种方法在两个人工数据集上的参数设置如表 4.22 所示. KPCA-ℓ_1 和 SSW-KPCA-ℓ_1 在 *Square-Noise* 1 的测试集上的检测效果分别如图 4.26(a) 和图 4.26(b) 所示. 在 *Square-Noise* 2 的测试集上的检测效果分别如图 4.27(a) 和图 4.27(b) 所示.

为了展示 SSW-KPCA-ℓ_1 处理较大数据集的能力, 将 *Square-Noise* 2 数据集中的数据规模分别扩充 100 倍和 1000 倍, 所得的检测效果分别如图 4.28(a) 和图

4.28(b) 所示. 由于扩充以后的数据集含有的测试样本规模过大, 在图形显示时会遮住样本子集, 因此在图 4.28(a) 和图 4.28(b) 中仅展示了样本子集和异常数据. 实验结果表明, 当数据规模扩充至 1000 倍时, SSW-KPCA-ℓ_1 能够在保证检测准确率的同时, 快速建立检测模型.

表 4.22　KPCA-ℓ_1 和 SSW-KPCA-ℓ_1 在两个人工数据集上的参数设置

数据集	KPCA-ℓ_1			SSW-KPCA-ℓ_1			
	σ	ς	p	υ	σ	ς	p
Square-Noise 1	0.1	0.99	5	0.2	0.1	0.99	5
Square-Noise 2	0.2	0.95	7	0.1	0.1	1.02	7

注: σ—宽度参数; υ—样本选取阈值; ς—异常检测阈值; p—特征向量个数.

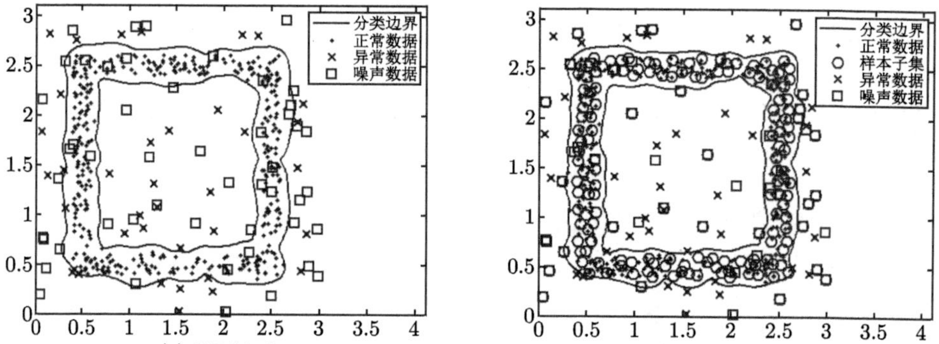

(a) KPCA-ℓ_1　　(b) SSW-KPCA-ℓ_1

图 4.26　KPCA-ℓ_1 和 SSW-KPCA-ℓ_1 在 *Square-Noise* 1 的测试集上的检测效果

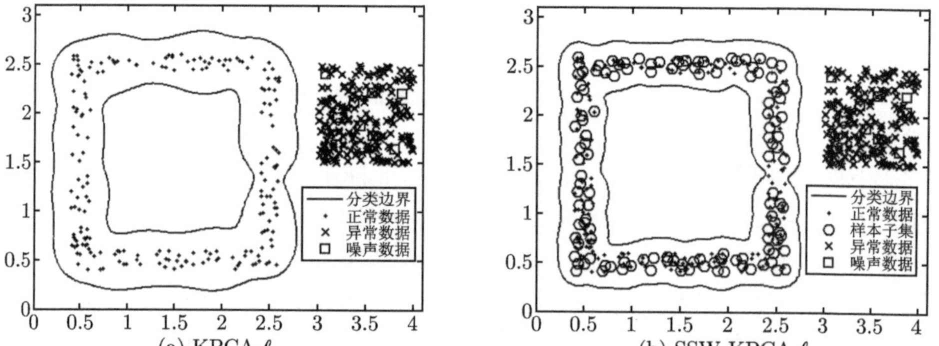

(a) KPCA-ℓ_1　　(b) SSW-KPCA-ℓ_1

图 4.27　KPCA-ℓ_1 和 SSW-KPCA-ℓ_1 在 *Square-Noise* 2 的测试集上的检测效果

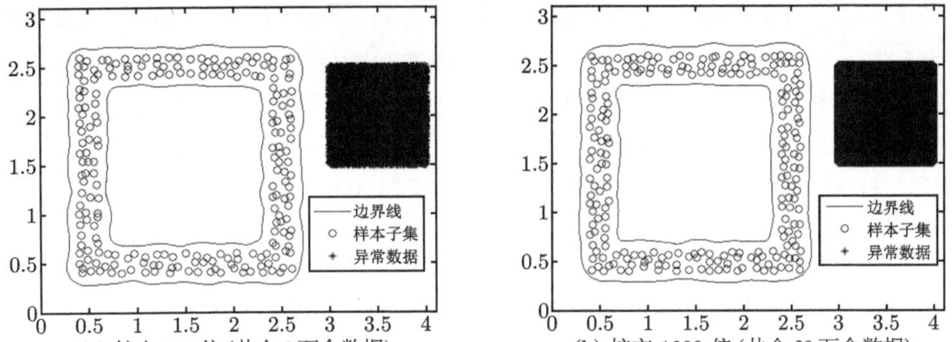

(a) 扩充 100 倍 (共含 6 万个数据)　(b) 扩充 1000 倍 (共含 60 万个数据)

图 4.28 SSW-KPCA-ℓ_1 在 *Square-Noise* 2 扩充的测试集上的检测效果

4.7.3.2 基准数据集

以下实验中所使用的 12 个基准数据集均取自 Rätsch 基准数据集[①]. 对于每个数据集, 选取其中某一类样本作为正常数据, 另一类样本作为异常数据. 然后, 从正常数据中随机选取 70%作为训练集, 并从异常数据中随机选取训练集 0.5% 的样本作为噪声数据加入到训练集中, 剩余的正常数据和异常数据作为测试集.

KPCA-ℓ_1 和 SSW-KPCA-ℓ_1 的参数均由在训练集上的五折交叉验证方法选取, 两种方法在 12 个基准数据集上的参数取值如表 4.23 所示. 实验所采用的性能度量准则为几何均值 (g-mean).

表 4.23 KPCA-ℓ_1 和 SSW-KPCA-ℓ_1 在基准数据集上的参数设置

数据集	KPCA-ℓ_1			SSW-KPCA-ℓ_1			
	σ	ς	p	υ	σ	ς	p
Banana	0.13	0.976	7	0.06	0.13	0.98	7
Breast Cancer	1.6	0.943	1	0.06	1.6	0.918	1
Diabetis	1.2	0.7	11	0.09	1.2	0.73	11
Flare Solar	2.8	0.067	8	0.01	2.8	0.064	8
German	1	1.002	25	0.998	1	1.0016	25
Heart	2.2	0.7611	9	0.2	2.2	0.7623	9
Image	0.5	0.9861	34	0.45	0.5	0.9883	34
Ringnorm	2	0.871	19	0.87	2	0.931	19
Splice	8	0.3923	44	0.32	8	0.4227	44
Thyroid	3	0.1708	1	0.002	3	0.1626	1
Twonorm	1.5	0.9977	26	0.999	1.5	0.9999	26
Waveform	2	0.9254	9	0.98	2	0.9795	9

注: σ—宽度参数; υ—样本选取阈值; ς—异常检测阈值; p—特征向量个数.

① http://theoval.cmp.uea.ac.uk/~gcc/matlab/default.html#benchmarks

两种方法在每个数据集上均重复 100 次实验, 分别用 100 次所得平均训练准确率和平均测试准确率作为最终的训练准确率和测试准确率. 两种方法的平均训练准确率、相应的标准差及训练时间如表 4.24 所示, 平均测试准确率及相应的标准差如表 4.25 所示. 为了验证两种方法具有显著性差异, 利用 KPCA-ℓ_1 和 SSW-KPCA-ℓ_1 在每个数据集的 100 对训练准确率和 100 对测试准确率, 使用配对 T 检验进行显著性检验, 检验结果分别概括在表 4.24 和表 4.25 中.

表 4.24　KPCA-ℓ_1 和 SSW-KPCA-ℓ_1 在基准数据集上的训练准确率、标准差及训练时间 (秒)

数据集	KPCA-ℓ_1		SSW-KPCA-ℓ_1	
	训练准确率	时间	训练准确率 (p 值)	时间
Banana	0.8588±0.0168	2304	0.8612±0.0191(2.20E−002)	215
Breast Cancer	0.6251±0.1102	1.09	0.6350±0.1008(1.23E−001)	2.36
Diabetis	0.6801±0.0514	23.62	0.6987±0.0563(5.947E−009)	33.58
Flare Solar	0.6131±0.0444	0.64	0.6054±0.0424(2.516E−006)	0.70
German	0.5914±0.0175	56.92	0.5935±0.0167(5.817E−029)	54.69
Heart	0.7199±0.0316	2.56	0.7730±0.0301(4.232E−019)	2.44
Image	0.8546±0.0136	367	0.8619±0.0131(1.742E−007)	160
Ringnorm	0.9839±0.0070	6578	0.9869±0.0070(1.330E−009)	27.32
Splice	0.7270±0.0115	752	0.7446±0.0112(1.735E−021)	152
Thyroid	0.9571±0.0595	0.56	0.9482±0.0586(3.90E−002)	0.47
Twonorm	0.7925±0.0092	6601	0.7916±0.0078(1.088E−011)	189
Waveform	0.8038±0.0315	496	0.8031±0.0305(7.68E−001)	6.89

表 4.25　KPCA-ℓ_1 和 SSW-KPCA-ℓ_1 在基准数据集上的测试准确率和标准差

数据集	KPCA-ℓ_1 测试准确率	SSW-KPCA-ℓ_1 测试准确率 (p 值)
Banana	0.8559±0.0057	0.8589±0.0054(6.367E−008)
Breast Cancer	0.6298±0.0301	0.6239±0.0328(2.60E−002)
Diabetis	0.6807±0.0192	0.6798±0.0201(6.820E−013)
Flare Solar	0.6117±0.0480	0.6112±0.0482(8.72E−001)
German	0.5797±0.0181	0.5892±0.0176(3.400E−010)
Heart	0.7121±0.0295	0.7300±0.0312(2.053E−011)
Image	0.8552±0.0132	0.8624±0.0138(2.103E−012)
Ringnorm	0.9850±0.0015	0.9828±0.0019(8.445E−023)
Splice	0.7245±0.0115	0.7177±0.0110(1.724E−012)
Thyroid	0.9622±0.0106	0.9549±0.0228(2.0E−003)
Twonorm	0.7878±0.0069	0.7957±0.0116(1.62E−001)
Waveform	0.8072±0.0073	0.8023±0.0092(2.082E−006)

由表 4.24 和表 4.25 中的实验结果可以发现, KPCA-ℓ_1 和 SSW-KPCA-ℓ_1 在 12 个基准数据集上的训练准确率和测试准确率差别不大, SSW-KPCA-ℓ_1 甚至在

5 个数据集上取得了优于 KPCA-ℓ_1 的泛化性能. 此外, 由表 4.24 可以发现, 当数据规模较小时, 由于 SSW-KPCA-ℓ_1 需要对训练集进行样本选取, 其训练时间略大于 KPCA-ℓ_1, 然而当数据规模较大时, SSW-KPCA-ℓ_1 的时间消耗明显小于 KPCA-ℓ_1.

综上, 与 KPCA-ℓ_1 相比, 在保证一定的泛化能力前提下, SSW-KPCA-ℓ_1 更适用于较大规模数据集的异常检测.

4.8 基于核学习向量量化的异常检测

本节将主要介绍两方面内容: 回顾学习向量量化 (learning vector quantization, LVQ) 及核学习向量量化 (kernel LVQ, KLVQ) 方法; 我们对 KLVQ 重新表示并应用于解决异常检测问题 [40]. 尽管将 LVQ 推广为其核化版本会增加额外的计算复杂度, 但是 KLVQ 却能有效提高 LVQ 的性能.

4.8.1 LVQ 和 KLVQ

LVQ 可以看作自组织映射 (self-organizing map, SOM) 的特例 [41]. 它主要被用于有监督学习. 给定 N 个训练样本 $\{\mathbf{x}_i, y_i\}_{i=1}^N$ 和 K 个码本 $\{\mathbf{w}_k\}_{k=1}^K$, 其中 $\mathbf{x}_i \in \Re^d$ 为输入向量, $y_i \in \{+1, -1\}$ 是 $\mathbf{x}_i$ 的类别标号, 并且 $K \ll N$. 对于 LVQ, 假定输出层中对应于某一输入向量 $\mathbf{x}_i$ 的获胜神经元为 $\mathbf{w}_s$, 则有

$$\|\mathbf{w}_s - \mathbf{x}_i\|^2 \leqslant \|\mathbf{w}_k - \mathbf{x}_i\|^2, \quad \forall k \neq s. \tag{4.137}$$

进而 LVQ 按下式对获胜神经元 $\mathbf{w}_s$ 进行更新

$$\mathbf{w}_s(t+1) = \begin{cases} \mathbf{w}_s(t) + \alpha(t)(\mathbf{x}_i - \mathbf{w}_s(t)), & \text{类别正确}, \\ \mathbf{w}_s(t) - \alpha(t)(\mathbf{x}_i - \mathbf{w}_s(t)), & \text{类别不正确}, \end{cases} \tag{4.138}$$

其中 $\alpha(t)$ 表示第 t 次迭代的学习率, 其值随迭代次数单调递减.

为了处理异常检测问题, Lee 和 Cho[42] 将更新公式 (4.138) 修改为

$$\mathbf{w}_s(t+1) = \begin{cases} \mathbf{w}_s(t), & \mathbf{x}_i \notin \mathbf{V}_s, \\ \mathbf{w}_s(t) + \alpha(t)(\mathbf{x}_i - \mathbf{w}_s(t)), & \mathbf{x}_i \in \mathbf{T}_s, \\ \mathbf{w}_s(t) - \alpha(t)(\mathbf{x}_i - \mathbf{w}_s(t)), & \mathbf{x}_i \in \mathbf{O}_s, \end{cases} \tag{4.139}$$

其中 $\mathbf{V}_s$ 表示码本 $\mathbf{w}_s$ 的 Voronoi 域, $\mathbf{T}_s = \mathbf{T} \cap \mathbf{V}_s$ 是正常样本的集合且 $\mathbf{T}$ 表示正常类, 而 $\mathbf{O}_s = \mathbf{O} \cap \mathbf{V}_s$ 是异常样本的集合且 $\mathbf{O}$ 表示异常类. 对于异常检测任务, $|\mathbf{T}| \gg |\mathbf{O}|$, 其中 $|\cdot|$ 表示某一类中的样本个数.

为了使 LVQ 取得更优的分类性能, 尤其是对于非线性可分的情形, 可以利用核距离代替欧氏距离. 为了达到此目的, 首先利用非线性映射 $\phi : \Re^d \to F$,

$\mathbf{x} \mapsto \phi(\mathbf{x})$ 将 $\mathbf{x}$ 从输入空间映射到高维的特征空间 F. 然而, $\phi(\mathbf{x})$ 通常是无穷维的, 因此它没有明确的解析表达式. 按照核技巧, 内积 $\langle\phi(\mathbf{x}), \phi(\mathbf{x}')\rangle$ 可以在输入空间使用核函数进行计算, 即

$$K(\mathbf{x}, \mathbf{x}') = \langle\phi(\mathbf{x}), \phi(\mathbf{x}')\rangle. \tag{4.140}$$

按照上述策略, KLVQ 算法 [43,44] 被提出并成功地用于手写数字识别 [45]. 与 Lau 等 [46] 对核自组织映射进行划分的方式类似, 已有的 KLVQ 能够被分为以下两类.

(1) 对于第一类 [43], KLVQ 在特征空间中进行构造, 即码本都被假定存在于特征空间 F 中. 因此, 式 (4.137) 和更新公式 (4.138) 中第一种情形可以分别表示为

$$d_{si} = \|\mathbf{w}_s - \phi(\mathbf{x}_i)\|_F^2 \leqslant \|\mathbf{w}_k - \phi(\mathbf{x}_i)\|_F^2, \quad \forall k \neq s \tag{4.141}$$

和

$$\begin{aligned} d_{si}(t+1) = &(1-\alpha(t))d_{si}(t) - \alpha(t)(1-\alpha(t))d_{si}(t) \\ &+ \alpha(t)(K_{ii} - 2K_{is} + K_{ss}), \end{aligned} \tag{4.142}$$

其中 $K_{is} = K(\mathbf{x}_i, \mathbf{x}_s)$. 除了第二行中第一个符号为负号, 更新公式 (4.138) 中第二种情形所对应的权重向量更新公式与 (4.142) 完全相同.

(2) 对于第二类 [44,45], KLVQ 在输入空间中进行构造. 式 (4.137) 利用核距离代替欧氏距离得到

$$\|\phi(\mathbf{w}_s) - \phi(\mathbf{x}_i)\|^2 \leqslant \|\phi(\mathbf{w}_k) - \phi(\mathbf{x}_i)\|^2, \tag{4.143}$$

即

$$s = \min_k \left(K(\mathbf{x}_i, \mathbf{x}_i) + K(\mathbf{w}_k, \mathbf{w}_k) - 2K(\mathbf{x}_i, \mathbf{w}_k)\right). \tag{4.144}$$

此外, 更新公式 (4.138) 中的第一种情形可以表示为

$$\mathbf{w}_s(t+1) = \mathbf{w}_s(t) - \alpha(t)\frac{\partial J(\mathbf{w}_s(t), \mathbf{x}_i)}{\partial \mathbf{w}_s}, \tag{4.145}$$

其中目标函数 $J(\mathbf{w}_s, \mathbf{x}_i)$ 定义为

$$J(\mathbf{w}_s, \mathbf{x}_i) = K(\mathbf{w}_s, \mathbf{w}_s) - 2K(\mathbf{w}_s, \mathbf{x}_i) + K(\mathbf{x}_i, \mathbf{x}_i). \tag{4.146}$$

除了第二项前面的符号为加号外, 更新公式 (4.138) 中第二种情形所对应的权重向量更新公式与 (4.145) 相同.

尽管上述两种类型的 KLVQ 取得了较好的效果, 但是它们均需要进一步加以改进. 对于第一种类型的 KLVQ, 由式 (4.141) 可以发现码本 $\mathbf{w}_k(k = 1, 2, \cdots, K)$

均与映射向量 $\phi(\mathbf{x}_i)(i=1,2,\cdots,N)$ 有相同的维数. 因此, 利用与核主成分分析 [47] 相同的思想, 码本可以表示为映射向量的线性组合, 即

$$\mathbf{w}_k=\sum_{l=1}^{N}\gamma_{kl}\phi(\mathbf{x}_l). \tag{4.147}$$

因此, 给定输入向量 $\mathbf{x}_i$, 相应的码本 $\mathbf{w}_s$ 可通过下式得到

$$\|\mathbf{w}_s-\phi(\mathbf{x}_i)\|_F^2\leqslant\|\mathbf{w}_k-\phi(\mathbf{x}_i)\|_F^2,\quad \forall k\neq s. \tag{4.148}$$

对应于输入向量 $\mathbf{x}_i$, 获胜神经元 $\mathbf{w}_s$ 的指标可由下式得到

$$\begin{aligned}s&=\min_k(\|\mathbf{w}_k-\phi(\mathbf{x}_i)\|_F^2)=\min_k\left(\left\|\sum_{l=1}^{N}\gamma_{kl}\phi(\mathbf{x}_l)-\phi(\mathbf{x}_i)\right\|_F^2\right)\\&=\min_k\left(\sum_{l,q=1}^{N}\gamma_{kl}\gamma_{kq}K(\mathbf{x}_l,\mathbf{x}_q)-2\sum_{l=1}^{N}\gamma_{kl}K(\mathbf{x}_l,\mathbf{x}_i)+K(\mathbf{x}_i,\mathbf{x}_i)\right).\end{aligned} \tag{4.149}$$

然而式 (4.142) 中的权重更新方式不适用于 (4.149). 同时, 由 Zhang 等 [44] 所提出确定码本的方式也与 (4.149) 不同. 因此, 式 (4.145) 中码本更新方式也不适用于 (4.149). 受 MacDonald 和 Fyfe[48] 关于核自组织映射 (kernel self-orgamizing map, KSOM) 的工作以及 Schölkopf 等 [47] 关于核 K 均值聚类的工作的启发, 式 (4.138) 中获胜神经元 $\mathbf{w}_s$ 更新公式中的第一种情况可以改写为

$$\sum_{l=1}^{N}\gamma_{sl}^{t+1}\phi(\mathbf{x}_l)=\sum_{l=1}^{N}\gamma_{sl}^{t}\phi(\mathbf{x}_l)+\alpha(t)\left(\phi(\mathbf{x}_i)-\sum_{l=1}^{N}\gamma_{sl}^{t}\phi(\mathbf{x}_l)\right), \tag{4.150}$$

其中 γ_{sl}^{t+1} 表示第 $t+1$ 次迭代中的权重系数. 因此, 由式 (4.150) 可知码本更新没有显式表达式. 然而, 权重系数的更新可以实现对获胜神经元的更新. 权重系数 γ_{sl} $(s=1,2,\cdots,K;\ l=1,2,\cdots,N)$ 可以由 (4.150) 得到并表示为

$$\gamma_{sl}^{t+1}=\begin{cases}(1-\alpha(t))\gamma_{sl}^{t}, & l\neq i,\\ \alpha(t), & l=i.\end{cases} \tag{4.151}$$

对于式 (4.138) 中的第二项, 权重系数的更新公式与 (4.151) 类似, 即

$$\gamma_{sl}^{t+1}=\begin{cases}(1+\alpha(t))\gamma_{sl}^{t}, & l\neq i,\\ -\alpha(t), & l=i.\end{cases} \tag{4.152}$$

第 t 次迭代的学习率 $\alpha(t)$ 定义为

$$\alpha(t)=\frac{M_{t,s}}{\sum\limits_{m=1}^{t}M_{m,s}}, \tag{4.153}$$

其中 $M_{t,s}$ 为聚类赋值变量, 若 $\phi(\mathbf{x}_t)$ 属于第 s 个聚类则其值为 1, 否则其值为 0. 对第 t 个输入向量 $\mathbf{x}_t$, $M_{t,s}$ 定义为

$$M_{t,s}=\begin{cases}1, & \|\phi(\mathbf{x}_t)-\mathbf{w}_s\|_F^2<\|\phi(\mathbf{x}_t)-\mathbf{w}_k\|_F^2, \forall k\neq s,\\ 0, & \text{其他},\end{cases} \tag{4.154}$$

即可得到

$$M_{t,s}=\begin{cases}1, & \displaystyle\sum_{l,q=1}^{N}\gamma_{sl}\gamma_{sq}K(\mathbf{x}_l,\mathbf{x}_q)-2\sum_{l=1}^{N}\gamma_{sl}K(\mathbf{x}_t,\mathbf{x}_l)\\ & \displaystyle <\sum_{l,q=1}^{N}\gamma_{kl}\gamma_{kq}K(\mathbf{x}_l,\mathbf{x}_q)-2\sum_{l=1}^{N}\gamma_{kl}K(\mathbf{x}_t,\mathbf{x}_l), \forall k\neq s,\\ 0, & \text{其他}.\end{cases} \tag{4.155}$$

4.8.2 重新表示的 KLVQ

为了处理异常检测问题, 可以使用重新表示的 KLVQ. 构造重新表示的 KLVQ 概括在算法 4.3 中. 算法 4.3 中的 $\mathbf{V}_s$ 表示码本 $\mathbf{w}_s$ 的 Voronoi 区域, $\mathbf{T}_s$ 和 $\mathbf{O}_s$ 分别表示 $\mathbf{V}_s$ 中的正常数据和异常数据.

算法 4.3 重新表示的 KLVQ

(1) 确定获胜神经元的指标

$$s=\min_k\left(\sum_{l,q=1}^{N}\gamma_{kl}\gamma_{kq}K(\mathbf{x}_l,\mathbf{x}_q)-2\sum_{l=1}^{N}\gamma_{kl}K(\mathbf{x}_l,\mathbf{x}_i)+K(\mathbf{x}_i,\mathbf{x}_i)\right); \tag{4.156}$$

(2) 更新码本 $\mathbf{w}_s$ 的权重系数

$$\gamma_{sl}^{t+1}=\begin{cases}\gamma_{sl}^t, & \mathbf{x}_i\notin\mathbf{V}_s,\\ -\alpha(t), & l=i \text{ 且 } \mathbf{x}_i\in\mathbf{O}_s,\\ \alpha(t), & l=i \text{ 且 } \mathbf{x}_i\in\mathbf{T}_s,\\ (1-\alpha(t))\gamma_{sl}^t, & l\neq i \text{ 且 } \mathbf{x}_i\in\mathbf{T}_s,\\ (1+\alpha(t))\gamma_{sl}^t, & l\neq i \text{ 且 } \mathbf{x}_i\in\mathbf{O}_s.\end{cases} \tag{4.157}$$

给定输入向量 $\mathbf{x}$, 需要预先定义一个阈值 λ, 用于判定 $\mathbf{x}$ 是正常还是异常. 同时, 为特定的输入向量 $\mathbf{x}_l$ $(l=1,2,\cdots,N)$ 定义一个误差函数

$$E=\frac{1}{N}\sum_{l=1}^{N}y_l\|\phi(\mathbf{x}_l)-\mathbf{w}_s\|_F^2=\frac{1}{N}\sum_{l=1}^{N}y_l\left\|\phi(\mathbf{x}_l)-\sum_{p=1}^{N}\gamma_{sp}\phi(\mathbf{x}_p)\right\|_F^2$$

$$= \frac{1}{N}\sum_{l=1}^{N}\left\{K(\mathbf{x}_l,\mathbf{x}_l) - 2\sum_{p=1}^{N}\gamma_{sp}K(\mathbf{x}_l,\mathbf{x}_p) + \sum_{p,q=1}^{N}\gamma_{sp}\gamma_{sq}K(\mathbf{x}_p,\mathbf{x}_q)\right\}, \tag{4.158}$$

其中 $\mathbf{w}_s$ 满足 $\|\mathbf{w}_s - \phi(\mathbf{x}_l)\|_F^2 \leqslant \|\mathbf{w}_k - \phi(\mathbf{x}_l)\|_F^2$ ($k \neq s$ 且 $k = 1, 2, \cdots, K$). 重新表示的 KLVQ 异常检测器可以表述为以下三个步骤:

步骤 1 仅用正常数据 $\mathbf{T}$ 训练一个 KSOM[48], 并初始化式 (4.156) 中的权重系数 γ_{kl} ($k = 1, 2, \cdots, K$; $l = 1, 2, \cdots, N_T$), 其中 N_T 为正常数据的个数. 将所有其他 $K \times N_O$ 个权重系数初始化为零, 其中 N_O 为异常数据的个数;

步骤 2 按式 (4.157) 更新权重系数 γ_{sl}, 直至误差函数 (4.158) 不再减小或者达到最大迭代次数为止;

步骤 3 给定一个测试输入向量 $\mathbf{x}$, 计算其量化误差

$$e(\mathbf{x}) = \|\phi(\mathbf{x}) - \mathbf{w}(\mathbf{x})\|_F^2 = \sum_{l,q=1}^{N}\gamma_{sl}\gamma_{sq}K(\mathbf{x}_l,\mathbf{x}_q) - 2\sum_{l=1}^{N}\gamma_{sl}K(\mathbf{x},\mathbf{x}_l) + K(\mathbf{x},\mathbf{x}), \tag{4.159}$$

其中 $N = N_T + N_O$ 为正常数据和异常数据的总个数, s 是输入向量 $\mathbf{x}$ 对应的码本的指标. 若 $e(\mathbf{x}) \leqslant \lambda$, 则将 $\mathbf{x}$ 分类为正常数据, 否则将它分类为异常数据.

4.8.3 实验结果

实验中使用高斯核函数 $K(\mathbf{x},\mathbf{y}) = \exp\left(-\frac{\|\mathbf{x}-\mathbf{y}\|^2}{2\sigma^2}\right)$, 其中宽度参数 σ 取为 0.5. 用于确定样本是正常还是异常的阈值 λ 设置为 0.25. 对于每个输入向量, 权重系数的最大更新迭代次数设置为 20. 误差函数 (4.158) 对应的停止阈值设置为 10^{-4}.

所使用的人工数据集如图 4.29 所示, 340 个正常数据分布于两个圆环中, 16 个异常数据分布于最外围. 对于 Lee 和 Cho[42] 所提的 LVQ 异常检测方法, 很难处理该数据集, 因为传统的 SOM 不能将这些高度非线性的数据正确地聚类. KSOM 则能克服 SOM 的这一缺点 [48]. SOM 和 KSOM 在人工数据集的正常数据上的聚类效果分别如图 4.30(a) 和图 4.30(b) 所示. 对于这两种方法, 码本个数均设置为 2. 从图 4.30(a) 可以看出 SOM 不能得到一个合理的聚类效果, 所以尽管改进的 LVQ 能够对码本进行更新, 但是文献 [42] 的异常检测方法在该人工数据集上难以取得满意的结果. 由图 4.30(b) 可以发现 KSOM 能够将正常数据划分为两个合理的部分.

所提重新表示的KLVQ在人工数据集上的最终结果如图4.31所示. 从图4.31中的结果可以看出所有的正常数据都被一个大圆圈所包围, 该大圆圈即为所得重

新表示的 KLVQ 异常检测器. 同时, 所有的异常数据均落在了大圆圈外部. 因此, 所有的样本均能被所提方法正确地进行分类.

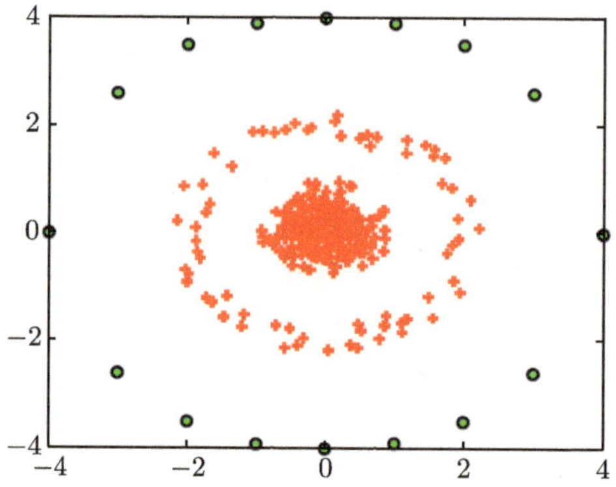

图 4.29　用于异常检测的人工数据集

“+” 和 “o” 状符号分别表示正常数据和异常数据.

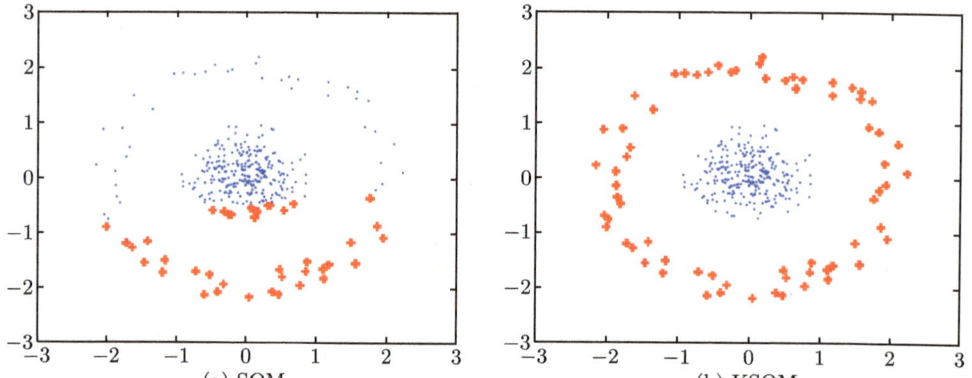

(a) SOM　　(b) KSOM

图 4.30　SOM 和 KSOM 在人工数据集的正常数据上的聚类效果

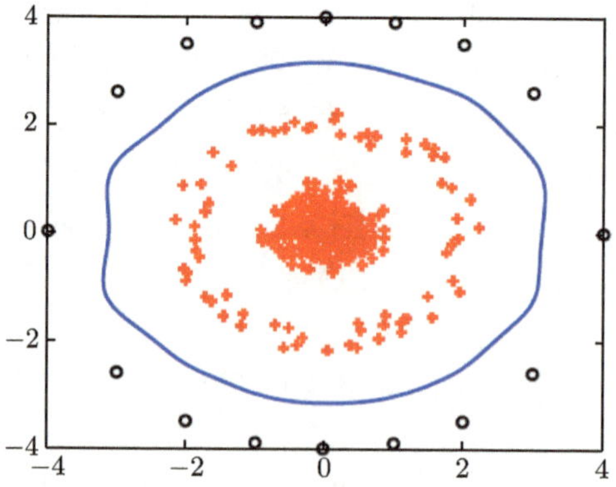

图 4.31　重新表示的 KLVQ 在人工数据集上的异常检测效果

其中大圆圈为重新表示的 KLVQ 异常检测器, “+” 和 “o” 状符号分别表示正常数据和异常数据.

由以上实验结果可以发现, 对于正常数据和异常数据间分类边界呈高度非线性的异常检测问题, 重新表示的 KLVQ 能够有效地进行处理. 重新表示的 KLVQ 的有效性取决于以下两点:

(1) 在高维特征空间中计算输入向量与它们相应的码本之间的距离能够产生不相交 Voronoi 区域间的非线性边界;

(2) 利用正常数据和异常数据对权重系数进行更新, 能够使重新表示的 KLVQ 的决策边界尽可能地靠近正常数据同时远离异常数据.

4.9 基于 SOM 和局部最小包围球的异常检测

构造我们所提出的基于 SOM 和局部最小包围球的异常检测方法 [49] 需要两个阶段. 第一阶段, 仅用训练集中的正常数据训练一个 SOM, 然后将训练集中的异常数据分配给相应的 Voronoi 区域. 第二阶段, 在每一个 Voronoi 区域上构造一个局部最小包围球, 并确定一定数量的局部阈值.

4.9.1 基于 SOM 和 LVQ 的异常检测器

给定 N 个训练样本 $\{\mathbf{x}_i, y_i\}_{i=1}^N$ 和 K 个码本 $\{\mathbf{w}_k\}_{k=1}^K$, 其中 $\mathbf{x}_i \in \Re^d$ 为输入向量, $y_i \in \{-1, +1\}$ 是 $\mathbf{x}_i$ 的类标, 并且 $K \ll N$. 假定自组织映射 (self-organizing map, SOM) 的输出层中对应于 $\mathbf{x}_i$ 的获胜神经元为 $\mathbf{w}_k$, 则有

$$\|\mathbf{w}_k - \mathbf{x}_i\|^2 \leqslant \|\mathbf{w}_s - \mathbf{x}_i\|^2, \quad \forall s \neq k. \tag{4.160}$$

SOM 按照下式对获胜神经元及其近邻进行更新:

$$\mathbf{w}_j(t+1) = \mathbf{w}_j(t) + \eta(t) h_{j,i}(\mathbf{x})(t)[\mathbf{x}(t) - \mathbf{w}_j(t)], \tag{4.161}$$

其中 $\mathbf{w}_j$ 是获胜神经元 $\mathbf{w}_k$ 的近邻, $\eta(t)$ 是第 t 次迭代的学习率, $h_{j,i}(\mathbf{x})(t)$ 是近邻函数. 为了处理异常检测问题, Lee 和 Cho[50] 提出了两种方法, 分别为 SOM-G 和 SOM-L. 对于前者, 使用一个全局阈值判断样本是正常还是异常. 对于后者, 需要求解下面的优化问题:

$$\begin{aligned}
\min \quad & r_k^2 + C_1 \sum_{\mathbf{x}_i \in \mathbf{T}_k} \xi_i + C_2 \sum_{\mathbf{x}_j \in \mathbf{O}_k} \xi_j \\
\text{s.t.} \quad & \|\mathbf{x}_i - \mathbf{w}_k\|^2 \leqslant r_k^2 + \xi_i, \quad \forall \mathbf{x}_i \in \mathbf{T}_k, \\
& \|\mathbf{x}_j - \mathbf{w}_k\|^2 \geqslant r_k^2 - \xi_j, \quad \forall \mathbf{x}_j \in \mathbf{O}_k, \\
& \xi_i \geqslant 0, \quad \forall \mathbf{x}_i \in \mathbf{T}_k, \\
& \xi_j \geqslant 0, \quad \forall \mathbf{x}_j \in \mathbf{O}_k,
\end{aligned} \tag{4.162}$$

其中 $\mathbf{T}_k = \mathbf{T} \cap \mathbf{V}_k$ 表示码本 $\mathbf{w}_k$ 的 Voronoi 区域 $\mathbf{V}_k$ 中正常数据的集合, $\mathbf{O}_k = \mathbf{O} \cap \mathbf{V}_k$ 则表示 Voronoi 区域 $\mathbf{V}_k$ 中异常数据的集合, r_k 是第 k 个 Voronoi 区域上局部包围球的半径. 尽管 SOM-L 能够提高 SOM-G 的性能, 然而局部阈值 r_k 必须使用穷举法搜索得到 [50]. 因此, 对于一个特定的局部包围球, 其半径仅由一个样本确定, 这就使得局部包围球不够紧致. 为了使 SOM-L 更为有效, Lee 和 Cho 进一步提出了改进的 LVQ 学习规则, 用于使包围球更为紧致 [42]. 改进后的码本更新规则为

$$\mathbf{w}_k(t+1) = \begin{cases} \mathbf{w}_k(t), & \mathbf{x}_i \notin \mathbf{V}_k, \\ \mathbf{w}_k(t) + \alpha(\mathbf{x}_i - \mathbf{w}_k(t)), & \mathbf{x}_i \in \mathbf{T}_k, \\ \mathbf{w}_k(t) - \alpha(\mathbf{x}_i - \mathbf{w}_k(t)), & \mathbf{x}_i \in \mathbf{O}_k. \end{cases} \tag{4.163}$$

4.9.2 基于 SOM 和局部最小包围球的异常检测器

首先通过求解二次规划取得局部最小包围球, 并进一步使用核距离获取更为紧致的最小包围球. 然后详细阐述将 SOM 和局部最小包围球组合在一起的整个算法.

4.9.2.1 局部最小包围球

如上所述, 利用穷举法对优化问题 (4.162) 进行求解不能保证能够取得最优解. 因此, 可以利用拉格朗日乘子法对 (4.162) 求取全局最优解, 则拉格朗日函数为

$$\begin{aligned} L(r_k, \mathbf{w}_k, \xi_i, \xi_j) = {} & r_k^2 + C_1 \sum_{\mathbf{x}_i \in \mathbf{T}_k} \xi_i + C_2 \sum_{\mathbf{x}_j \in \mathbf{O}_k} \xi_j - \sum_{\mathbf{x}_i \in \mathbf{T}_k} \alpha_i \left[r_k^2 + \xi_i - \|\mathbf{x}_i - \mathbf{w}_k\|^2 \right] \\ & - \sum_{\mathbf{x}_j \in \mathbf{O}_k} \alpha_j \left[\|\mathbf{x}_j - \mathbf{w}_k\|^2 - r_k^2 + \xi_j \right] - \sum_{\mathbf{x}_i \in \mathbf{T}_k} \beta_i \xi_i - \sum_{\mathbf{x}_j \in \mathbf{O}_k} \beta_j \xi_j, \end{aligned} \tag{4.164}$$

其中 α_i, α_j, β_i 和 β_j 为拉格朗日乘子, C_1 和 C_2 是折中参数. 因此, 优化问题 (4.162) 可以通过寻找 (4.164) 的鞍点求解. 对拉格朗日函数 $L(r_k, \mathbf{w}_k, \xi_i, \xi_j)$ 分别关于 r_k, $\mathbf{w}_k$, ξ_i 和 ξ_j 求偏导数, 并令偏导数为零, 可得

$$\sum_{\mathbf{x}_i \in \mathbf{T}_k} \alpha_i - \sum_{\mathbf{x}_j \in \mathbf{O}_k} \alpha_j = 1, \tag{4.165}$$

$$\mathbf{w}_k = \sum_{\mathbf{x}_i \in \mathbf{T}_k} \alpha_i \mathbf{x}_i - \sum_{\mathbf{x}_j \in \mathbf{O}_k} \alpha_j \mathbf{x}_j, \tag{4.166}$$

$$C_1 - \alpha_i - \beta_i = 0, \tag{4.167}$$

$$C_2 - \alpha_j - \beta_j = 0. \tag{4.168}$$

将式 (4.165)—(4.168) 代入拉格朗日函数 (4.164) 可得

$$L = \sum_{\mathbf{x}_i \in \mathbf{T}_k} \alpha_i \mathbf{x}_i^{\mathrm{T}} \mathbf{x}_i - \sum_{\mathbf{x}_j \in \mathbf{O}_k} \alpha_j \mathbf{x}_j^{\mathrm{T}} \mathbf{x}_j + \sum_{\mathbf{x}_i \in \mathbf{T}_k} \sum_{\mathbf{x}_s \in \mathbf{T}_k} \alpha_i \alpha_s \mathbf{x}_i^{\mathrm{T}} \mathbf{x}_s - 2 \sum_{\mathbf{x}_i \in \mathbf{T}_k} \sum_{\mathbf{x}_j \in \mathbf{O}_k} \alpha_i \alpha_j \mathbf{x}_i^{\mathrm{T}} \mathbf{x}_j + \sum_{\mathbf{x}_j \in \mathbf{O}_k} \sum_{\mathbf{x}_l \in \mathbf{O}_k} \alpha_j \alpha_l \mathbf{x}_j^{\mathrm{T}} \mathbf{x}_l. \tag{4.169}$$

设 $\alpha'_m = y_m \alpha_m$ 且 $m = 1, 2, \cdots, |\mathbf{T}| + |\mathbf{O}|$, 其中 $|\cdot|$ 表示某一类别中的样本个数. 拉格朗日函数可以进一步表示为

$$L = \sum_{m=1}^{|\mathbf{T}|+|\mathbf{O}|} \alpha'_m \mathbf{x}_m^{\mathrm{T}} \mathbf{x}_m - \sum_{m=1}^{|\mathbf{T}|+|\mathbf{O}|} \sum_{n=1}^{|\mathbf{T}|+|\mathbf{O}|} \alpha'_m \alpha'_n \mathbf{x}_m^{\mathrm{T}} \mathbf{x}_n. \tag{4.170}$$

因此, 优化问题 (4.162) 对应的对偶优化问题为

$$\begin{aligned} \min \quad & \sum_{m=1}^{|\mathbf{T}|+|\mathbf{O}|} \sum_{n=1}^{|\mathbf{T}|+|\mathbf{O}|} \alpha'_m \alpha'_n \mathbf{x}_m^{\mathrm{T}} \mathbf{x}_n - \sum_{m=1}^{|\mathbf{T}|+|\mathbf{O}|} \alpha'_m \mathbf{x}_m^{\mathrm{T}} \mathbf{x}_m \\ \text{s.t.} \quad & \sum_{m=1}^{|\mathbf{T}|+|\mathbf{O}|} \alpha'_m = 1, \\ & 0 \leqslant \alpha'_i \leqslant C_1, \quad i = 1, 2, \cdots, |\mathbf{T}|, \\ & -C_2 \leqslant \alpha'_j \leqslant 0, \quad j = |\mathbf{T}| + 1, |\mathbf{T}| + 2, \cdots, |\mathbf{T}| + |\mathbf{O}|. \end{aligned} \tag{4.171}$$

为了使局部最小包围球更为灵活, 可以利用 “核技巧”[51] 在对偶优化问题 (4.171) 中引入核函数, 即首先使用非线性映射 ϕ 将输入向量 $\mathbf{x}_i$ 映射到高维的特征空间, 然后用核函数 $K(\mathbf{x}, \mathbf{y})$ 代替特征空间中输入向量的像之间的内积 $\phi(\mathbf{x})^{\mathrm{T}}\phi(\mathbf{y})$, 也就是不需要知道非线性映射的具体形式, 而在原空间中计算特征空间中向量间的内积. 将核函数引入到对偶优化问题 (4.171) 中, 可得

$$\begin{aligned} \min \quad & \sum_{m,n=1}^{|\mathbf{T}|+|\mathbf{O}|} \alpha'_m \alpha'_n K(\mathbf{x}_m, \mathbf{x}_n) - \sum_{m=1}^{|\mathbf{T}|+|\mathbf{O}|} \alpha'_m K(\mathbf{x}_m, \mathbf{x}_m) \\ \text{s.t.} \quad & \sum_{m=1}^{|\mathbf{T}|+|\mathbf{O}|} \alpha'_m = 1, \\ & 0 \leqslant \alpha'_i \leqslant C_1, \quad i = 1, 2, \cdots, |\mathbf{T}|, \\ & -C_2 \leqslant \alpha'_j \leqslant 0, \quad j = |\mathbf{T}| + 1, \cdots, |\mathbf{T}| + |\mathbf{O}|. \end{aligned} \tag{4.172}$$

与支持向量数据描述 [52] 类似, 在第 k 个 Voronoi 区域 $\mathbf{V}_k$ 中对应于 $\alpha'_m > 0$ 的输入向量 $\mathbf{x}_m$ 被看作支持向量.

给定输入向量 $\mathbf{x}$, 其在特征空间中的像 $\phi(\mathbf{x})$ 与中心向量的像 $\phi(\mathbf{w}_k)$ 之间的距离为

$$\begin{aligned} r_k^2(\mathbf{x}) &= \|\phi(\mathbf{x}) - \phi(\mathbf{w}_k)\|^2 \\ &= K(\mathbf{x}_k, \mathbf{x}_k) - 2\sum_{m=1}^{|\mathbf{T}|+|\mathbf{O}|} \alpha'_m K(\mathbf{x}_k, \mathbf{x}_m) + \sum_{m=1}^{|\mathbf{T}|+|\mathbf{O}|}\sum_{n=1}^{|\mathbf{T}|+|\mathbf{O}|} \alpha'_m \alpha'_n K(\mathbf{x}_m, \mathbf{x}_n). \end{aligned} \tag{4.173}$$

则第 k 个 Voronoi 区域上局部最小包围球的半径为

$$\hat{r}_k = \{r_k(\mathbf{x}_m) | \mathbf{x}_m \text{ 为支持向量}\}. \tag{4.174}$$

4.9.2.2 SOM 与局部最小包围球相结合的异常检测器

为了将 SOM 与局部最小包围球结合起来用于解决异常检测问题, 首先利用训练集中所有的正常数据训练一个 SOM. 然后按照与每一个码本之间的距离, 将所有的正常数据和异常数据分配到相应的 Voronoi 区域. 划分过程完成之后, 按照 4.9.2.1 节中的方法得到 K 个局部最小包围球.

在测试阶段, 给定一个输入向量 $\mathbf{x}$, 按照式 (4.173) 计算它在特征空间中的像与 K 个码本的像之间的距离, 按照下式确定 $\mathbf{x}$ 的聚类标号 $\hat{k}$:

$$\hat{k} = \mathop{\arg\min}_{k=1,2,\cdots,K} r_k^2(\mathbf{x}). \tag{4.175}$$

因此, $\mathbf{x}$ 的类别标号 y 可以由下式确定:

$$y = \begin{cases} +1, & r_{\hat{k}}^2(\mathbf{x}) \leqslant \hat{r}_{\hat{k}}^2, \\ -1, & r_{\hat{k}}^2(\mathbf{x}) > \hat{r}_{\hat{k}}^2, \end{cases} \tag{4.176}$$

其中 $\hat{r}_{\hat{k}}^2$ 由式 (4.174) 求取.

最终, 利用自组织映射神经网络和局部最小包围球进行异常检测的整个过程概括在图 4.32 中. 作为异常检测器的两个重要组成部分, SOM 能够有效地逼近训练数据的密度, 而局部最小包围球能够确保包含尽可能多的正常数据和尽可能少的异常数据. 因此, 该异常检测器能够在正常数据和异常数据之间构造出合适的分类边界.

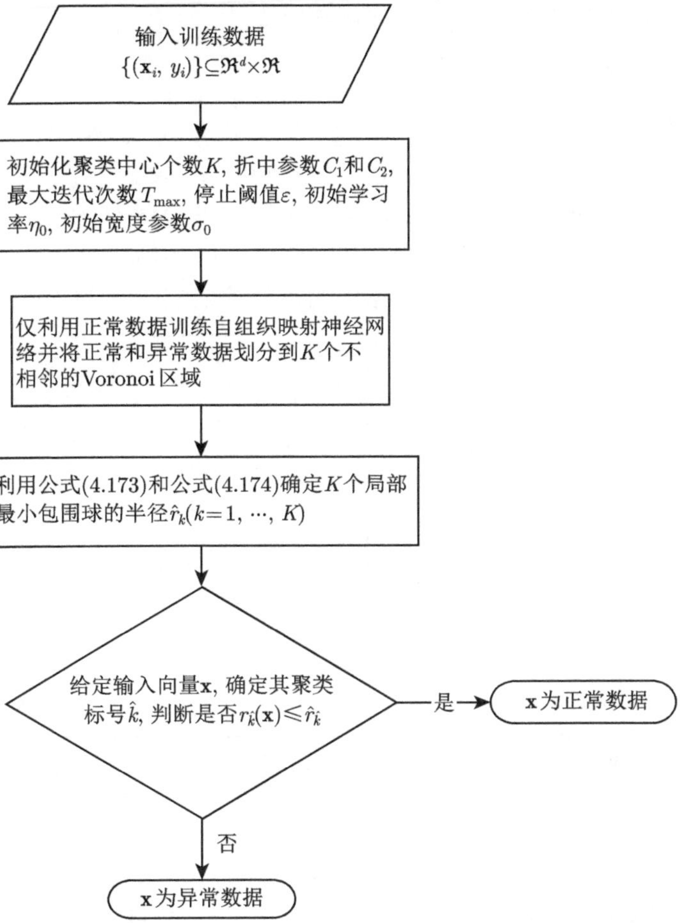

图 4.32 利用自组织映射神经网络和局部最小包围球进行异常检测的流程图

4.9.3 实验结果

为了便于描述, 将基于 SOM 和局部最小包围球的异常检测器简写为 SOM-LMES. 实验中所使用的核函数为高斯核函数. 对于人工数据集, 将 SOM-LMES 与基于 LVQ 的异常检测器[42] 进行比较. 对于两个基准数据集, 为了比较 SOM-LMES 和它的相关方法, 受试者工作特征曲线的下方面积 (area under receiver operating characteristic, AUROC) 被用作性能度量标准. AUROC 的值通过对受试者工作特征曲线 (receiver operating characteristic, ROC) 曲线进行积分运算得到, 积分区间为对应于假正例率 (false positive rate, FPR) 的真正例率 (true positive rate, TPR) 从 0%到 50%的部分.

对于基准数据集, 基于 LVQ 的异常检测器和 SOM-LMES 中码本的数量 K

均通过在训练集上使用 5 折交叉验证进行选取.

4.9.3.1 人工数据集

在人工数据集中共有 79 个二维数据, 如图 4.33(a) 所示. 71 个正常数据分布在五个聚类中, 并用 “+” 表示, 8 个异常数据则用 “∘” 表示. 对于基于 LVQ 的异常检测器和 SOM-LMES, 首先用 SOM 对正常数据进行聚类, SOM 的聚类个数 K、最大迭代次数 $T_{\max}$、初始学习率 η_0 和近邻函数的初始宽度参数 σ_0 分别取值为 5, 1000, 0.5 和 0.6. SOM 在正常数据上的聚类结果如图 4.33(b) 所示.

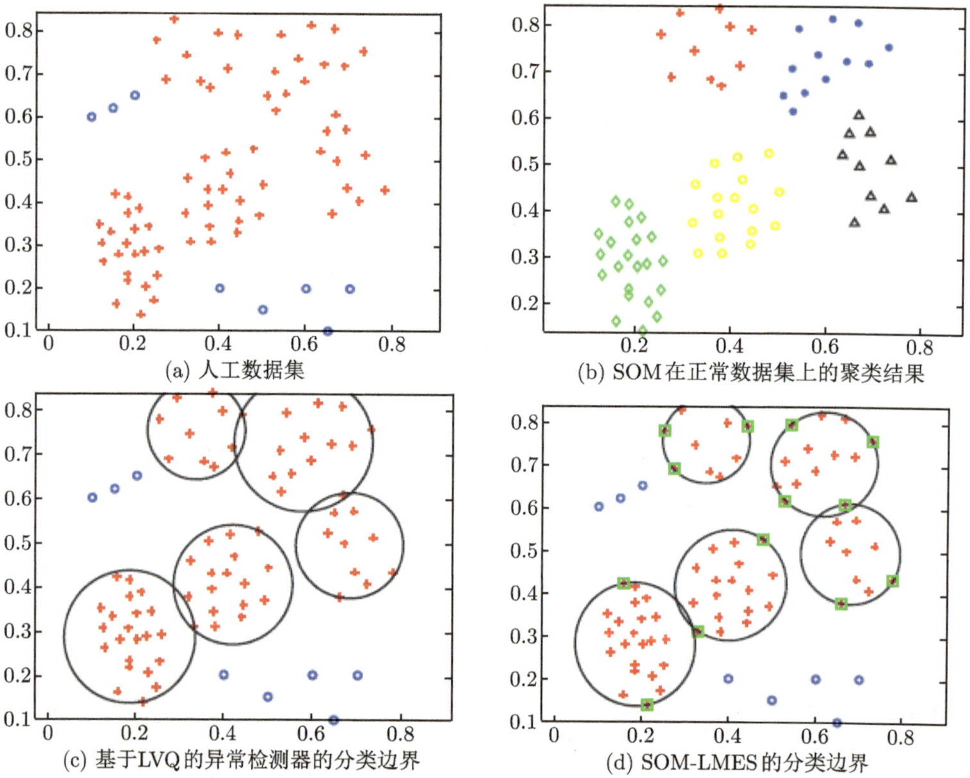

(a) 人工数据集　(b) SOM在正常数据集上的聚类结果

(c) 基于LVQ的异常检测器的分类边界　(d) SOM-LMES的分类边界

图 4.33 基于 LVQ 的异常检测器和 SOM-LMES 在人工数据集上的应用

对于基于 LVQ 的异常检测器和 SOM-LMES, 折中参数 C_1 和 C_2 均设置为 1. 式 (4.163) 中基于 LVQ 的异常检测器的学习率设置为 $\alpha = 2$. 为了取得局部最小包围球, SOM-LMES 中高斯核函数的宽度参数设置为 $\sigma = 0.5$. 基于 LVQ 的异常检测器的结果如图 4.33(c) 所示, 而 SOM-LMES 的结果如图 4.33(d) 所示.

从图 4.33(c) 和图 4.33(d) 可以看出基于 LVQ 的异常检测器和 SOM-LMES 均能将异常数据从正常数据中正确地分离出去. 然而 SOM-LMES 的分类边界比基于 LVQ 的异常检测器的分类边界更为紧致, 原因是在每个 Voronoi 区域上, 基于 LVQ 的异常检测器仅用一个样本确定正常数据和异常数据之间的分类边界, 而 SOM-LMES 使用了至少两个支持向量, 在图 4.33(d) 中用 "□" 表示. 在这里需要指明的是 SOM-LMES 的分类边界不一定是球形, 原因为 SOM-LMES 使用的是核距离, 而不是欧氏距离.

4.9.3.2 基准数据集

以下实验中所使用的两个基准数据集均取自 Rätsch 基准数据集, 名称分别为 *Banana* 和 *Breast Cancer*. 对于每个数据集, 共有 100 种不同的训练集和测试集划分方式, 这里使用第一种划分, 并将样本数多的类中的样本作为正常数据, 含有样本少的类中的样本作为异常数据, 在训练集中随机选取部分异常数据, 使异常数据的数量为正常数据数量的 10%.

SOM 的参数设置与 4.9.3.1 节中人工数据集上的设置完全相同. 基于 LVQ 的异常检测器和 SOM-LMES 的其他参数设置如表 4.26 所示. 图 4.34 展示了基于 LVQ 的异常检测器和 SOM-LMES 在 *Banana* 上的分类效果. 从图 4.34(c) 和图 4.34(d) 可以看出基于 LVQ 的异常检测器的分类边界为球形, 而从图 4.34(e) 和图 4.34(f) 可以发现 SOM-LMES 的分类边界为不规则形状. 因此, SOM-LMES 比基于 LVQ 的异常检测器更为灵活. 这里需要指明的是两种异常检测器的参数均需使用格搜索策略进行调整.

表 4.26 两种异常检测器的参数设置

数据集	LVQ			SOM-LMES		
	C_1	C_2	α	C_1	C_2	σ
Banana	0.1	0.1	0.01	0.1	0.1	1
Breast Cancer	0.1	0.1	0.1	1	1	1

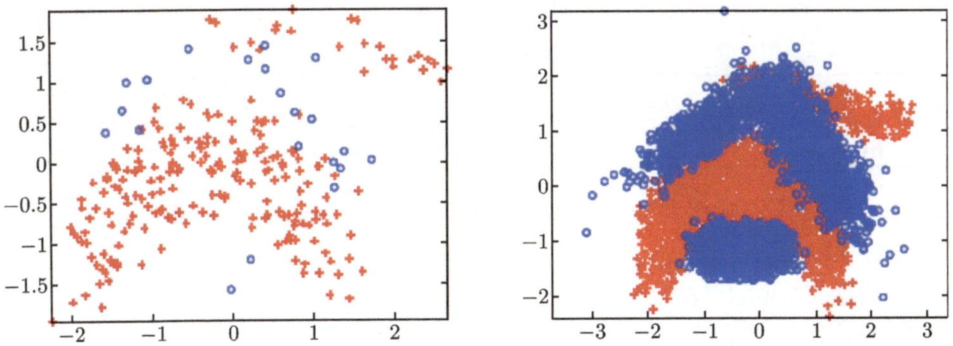

(a) 训练集　　(b) 测试集

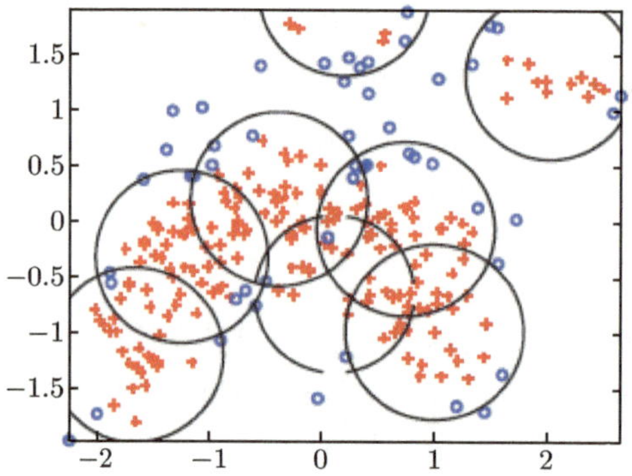

(c) 基于LVQ 的异常检测器在训练集上的结果

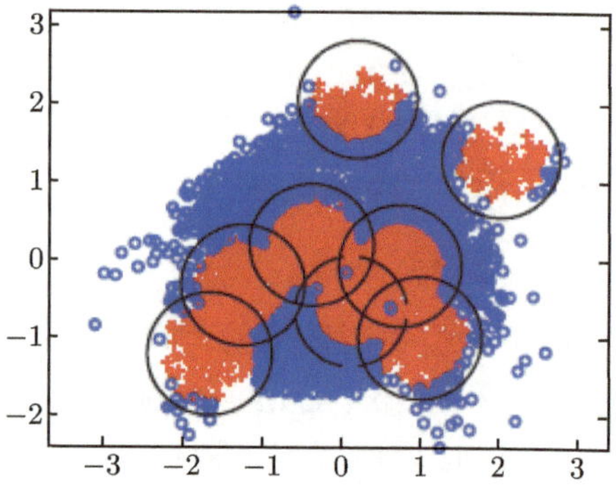

(d) 基于LVQ 的异常检测器在测试集上的结果

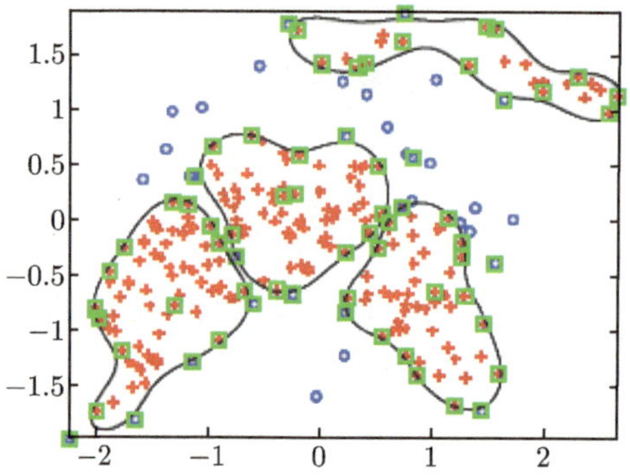

(e) SOM-LMES 在训练集上的结果

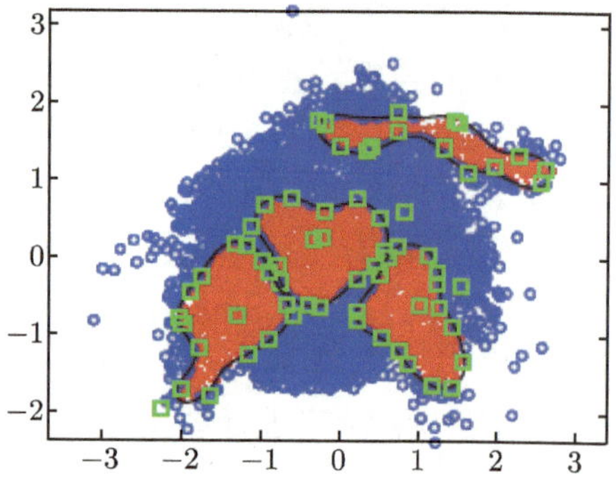

(f) SOM-LMES 在测试集上的结果

图 4.34 基于 LVQ 的异常检测器和 SOM-LMES 在 *Banana* 上的应用

表 4.27 展示了基于 LVQ 的异常检测器、SVDD 和 SOM-LMES 在两个基准数据集上的结果. 需要注意的是 SVDD 仅用正常数据进行训练. 由表 4.27 中的结果可以发现 SOM-LMES 取得了优于其他两种方法的性能.

表 4.27 三种不同异常检测器在基准数据集的前 10 种划分中测试集上的平均 AUROC 值 (%)

数据集	LVQ	SVDD	SOM-LMES
Banana	36.65	21.83	38.48
Breast Cancer	21.86	15.93	23.35

为了考察异常数据与正常数据的比例变化对异常检测器平均 AUROC 值的影响, 图 4.35 展示了两种异常检测器在 *Banana* 和 *Breast Cancer* 的前 10 种划分上的结果. 对于 *Banana*, 除了 20%和 30%, 由图 4.35(a) 可以看出两种方法的性能随着异常数据的增加而增加. 对于 *Breast Cancer*, 除了 5%和 20%, 由图 4.35(b) 可以发现两种方法的性能也随着异常数据的个数增加而增加. 此外, 从图 4.35 可以看出随着异常数据的增加, SOM-LMES 比基于 LVQ 的异常检测器更

为鲁棒, 原因在于 SOM-LMES 的性能随异常数据与正常数据的比例变化波动较小, 而基于 LVQ 的异常检测器在比例取 20%时波动很大. 然而, 随着比例 $|\mathbf{O}|/|\mathbf{T}|$ 的进一步增加, 两类分类器则会取得优于所提异常检测器的分类性能. 因此, 在两个数据集上的实验比较中, 比例 $|\mathbf{O}|/|\mathbf{T}|$ 固定地取为 10%.

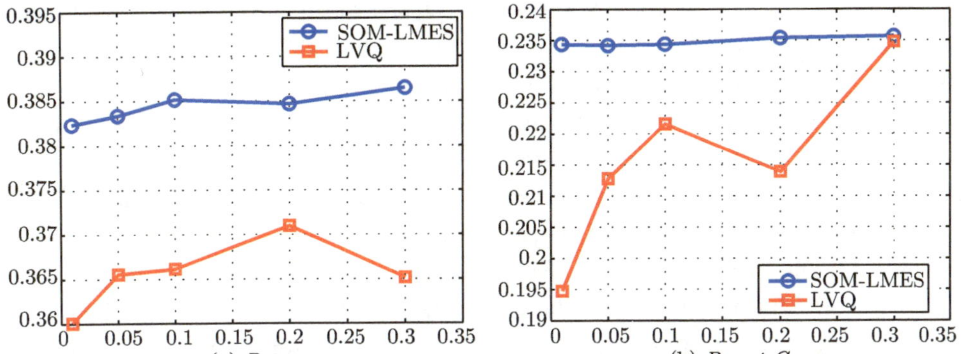

(a) *Banana* (b) *Breast Cancer*

图 4.35 在 *Banana* 和 *Breast Cancer* 的前 10 种划分的测试集上平均 AUROC 值随不同比例 $|\mathbf{O}|/|\mathbf{T}|$ 的变化情况

参 考 文 献

[1] Lee Y J, Mangasarian O L. SSVM: A smooth support vector machine for classification. Computational Optimization and Applications, 2001, 20(1): 5-22.

[2] Hu J K, Xing H J. Robust smooth one-class support vector machine//Proceedings of the 2nd International Conference on Information Technology and Electronic Commerce, 2014: 83-87.

[3] Chang C C, Chien L J, Lee Y J. A novel framework for multi-class classification via ternary smooth support vector machine. Pattern Recognition, 2011, 44(6): 1235-1244.

[4] Huber P J. Robust Statistics. New York: Wiley, 1981.

[5] He R, Zheng W. A regularized correntropy framework for robust pattern recognition. Neural Computation, 2011, 23(8): 2074-2100.

[6] He R, Hu B G, Zheng W S, Kong X W. Robust principal component analysis based on maximum correntropy criterion. IEEE Transactions on Image Processing, 2011, 20(6): 1485-1494.

[7] Nikolova M, Ng M K. Analysis of half-quadratic minimization methods for signal and image recovery. SIAM Journal on Scientific Computing, 2005, 27(3): 937-966.

[8] He R, Hu B, Yuan X, Wang L. Robust Recognition Via Information Theoretic Learning. New York: Springer, 2014.

[9] Dua D, Graff C. UCI Machine Learning Repository [http://archive.ics.uci.edu/ml]. Irvine, CA: University of California, School of Information and Computer Science, 2019.

[10] Chang J D, Xing H J. Locality correlation preserving based one-class support vector machine//Proceedings of the 29th Chinese Control and Decision Conference, 2017: 1113-1118.

[11] Khan N M, Ksantini R, Ahmad I S, Guan L. Covariance-guided one-class support vector machine. Pattern Recognition, 2014, 47(6): 2165-2177.

[12] Mygdalis V, Iosifidis A, Tefas A, Pitas I. Graph embedded one-class classifiers for media data classification. Pattern Recognition, 2016, 60: 585-595.

[13] Schölkopf B, Herbrich R, Smola A J. A generalized representer theorem//Proceedings of 14th Annual Conference on Computational Learning Theory, COLT 2001 and 5th European Conference on Computational Learning Theory, 2001: 416-426.

[14] Plat J C. Fast training of support vector machines using sequential minimal optimization//Advances in Kernel Methods, 1999: 185-208.

[15] Yang J, Deng T, Sui R. An adaptive weighted one-class SVM for robust outlier detection//Proceedings of the 2015 Chinese Intelligent Systems Conference, 2015: 475-484.

[16] Ji M, Xing H J. Adaptive-weighted one-class support vector machine for outlier detection//Proceedings of the 29th Chinese Control and Decision Conference, 2017: 1766-1771.

[17] Cha M, Kim J S, Baek J G. Density weighted support vector data description. Expert Systems with Applications, 2014, 41: 3343-3350.

[18] Xing H J, Ji M. Robust one-class support vector machine with rescaled hinge loss function. Pattern Recognition, 2018, 84: 152-164.

[19] Xiao Y, Wang H, Xu W. Ramp loss based robust one-class SVM. Pattern Recognition Letters, 2017, 85: 15-20.

[20] Xu G, Cao Z, Hu B G, Principe J C. Robust support vector machines based on the rescaled hinge loss function. Pattern Recognition, 2017, 63: 139-148.

[21] Boyd S, Vandenberghe L. Convex Optimization. Cambridge: Cambridge University Press, 2004.

[22] Yin S, Zhu X, Jing C. Fault detection based on a robust one class support vector machine. Neurocomputing, 2014, 145(18): 263-268.

[23] Joachims T. Estimating the generalization performance of an SVM efficiently//Proceedings of the Seventeenth International Conference on Machine Learning, 2000: 431-438.

[24] Yang C Y, Wang J J, Chou J J, Lian F L. Confirming robustness of fuzzy support vector machine via ξ-α bound. Neurocomputing, 2015, 162: 256-266.

[25] Tran Q A, Li X, Duan H. Efficient performance estimate for one-class support vector machine. Pattern Recognition Letters, 2005, 26: 1174-1182.

[26] Hampel F R. A general qualitative definition of robustness. Annals of Mathematical Statistics, 1971, 42(6): 1887-1896.

[27] Donoho D L, Huber P J. The Notion of Breakdown Point. Belmont: Wadsworth, 1983.

[28] Hampel F R, Ronchetti E M, Rousseeuw P J, Stahel W A. Robust Statistics: The Approach Based on Influence Functions. Hoboken: Wiley, 1986.

[29] Feng Y, Yang Y, Huang X, Mehrkanoon S, Suykens J A K. Robust support vector machines for classification with nonconvex and smooth losses. Neural Computation, 2016, 28(6): 1217-1247.

[30] LeCun Y, Bottou L, Bengio Y, Haffner P. Gradient-based learning applied to document recognition. Proceedings of the IEEE, 1998, 86(11): 2278-2324.

[31] Camastra F, Spinetti M, Vinciarelli A. Offline cursive character challenge: A new benchmark for machine learning and pattern recognition algorithms//Proceedings of the 18th International Conference on Pattern Recognition, 2006, 2: 913-916.

[32] Choi Y S. Least squares one-class support vector machine. Pattern Recognition Letters, 2019, 30: 1236-1240.

[33] Wang C, Ye Q, Luo P, Ye N, Fu L. Robust capped L1-norm twin support vector machine. Neural Networks, 2019, 114: 47-59.

[34] Nie F, Huo Z, Huang H. Joint capped norms minimization for robust matrix recovery//Proceedings of the 26th International Joint Conference on Artificial Intelligence, 2017: 2557-2563.

[35] Jiang W, Nie F, Huang H. Robust dictionary learning with capped l1-norm//Proceedings of the 24th International Conference on Artificial Intelligence, 2015: 3590-3596.

[36] Nie F, Yuan J, Huang H. Optimal mean robust principal component analysis// Proceedings of the 31st International Conference on International Conference on Machine Learning, 2014, 32: 1062-1070.

[37] 安磊磊, 邢红杰. 基于样本选取和加权 KPCA-L1 的异常检测. 计算机应用研究, 2016, 33(5): 1354-1358.

[38] Xiao Y, Wang H, Xu W, Zhou J. L1 norm based KPCA for novelty detection. Pattern Recognition, 2013, 46: 389-396.

[39] Zheng W, Zou C, Zhao L. An improved algorithm for kernel principal components analysis. Neural Processing Letters, 2005, 22(1): 49-56.

[40] Xing H, Wang X, Zhu R, Wang D. Application of kernel learning vector quantization to novelty detection//Proceedings of the 2008 IEEE International Conference on Systems, Man and Cybernetics, 2008: 439-443.

[41] Kohonen T. Self-Organizing Maps. Berlin: Springer, 2001.

[42] Lee H J, Cho S. Application of LVQ to novelty detection using outlier training data. Pattern Recognition Letters, 2006, 27: 1572-1579.

[43] Inokuchi R, Miyamoto S. LVQ clustering and SOM using a kernel function//Proceedings of the 2004 IEEE International Conference on Fuzzy Systems, 2004, 3: 1497-1500.

[44] Zhang D, Chen S, Zhou Z H. Fuzzy-kernel learning vector quantization//Proceedings of the 1st International Symposium on Neural Networks, 2004, LNCS 3137: 180-185.

[45] Lv H, Wang W. Handwritten digit recognition with kernel-based LVQ classifier in input space//Proceedings of the 2nd International Symposium on Neural Networks, 2005: 203-

208.

[46] Lau K W, Yin H, Hubbard S. Kernel self-organising maps for classification. Neurocomputing, 2006, 69: 2033-2040.

[47] Schölkopf B, Smola A, Müller K R. Nonlinear component analysis as a kernel eigenvalue problem. Neural Computation, 1998, 10: 1299-1319.

[48] MacDonald D, Fyfe C. The kernel self organising map//Proceedings of the Fourth International Conference on Knowledge-Based Intelligent Engineering Systems & Allied Technologies, 2000: 317-320.

[49] Xing H J, Ha M H, Wang X Z. Combining SOM and local minimum enclosing spheres for novelty detection//Proceedings of the 2009 Chinese Control and Decision Conference, 2009: 3786-3791.

[50] Lee H, Cho S. SOM-based novelty detection using novel data//Proceedings of the Sixth International Conference on Intelligent Data Engineering and Automated Learning, 2005, LNCS 3578: 359-366.

[51] Schölkopf B. The kernel trick for distances. Advances in Neural Information Processing Systems, 2001, 13: 301-307.

[52] Tax D J M, Duin R P W. Support vector data description. Machine Learning, 2004, 54: 45-66.

第 5 章 单类分类器集成

因为仅有一类样本可用作训练集，单类分类在优化问题设计、参数选取和模型评价等问题中均会比两类分类和多类分类更为困难. 同时，受训练样本的限制，单类分类器的分类边界往往不够紧致，这势必会降低单类分类器的泛化性能. 因此，将集成学习引入单类分类是一种可行的研究思路. 与两类分类和多类分类相同，使用合适的组合策略将多个单类分类器集成在一起可以有效地提高单个单类分类器的泛化性能. 本章将介绍我们所提出的一些单类分类器集成方法，这些方法中所使用的基分类器均为单类支持向量机 (OCSVM) 或者支持向量数据描述 (SVDD).

5.1 基于旋转的单类支持向量机集成

因为 OCSVM 被看作一种强分类器，使用传统的集成方法 (如 Bagging 或 AdaBoost) 并不能提高单个 OCSVM 的性能. 受旋转森林[1] 的启发，我们提出了基于旋转的 OCSVM 集成[2]，对于集成中不同的 OCSVM，其训练样本由不同的旋转矩阵进行转换，这样可以保证 OCSVM 集成中训练样本的多样性.

5.1.1 构造过程

旋转集成[1] 是基于给定特征的随机选择生成的. 它的关键步骤是找出给定特征集的不同子集，在子集上使用主成分分析 (PCA) 进行旋转. 由于这些基分类器是在不同的转换训练集上训练的，所以这种操作可以增加基分类器的多样性. 同时，因为保留给定特征子集的所有主成分，所以可以保证每个基分类器的准确率.

为了方便描述，引入一些数学符号. $\mathbf{X} = [\mathbf{x}_1, \mathbf{x}_2, \cdots, \mathbf{x}_N]^{\mathrm{T}} \in \Re^{N\times n}$ 表示训练集，其中 $\mathbf{x}_k \in \Re^n$ 表示第 k 个训练样本. $\mathbf{F}$ 是特征集，K 是特征子集的个数，L 是基分类器的个数即 OCSVM 的个数. 基分类器分别表示为 D_1, D_2, $\cdots$, D_L.

将整个特征集 $\mathbf{F}$ 随机分成 K 组. 用 $\mathbf{F}_{i,j}$ 表示训练第 i 个 OCSVM 的第 j 个特征子集. 前 $K-1$ 个特征子集中都有 M 个特征，最后一个特征子集中有 $n-(K-1)M$ 个特征，即最后一个特征子集中的特征数量可能不等于 M.

使用可重复的自助采样法从原始训练集 $\mathbf{X}_{i,j}$ 中得出新的训练集 $\tilde{\mathbf{X}}_{i,j}$，其中 $\mathbf{X}_{i,j}$ 为对应于 $\mathbf{F}_{i,j}$ 的样本，即第 $i\,(i=1,2,\cdots,L)$ 个基分类器的第 $j(j=1,2,\cdots,K)$ 个样本子集. $\tilde{\mathbf{X}}_{i,j}$ 中包含 $\mathbf{X}_{i,j}$ 中 75%的样本. 在 $\tilde{\mathbf{X}}_{i,j}$ 上应用 PCA 以获得主

成分系数矩阵 $\mathbf{C}_{i,j}=[\boldsymbol{v}_{i,j}^{(1)},\ \boldsymbol{v}_{i,j}^{(2)},\ \cdots,\ \boldsymbol{v}_{i,j}^{(M_j)}]$, 其中每一个元素大小均为 $M\times 1$. 在 $\mathbf{C}_{i,j}$ 中可能有零向量, 移除存在的零向量. 当 $j=K$ 时, $\mathbf{C}_{i,j}$ 中每个向量的维数可能小于 M.

将得到的所有系数矩阵组成一个旋转矩阵, 如下式所示

$$\mathbf{R}_i=\begin{bmatrix} v_{i,1}^{(1)},\cdots,v_{i,1}^{(M_1)} & \mathbf{0}_{M_2}^{\mathrm{T}} & \cdots & \mathbf{0}_{M_K}^{\mathrm{T}} \\ \mathbf{0}_{M_1}^{\mathrm{T}} & v_{i,2}^{(1)},\cdots,v_{i,2}^{(M_2)} & \cdots & \mathbf{0}_{M_K}^{\mathrm{T}} \\ \vdots & \vdots & & \vdots \\ \mathbf{0}_{M_1}^{\mathrm{T}} & \mathbf{0}_{M_2}^{\mathrm{T}} & \cdots & v_{i,K}^{(1)},\cdots,v_{i,K}^{(M_K)} \end{bmatrix}, \tag{5.1}$$

其中 $\mathbf{R}_i$ 为 $n\times\sum_{j=1}^{K}M_j$ 矩阵, $\mathbf{0}_{M_k}^{\mathrm{T}}$ 表示含有 M_k 个零元素的行向量. 按照原始特征集的顺序, 对 $\mathbf{R}_i$ 的列重新排列得 $\mathbf{R}_i^a$. 在转化的训练集 $\mathbf{XR}_i^a$ 上训练第 i 个 OCSVM, 在生成的 L 个转化训练集上训练 L 个 OCSVM, 即 $D_1,\ D_2,\ \cdots,\ D_L$.

对于待测样本 $\mathbf{x}$, 其类别标号可以由下面的多数投票规则确定:

$$f(\mathbf{x})=\mathrm{sign}\left(\sum_{i=1}^{L}f_i(\mathbf{x})\right). \tag{5.2}$$

对于所提集成算法, 有两点需要特别说明:

(1) 上述 K 个特征子集, 不一定是不相交的, 可能部分重叠. 为了最大限度地提高多样性, 这里选择了不相交的方式.

(2) 从 $\mathbf{X}_{i,j}$ 中选择 75%的原始样本集, 其目的是避免通过相同的特征获得相同的系数矩阵. 通过实验发现当 $\tilde{\mathbf{X}}_{i,j}$ 的样本数量与 $\mathbf{X}_{i,j}$ 的样本数量的比值在 [50%, 75%] 范围内时, 所提出的集成算法的最终性能并没有显著差异, 这与文献 [3] 中的观察结果相同.

5.1.2 算法实现

基于旋转的单类支持向量机集成的整个训练过程概括在算法 5.1 中, 其中, 步骤 $i-1$ 和步骤 $i-2$ 的计算复杂度分别为 $O(1)$ 和 $O(N)$. PCA 的计算复杂度为 $O(N^3+N^2P)$[4], 其中 N 和 P 分别表示给定数据集的数据个数和特征个数. 因此, 步骤 $i-3$ 的计算复杂度近似为 $O(N^3+N^2M)$. 步骤 $j-1$ 和步骤 $j-2$ 的计算代价分别为 $O(1)$ 和 $O(K)$. 对于 $\mathbf{X}$ 和 $\mathbf{R}_i^a$ 乘积的计算代价是 $O(NK^2)$. 对于 N 个训练样本, OCSVM 的训练复杂度为 $O(N^3)$[5]. 因此, 步骤 $j-3$ 的计算代价为 $O(NK^2+N^3)$. 算法 5.1 的计算复杂度近似为 $O(N^3(K+1)L+N^2KLM+N(K^2+K)L+(2K+1)L)$.

算法 5.1 基于旋转的单类支持向量机集成

输入 训练集 $\mathbf{X} \in \Re^{N\times n}$, 类标向量 $\mathbf{y} = \mathbf{1}_{N\times 1}$, 基分类器个数 L, 特征集 $\mathbf{F}$, 特征集个数 K.

输出 旋转矩阵 $\{\mathbf{R}_i^a\}_{i=1}^L$, 训练所得的 L 个 OCSVM.

初始化 核函数的宽度参数 σ 和 OCSVM 的百分比估计参数 ν.

for $i = 1, 2, \cdots, L$

  for $j = 1, 2, \cdots, K$

    步骤 $i-1$: 将特征集 $\mathbf{F}$ 分成 K 组, $\mathbf{F}_{i,j}$ 表示训练的第 i 个 OCSVM 的第 j 个特征子集.

    步骤 $i-2$: 通过可重复的自取采样法从原始训练集 $\mathbf{X}_{i,j}$ 得出新的训练集 $\tilde{\mathbf{X}}_{i,j}$. 其中 $\mathbf{X}_{i,j}$ 为对应于 $\mathbf{F}_{i,j}$ 的样本子集, 即第 i 个基分类器, 第 j 个样本子集.

    步骤 $i-3$: 在 $\tilde{\mathbf{X}}_{i,j}$ 上应用 PCA 以获得主成分的系数矩阵

$$\mathbf{C}_{i,j} = [\boldsymbol{\upsilon}_{i,j}^{(1)}, \boldsymbol{\upsilon}_{i,j}^{(2)}, \cdots, \boldsymbol{\upsilon}_{i,j}^{(M_j)}].$$

  end for

  步骤 $j-1$: 将得到的系数矩阵组织成一个旋转矩阵如式 (5.1).

  步骤 $j-2$: 根据原始特征集的顺序, 对 $\mathbf{R}_i$ 的列进行了重新排列得 $\mathbf{R}_i^a$.

  步骤 $j-3$: 在转化后的训练集 $\mathbf{XR}_i^a$ 上训练 OCSVM.

end for

5.1.3 实验结果

为了验证所提集成方法, 即基于旋转的 OCSVM 集成 (简称为 RFEOCSVM) 的有效性, 在 UCI 机器学习数据库[6] 中选取的 10 个基准数据集上将其与单个 OCSVM、基于 AdaBoost 的 OCSVM 集成和基于加权 Bagging 的 OCSVM 集成[7](分别简记为 AEOCSVMs 和 WBEOCSVMs) 相比较. 在接下来的实验中, 采用高斯核函数 $K(\mathbf{x},\mathbf{y}) = \exp\left(-\dfrac{\|\mathbf{x}-\mathbf{y}\|^2}{2\sigma^2}\right)$. 对于每个数据集, 从某一类中随机选取 70%的样本作为训练集, 剩余的 30%与另外一类中的所有样本一起作为测试集, 并将几何均值 (g-mean)[8] 用作衡量各种方法性能的度量.

表 5.1 描述了这 10 个数据集. 为了使 OCSVM 取得最优的性能, 在每个基准数据集的训练集上通过穷举法确定两个参数的值, 即核函数的宽度参数 σ 和百分比估计参数 ν, 这两个参数的取值范围分别为 $\{2^{-10}, 2^{-9}, \cdots, 2^5\}$ 和 $\{0.01, 0.05, 0.1, 0.2, \cdots, 1\}$. 对于 AEOCSVMs, WBEOCSVMs 和 RFEOCSVM, 所有基分类器 (即 OCSVM) 的参数 σ 和 ν 与单个 OCSVM 相应参数的取值相同. RFEOCSVM 的特征子集个数 K 也由穷举法确定, 其取值范围是 $\{2, 3, \cdots, \lceil N_{feature}/2\rceil\}$, $\lceil\cdot\rceil$ 表示取整函数, $N_{feature}$ 表示特征个数. 此外, WBEOCSVMs 的参数值, 即高斯核函数的核密度估计中的宽度参数 γ 也是通过穷举法确定的, 该参数的取值范围为 $\{2^{-10}, 2^{-9}, \cdots, 2^5\}$. 在接下来的实验中, RFEOCSVM, AEOCSVMs 和 WBEOCSVMs 中的 OCSVM 数量固定为 15 个. 上述四种方法的参数信息总结

在表 5.2 中.

表 5.1 用于实验的 10 个基准数据集

数据集	特征个数	正常数据个数	异常数据个数	训练样本个数	测试样本个数
Banknote Authentication	4	610	762	427	945
Cancer	9	239	444	167	516
German	20	300	700	210	790
Heart	13	120	150	84	186
Hepatitis	19	123	32	86	69
Parkinsons	22	147	48	103	92
Sonar	60	111	97	78	130
Waveform	20	1153	3847	807	4193
Wdbc	9	212	357	148	421
Wholesale Customers	7	208	142	146	204

表 5.2 四种方法的参数设置

数据集	σ	ν	K	γ
Banknote Authentication	1	0.01	2	1
Cancer	2^{-8}	0.05	3	2^{-4}
German	2^{-8}	0.5	2	2^{-2}
Heart	2^{-10}	0.3	2	2^{-3}
Hepatitis	2^{-2}	0.01	10	2^{-3}
Parkinsons	2^{-9}	0.2	3	2^{-2}
Sonar	2^{-4}	0.4	9	2^{-6}
Waveform	2^{-4}	0.1	2	2^{-4}
Wdbc	2^{-9}	0.1	2	2^{-4}
Wholesale Customers	2^{-1}	0.3	2	2

为了减小训练集中样本随机选择产生的影响, 上述四种方法在每个基准数据集上都重复 20 次. 表 5.3 总结了在这 10 个基准数据集上进行 20 次实验的平均测试准确率和相应的标准差. 此外, 对这四种方法的测试结果进行了配对 T 检验, 以检验 RFEOCSVM 的性能改进是否与其他三种方法在统计上有显著不同. 表 5.3 还包括对应配对 T 检验的检验结果.

从表 5.3 可以得出, RFEOCSVM 的泛化性能优于其他三种方法. 此外从标准差可以看出, RFEOCSVM 在这 10 个基准数据集上比单个 OCSVM, AEOCSVMs 和 WBEOCSVMs 更稳定.

表 5.3 四种方法在基准数据集的测试集上取得的平均 g-mean 和标准差

数据集	OCSVM *p*-value	AEOCSVMs *p*-value	WBEOCSVMs *p*-value	RFEOCSVM
Banknote Authentication	0.9651±0.0110 2.30E−003	0.9468±0.0196 1.59E−005	0.9627±0.0285 4.65E−003	0.9790±0.0055
Cancer	0.9592±0.0080 8.36E−003	0.8743±0.0076 1.59E−005	0.8533±0.0018 6.53E−005	0.9712±0.0014
German	0.5750±0.0327 1.90E−001	0.5374±0.0275 1.59E−005	0.5682±0.0585 1.47E−004	0.6036±0.0286
Heart	0.6955±0.0247 3.75E−004	0.6025±0.0247 1.59E−005	0.5302±0.0315 1.44E−005	0.7527±0.0215
Hepatitis	0.7257±0.0557 1.5E−005	0.6856±0.0879 5.80E−003	0.6434±0.0585 1.79E−005	0.7736±0.0485
Parkinsons	0.6946±0.0299 4.90E−001	0.6853±0.0275 1.65E−005	0.6714±0.0486 1.75E−003	0.7132±0.0275
Sonar	0.6781±0.0334 6.34E−005	0.6585±0.0396 1.59E−005	0.6486±0.0485 1.64E−005	0.7132±0.0374
Waveform	0.8387±0.0508 3.49E−002	0.8269±0.0872 1.54E−004	0.8343±0.0295 1.97E−003	0.8427±0.0469
Wdbc	0.872±0.0108 1.72E−002	0.841±0.0674 1.59E−005	0.857±0.0186 5.36E−003	0.8830±0.0286
Wholesale Customers	0.7827±0.0292 3.86E−002	0.7695±0.0285 5.82E−003	0.7579±0.0386 7.26E−003	0.8427±0.0339

5.2 基于改进 AdaBoost 的单类支持向量机集成

AdaBoost[9] 是一种常用的集成方法, 它能明显提高基分类器的性能, 具有良好的泛化性能. 然而, AdaBoost 集成方法中的基分类器往往是弱分类器, 如 5.1 节所述, 单类支持向量机 (OCSVM) 是一种强分类器, 因此将 OCSVM 用作 AdaBoost 集成方法的基分类器, 集成效果不太明显. 为了使 OCSVM 能够用作 AdaBoost 的基分类器, 我们提出了一种基于改进 AdaBoost 的 OCSVM 集成方法[10].

5.2.1 AdaBoost 集成方法的发展

Boosting 集成方法在解决实际问题时需要事先知道基分类器分类正确率的下限, 这在实际问题中很难做到. AdaBoost 集成方法成功地解决了这个问题, 也可以说 AdaBoost 集成方法是在 Boosting 集成方法的基础上发展起来的. 所以, 在介绍 AdaBoost 集成方法之前, 首先简要介绍一下 Boosting 集成方法的相关知识.

5.2.1.1 Boosting 集成方法

在集成方法发展的早期, 研究者发现寻找多个粗略的经验准则比寻找单个的正确率高的准则要容易得多. 于是, 为了应用到 Boosting 集成方法中, 一些算法或方法被用来寻找粗略的经验准则, 这些算法或方法被称为基分类器, 这些基分类器通过使用不同的训练子集或者使用带有不同概率值或权重的训练样本训练得到, 每训练一个基分类器就会得到一个不同的预测准则, 通过多次训练, 得到多个不同的准则, 最后将这些准则组合在一起, 得到一个新的准则, 这个新准则的预测效果比单独的任何一个准则都要好[11].

为了使这种方法得以实现, 在选择样本分布的时候, 将最高的权重赋予最易误判的样本. 此外, 常常采用多数投票法作为结合策略, 从而取得满意的学习效果. 概率近似正确 (PAC) 理论的提出, 为有效评价机器学习算法的泛化性能提供了便利. 基于 PAC 理论, Schapire[12] 提出了一个可证明的多项式时间的 Boosting 集成方法, 它能够有效地将弱学习器提升为强学习器. Schapire 早期提出的 Boosting 集成方法是比较简单且经典的方法. 算法 5.2 展示了含有三个基分类器的 Boosting 集成方法的构造过程.

算法 5.2 Boosting 集成方法

(1) 从样本集 $\mathbf{D}$ 中不放回地随机抽取 $N_1<N$ 个样本, 得到样本集 $\mathbf{D}_1$, 训练弱分类器 C_1;

(2) 从样本集 $\mathbf{D}$ 中抽取 $N_2<N$ 个样本, 其中合并进入一半被错误分类的样本, 得到样本集 $\mathbf{D}_2$, 训练弱分类器 C_2;

(3) 从样本集 $\mathbf{D}$ 中抽取与 C_1 和 C_2 分类结果不一致的样本, 组成样本集 $\mathbf{D}_3$, 训练弱分类器 C_3;

(4) 对三个分类器的分类结果采用投票策略确定最终的分类结果.

5.2.1.2 AdaBoost 集成方法

Freund 和 Schapire[9] 提出了 AdaBoost(Adaptive Boosting) 集成方法, 解决了早期 Boosting 集成方法的一些实际执行难题, 此外还给出了 AdaBoost 集成方法的广义形式. 由于分类精度较高、易于执行、不必考虑过拟合问题, AdaBoost 集成方法在许多领域取得了成功的应用, 如: 人脸识别、入侵检测、白天和夜间行人检测、高光谱遥感图像分类等.

AdaBoost 集成方法将基分类器的线性组合作为强分类器, 给分类错误率较小的基分类器以大的权值, 给分类错误率较大的基分类器以小的权值, 该方法的基分类器为弱分类器, 弱分类器的分类能力仅比随机猜测稍好. 此外, AdaBoost 集成方法在迭代过程中使用分类误差率改变训练样本的分布和基分类器的组合权重, 通过不断地更新调整, 有效地提高了集成模型的分类能力.

AdaBoost 集成方法可以看作一种迭代算法, 它的基分类器是串行训练的. 在第一次训练时, 训练样本是从给定的训练样本集中随机选取的. 在后续的迭代过程中, 基分类器的组合权重和训练样本的概率分布均由上一次迭代的分类误差率来进行调整, 此外, 分类误差率大的训练样本在下一次的迭代过程中被选中的概率就会大. AdaBoost 集成方法的主要步骤在算法 5.3 中给出.

算法 5.3 基于 AdaBoost 的单类分类器集成方法

输入 训练集 $\mathbf{x}_i \in \mathbf{X}$, $i = 1, 2, \cdots, N$, $\mathbf{x}_i$ 的概率分布 $D_t(i)$, 最大迭代次数 T.

输出 集成 $H(\mathbf{x})$.

初始化 $D_t(i) = 1/N$.

循环次数: $t = 1, 2, \cdots, T$

(1) 根据样本分布 D_t 得到基分类器 h_t;

(2) 由所得基分类器 h_t 计算错分样本的概率: $\varepsilon_t = \Pr_{\mathbf{x}_i \sim D_t}[h_t(\mathbf{x}_i) \neq 1]$;

(3) 计算基分类器的组合权重: $\alpha_t = \dfrac{1}{2}\ln\left(\dfrac{1-\varepsilon_t}{\varepsilon_t}\right)$;

(4) 更新: $D_{t+1}(i) = \dfrac{D_t(i)}{Z_t} \times \begin{cases} e^{-\alpha_t}, & h(\mathbf{x}) = 1, \\ e^{\alpha_t}, & h(\mathbf{x}) \neq 1 \end{cases} = \dfrac{D_t(i)\exp(-\alpha_t h_t(\mathbf{x}_i))}{Z_t}$;

(5) 返回步骤 (1).

到第 T 次迭代时停止, 得到最终的集成: $H(\mathbf{x}) = \operatorname{sign}\left(\sum_{t=1}^{T} \alpha_t h_t(\mathbf{x})\right)$.

若 AdaBoost 集成方法中的基分类器为弱分类器, 则这些基分类器之间的差异性就会变大, 那么集成的多样性就会较大, 产生的集成效果就会明显, 则 AdaBoost 集成方法能获得比基分类器更好的分类性能. 然而, OCSVM 是强分类器, 稳定性良好, 传统的 AdaBoost 将 OCSVM 用作基分类器后所产生的集成效果不明显, 因此为了使它适用于对 OCSVM 进行集成, 可以对 AdaBoost 集成方法中组合权重和训练样本概率分布的更新公式加以修改, 提出适用于 OCSVM 集成的改进 AdaBoost 集成方法, 在 5.2.2 节中将给出详细的描述.

5.2.2 改进的 AdaBoost 集成方法

为了提高 OCSVM 的分类性能, 使用 AdaBoost 集成方法将多个 OCSVM 组合在一起, 也就是将 OCSVM 用作 AdaBoost 的基分类器. 由文献 [9] 可知若每个基分类器的分类效果稍好于随机猜测, 则 AdaBoost 集成方法能够取得比单个基分类器更优的分类结果. 然而, 作为一种最为常用的单类分类器, OCSVM 具有较好的稳定性, 将其用作 AdaBoost 集成方法中的基分类器并不能提高单个 OCSVM 的分类性能. 因此需要对 AdaBoost 集成方法进行改进, 增加基分类器之间的差异性, 设法得到差异性较大的基分类器组合权重, 更改求解组合权重 α_t 的方式. 此外, 需要修改 AdaBoost 集成方法训练样本分布 D_t 的更新公式, 以进一步增大错分样本在迭代过程中被选中的概率. 基于改进 AdaBoost 的单类分类器集成的主要步骤如算法 5.4 所示.

算法 5.4 基于改进 AdaBoost 的单类分类器集成方法

输入 训练集 $\mathbf{x}_i \in \mathbf{X}$, $i = 1, 2, \cdots, N$, $\mathbf{x}_i$ 的概率分布 $D_t(i)$, 最大迭代次数 T.

输出 集成 $H(\mathbf{x})$.

初始化 $D_t(i) = 1/N$.

循环次数: $t = 1, 2, \cdots, T$

(1) 根据样本分布 D_t 得到基分类器 h_t;

(2) 由所得基分类器 h_t 计算错分样本的概率: $\varepsilon_t = \Pr_{\mathbf{x}_i \sim D_t}[h_t(\mathbf{x}_i) \neq 1]$;

(3) 计算基分类器的组合权重: $\alpha_t = (e^{\varepsilon_t})^c$, 其中 c 为一个常数;

(4) 更新: $D_{t+1}(i) = \dfrac{D_t(i)}{Z_t} \times e^{\frac{\varepsilon_t}{1-\varepsilon_t}}$, 其中 Z_t 为归一化因子;

(5) 返回 (1).

到第 T 次迭代时停止, 得到最终的集成: $H(\mathbf{x}) = \operatorname{sign}\left(\sum_{t=1}^{T} \alpha_t h_t(\mathbf{x})\right)$.

在算法 5.4 中, 为了使基分类器的权重变化更加明显, 给权重增加了一个常数 c 作为指数函数的幂. c 的取值范围一般为 (1,10], 在该算法中, $\varepsilon_t \in (0, 1]$, 因此指数函数 e^{ε_t} 一直是大于 1 的数. 据此, 在指数函数上作用一个常数次方, 会使得 α_t 的差异性更大.

5.2.3 实验结果

在两类分类或多类分类任务中, 通常使用真正例率 (true positive rate, TPR) 和假正例率 (false positive rate, FPR) 来绘制受试者工作特征 (receiver operating characteristic, ROC) 曲线. 对于 OCSVM, 可通过改变 ν 的值得到所有的 FPR. 然而在单类分类器的实际应用中, 目标 FPR 的值往往非常小, 使得绘制 ROC 曲线不够合理. 因此, 使用几何均值 (g-mean) 来评估单类分类器的性能.

为了验证所提方法的有效性, 在 3 个人工数据集和 8 个 UCI 基准数据集上与其相关方法进行了比较. 在人工数据集上开展实验比较是为了直观地展示不同方法的分类效果, 而在 UCI 基准数据集上的实验对比则能客观地比较所提方法与其相关方法的性能优劣.

5.2.3.1 人工数据集

所使用的 3 个人工数据集分别为 *Line Noise*, *Square Noise* 和 *Sine Noise*. 对它们的描述如下.

Line Noise: 该数据集包含 500 个二维数据点. 从 $\{(x, y)|y = x, x \in [0, 3]\}$ 中随机选取 450 个点作为正常数据, 然后从 $\{(x, y)|x, y \in [0, 3]\}$ 中随机选取 50 个噪声点. OCSVM 和所提集成方法的参数设置为: $\sigma = 0.8$, $\nu = 0.14$ 和 c=2, 两种方法的分类效果分别如图 5.1(a) 和 5.1(b) 所示.

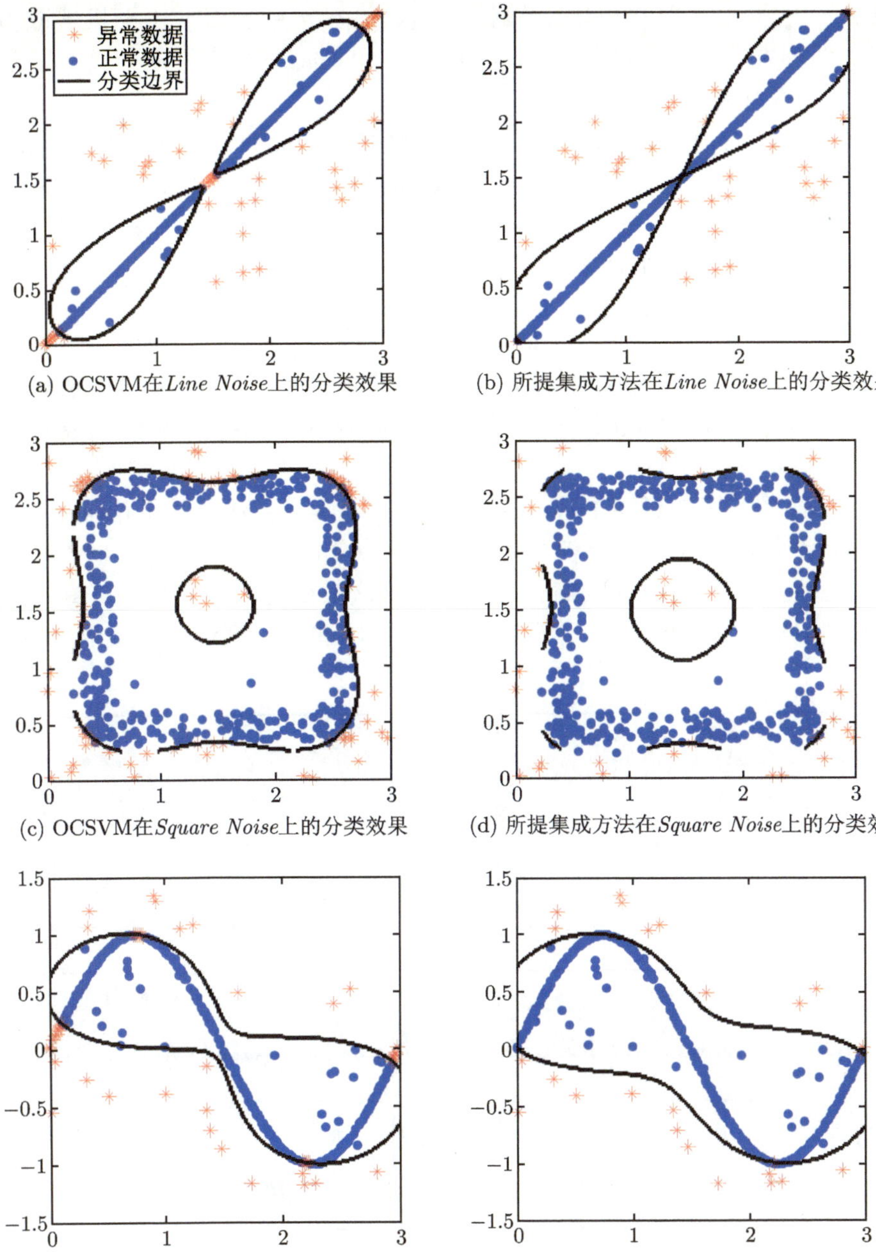

(a) OCSVM在*Line Noise*上的分类效果　(b) 所提集成方法在*Line Noise*上的分类效果

(c) OCSVM在*Square Noise*上的分类效果　(d) 所提集成方法在*Square Noise*上的分类效果

(e) OCSVM在*Sine Noise*上的分类效果　(f) 所提集成方法在*Sine Noise*上的分类效果

图 5.1　OCSVM 和所提集成方法在 3 个人工数据集上的分类效果

Square Noise: 该数据集包含 500 个二维数据点. 450 个正常数据随机地从区域 $\{(x,y)|x \in [0.3,2.7], y \in [0.3,0.6] \cup [2.4,2.7]\} \cup \{(x,y)|x \in [0.3,0.6] \cup$

$[2.4, 2.7], y \in [0.3, 2.7]\}$ 中选取, 然后从 $\{(x,y)|x,y \in [0,3]\}$ 中随机选取 50 个噪声点. 两种方法的参数设置为: $\sigma = 0.9$, $\nu = 0.10$, c=3, 它们的分类效果分别如图 5.1(c) 和 5.1(d) 所示.

Sine Noise: 该数据集包含 500 个二维数据点. 450 个正常数据随机地从区域 $\{(x,y)|y = \sin(2\pi x/3), x \in [0,3]\}$ 中选取, 接着从 $\{(x,y)|x,y \in [0,3]\}$ 中随机选取 50 个噪声点. 两种方法的参数设置为: $\sigma = 0.9$, $\nu = 0.11$, c=2, 它们的分类效果分别如图 5.1(e) 和 5.1(f) 所示.

5.2.3.2 UCI 基准数据集

所使用的 8 个 UCI 基准数据集的描述如表 5.4 所示. 以下实验分别从组合权重变化、不同参数设置及测试效果三个方面对所提改进 AdaBoost 集成方法进行验证.

首先, 比较基于改进 AdaBoost 的 OCSVM 集成方法与基于传统 AdaBoost 的 OCSVM 集成方法的组合权重随迭代次数变化的不同趋势, 以 *Iris* 数据集为例, 图 5.2 展示了两种方法的组合权重随迭代次数变化的不同趋势. 图 5.2 中的横轴表示样本个数, 纵轴表示所得基分类器的组合权值. 在该组实验中, 每种方法

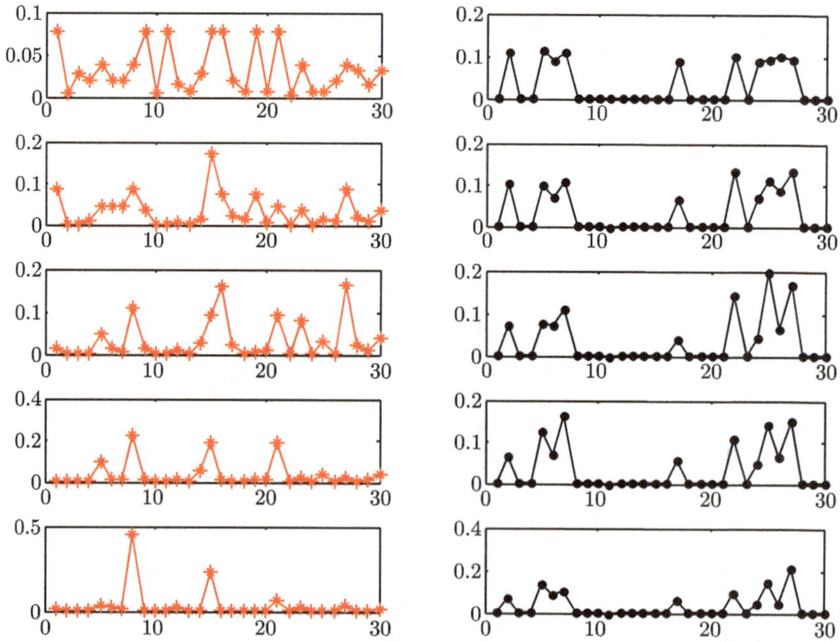

(a) 基于改进AdaBoost的OCSVM集成的结果 (b) 基于传统AdaBoost的OCSVM集成的结果

图 5.2 基于改进 AdaBoost 的 OCSVM 集成和基于传统 AdaBoost 的 OCSVM 集成方法在 *Iris* 数据集上在不同的训练样本个数和不同的迭代次数条件下所取得的组合权值

表 5.4 实验中所使用的 8 个 UCI 基准数据集

数据集	正常数据个数	异常数据个数	训练样本数	特征个数
Breast Cancer	444	239	355	9
Biomed	127	67	102	5
Glass	70	144	56	9
Imports	88	71	70	25
Ionosphere	225	126	176	34
Iris	50	100	40	4
Sonar	97	111	78	60
Wine	59	119	47	13

的迭代次数均设置为 50. 图 5.2 中同一列 5 幅子图所展示的是迭代次数分别 10, 20, 30, 40 和 50 时的组合权值. 由图 5.2 可以发现随着迭代次数的增加, 即基分类器个数的增加, 传统 AdaBoost 所得组合权值变化不大, 而改进 AdaBoost 的组合权重随迭代次数的增加而取得了不同的值. 此外, 基于 AdaBoost 的 OCSVM 集成方法在迭代次数为 10, 20, 30, 40 和 50 时所对应的 g-mean 分别是 0.4472, 0.5477, 0.2236, 0.2236 和 0.6708, 基于改进 AdaBoost 的 OCSVM 集成方法对应的 g-mean 分别是 0.8944, 0.9487, 0.8944, 1.0000 和 1.0000.

其次, 在大多数情况下, 当百分比估计参数 ν 取相同值时, 基于改进 AdaBoost 的 OCSVM 集成方法比基于传统 AdaBoost 的 OCSVM 集成方法获得的边界更为紧致. 然而, 若单个 OCSVM 取得最优性能时, 基于改进 AdaBoost 的 OCSVM 集成方法不一定能获得比单个 OCSVM 的更优性能. 图 5.3 展示了在 *Breast Cancer*, *Glass* 和 *Iris* 三个基准数据集上, OCSVM、基于 AdaBoost 的 OCSVM 集成和基于改进 AdaBoost 的 OCSVM 集成在百分比估计参数 ν 取不同值时的 g-mean. 由图 5.3 可以发现, 三种方法取得最优性能时所对应的百分比估计参数 ν 的值是不同的. 当基于改进 AdaBoost 的 OCSVM 集成取得最优性能时, OCSVM 并未取得最优性能. 此外, 在多数情况下, 基于改进 AdaBoost 的 OCSVM 集成比其他两种方法的 g-mean 都要高, 而且最优 g-mean 比其他两种方法的最优值要高. 值得一提的是, 为了保证稳定性, 训练集是从正常数据中随机选取的, 而将所有的样本用作测试集.

最后, 为了验证所提集成方法的有效性, 利用表 5.4 中的 8 个基准数据集对所提方法与其相关方法的泛化性能进行比较. 参与比较的三种相关方法分别为 OCSVM、基于 AdaBoost 的 OCSVM 集成、基于加权 Bagging 的 OCSVM 集成[7]. 在训练过程中, 从每个数据集的正常数据中随机选取 80%的样本用作训练集, 将剩余的 20%正常数据和所有的异常数据用作测试集. 为了减小训练集选取的随机性, 各种方法在每个数据集上均重复 20 次, 将 20 次运行结果的平均 g-mean 和标准差作为最终的结果.

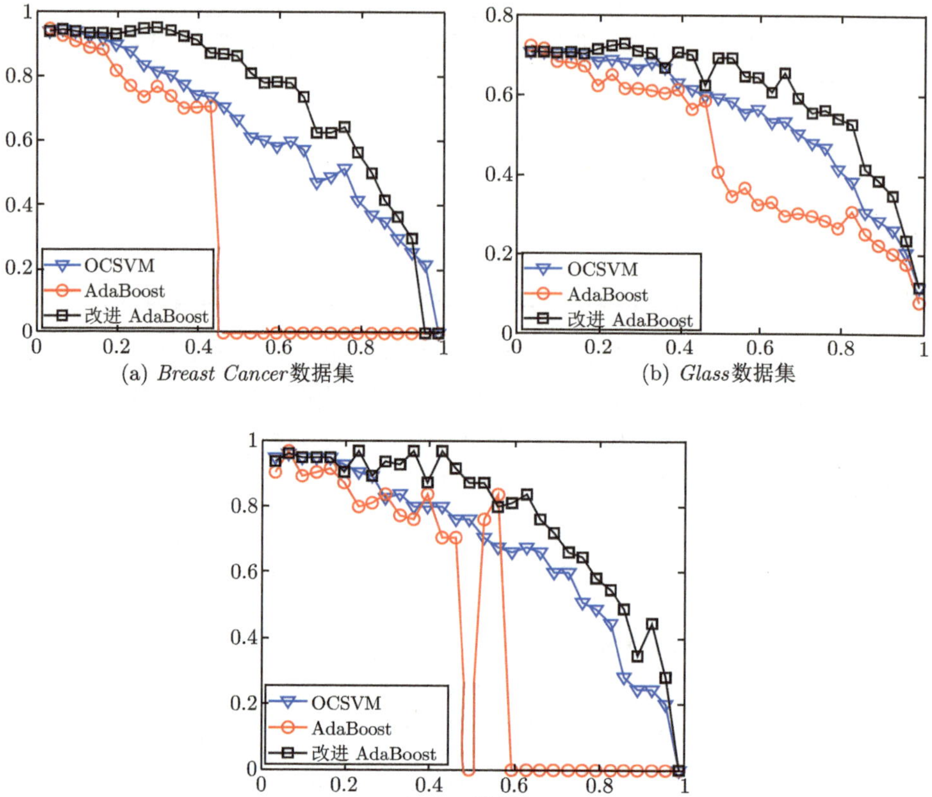

(a) *Breast Cancer*数据集　　(b) *Glass*数据集

(c) *Iris*数据集

图 5.3　三种不同方法在百分比估计参数 ν 取不同值时所对应的 g-mean

实验中, 四种方法所使用的宽度参数 σ 在每个数据集上均取相同的值, 对于加权 Bagging 中核密度估计的宽度参数 γ 和改进 AdaBoost 的参数 c, 它们的值均需仔细选取, 表 5.5 展示了四种方法在 8 个 UCI 基准数据集上所取得的测试结果, 相应的参数值也概括在了表中. 需要说明的是, 对于参与实验比较的三种集成方法, 为了取得较优的分类性能, 各个基分类器的百分比估计参数 ν 需要取不同的值, 因此表 5.5 中没有列出 ν 的值. 由表 5.5 中的结果可以发现, 基于改进 AdaBoost 的 OCSVM 集成在所有数据集上均取得了优于 OCSVM 的性能. 与 OCSVM 相比, 基于传统 AdaBoost 的 OCSVM 集成在绝大多数数据集上取得了较差的测试结果. 此外, 与加权 Bagging 相比, 所提基于改进 AdaBoost 的 OCSVM 集成在 5 个数据集上取得了更优的性能. 因此, 由实验结果可知, 基于改进 Adaboost 的集成方法适于对 OCSVM 加以集成.

表 5.5 四种方法在 8 个 UCI 基准数据集上取得的测试结果

数据集	OCSVM (σ)	AdaBoost	加权 Bagging (γ)	改进 AdaBoost (c)
Breast Cancer	0.9496±0.0136 (0.01)	0.9291±0.0184	0.9507±0.0189 (15)	0.9535±0.0170 (5)
Biomed	0.7362±0.0642 (0.00005)	0.7292±0.0680	0.7295±0.0557 (50)	0.7511±0.0653 (1)
Glass	0.7040±0.0469 (0.5)	0.7033±0.0660	0.7196±0.0526 (5)	0.7162±0.0639 (5)
Imports	0.8083±0.0694 (0.05)	0.7812±0.0721	0.8225±0.0612 (200)	0.8240±0.0792 (10)
Ionosphere	0.8175±0.0383 (0.05)	0.7848±0.0476	0.8178±0.0275 (4)	0.8388±0.0298 (10)
Iris	0.8656±0.0574 (0.55)	0.8421±0.0427	0.8921±0.0386 (3)	0.8701±0.0486 (3)
Sonar	0.5799±0.0486 (0.6)	0.5825±0.0584	0.6062±0.0476 (2)	0.5911±0.0540 (9)
Wine	0.8858±0.0590 (0.0004)	0.8463±0.0566	0.8386±0.0642 (2500)	0.8935±0.0524 (10)

注：最优结果用黑色字体加粗显示.

5.2.4 图像检索[13]

实验中使用了三个图像数据库, 前两个数据库选自 Corel Gallery Magic①, 第三个选自 Caltech②. 第一个数据库包含 10 个类别的 1000 幅图像, 每个类别包含 100 幅图像, 图像的大小为 256×384 或者 384×256. 第二个数据库包含 500 幅图像, 共 5 个类别, 图像大小为 85×128 或者 128×85. 第三个数据库包含 700 幅图像, 共 7 个类别, 每个类别包含 100 幅图像. 图 5.4 展示了实验中所采用数据库中的样例图像.

在以下的实验中, 提取了图像的颜色和纹理信息作为视觉特征. 对于颜色特征, 将颜色空间由 RGB(red, green, blue) 转换到 HSV(hue, saturation, value), 并分别将三个颜色通道 H, S, V 分别量化为 8 份、3 份和 3 份. 因此, 一幅图像的颜色特征的维数为 72. 此外, 对于纹理特征, 对图像利用金字塔小波变换 (PWT)[14] 进行三级分解, 并分别求出 10 个子波带的均值和方差, 因此可得到一个 20 维的纹理特征向量. 最后, 将颜色和纹理特征组合成 92 维的向量, 将该向量用作查询图像的特征向量.

为了验证基于改进 AdaBoost 的 OCSVM 集成算法的有效性, 将其与基于 AdaBoost 的 OCSVM 集成、SVM 及 OCSVM 进行了比较. 下面将基于 AdaBoost 的 OCSVM 集成方法简记为 TA-OCSVME, 所提的集成方法简记为 MA-

① http://www-db.stanford.edu/~wangz/image.vary.jpg.tar

② http://vision.caltech.edu/archive.html

OCSVME. 为了使上述方法取得更优的性能, 采用格搜索方法寻找最优的参数取值. 对于 SVM, 折中参数 C 取值为 100, 高斯核函数 $K(\mathbf{x},\mathbf{y}) = \exp\left(-\gamma\cdot\|\mathbf{x}-\mathbf{y}\|^2\right)$ 的宽度参数 γ 取值为 2. 对于其他三种方法, 百分比估计参数 ν 从范围 $\{0.2, 0.3, \cdots, 0.6\}$ 中选取, 而宽度参数 γ 从 $\{5, 6, 8, 16, 20, 22\}$ 中取值.

图 5.4 实验中使用的样例图像

此外, 将相关反馈机制加入到检索过程中, 以提高系统的检索性能. 对于每一幅查询图像, 进行七次反馈, 并将欧氏距离作为相似性度量标准. 对于每一次的检索结果, 均按相似度由大到小的顺序对图像进行排列, 并返回给用户. 然后用户将相似的图像标记为正例, 而不相似的标记为负例. 由于数据库中正例的个数往往小于负例的个数, 因此总是将上一次标记的正例图像放回到训练集中, 用作下一次的训练集, 以提高分类器的性能. 同时按标记的结果重新排列正例和负例图像, 这样, 在下一次检索结果中正例出现的概率就变得很大, 而负例出现的概率就很小了. 更关键的是, 新的检索结果中正例常常显示在最前面. 图 5.5 显示了一组将小轿车作为查询图像而没有反馈的初始检索结果.

图 5.5 没有反馈的小汽车的检索结果

由于篇幅限制, 下面只给出前四次反馈的结果 (图 5.6—图 5.9). 从这些结果中可以发现随着反馈次数的增加, 四种方法中正例图像的数量都在不断增多. 与其他三种方法相比, MA-OCSVME 在每一次反馈中正例的个数都比其他的多.

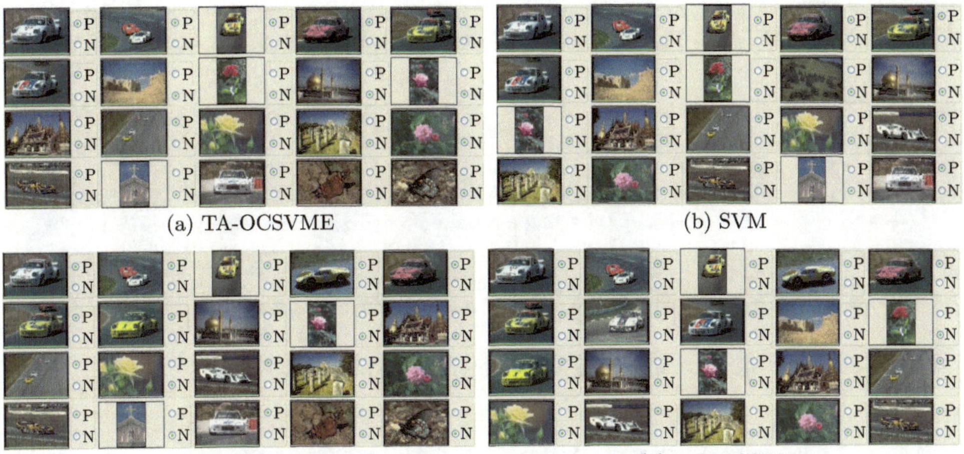

(a) TA-OCSVME (b) SVM

(c) OCSVM (d) MA-OCSVME

图 5.6 第一次反馈后四种方法对小轿车的检索结果

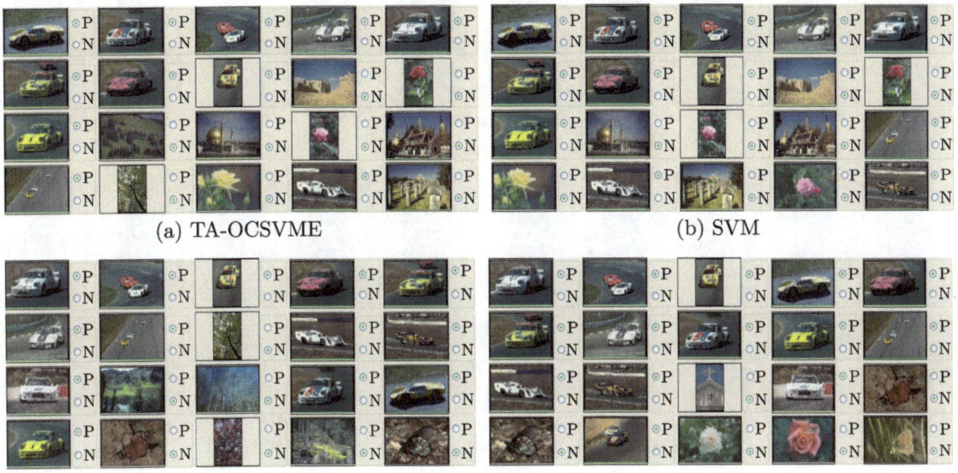

(a) TA-OCSVME (b) SVM

(c) OCSVM (d) MA-OCSVME

图 5.7 第二次反馈后四种方法对小轿车的检索结果

图 5.10 总结了四种方法对于 50 幅查询图像的平均准确率和反馈次数的关系. 注意到这四种方法的平均准确率随着反馈次数的增加都在不断地增大. 而且, 与其他三种方法相比, MA-OCSVME 获得了更好的检索性能. 为了节省空间, 并未给出第二个和第三个数据库上的比较结果.

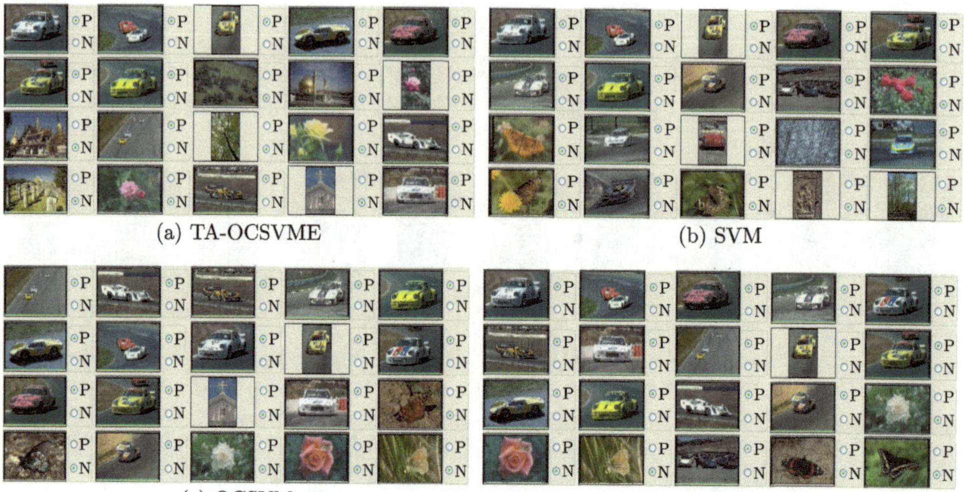

(a) TA-OCSVME (b) SVM (c) OCSVM (d) MA-OCSVME

图 5.8 第三次反馈后四种方法对小轿车的检索结果

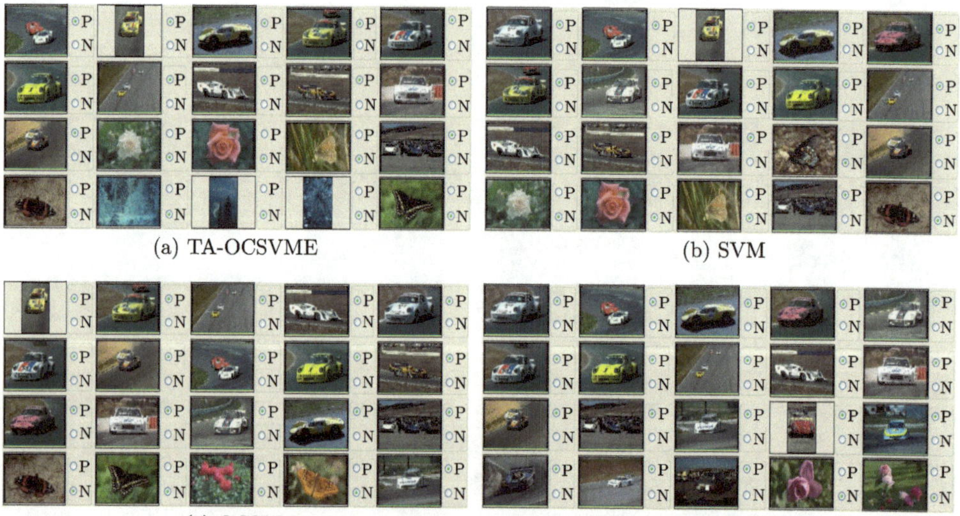

(a) TA-OCSVME (b) SVM (c) OCSVM (d) MA-OCSVME

图 5.9 第四次反馈后四种方法对小轿车的检索结果

图 5.11 描述了四种方法在三个数据库上的平均准确率和返回图像数量之间的关系. 从图 5.11 可以发现, 随着返回图像数量的增多, 这四种方法的平均准确率却都在下降. 原因是随着返回图像数量的增多, 正例图像在返回图像中所占的比例反而减小了. 此外, 图 5.11 也表明 MA-OCSVME 与其他三种方法相比, 在三个数据库上都获得了最高的平均准确率.

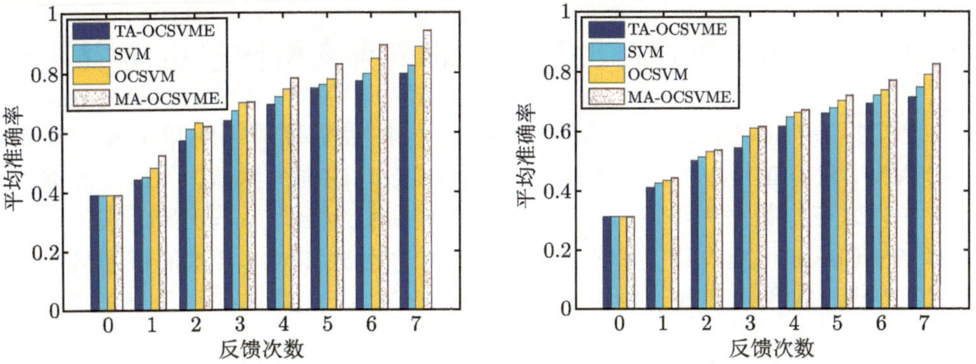

(a) 返回前20幅图像　　(b) 返回前40幅图像

图 5.10　平均准确率和反馈次数之间的关系

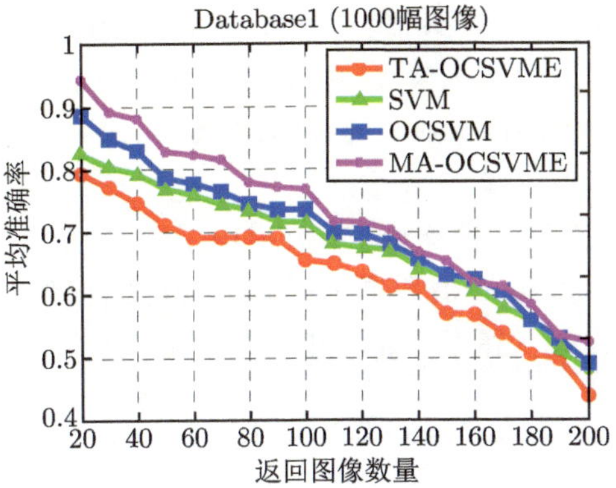

(a) 第一个图像数据库

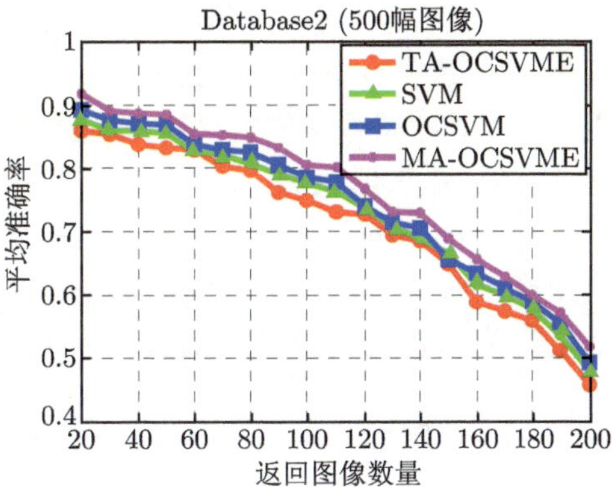

(b) 第二个图像数据库

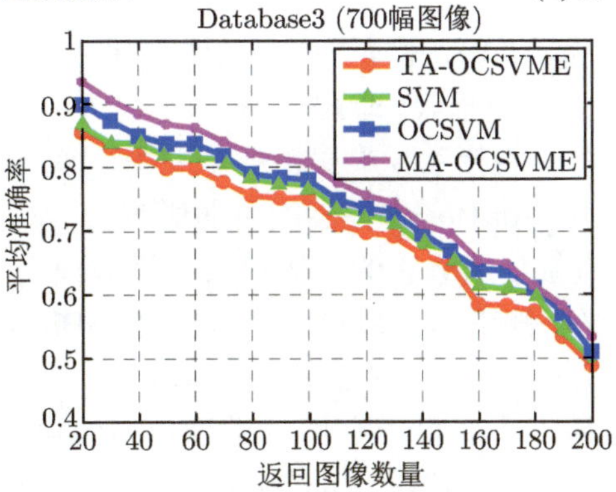

(c) 第三个图像数据库

图 5.11　平均准确率和返回图像数量之间的关系

5.3 基于鲁棒 AdaBoost 的单类支持向量机集成

为了提高 AdaBoost 的抗离群点性能, 同时使它适用于对单类支持向量机 (OCSVM) 进行集成, 我们重新设计了 AdaBoost 的损失函数, 所提出的损失函数定义为修正指数损失函数和平方损失函数的加权组合. 为基于所提损失函数的鲁棒 AdaBoost 重新设计了基分类器的权重更新公式和训练样本的概率分布更新公式. 文献 [15] 给出了基于鲁棒 AdaBoost 的 OCSVM 集成的经验误差上界和泛化误差上界.

5.3.1 数学模型

AdaBoost 被认为是将多个弱分类器结合起来形成强分类器的一种算法. 因此, 它不适合组合强分类器[16], 而 OCSVM 为强分类器. 此外, 由于传统的指数损失函数造成的损失呈指数增长, 所以离群点会大大降低 AdaBoost 的泛化性能. 因此, 为了提高算法的鲁棒性, 需要对传统的 AdaBoost 进行修改, 进而使其适合对 OCSVM 加以集成.

为了使 AdaBoost 适用于 OCSVM 并提高其鲁棒性, 本节提出了一种基于加权组合的损失函数, 用于代替传统 AdaBoost 中的指数损失函数. 提出的损失函数定义为修正的指数损失函数 $\ell_\alpha(z)$ 与平方损失函数 $\ell_\beta(z)$ 的加权组合, 即

$$\ell_{wc}(z;\lambda) = \lambda\ell_\alpha(z) + (1-\lambda)\ell_\beta(z) = \lambda\alpha^{-z} + (1-\lambda)\beta(1-z)^2, \tag{5.3}$$

其中 $\alpha \in (1, e)$ 且 $\beta \in (0, 0.7)$.

对于提出的损失函数 (5.3), 有以下两点需要说明:

(1) 修正指数损失函数的基底, 即式 (5.3) 第一项中的 α 小于传统 AdaBoost 中指数损失函数的基底 e. 将指数损失函数的基底由 e 变为 α, 通过修改指数损失的底, 可以减轻离群点对 AdaBoost 性能的负面影响.

(2) 实验表明, 当直接使用修正的指数损失与平方损失的加权组合, 即平方损失没有系数 β 时, 与仅用修正的指数损失函数的 AdaBoost 算法相比, 其抗离群点性能没有显著提高. 此外, 当 β 的值不小于 0.7 时, 使用修正指数损失函数的 AdaBoost 的鲁棒性改善并不明显. 因此, β 的取值范围设定为 $(0, 0.7)$.

式 (5.3) 中加权组合损失函数的不同参数设置对其函数曲线的影响如图 5.12 所示. 由图 5.12(a) 可以观察到当 β 和 λ 固定时, 加权组合损失函数的曲线随 α 的值变小而变得平坦. 从图 5.12(b) 可以看出当 α 和 λ 固定时, 加权组合损失函数的曲线随 β 的值变小而变得平坦. 此外, 如图 5.12(c) 所示, 当 α 和 β 固定时, λ 的值越大, 加权组合损失函数的曲线越平坦.

另外, 从图 5.12 可以看出所提加权组合损失函数曲线左侧尾部的取值明显小于指数损失函数相应的取值, 因此在 AdaBoost 中利用加权组合损失函数代替指数损失函数能够减轻离群点的负面影响. 式 (5.3) 中的修正指数损失和平方损失都是凸的, 这就使得所提损失函数便于优化.

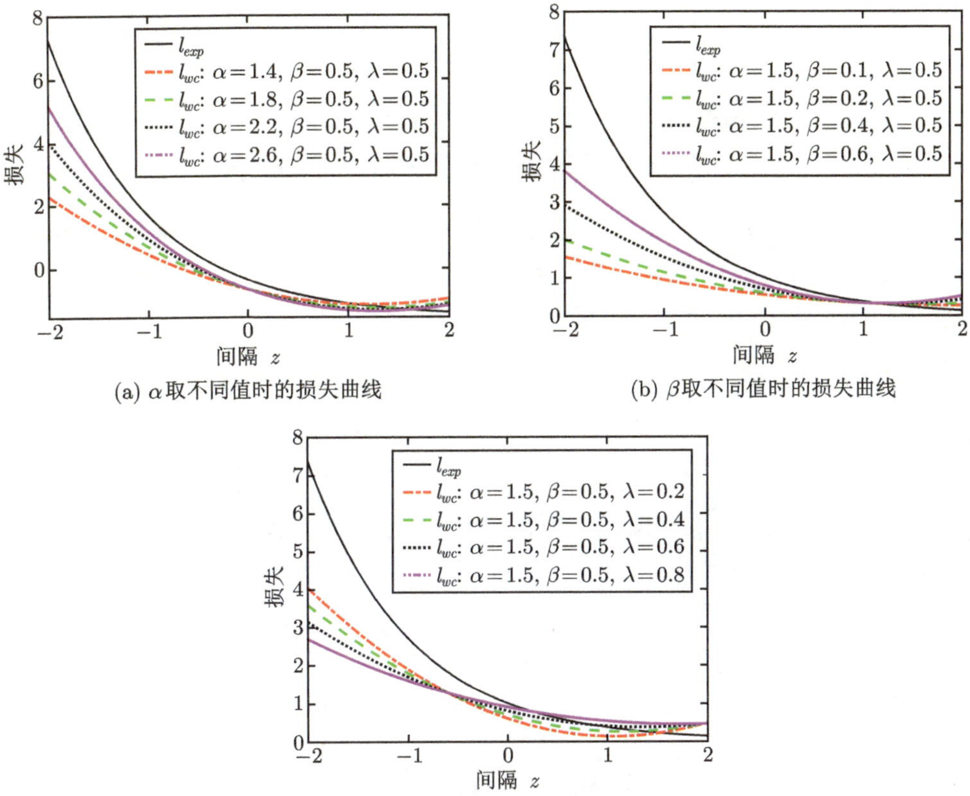

(a) α取不同值时的损失曲线　(b) β取不同值时的损失曲线

(c) λ取不同值时的损失曲线

图 5.12　加权组合损失函数在参数 α, β 和 λ 取不同值时的函数曲线

与传统的 AdaBoost 相同, 使用 H 表示 OCSVM 集成中 T 个基分类器的线性组合, 即

$$H(\mathbf{x}) = \sum_{t=1}^{T} w_t h_t(\mathbf{x}). \tag{5.4}$$

在 T 个基分类器中, 第一个基分类器 h_1 在服从初始概率分布 D_1 的训练样本上训练一个 OCSVM 得到. 对于第 t 次迭代, 第 t 个基分类器 h_t 在服从概率分布 D_t 的训练样本上训练一个 OCSVM 得到. 分配给 h_t 的权重记为 w_t. 在服从概率分布 D_t 的训练样本上构造完 h_t 之后, 其权重 w_t 通过最小化下面的损失函数得

到

$$
\begin{aligned}
\ell_{wc}(w_t h_t;\lambda) &= \lambda \sum_{i=1}^{N} \alpha^{-w_t h_t(\mathbf{x}_i)} + (1-\lambda)\sum_{i=1}^{N}\beta[1-w_t h_t(\mathbf{x}_i)]^2 \\
&= \lambda N\left[\alpha^{w_t}\Pr_{\mathbf{x}\sim D_t}(h_t(\mathbf{x})=-1)+\alpha^{-w_t}\Pr_{\mathbf{x}\sim D_t}(h_t(\mathbf{x})=+1)\right] \\
&\quad + (1-\lambda)N\beta[(1+w_t)^2\Pr_{\mathbf{x}\sim D_t}(h_t(\mathbf{x})=-1) \\
&\quad + (1-w_t)^2\Pr_{\mathbf{x}\sim D_t}(h_t(\mathbf{x})=+1)] \\
&= \lambda N\left[\varepsilon_t\alpha^{w_t}+(1-\varepsilon_t)\alpha^{-w_t}\right] \\
&\quad + (1-\lambda)N\beta\left[\varepsilon_t(1+w_t)^2+(1-\varepsilon_t)(1-w_t)^2\right],
\end{aligned} \tag{5.5}
$$

其中 $\varepsilon_t = \Pr_{\mathbf{x}\sim D_t}(h_t(\mathbf{x}) = -1)$. 值得一提的是式 (5.5) 中没有出现 y_i, 原因是单类分类情形训练样本的类别标号均为 $+1$.

对损失函数 (5.5) 关于 w_t 求偏导数, 可得

$$
\frac{\partial \ell_{wc}(w_t h_t;\lambda)}{\partial w_t} = \lambda N \ln\alpha\left[\varepsilon_t\alpha^{w_t}-(1-\varepsilon_t)\alpha^{-w_t}\right]+2(1-\lambda)N\beta(2\varepsilon_t+w_t-1). \tag{5.6}
$$

令 $F(w_t h_t;\lambda) = \dfrac{\partial \ell_{wc}(w_t h_t;\lambda)}{\partial w_t}$. 然而, 方程 $F(w_t h_t;\lambda)=0$ 关于 w_t 的解析解无法求取. 因此使用 Newton-Raphson 法[17] 对方程 $F(w_t h_t;\lambda)=0$ 进行求解. 对于第 τ 次迭代, w_t^τ 可由下式迭代求取:

$$
w_t^\tau = w_t^{\tau-1} - \frac{F(w_t^{\tau-1}h_t;\lambda)}{\left.\dfrac{\partial F(w_t h_t;\lambda)}{\partial w_t}\right|_{w_t=w_t^{\tau-1}}}, \tag{5.7}
$$

其中 $\left.\dfrac{\partial F(w_t h_t;\lambda)}{\partial w_t}\right|_{w_t=w_t^{\tau-1}} = \lambda N\ln^2\alpha\left[\varepsilon_t\alpha^{w_t^{\tau-1}}+(1-\varepsilon_t)\alpha^{-w_t^{\tau-1}}\right]+2(1-\lambda)N\beta$. 此外, 方程 $F(w_t h_t;\lambda)=0$ 的解满足 $0\leqslant w_t<\log_\alpha\left(\dfrac{2}{\varepsilon_t}\right)$. 因此, w_t^0 可以取为区间 $\left[0,\log_\alpha\left(\dfrac{2}{\varepsilon_t}\right)\right)$ 中的值.

下面证明 $w_t\in\left[0,\log_\alpha\left(\dfrac{2}{\varepsilon_t}\right)\right)$, $F(w_t h_t;\lambda)$ 关于 w_t 的偏导数可以表示为

$$
\frac{\partial F(w_t h_t;\lambda)}{\partial w_t} = \lambda N\ln^2\alpha\left[\varepsilon_t\alpha^{w_t}+(1-\varepsilon_t)\alpha^{-w_t}\right]+2(1-\lambda)N\beta>0. \tag{5.8}
$$

因此, $F(w_t h_t;\lambda)$ 为严格单调递增函数. 当 $w_t=0$ 时, 则有

$$
F(0;\lambda) = \lambda N\ln\alpha(2\varepsilon_t-1)+2(1-\lambda)N\beta(2\varepsilon_t-1). \tag{5.9}
$$

因为 $\varepsilon \leqslant \frac{1}{2}$, 则由 (5.9) 可得 $F(0;\lambda) \leqslant 0$. 此外, 当 $w_t = \log_\alpha\left(\frac{2}{\varepsilon_t}\right)$ 时, 则有

$$F\left(\log_\alpha\left(\frac{2}{\varepsilon_t}\right)h_t;\lambda\right) = \lambda N \ln\alpha\left[2-\frac{1}{2}\varepsilon_t(1-\varepsilon_t)\right] + 2(1-\lambda)N\beta\left[2\varepsilon_t + \log_\alpha\left(\frac{2}{\varepsilon_t}\right)-1\right]. \tag{5.10}$$

由于 $\varepsilon \leqslant \frac{1}{2}$ 且 $1<\alpha<e$, 可知 $\log_\alpha\left(\frac{2}{\varepsilon_t}\right) > 1$ 且 $\varepsilon_t(1-\varepsilon_t) < 1$. 因此, 由 (5.10) 可得 $F\left(\log_\alpha\left(\frac{2}{\varepsilon_t}\right)h_t;\lambda\right) > 0$. 所以综上可得 $w_t \in \left[0, \log_\alpha\left(\frac{2}{\varepsilon_t}\right)\right)$.

H_{t-1} 得到后, 训练样本的概率分布将被更新, 以确保下一次迭代中的基分类器 h_t 能够修正 H_{t-1} 的一些错误. 理想状态下, 通过最小化式 (5.11) 中的损失函数, h_t 能够纠正 H_{t-1} 的全部错误.

$$\begin{aligned}\ell_{wc}(H_{t-1}+h_t|D) &= \lambda\sum_{i=1}^{N}\alpha^{-[H_{t-1}(\mathbf{x}_i)+h_t(\mathbf{x}_i)]} + (1-\lambda)\sum_{i=1}^{N}\beta\{1-[H_{t-1}(\mathbf{x}_i)+h_t(\mathbf{x}_i)]\}^2 \\ &= \lambda\sum_{i=1}^{N}\alpha^{-H_{t-1}(\mathbf{x}_i)}\alpha^{-h_t(\mathbf{x}_i)} + (1-\lambda) \\ &\quad \times \sum_{i=1}^{N}\beta\{[1-H_{t-1}(\mathbf{x}_i)]^2 - 2[1-H_{t-1}(\mathbf{x}_i)]h_t(\mathbf{x}_i)+1\},\end{aligned} \tag{5.11}$$

其中 D 表示训练集中仅在示例上的分布. 对 $\alpha^{-h_t(\mathbf{x}_i)}$ 进行泰勒展开, 式 (5.11) 可以近似表达为

$$\begin{aligned}\ell_{wc}(H_{t-1}+h_t|D) &\approx \lambda\sum_{i=1}^{N}\alpha^{-H_{t-1}(\mathbf{x}_i)}\left[1-h_t(\mathbf{x}_i)\ln\alpha + \frac{h_t^2(\mathbf{x}_i)}{2}\ln^2\alpha\right] \\ &\quad + (1-\lambda)\sum_{i=1}^{N}\beta\{[1-H_{t-1}(\mathbf{x}_i)]^2 - 2[1-H_{t-1}(\mathbf{x}_i)]h_t(\mathbf{x}_i)+1\} \\ &= \lambda\sum_{i=1}^{N}\alpha^{-H_{t-1}(\mathbf{x}_i)}\left[1-h_t(\mathbf{x}_i)\ln\alpha + \frac{1}{2}\ln^2\alpha\right] + (1-\lambda) \\ &\quad \times \sum_{i=1}^{N}\beta\{[1-H_{t-1}(\mathbf{x}_i)]^2 - 2[1-H_{t-1}(\mathbf{x}_i)]h_t(\mathbf{x}_i)+1\}.\end{aligned} \tag{5.12}$$

理想情况下, 最优基分类器满足:

$$
\begin{aligned}
h_t^* =& \arg\min_{h_t} \ell_{wc}(H_{t-1}+h_t\,|D) \\
=& \arg\min_{h_t} \lambda\sum_{i=1}^{N}\alpha^{-H_{t-1}(\mathbf{x}_i)}\left[1-h_t(\mathbf{x}_i)\ln\alpha+\frac{1}{2}\ln^2\alpha\right] \\
&+(1-\lambda)\sum_{i=1}^{N}\beta\left\{[1-H_{t-1}(\mathbf{x}_i)]^2-2\,[1-H_{t-1}(\mathbf{x}_i)]\,h_t(\mathbf{x}_i)+1\right\} \\
=& \arg\max_{h_t} \lambda\sum_{i=1}^{N}\alpha^{-H_{t-1}(\mathbf{x}_i)}h_t(\mathbf{x}_i)\ln\alpha\ -(1-\lambda)\sum_{i=1}^{N}2\beta H_{t-1}(\mathbf{x}_i)h_t(\mathbf{x}_i) \\
=& \arg\max_{h_t} \left[\lambda\sum_{i=1}^{N}\alpha^{-H_{t-1}(\mathbf{x}_i)}\ln\alpha-(1-\lambda)\sum_{i=1}^{N}2\beta H_{t-1}(\mathbf{x}_i)\right]h_t(\mathbf{x}_i) \\
=& \arg\max_{h_t} \sum_{i=1}^{N}\frac{\lambda\alpha^{-H_{t-1}(\mathbf{x}_i)}\ln\alpha-2(1-\lambda)\beta H_{t-1}(\mathbf{x}_i)}{\sum_{j=1}^{N}\left[\lambda\alpha^{-H_{t-1}(\mathbf{x}_j)}\ln\alpha-2(1-\lambda)\beta H_{t-1}(\mathbf{x}_j)\right]}h_t(\mathbf{x}_i). \qquad (5.13)
\end{aligned}
$$

因此, 训练样本中示例 $\mathbf{x}$ 的概率分布可以表示为

$$
D_t(\mathbf{x})=\frac{\lambda\alpha^{-H_{t-1}(\mathbf{x})}\ln\alpha-2(1-\lambda)\beta H_{t-1}(\mathbf{x})}{\sum_{j=1}^{N}\left[\lambda\alpha^{-H_{t-1}(\mathbf{x}_j)}\ln\alpha-2(1-\lambda)\beta H_{t-1}(\mathbf{x}_j)\right]}. \qquad (5.14)
$$

5.3.2 算法描述

利用所提损失函数, 基于鲁棒 AdaBoost 的 OCSVM 集成的整个训练过程概括在算法 5.5 中. OCSVM 的训练复杂度为 $O(N^3)$[18], 其中 N 为训练样本的个数. 在每次迭代中, 训练误差概率 ε_t、基分类器的权重 w_t 和概率分布 D_t 的计算复杂度分别为 $O(N)$, $O(I)$ 和 $O(N^2)$. 因此, 整个算法的计算复杂度为 $O(T(N^3+N^2+N+I))$. 忽略低阶项, 最终算法 5.5 的计算复杂度为 $O(TN^3)$.

算法 5.5 基于鲁棒 AdaBoost 的 OCSVM 集成

输入 训练集 $\mathbf{D}=\{\mathbf{x}_i\}_{i=1}^{N}$, 最大迭代次数 T.

输出 集成分类器 $F(\mathbf{x})=\text{sign}\left(\sum_{t=1}^{T}w_t h_t(\mathbf{x})\right)$.

初始化 训练示例的权重 $D_1(\mathbf{x}_i)=\dfrac{1}{N}\ (i=1,2,\cdots,N)$.

for $t=1\rightarrow T$

　　$h_t\leftarrow \text{OCSVM}\,(D,D_t)$;

　　$\varepsilon_t\leftarrow \sum_{i,h_t(\mathbf{x}_i)\neq+1} D_t(\mathbf{x}_i)$;

for $\tau = 1 \to I$

$$w_t^{\tau} \leftarrow w_t^{\tau-1} - \frac{F(w_t^{\tau-1}h_t;\lambda)}{\left.\dfrac{\partial F(w_t h_t;\lambda)}{\partial w_t}\right|_{w_t = w_t^{\tau-1}}};$$

end for

$$D_t(\mathbf{x}_i) = \frac{\lambda\alpha^{-H_{t-1}(\mathbf{x}_i)}\ln\alpha - 2(1-\lambda)\beta H_{t-1}(\mathbf{x}_i)}{\sum_{j=1}^{N}\left[\lambda\alpha^{-H_{t-1}(\mathbf{x}_j)}\ln\alpha - 2(1-\lambda)\beta H_{t-1}(\mathbf{x}_j)\right]};$$

end for

5.3.3 经验误差界和泛化误差界

本节将基于鲁棒 AdaBoost 的 OCSVM 集成简称为 RAEOCSVMs.

5.3.3.1 经验误差界

存在许多用于估计传统 AdaBoost 性能的方法, 如训练误差边界分析[19] 和误差界估计[9]. 受前一种方法的启发, 对 RAEOCSVMs 的经验误差上界进行估计, 结果概括在定理 5.1 中.

定理 5.1 假定所提出的集成中训练好的基分类器均为 OCSVM 且使用加权组合策略. T 个基分类器的训练误差分别为 $\varepsilon_1, \varepsilon_2, \cdots, \varepsilon_T$. 对于任意 $\theta \leqslant 0$, 则有

$$\varepsilon_{tr} = \Pr_{\mathbf{x}\sim D}\left[H(\mathbf{x}) \leqslant \theta\right] < 2^{T\theta}\alpha\prod_{t=1}^{T}\varepsilon_t^{-\theta}, \tag{5.15}$$

其中 ε_{tr} 为集成的训练误差, $\Pr_{\mathbf{x}\sim D}[\cdot]$ 表示从训练集中随机均匀地选取一个示例的概率.

证明 对于任意 $H(\mathbf{x}) \leqslant \theta$, 则有

$$\sum_{t=1}^{T} w_t h_t(\mathbf{x}) \leqslant \theta\sum_{t=1}^{T} w_t. \tag{5.16}$$

因此可得

$$\alpha^{-\sum_{t=1}^{T} w_t h_t(\mathbf{x}) + \theta\sum_{t=1}^{T} w_t} \geqslant 1. \tag{5.17}$$

进一步可以得到

$$\Pr_{\mathbf{x}\sim D}[H(\mathbf{x}) \leqslant \theta] \leqslant E_{\mathbf{x}\sim D}\left\{\alpha^{\left[-\sum_{t=1}^{T} w_t h_t(\mathbf{x}) + \theta\sum_{t=1}^{T} w_t\right]}\right\} = \frac{\alpha^{\theta\sum_{t=1}^{T} w_t}}{N}\sum_{i=1}^{N}\alpha^{-\sum_{t=1}^{T} w_t h_t(\mathbf{x}_i)}. \tag{5.18}$$

因为 $w_t < \log_\alpha\left(\frac{2}{\varepsilon_t}\right)$ 并且 $H(\mathbf{x}) \geqslant -1$, 所以

$$\frac{\alpha^{\theta\sum_{t=1}^{T}w_t}}{N}\sum_{i=1}^{N}\alpha^{-\sum_{t=1}^{T}w_t h_t(\mathbf{x}_i)} < \frac{1}{N}\prod_{t=1}^{T}\left(\frac{2}{\varepsilon_t}\right)^{\theta}\sum_{i=1}^{N}\alpha = \prod_{t=1}^{T}\left(\frac{2}{\varepsilon_t}\right)^{\theta}\alpha = 2^{T\theta}\alpha\prod_{t=1}^{T}\varepsilon_t^{-\theta}. \tag{5.19}$$

5.3.3.2 泛化误差界

根据文献 [20], RAEOCSVMs 的泛化误差界可以由其算法鲁棒性得到. 这里所说的"鲁棒性"是指若一个测试样本与一个训练样本非常接近, 则某一特定算法在这两个样本上的输出也会非常接近.

定义 5.1[20] 若对于 $K \in N$ 和 $\varepsilon(\cdot): \mathcal{Z}^N \mapsto \Re$, $\mathcal{Z} = \mathcal{Y} \times \mathcal{X}$ 可被分为 K 个不相交的集合 $\{C_i\}_{i=1}^K$. 对于任意 $\mathbf{s} \in \mathcal{Z}^N$, 给定一个在 $\mathbf{s}$ 上进行训练的学习算法 A 的损失函数 $\ell(A_\mathbf{s}, s)$, 如果有下式成立, 则算法 A 是 $(K, \varepsilon(\cdot))$ 鲁棒的.

$$\forall s \in \mathbf{s},\ \forall z \in \mathcal{Z},\ \forall i = 1, 2, \cdots, K:\ \text{如果 } s, z \in C_i,\ \text{那么 } |\ell(A_\mathbf{s}, s) - \ell(A_\mathbf{s}, z)| \leqslant \varepsilon(\mathbf{s}), \tag{5.20}$$

其中 $\mathcal{Y} = \{-1, +1\}$ 和 $\mathcal{X}$ 分别为输出空间和输入空间. 此外, $\mathbf{s}$ 表示由 N 个训练样本 $\{s_1, s_2, \cdots, s_N\}$ 构成的训练集.

由以下两个定理可知, OCSVM 和 RAEOCSVMs 都是鲁棒的.

定理 5.2 设 $\mathcal{X}$ 为紧集. 损失函数为

$$\ell(\mathbf{w}, z) = [1 - z^{(y)}(\langle\mathbf{w}, \phi(z^{(x)})\rangle - \rho)]^+ = \max\{0, 1 - z^{(y)}(\langle\mathbf{w}, \phi(z^{(x)})\rangle - \rho)\}, \tag{5.21}$$

其中 $z^{(y)}$ 和 $z^{(x)}$ 分别表示样本 z 的 y-成分和 x-成分. 设 H 表示核空间. $f_H(\gamma) = \max\limits_{\mathbf{a},\mathbf{b}\in\mathcal{X}, \|\mathbf{a}-\mathbf{b}\|\leqslant\gamma}[K(\mathbf{a},\mathbf{a}) + K(\mathbf{b},\mathbf{b}) - 2K(\mathbf{a},\mathbf{b})]$. 若核函数 $K(\cdot,\cdot)$ 连续, 则对于任意 $\gamma > 0$, $f_H(\gamma)$ 有界且 OCSVM 为 $\left(2N\left(\frac{\gamma}{2}, \mathcal{X}, \|\cdot\|\right), \sqrt{2f_H(\gamma)\left(\rho^* + \frac{1}{\nu}\right)}\right)$ 鲁棒, 其中 ρ^* 表示最优偏差项.

证明 OCSVM 的原问题可以表示为

$$\min_{\mathbf{w},\rho} J(\mathbf{w}, \rho) = \frac{1}{2}\|\mathbf{w}\|^2 - \rho + \frac{1}{\nu N}\sum_{i=1}^{N}[1 - y_i(\langle\mathbf{w}, \phi(\mathbf{x}_i) - \rho\rangle)]^+. \tag{5.22}$$

设 $(\mathbf{w}^*, \rho^*)$ 为 (5.22) 的最优解, 因此

$$J(\mathbf{w}^*, \rho^*) = \frac{1}{2}\|\mathbf{w}^*\|^2 - \rho^* + \frac{1}{\nu N}\sum_{i=1}^{N}[1 - y_i(\langle\mathbf{w}^*, \phi(\mathbf{x}_i)\rangle - \rho^*)]$$

$$\leqslant \frac{1}{2}\|\mathbf{0}\|^2 - 0 + \frac{1}{\nu N}\sum_{i=1}^{N}[1 - y_i(\langle \mathbf{0}, \phi(\mathbf{x}_i)\rangle - 0)]^+ = \frac{1}{\nu}. \tag{5.23}$$

因此可以得到 $\|\mathbf{w}^*\| \leqslant 2\left(\rho^* + \frac{1}{\nu}\right)$. 根据覆盖数的定义[32], 输入空间 $\mathcal{X}$ 可以被划分为 $N\left(\frac{\gamma}{2}, \mathcal{X}, \|\cdot\|\right)$ 个不相交的子集且每一个子集的半径不大于 $\frac{\gamma}{2}$. 此外, 对于单类分类, $\mathcal{Y}$ 能够被划分为 $\{-1\}$ 和 $\{+1\}$. 因此, 样本空间 $\mathcal{Z} = \mathcal{Y} \times \mathcal{X}$ 能够被划分为 $2N\left(\frac{\gamma}{2}, \mathcal{X}, \|\cdot\|\right)$ 个不相交的子集. 令 $y_i = z_i^{(y)}$ 且 $\mathbf{x}_i = z_i^{(x)}$. 若 z_1 和 z_2 属于同一个子集, 则有 $y_1 = y_2$ 且 $\|\mathbf{x}_1 - \mathbf{x}_2\| \leqslant \gamma$. 所以

$$\begin{aligned}
|\ell(\mathbf{w}^*, z_1) - \ell(\mathbf{w}^*, z_2)| &= \Big|[1 - y_1(\langle \mathbf{w}^*, \Phi(\mathbf{x}_1)\rangle - \rho^*)]^+ \\
&\quad - [1 - y_2(\langle \mathbf{w}^*, \Phi(\mathbf{x}_2)\rangle - \rho^*)]^+\Big| \\
&\leqslant |\langle \mathbf{w}^*, \Phi(\mathbf{x}_1) - \Phi(\mathbf{x}_2)\rangle| \\
&\leqslant \|\mathbf{w}^*\| \sqrt{\langle \Phi(\mathbf{x}_1) - \Phi(\mathbf{x}_2), \Phi(\mathbf{x}_1) - \Phi(\mathbf{x}_2)\rangle} \\
&\leqslant \sqrt{2 f_H(\gamma)\left(\rho^* + \frac{1}{\nu}\right)}.
\end{aligned} \tag{5.24}$$

综上, 定理 5.2 成立.

定理 5.3 设损失函数 $\ell(H, z) = \mathbb{I}(\mathrm{sign}(H(z^{(x)} \neq z^{(y)})))$, 其中 $H(z^{(x)}) = \sum_{t=1}^{T} w_t h_t(z^{(x)}) = \sum_{t=1}^{\mathrm{T}} w_t \left[\mathrm{sign}\left(\left\langle \mathbf{w}_t, \phi(z^{(x)})\right\rangle - \rho_t\right)\right]$, 其中 h_t 表示第 t 个基分类器, 即集成中第 t 个 OCSVM, 它对应的权重为 w_t. 令 $\rho^*_{\max} = \max\{\rho_1^*, \rho_2^*, \cdots, \rho_T^*\}$, 则所提 RAEOCSVMs 为

$$\left(2N\left(\frac{\gamma}{2}, \mathcal{X}, \|\cdot\|\right),\ \exp\left\{2\exp\left\{\sqrt{2 f_H(\gamma)\left(\rho^*_{\max} + \frac{1}{\nu}\right)}\right\}\right\}\right)$$

鲁棒.

证明

$$\begin{aligned}
&|\ell(H, z_1) - \ell(H, z_2)| \\
&= \left|\mathbb{I}\left(\mathrm{sign}\left(\sum_{t=1}^{T} w_t h_t(\mathbf{x}_1)\right) \neq y_1\right) - \mathbb{I}\left(\mathrm{sign}\left(\sum_{t=1}^{T} w_t h_t(\mathbf{x}_2)\right) \neq y_2\right)\right| \\
&= \mathbb{I}\left(\mathrm{sign}\left(\sum_{t=1}^{T} w_t h_t(\mathbf{x}_1)\right) \neq \mathrm{sign}\left(\sum_{t=1}^{T} w_t h_t(\mathbf{x}_2)\right)\right)
\end{aligned}$$

$$
\begin{aligned}
&\leqslant \exp\left\{\left|\sum_{t=1}^{T} w_t h_t(\mathbf{x}_1) - \sum_{t=1}^{T} w_t h_t(\mathbf{x}_2)\right|\right\} \\
&= \exp\left\{\sum_{t=1}^{T} w_t \left|h_t(\mathbf{x}_1) - h_t(\mathbf{x}_2)\right|\right\} \\
&= \exp\left\{2\sum_{t=1}^{T} w_t \mathbb{I}\left(\mathrm{sign}\left(\langle \mathbf{w}_t^*, \phi(\mathbf{x}_1)\rangle - \rho_t^*\right) \neq \mathrm{sign}\left(\langle \mathbf{w}_t^*, \phi(\mathbf{x}_2)\rangle - \rho_t^*\right)\right)\right\} \\
&\leqslant \exp\left\{2\sum_{t=1}^{T} w_t \exp\left\{\left|\left(\langle \mathbf{w}_t^*, \phi(\mathbf{x}_1)\rangle - \rho_t^*\right) - \left(\langle \mathbf{w}_t^*, \phi(\mathbf{x}_2)\rangle - \rho_t^*\right)\right|\right\}\right\} \\
&\leqslant \exp\left\{2\sum_{t=1}^{T} w_t \exp\left\{\left|\langle \mathbf{w}_t^*, \phi(\mathbf{x}_1) - \phi(\mathbf{x}_2)\rangle\right|\right\}\right\} \\
&\leqslant \exp\left\{2\sum_{t=1}^{T} w_t \exp\left\{\|\mathbf{w}_t^*\| \sqrt{\langle \phi(\mathbf{x}_1) - \phi(\mathbf{x}_2), \phi(\mathbf{x}_1) - \phi(\mathbf{x}_2)\rangle}\right\}\right\} \\
&\leqslant \exp\left\{2\sum_{t=1}^{T} w_t \exp\left\{\sqrt{2 f_H(\varepsilon)\left(\rho_t^* + \frac{1}{\nu}\right)}\right\}\right\} \\
&= \exp\left\{2\exp\left\{\sqrt{2 f_H(\varepsilon)\left(\rho_{\max}^* + \frac{1}{\nu}\right)}\right\}\right\}.
\end{aligned}
$$

因此, 定理 5.3 成立.

设 $\varepsilon_{ex}(\cdot)$ 和 $\varepsilon_{tr}(\cdot)$ 分别表示集成的期望误差和训练误差, 即

$$\varepsilon_{ex}(A_\mathbf{s}) = E_{z\sim\mathcal{Z}}[\ell(A_\mathbf{s}, z)] \tag{5.25}$$

和

$$\varepsilon_{tr}(A_\mathbf{s}) = \frac{1}{N}\sum_{s_i\in\mathbf{s}} \ell(A_\mathbf{s}, s_i). \tag{5.26}$$

在期望误差和训练误差基础上, 泛化误差定义为[33]

$$\sup_{\mathcal{Z}} \left|\varepsilon_{ex}(A_\mathbf{s}) - \varepsilon_{tr}(A_\mathbf{s})\right|. \tag{5.27}$$

泛化误差 (5.27) 的上界由定理 5.4 给出.

定理 5.4[20] 假定损失函数的上界为 M. 如果一个学习算法为 $(K, \varepsilon(\cdot))$ 鲁棒, 则对于任意 $\delta > 0$, 至少以 $1-\delta$ 的概率有

$$\sup_{\mathcal{Z}} \left|\varepsilon_{ex}(A_\mathbf{s}) - \varepsilon_{tr}(A_\mathbf{s})\right| \leqslant \varepsilon(\mathbf{s}) + M\sqrt{\frac{2K\ln 2 + 2\ln(1/\delta)}{N}}. \tag{5.28}$$

因此, RAEOCSVMs 的泛化误差上界可由定理 5.5 给出.

定理 5.5 对于任意 $\delta > 0$, RAEOCSVMs 的泛化误差上界至少以 $1-\delta$ 的概率满足

$$\sup_{\mathcal{Z}} |\varepsilon_{ex}(H) - \varepsilon_{tr}(H)| \leqslant \exp\left\{2\exp\left\{\sqrt{2f_H(\gamma)\left(\rho^*_{\max} + \frac{1}{\nu}\right)}\right\}\right\} + \sqrt{\frac{4N\left(\frac{\gamma}{2}, \mathcal{X}, \|\cdot\|\right)\ln 2 + 2\ln(1/\delta)}{N}}. \tag{5.29}$$

证明 由定理 5.3 可知 RAEOCSVMs 为 $\left(2N\left(\frac{\gamma}{2}, \mathcal{X}, \|\cdot\|\right), \exp\left\{2\exp\left\{\sqrt{2f_H(\gamma)\left(\rho^*_{\max} + \frac{1}{\nu}\right)}\right\}\right\}\right)$ 鲁棒. 此外, $\ell(H,z) \leqslant 1$, 则损失函数 $\ell(H,z)$ 的上界为 $M=1$. 将 $M=1$, $K = 2N\left(\frac{\gamma}{2}, \mathcal{X}, \|\cdot\|\right)$ 和

$$\varepsilon(\mathbf{s}) = \exp\left\{2\exp\left\{\sqrt{2f_H(\gamma)\left(\rho^*_{\max} + \frac{1}{\nu}\right)}\right\}\right\}$$

代入式 (5.28), 即可得到式 (5.29).

5.3.4 实验结果

所提 RAEOCSVMs 和其相关方法在两个人工数据集、20 个基准数据集和一个手写数据集上进行了比较. 实验中的基分类器都是 OCSVM 并使用了高斯核函数 $K(\mathbf{x},\mathbf{y}) = \exp\left\{-\frac{\|\mathbf{x}-\mathbf{y}\|^2}{2\sigma^2}\right\}$. 此外利用几何均值 (g-mean) 度量单类分类方法的性能.

对于 RAEOCSVMs, 式 (5.3) 中 λ, α 和 β 的不同取值使得它产生不同的抗离群点性能. 通过实验发现当 α 趋于 1 且 β 趋于 0 时, RAEOCSVMs 能够取得较好的抗离群点性能. 然而, 在这种情况下, RAEOCSVMs 的性能则会变差. 为了平衡抗离群点性能和泛化性能, 以下实验中 λ, α 和 β 的值分别取为 0.35, 1.5 和 0.5.

5.3.4.1 人工数据集

为了直观展示 RAEOCSVMs 的鲁棒性, 使用了两个人工数据集, 对它们的描述如下.

Sine Outlier: 从正弦曲线 $y = \sin\left(\frac{3}{2}\pi x\right)$(定义域为 $x \in [0,3]$) 上随机选取 200 个不含离群点的样本, 并在区域 $\{(x,y)|x \in [0,3], y \in [-2,2]\}$ 内随机选取 50 个离群点. 图 5.13(a) 展示了该数据集.

Square Outlier: 从正方形区域 $\{(x,y)|x\in[0.4,2.6],y\in[0.4,0.6]\cup[2.4,2.6]\}\cup\{(x,y)|x\in[0.4,0.6]\cup[2.4,2.6],y\in[0.4,2.6]\}$ 中随机选取 200 个不含离群点的样本, 并在区域 $\{(x,y)|x,y\in[0,3]\}$ 中随机选取 50 个离群点. 图 5.13(b) 展示了该数据集.

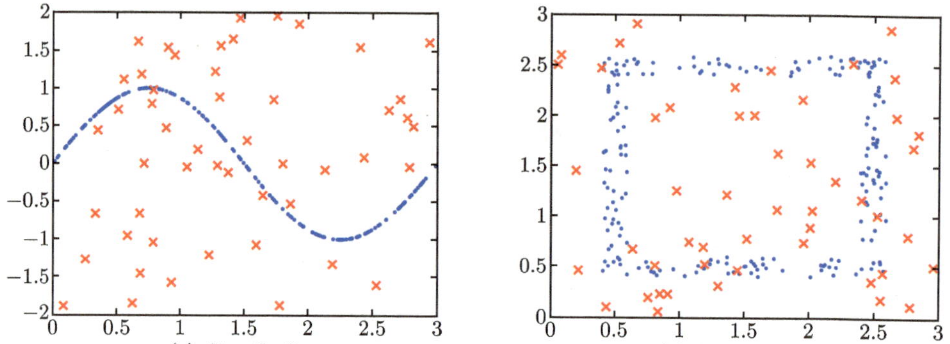

(a) *Sine Outlier* (b) *Square Outlier*

图 5.13 两个人工数据集

其中 "·" 表示不含离群点的样本, "×" 表示离群点, 余同.

对于 *Sine Outlier*, 单个 OCSVM 中高斯核函数的参数和百分比估计参数分别设置为 $\sigma=0.1$ 和 $\nu=0.23$. 基于传统 AdaBoost 的 OCSVM 集成 (AEOCSVMs) 和 RAEOCSVMs 中基分类器的高斯核函数参数及百分比估计参数的设置均与单个 OCSVM 中相应的参数设置相同. AEOCSVMs 和 RAEOCSVMs 的基分类器个数均为 20. 三种方法的结果如图 5.14 所示.

对于 *Square Outlier*, 除了百分比估计参数取为 $\nu=0.25$, 三种方法的参数设置均与它们在 *Sine Outlier* 上的设置相同. 三种方法的结果如图 5.15 所示.

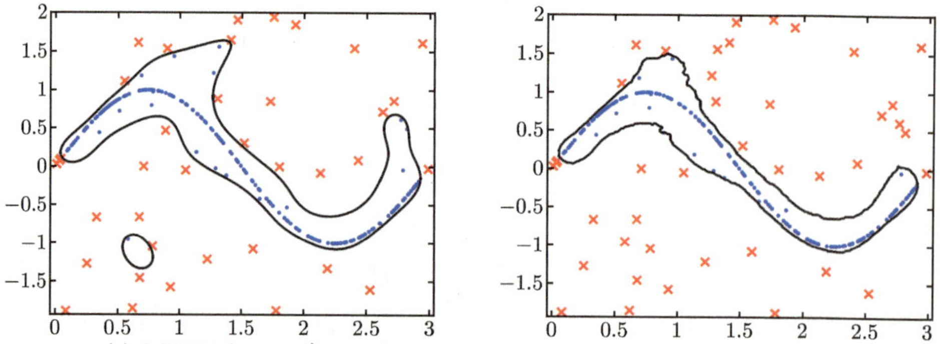

(a) OCSVM (g-mean为0.8042) (b) AEOCSVMs (g-mean为0.8516)

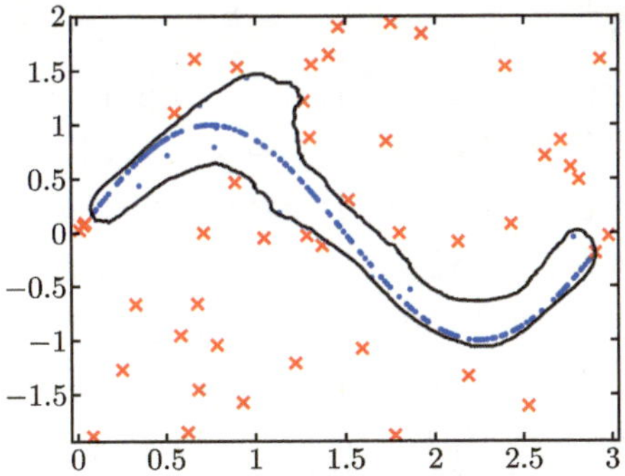

(c) RAEOCSVMs (g-mean为0.8832)

图 5.14 三种方法在 *Sine Outlier* 上的分类结果

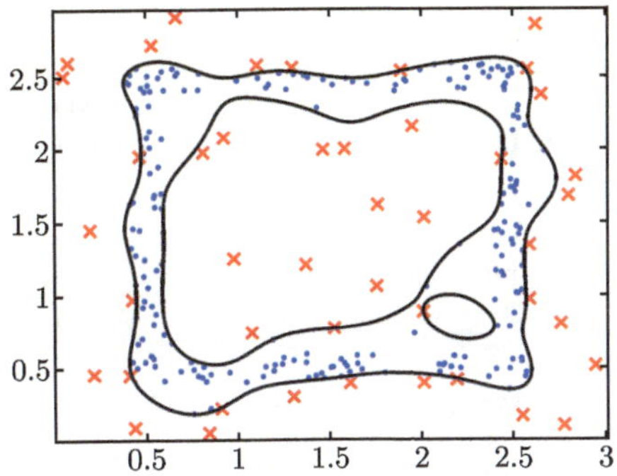

(a) OCSVM (g-mean为0.7614)

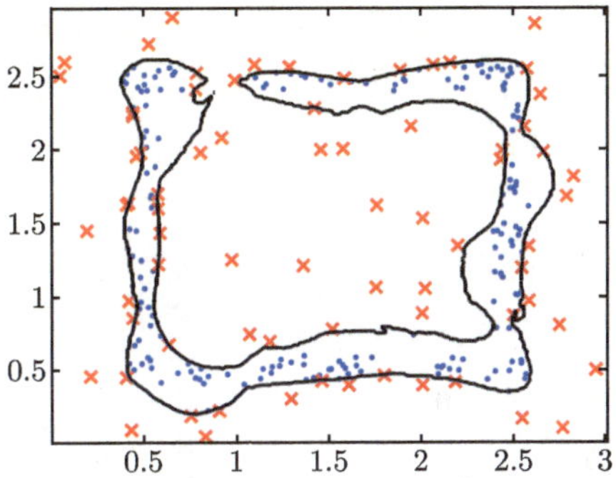

(b) AEOCSVMs (g-mean为0.7918)

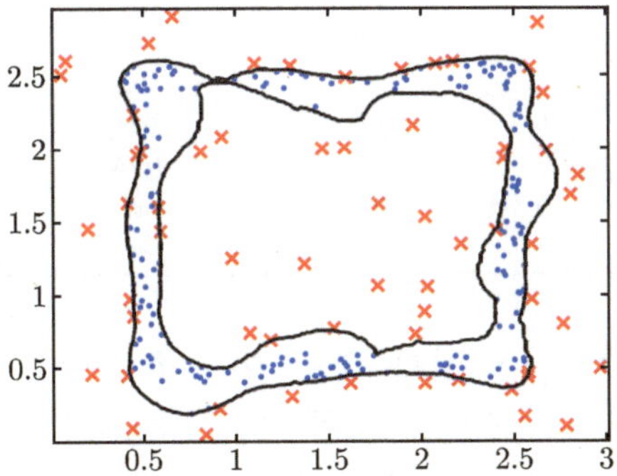

(c) RAEOCSVMs (g-mean为0.8155)

图 5.15 三种方法在 *Square Outlier* 上的分类结果

根据图 5.14 和图 5.15 中的结果以及三种方法的 g-mean 可以发现, 所提 RAEOCSVMs 比其他两种方法具有更优的抗离群点性能.

5.3.4.2　UCI 基准数据集

为了进一步验证所提集成方法的有效性, 在取自 UCI 机器学习数据库[6] 中的 20 个基准数据集上将 RAEOCSVMs 与 OCSVM、AEOCSVMs、加权 Bagging[7](简记为 WBEOCSVMs)、基于随机子空间的 OCSVM 集成 (简记为 RSMEOCSVMs) 以及基于聚类的 OCSVM 集成 (简记为 CEOCSVMs) 进行比较. 由于这 20 个数据集最初被用于两类分类, 因此为了使它们适用于单类分类, 将其中一类作为目标样本, 另一类作为非目标样本, 对于每一个数据集, 从目标样本中随机选取 70%的样本点, 并从非目标样本数据中随机选取 5%的样本点构成训练集, 将剩余的 30%目标样本点和 95%的非目标样本点用作测试集, 所有 20 个基准数据集的信息概括在表 5.6 中.

表 5.6　实验中使用的 20 个 UCI 基准数据集

数据集	特征数	目标样本数	非目标样本数	训练样本数	测试样本数
Banknote Authentication	4	610	762	465	907
Blood Transfusion	4	178	570	153	595
Breast Cancer	9	77	186	63	200
Cancer	9	239	444	189	494
Cleverland Heart	13	214	83	154	143
Diabetis	8	268	500	213	555
Flare Solar	9	94	50	68	76
German	20	300	700	245	755
Glass	10	70	77	53	94
Heart	13	120	150	91	179
Hepatitis	19	123	32	88	67
Housing	13	245	261	185	321
Image	18	1188	898	876	1210
Liver	6	145	200	111	134
Parkinsons	22	147	48	103	92
Pima	8	268	500	213	555
Sonar	60	111	97	83	125
Thyroid	6	210	100	152	158
Wdbc	9	212	357	166	403
Wholesale Customers	7	298	142	216	224

为了使单个 OCSVM 取得较优的性能, 在每个数据集上算法的两个参数即高斯核宽度参数 σ_1 和百分比估计参数 ν 均利用穷举法选取最优参数值, σ_1 和 ν 的取值范围分别为 $\{0.1, 0.3, 0.5, 1, 2, 4, 8, 16, 32, 50, 64\}$ 和 $\{0.01, 0.05, 0.1, 0.2, \cdots, 1\}$. 五种集成方法中基分类器的宽度参数和百分比估计参数的设置均与 OCSVM 的参数设置相同. 对于 WBEOCSVMs, 其核密度估计器的宽度参数 σ_2 从范围 $\{0.1, 0.3, 0.5, 0.7, 1, 1.3, 1.6, 2\}$ 中选取. 对于 RSMEOCSVMs, 每个训练集中所保留的特征百分比设定为 75%且采用多数投票法对训练所得的 OCSVM 进行组合.

对于 CEOCSVMs, 利用基于 PBMF 指标的模糊 c 均值对样本空间进行划分. WBEOCSVMs 中训练样本概率权重的最大更新次数和 RAEOCSVMs 的基分类器权重更新次数分别设置为 5 和 20. 五种集成方法中基分类器个数均取为 20. 六种方法的参数设置概括在表 5.7 中.

表 5.7 六种方法在基准数据集上的参数设置

数据集	σ	ν	γ	数据集	σ	ν	γ
Banknote Authentication	0.5	0.3	0.1	*Hepatitis*	8	1	0.1
Blood Transfusion	0.3	1	0.1	*Housing*	0.3	0.3	2
Breast Cancer	2	1	0.1	*Image*	0.5	0.2	0.1
Cancer	4	0.5	0.1	*Liver*	0.3	0.9	0.7
Cleverland Heart	2	0.5	0.1	*Parkinsons*	1	0.5	2
Diabetis	0.1	0.3	0.1	*Pima*	0.5	0.9	0.7
Flare Solar	2	1	2	*Sonar*	50	1	2
German	0.3	0.05	0.1	*Thyroid*	0.1	0.6	0.1
Glass	1	0.6	1.6	*Wdbc*	50	0.8	1.6
Heart	0.1	0.1	0.3	*Wholesale Customers*	0.5	0.2	1.3

六种方法在训练集和测试集上 20 次实验结果的平均 g-mean 和相应的标准差分别概括在表 5.8 和表 5.9 中. 此外, RAEOCSVMs 和其他五种方法结果之间的配对 T 检验和 Wilcoxon 秩和检验的结果也概括在两个表中, 以检验 RAEOCSVMs 与其他方法之间的统计差异是否显著.

表 5.9 中的结果显示除了 *Cancer*, *Flare Solar*, *Glass*, *Heart*, *Parkinsons* 和 *Sonar* 之外, 所提 RAEOCSVMs 和与其他五种方法在剩余的数据集上均存在显著性差异. 另外, RAEOCSVMs 在 15 个数据集上取得了优于其他五种方法的泛化性能.

由表 5.9 中的结果可以发现 AEOCSVMs 和 WBEOCSVMs 在六个基准数据集上取得了优于 OCSVM 的泛化性能, RSMEOCSVMs 和 CEOCSVMs 仅在三个数据集上取得了优于 OCSVM 的泛化性能. 因此, 当训练样本中存在离群点时, 上述四种已有的集成策略并不能提高单个 OCSVM 的泛化能力. 对于 AEOCSVMs, 其指数损失函数会放大离群点的影响, 这就使得 AEOCSVMs 在 14 个数据集上取得了较差的结果. 相比之下, RAEOCSVMs 在 17 个数据集上产生了优于 OCSVM 的性能. 因此, 对于单类分类, 将 AdaBoost 中的指数损失函数替换为修正指数损失函数和平方损失函数的加权组合能够有效抑制离群点的影响.

另外, 六种方法在四个基准数据集上的测试性能和离群点在整个训练集中所占比例之间的关系如图 5.16 所示. 比例的取值从 5%以步长 5%增加到 30%. 根据图 5.16 中性能曲线的变化趋势, 可以得到以下结果.

表 5.8　六种方法在 20 个基准数据集的训练集上的平均 g-mean 和相应的标准差

数据集	OCSVM P_1, P_2	AEOCSVMs P_1, P_2	WBEOCSVMs P_1, P_2	RSMEOCSVMs P_1, P_2	CEOCSVMs P_1, P_2	RAEOCSVMs
Banknote Authentication	0.8345±0.0734	0.8232±0.0645	0.7347±0.0458	0.8311±0.0238	0.8880±0.0202	0.8269±0.0047
	0.0045,0.0246	0.0752,7.565E−005	0.0065,0.0064	0.0008,0.0012	1.79E−012,6.68E−008	
Blood Transfusion	0.7532±0.0457	0.7319±0.0054	0.7432±0.046	0.6869±0.0592	0.7013±0.0464	0.7339±0.0385
	0.0055,0.0035	0.0035,5.63E−009	0.0066,0.0044	1.37E−005,0.0003	4.73E−004,0.0007	
Breast Cancer	0.8941±0.0634	0.8842±0.0274	0.8634±0.0375	0.8512±0.0687	0.8349±0.0727	0.8677±0.0435
	0.0573,0.0057	0.0055,6.56E−005	0.0054,0.0044	7.38E−007,7.63E−005	5.95E−007,5.61E−006	
Cancer	0.9542±0.0065	0.9473±0.046	0.9239±0.0385	0.8447±0.0193	0.8918±0.0122	0.9465±0.0574
	6.38E−009,0.0747	0.0047,0.0065	0.0074,0.0084	5.10E−011,3.40E−007	5.49E−017,5.34E−008	
Cleverland Heart	0.9190±0.0184	0.9063±0.0375	0.8753±0.0186	0.8617±0.0448	0.8348±0.0439	0.8738±0.0043
	7.47E−009,0.0052	0.0047,0.0063	0.0095,0.0365	0.0066,9.78E−005	0.0057,0.0017	
Diabetis	0.7153±0.0475	0.7228±0.0075	0.7034±0.0057	0.6764±0.0419	0.6639±0.0587	0.7099±0.0546
	0.0094,0.0436	0.0066,6.734E−005	0.0035,0.0057	8.35E−006,1.04E−006	0.0002,1.25E−005	
Flare Solar	0.7284±0.0576	0.7943±0.0745	0.6842±0.0545	0.7185±0.0213	0.6968±0.0214	0.7571±0.0756
	9.56E−009,0.0574	0.0465,0.0066	0.1856,0.0058	1.51E−004,6.93E−005	6.57E−010,0.0054	
German	0.7587±0.0567	0.7658±0.057	0.7571±0.0534	0.7257±0.010	0.7349±0.0086	0.7641±0.0854
	9.57E−009,0.0057	0.0057,0.0645	0.0567,0.0068	1.57E−012,1.15E−009	3.45E−009,1.54E−008	
Glass	0.9244±0.0674	0.9371±0.0468	0.9010±0.0742	0.7544±0.0810	0.8595±0.0573	0.9468±0.0775
	0.0064,0.0576	5.57E−005,0.0057	0.0674,0.0745	0.0073,0.0054	0.0019,0.0001	
Heart	0.7881±0.0564	0.8210±0.076	0.8916±0.015	0.7719±0.0663	0.7789±0.0912	0.8934±0.0158
	6.548E−009,0.0658	0.0076,0.0055	0.0087,0.0055	1.69E−007,5.86E−007	2.70E−007,5.43E−008	
Hepatitis	0.8165±0.0674	0.8050±0.063	0.8381±0.0656	0.7831±0.0556	0.7549±0.0637	0.8554±0.0677
	0.0085,0.0078	0.0078,0.0068	0.0027,5.78E−006	7.93E−006,0.0006	9.15E−005,0.0065	
Housing	0.8270±0.0674	0.8442±0.078	0.8775±0.0065	0.8234±0.0602	0.7914±0.0765	0.8447±0.0745
	6.658E−009,0.0078	0.0784,0.0075	5.784E−005,0.3333	0.0042,0.0102	2.56E−007,2.50E−006	
Image	0.9351±0.0784	0.9242±0.0574	0.9184±0.0565	0.8959±0.0229	0.9170±0.0287	0.9352±0.0748
	6.673E−009,0.1894	0.0083,0.3783	0.0073,0.0477	1.46E−006,0.0001	6.78E−008,0.0065	
Liver	0.8481±0.0654	0.8220±0.0345	0.8020±0.0185	0.8472±0.0913	0.8535±0.0858	0.8253±0.0546
	6.89E−009,0.0078	6.458E−005,0.1845	4.785E−009,0.0784	9.61E−005,0.0001	0.0003,0.0002	

续表

数据集	OCSVM P_1, P_2	AEOCSVMs P_1, P_2	WBEOCSVMs P_1, P_2	RSMEOCSVMs P_1, P_2	CEOCSVMs P_1, P_2	RAEOCSVMs
Parkinsons	0.8425±0.0895	0.8681±0.0905	0.9050±0.0078	0.8427±0.0493	0.8219±0.0268	0.9183±0.0565
	0.0894,0.0574	0.0067,0.0094	0.0078,0.0037	0.0046,0.0099	0.0059,0.0076	
Pima	0.9251±0.0744	0.8991±0.0042	0.8399±0.0744	0.8837±0.0717	0.8460±0.0806	0.8473±0.0047
	0.0743,0.0635	0.0078,5.784E−009	0.0076,0.0078	0.0002,1.41E−005	0.0021,0.0002	
Sonar	0.7751±0.0427	0.7551±0.0084	0.7842±0.0674	0.7442±0.0294	0.7597±0.0186	0.7846±0.0674
	7.648E−009,0.0084	0.0048,0.0674	0.0078,0.3333	0.0076,0.0256	0.0199,0.0392	
Thyroid	0.9071±0.0784	0.8770±0.0775	0.8933±0.0059	0.8690±0.0120	0.8583±0.0175	0.8945±0.0756
	0.0856,0.0067	0.0078,0.0675	0.0067,5.784E−009	1.05E−013,3.44E−008	6.67E−008,7.54E−008	
Wdbc	0.8551±0.075	0.8894±0.0078	0.8897±0.0710	0.7870±0.0286	0.7901±0.0312	0.8502±0.0078
	0.0067,0.0078	0.3333,0.0674	5.784E−009,0.0078	2.97E−010,6.79E−008	4.39E−008,0.0093	
Wholesale Customers	0.8532±0.0074	0.8982±0.0892	0.8719±0.0189	0.8812±0.0396	0.8183±0.0152	0.8985±0.0078
	0.0673,3.785E−006	0.3625,0.0275	0.6667,0.0634	0.0002,0.0003	3.35E−006,0.0047	

注: P_1—配对 T 检验的 P 值; P_2—Wilcoxon 秩和检验的 P 值.

表 5.9　六种方法在 20 个基准数据集的测试集上的平均 g-mean 和相应的标准差

数据集	OCSVM P_1, P_2	AEOCSVMs P_1, P_2	WBEOCSVMs P_1, P_2	RSMEOCSVMs P_1, P_2	CEOCSVMs P_1, P_2	RAEOCSVMs
Banknote Authentication	0.7471±0.0572 6.35E−009,0.0424	0.7423±0.0727 0.4872,2.42E−004	0.6482±0.0672 3.23E−005,0.0028	0.6924±0.0315 8.23E−011,0.0002	0.7399±0.0330 3.94E−008,0.0461	**0.7519±0.0564**
Blood Transfusion	0.6303±0.0289 0.0005,3.78E−005	**0.639±0.0268** 5.78E−009,0.0079	0.5967±0.0563 0.0058,0.0064	0.6143±0.0335 9.83E−005,0.0062	0.6040±0.0340 0.0020,0.0027	0.6384±0.0562
Breast Cancer	0.8450±0.0782 0.0078,0.0038	0.8584±0.0874 5.64E−005,6.03E−009	0.8562±0.0364 0.0078,3.75E−004	0.8495±0.0450 0.0092,6.87E−008	0.8117±0.0118 2.49E−005,4.97E−009	**0.8677±0.0284**
Cancer	0.8871±0.0038 0.0294,0.0723	0.8753±0.0744 7.50E−011,6.68E−009	0.8354±0.0284 0.0044,6.44E−005	0.8371±0.0300 3.69E−009,5.99E−007	0.8491±0.0278 3.33E−019,6.37E−008	**0.8919±0.0478**
Cleverland Heart	0.6529±0.0136 0.0030,6.54E−008	0.6310±0.0248 0.0035,0.0044	0.6353±0.0284 0.0085,0.0175	0.6239±0.0403 4.13E−006,0.0060	0.6085±0.0420 5.76E−005,0.0037	**0.6695±0.0358**
Diabetis	0.4871±0.0373 0.0039,0.0067	0.4732±0.0028 6.35E−009,0.0074	0.5030±0.0048 0.0475,7.35E−008	0.4475±0.0365 9.80E−007,1.92E−007	0.4544±0.0328 5.03E−007,6.91E−007	**0.5099±0.0894**
Flare Solar	0.3860±0.0286 0.1099,0.0968	**0.4493±0.0112** 4.53E−006,6.81E−005	0.4374±0.0221 0.0101,0.0101	0.4144±0.0387 0.0053,0.0318	0.3952±0.0994 0.0003,0.0002	0.4357±0.0211
German	0.5273±0.0283 0.0012,0.0434	0.4791±0.0044 6.47E−008,6.69E−008	0.4894±0.0783 0.0347,3.74E−004	**0.5589±0.0056** 5.30E−016,1.15E−009	0.5539±0.0032 3.16E−016,1.15E−009	0.5142±0.0090
Glass	0.8459±0.0794 0.0438,0.3487	0.8314±0.0201 0.3470,0.0690	0.8014±0.0631 0.0465,0.0057	0.7295±0.0955 0.0033,0.0049	0.7904±0.0805 0.0021,0.0079	**0.8591±0.0196**
Heart	0.7281±0.0424 0.0558,0.0468	0.7114±0.1664 0.0849,5.46E−006	0.6908±0.0185 6.32E−005,0.0153	0.6639±0.0526 7.15E−011,9.35E−008	0.6622±0.0513 7.19E−012,1.91E−007	**0.7364±0.0716**
Hepatitis	**0.7170±0.0238** 0.0073,1.78E−004	0.6671±0.0334 0.0437,6.48E−009	0.7055±0.0486 0.0037,0.0278	0.6831±0.0556 7.93E−006,0.0006	0.6204±0.0565 9.15E−005,0.0065	0.7045±0.0387
Housing	**0.7381±0.0398** 0.0067,0.0389	0.7064±0.0172 0.0102,0.0034	0.7394±0.0023 0.0014,0.0333	0.6875±0.0375 0.0041,0.0174	0.6185±0.0295 1.29E−009,7.58E−006	0.7171±0.0427
Image	0.7242±0.0239 0.0035,5.78E−005	0.7140±0.0329 0.0038,7.47E−009	0.6681±0.0749 3.78E−004,7.47E−007	0.6627±0.0192 3.07E−007,0.0196	0.6700±0.0205 1.42E−008,0.0060	**0.7352±0.0346**
Liver	0.5484±0.0474 0.0072,6.89E−008	0.5221±0.0374 0.0387,6.44E−009	0.5521±0.0138 0.0035,0.0264	0.5276±0.0432 0.0004,0.0009	0.5247±0.0548 0.0004,0.0019	**0.5579±0.0784**

续表

数据集	OCSVM P_1, P_2	AEOCSVMs P_1, P_2	WBEOCSVMs P_1, P_2	RSMEOCSVMs P_1, P_2	CEOCSVMs P_1, P_2	RAEOCSVMs
Parkinsons	0.6434±0.0783	0.6290±0.0301	0.6163±0.0076	0.6287±0.0268	0.6435±0.0599	**0.6583±0.0215**
	0.0048,0.0744	0.0577,0.3333	8.94E−004,7.48E−004	6.32E−003,0.0099	0.0085,0.0386	
Pima	0.4552±0.0094	0.4692±0.0082	0.4991±0.0114	0.4391±0.0273	0.4444±0.0303	**0.5056±0.0427**
	0.0162,0.0036	0.0068,0.0089	0.0108,0.0073	2.64E−010,6.79E−008	3.51E−010,6.79E−008	
Sonar	0.5252±0.0427	0.5051±0.0023	0.5232±0.0089	0.5163±0.0414	0.5031±0.0761	**0.5315±0.0131**
	0.0060,0.0027	0.2508,0.6667	0.2110,0.0249	0.0005,0.0028	0.0003,0.0033	
Thyroid	0.7671±0.0284	0.7773±0.0738	0.7930±0.0034	0.7593±0.0401	0.7666,0.0614	**0.8091±0.0078**
	0.0038,7.49E−009	6.45E−005,0.0075	7.57E−009,0.0075	5.04E−019,6.74E−008	7.73E−015,6.78E−008	
Wdbc	0.7952±0.0823	0.7894±0.0052	0.7792±0.0001	0.7833±0.0345	0.7815±0.0384	**0.8024±0.0097**
	0.0090,0.0464	0.0445,0.0063	0.0168,5.35E−009	4.13E−011,6.78E−008	0.0123,0.0059	
Wholesale Customers	0.7731±0.0484	0.7780±0.0642	0.7522±0.0119	0.7515±0.0392	0.7045±0.0409	**0.7845±0.0190**
	0.0086,0.0082	0.0092,0.0073	5.74E−005,0.0074	0.0140,0.0058	5.14E−005,0.0239	

注: 最优结果用黑色字体加粗显示.

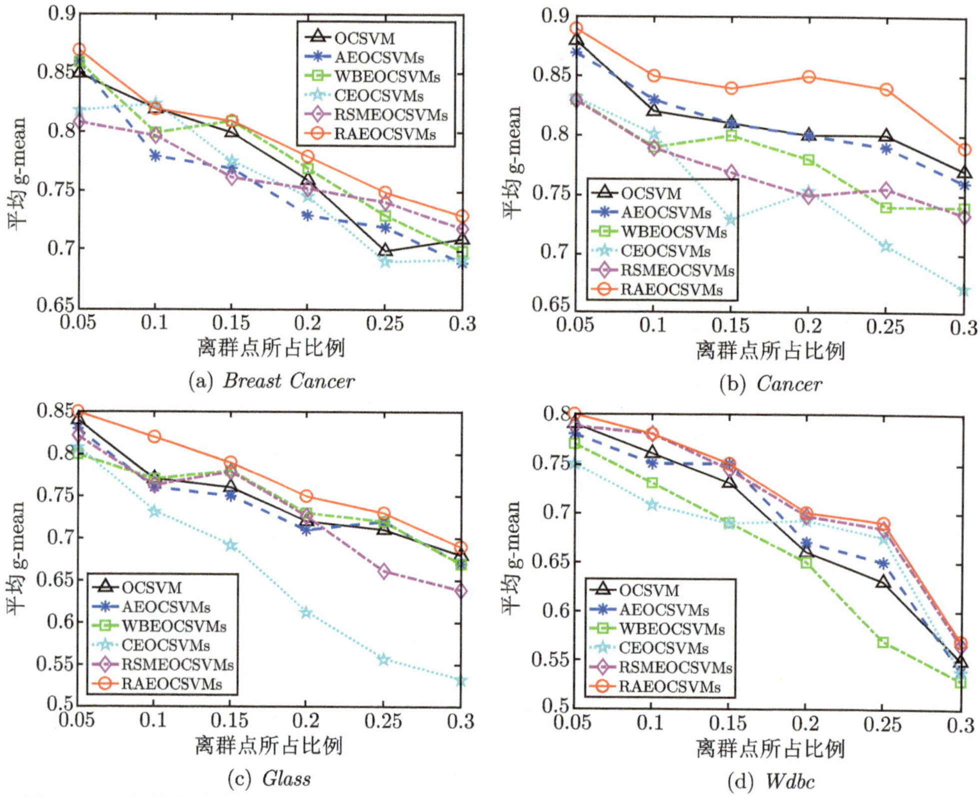

图 5.16　六种方法在四个基准数据集上的测试性能随离群点在整个数据集中所占比例的关系

(1) 随着比例值的增加, 整体趋势表明六种方法的测试性能都会相应地下降. 与其他五种方法相比, RAEOCSVMs 在四个数据集上取得了最优的结果.

(2) 与 OCSVM 相比, AEOCSVMs, WBEOCSVMs, RSMEOCSVMs 及 CEOCSVMs 产生了相近或更差的性能. 相较之下, RAEOCSVMs 在所有四个数据集上都取得了更优的抗离群点结果.

此外, 需要考察式 (5.3) 中三个参数的不同设置对于 RAEOCSVMs 在四个数据集上性能的影响. 三个参数 α, β 和 λ 的取值范围分别为 $\{1.1,1.3,\cdots,2.7\}$, $\{0.1,0.2,\cdots,0.7\}$ 和 $\{0.1,0.2,0.3,0.35,0.4,0.5,\cdots,0.9\}$. 对于每个参数, 它在相应取值域内变化时另外两个参数需保持固定不变. 此外, 对于 α, β 和 λ 的每一参数设置, 需要进行 20 次重复实验. 图 5.17(a) 展示了当 $\beta=0.5$ 和 $\lambda=0.35$ 时, α 对于四个数据集的测试集上平均 g-mean 的影响. 图 5.17(b) 展示了当 $\alpha=1.5$ 和 $\lambda=0.35$ 时, β 对于四个数据集的测试集上平均 g-mean 的影响. 图 5.17(c) 展示了 $\alpha=1.5$ 和 $\beta=0.5$ 时, λ 对于四个数据集的测试集上平均 g-mean 的影响.

从图 5.17(a) 可以看出在三个数据集上 $\alpha=1.5$ 时平均 g-mean 达到最大. 对于

Breast Cancer, 尽管当 $\alpha = 1.7$ 时平均 g-mean 取得最优, 但是 $\alpha = 1.5$ 时的平均 g-mean 与 $\alpha = 1.7$ 时取得的最优值差别不大. 类似地, 图 5.17(b) 中 $\beta = 0.5$ 和图 5.17(c) 中 $\lambda = 0.35$ 时均在三个数据集上对应着最优的平均 g-mean. 此外, 图 5.17(b) 和图 5.17(c) 中最优平均 g-mean 与 $\beta=0.5$ 和 $\lambda=0.35$ 对应的平均 g-mean 差别都非常小.

因此, 根据上面的观察, RAEOCSVMs 的性能绝对地依赖于 α, β 和 λ 的值. 对这些参数的合理设置会使得 RAEOCSVMs 取得较高的性能, 但是若设置不当则会使 RAEOCSVMs 取得非常差的分类结果. 如上所述, $\alpha = 1.5$, $\beta = 0.5$ 和 $\lambda = 0.35$ 是合适的参数设置.

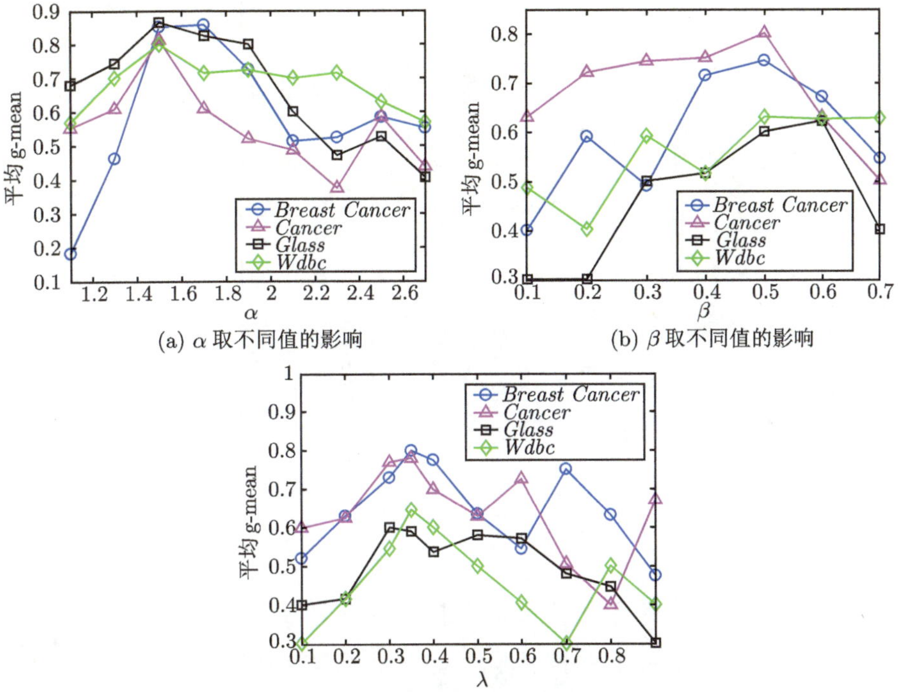

(a) α 取不同值的影响

(b) β 取不同值的影响

(c) λ 取不同值的影响

图 5.17 α, β 和 λ 在四个基准数据集上的不同对 RAEOCSVMs 性能的影响

5.3.4.3 手写数据集

下面在手写数据集上进一步验证 RAEOCSVMs 的有效性, 所选用的手写数据集为 MNIST[21]. 对该数据集的描述以及训练集和测试集的构建过程可以参见 4.5.4.3 节. 六种方法在 MNIST 上的参数设置为: $\sigma_1 = 2$, $\nu = 0.1$ 和 $\sigma_2 = 1$. 它们在 MNIST 的训练集和测试集上 20 次实验结果的平均 g-mean 及标准差分别概括在表 5.10 和表 5.11 中. 图 5.18 展示的是测试集中被 RAEOCSVMs 识别出的 100 个最好的和 100 个最差的目标样本.

表 5.10　六种方法在手写数据集的训练集上的平均 g-mean 和相应的标准差

数据集	OCSVM P_1, P_2	AEOCSVMs P_1, P_2	WBEOCSVMs P_1, P_2	RSMEOCSVMs P_1, P_2	CEOCSVMs P_1, P_2	RAEOCSVMs
MNIST(0)	0.7630±9.23E−005 1.32E−043,1.15E−009	0.7945±0.0052 3.84E−024,1.15E−009	0.8242±0.0023 8.08E−024,1.15E−009	0.7999±0.0023 1.86E−031,1.15E−009	0.5931±0.0117 2.67E−027,1.15E−009	0.8657±0.0005
MNIST(1)	0.9030±0038 2.16E−016,3.65E−008	0.9100±0.0054 5.53E−015,3.65E−008	0.8730 ± 0.0036 5.41E−028,1.15E−009	0.9028 ± 0.0090 0.0002,4.34E−008	0.9030 ± 0.0038 2.16E−016,3.65E−008	0.8961 ± 0.0026
MNIST(2)	0.6131±0.0018 2.92E−020,1.15E−009	0.6362±0.0033 2.71E−022,1.15E−009	0.7359 ± 0.0097 3.01E−015,3.65E−008	0.6055 ± 2.28E−016 8.40E−022,7.43E−010	0.6131 ± 0.0018 2.93E−020,1.15E−009	0.7516 ± 0.0128
MNIST(3)	0.6714±0.0033 1.17E−048,1.15E−009	0.6999±0.0004 2.49E−030,1.15E−009	0.7413 ± 0.0027 6.94E−018,1.15E−009	0.6588 ± 0.0017 1.14E−028,1.15E−009	0.6735 ± 0.0125 1.13E−021,1.15E−009	0.7811 ± 0.0030
MNIST(4)	0.7696±0.0058 1.45E−020,1.15E−009	0.7779±0.0068 2.67E−018,1.15E−009	0.7772 ± 0.0017 3.15E−036,1.15E−009	0.7874 ± 0.0069 1.21E−016,1.15E−009	0.7696 ± 0.0058 1.45E−020,1.15E−009	0.8343 ± 0.0008
MNIST(5)	0.6417±0.0016 6.12E−028,1.15E−009	0.6545±0.0030 1.88E−018,1.15E−009	0.7176 ± 0.0029 1.02E−014,3.65E−008	0.6403 ± 0.0079 1.71E−026,1.15E−009	0.6417 ± 0.0016 6.12E−028,1.15E−009	0.7103 ± 0.0044
MNIST(6)	0.7248±0.0014 9.01E−033,1.15E−009	0.7401±0.0029 3.63E−037,1.15E−009	0.7905 ± 0.0008 9.28E−026,1.15E−009	0.7268 ± 0.0004 2.30E−030,1.15E−009	0.7248 ± 0.0014 9.01E−033,1.15E−009	0.8590 ± 0.0045
MNIST(7)	0.7507±0.0030 3.40E−040,1.15E−009	0.7531±0.0040 2.08E−032,1.15E−009	0.7761 ± 0.0005 4.14E−025,1.15E−009	0.7259 ± 0.0002 1.28E−033,1.15E−009	0.7517 ± 0.0016 5.96E−026,1.15E−009	0.8254 ± 0.0023
MNIST(8)	0.7046±0.0028 6.37E−027,1.15E−009	0.7142±0.0011 1.26E−029,1.15E−009	0.7822 ± 0.003 2.41E−015,1.15E−009	0.6982 ± 0.0011 4.30E−031,1.15E−009	0.7046 ± 0.0028 6.37E−027,1.15E−009	0.8086 ± 0.0021
MNIST(9)	0.7949±0.0042 1.18E−036,1.15E−009	0.8045±0.0030 2.22E−026,1.15E−009	0.7936 ± 0.0042 2.05E−037,1.15E−009	0.7955 ± 0.0011 2.16E−022,1.15E−009	0.7949 ± 0.0042 1.18E−036,1.15E−009	0.8412 ± 0.0048

表 5.11 六种方法在手写数据集的测试集上的平均 g-mean 和相应的标准差

数据集	OCSVM P_1, P_2	AEOCSVMs P_1, P_2	WBEOCSVMs P_1, P_2	RSMEOCSVMs P_1, P_2	CEOCSVMs P_1, P_2	RAEOCSVMs
MNIST(0)	0.7269±0.0003 4.83E−035,1.15E−009	0.7444±0.0021 3.25E−061,1.15E−009	0.8182±0.0004 4.91E−026,1.15E−009	0.7362±0.0010 2.07E−040,1.15E−009	0.6343±0.0020 6.60E−035,1.15E−009	**0.8671±0.0022**
MNIST(1)	0.8893 ± 0.0007 1.13E−011,1.15E−009	0.8955 ± 0.0022 0.9250,9.75E−007	0.8754 ± 0.0018 2.61E−017,1.15-009	0.8755 ± 0.0002 2.21E−025,1.1eE−009	0.8893 ± 0.0007 1.33E−011,4.34E−008	**0.8956 ± 0.0013**
MNIST(2)	0.5713 ± 0.0017 1.07E−040,1.15E−009	0.5893 ± 0.0016 3.54E−039,1.15E−009	**0.7131 ± 0.0063** 3.43E−008,4.34E−008	0.5556 ± 0.0026 7.66E−057,1.15E−009	0.5713 ± 0.0017 1.07E−040,1.15E−009	0.6951 ± 0.0027
MNIST(3)	0.6377 ± 0.0037 2.74E−036,1.15E−009	0.6448 ± 0.0039 1.19E−034,1.15E−009	0.7234 ± 0.0004 1.68E−023,1.15E−009	0.6258 ± 0.0072 9.51E−028,1.15E−009	0.6412 ± 0.0120 2.44E−018,1.15E−009	**0.7463 ± 0.0021**
MNIST(4)	0.7474 ± 0.0045 3.05E−028,1.15E−009	0.7690 ± 0.0013 6.13E−033,1.15E−009	0.7933 ± 0.0007 7.42E−033,1.15E−009	0.7655 ± 0.0010 3.90E−043,1.15E−009	0.7474 ± 0.0045 3.05E−028,1.15E−009	**0.8482 ± 0.0005**
MNIST(5)	0.5908 ± 0.0053 1.62E−051,1.15E−009	0.5979 ± 0.0064 6.27E−040,1.15E−009	0.6757 ± 0.0015 9.77E−007,3.65E−008	0.5701 ± 0.0056 2.43E−064,1.15E−009	0.5908 ± 0.0053 1.62E−051,1.15E−009	**0.6821 ± 0.0055**
MNIST(6)	0.7162 ± 0.0031 1.52E−035,1.15E−009	0.7272 ± 0.0019 8.39E−044,1.15E−009	0.7608 ± 0.0004 6.95E−032,1.15E−009	0.7163 ± 0.0027 1.68E−037,1.15E−009	0.7162 ± 0.0031 1.52E−035,1.15E−009	**0.8268 ± 0.0013**
MNIST(7)	0.7065 ± 0.0022 5.53E−027,1.15E−009	0.7177 ± 0.0011 4.74E−028,1.15E−009	0.7773 ± 0.0015 1.17E−019,1.15E−009	0.6868 ± 0.0008 4.78E−031,1.15E−009	0.7087 ± 0.0119 4.58E−018,1.15E−009	**0.8159 ± 0.0029**
MNIST(8)	0.6851 ± 0.0026 3.51E−038,1.15E−009	0.7032 ± 0.0012 7.42E−096,1.15E−009	0.7624 ± 0.0029 1.17E−019,1.15E−009	0.6809 ± 0.0054 2.10E−029,1.15E−009	0.6851 ± 0.0026 3.51E−038,1.15E−009	**0.7988 ± 0.0013**
MNIST(9)	0.7464 ± 0.0023 6.82E−032,1.15E−009	0.7623 ± 0.0007 7.13E−052,1.15E−009	0.8071 ± 0.0030 8.39E−026,1.15E−009	0.7475 ± 0.0012 5.68E−043,1.15E−009	0.7464 ± 0.0023 6.82E−032,1.15E−009	**0.8533 ± 0.0005**

注：最优结果用黑色字体加粗显示.

从表 5.11 中的结果可以发现除了 MNIST(1), RAEOCSVMs 与其他五种方法在统计上均存在显著性差异. 此外, 除了 MNIST(2), RAEOCSVMs 在其他数据集上均取得了优于其他五种方法的泛化性能. 因此, 与 OCSVM, AEOCSVMs, WBEOCSVMs, RSMEOCSVMs 和 CEOCSVMs 相比, RAEOCSVMs 具有更优的抗离群点能力. 另外, 由图 5.18 可以发现 RAEOCSVMs 能够赋予正常样本较高的决策值, 同时赋给不正常样本较低的决策值.

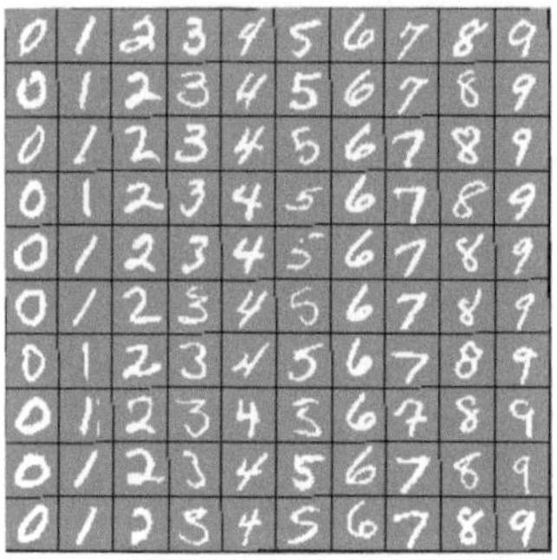

(a) 在测试集中被RAEOCSVMs识别出的100个最好的目标样本

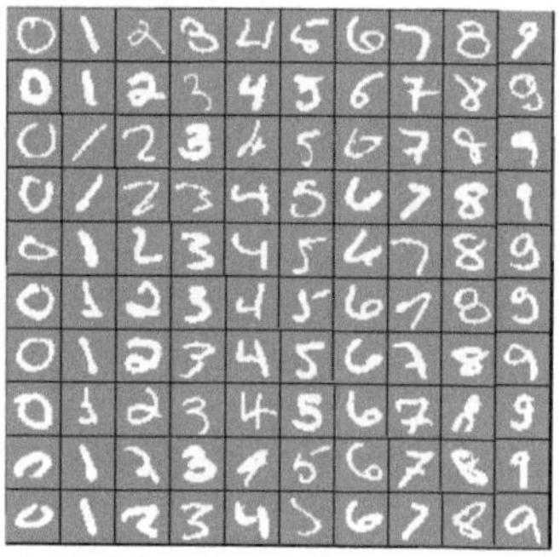

(b) 在测试集中被RAEOCSVMs识别出的100个最差的目标样本

图 5.18 在 MNIST 的测试集中被 RAEOCSVMs 识别出的 100 个最好的和 100 个最差的目标样本

5.4 基于 Renyi 熵多样性度量的 SVDD 选择性集成

为有效处理单类分类问题, 在基于 Renyi 熵的多样性度量基础之上, 我们为支持向量数据描述 (SVDD) 提出了选择性集成策略[22]. 为了获得紧致的分类边界, 将集成半径定义为组合权重向量和 SVDD 半径所构成向量之间的内积, 并将高维特征空间中样本的像和中心之间距离的 Renyi 熵定义为集成的多样性度量, 此外, 在所提集成的目标函数中引入基于 ℓ_1 范数的正则化项, 以实现选择性集成.

5.4.1 Renyi 熵

对于一个统计变量 X, 若其概率密度函数为 $f(X)$, 则它的 Renyi 熵定义为

$$H_R(X) = \frac{1}{1-\alpha}\log\int f^{\alpha}(X)dX, \quad \alpha > 0, \quad \alpha \neq 1. \tag{5.30}$$

如果 $\alpha = 2$, 则式 (5.30) 可改写为

$$H_{R_2}(X) = -\log\int f^2(X)dX, \tag{5.31}$$

即为 Renyi 二次熵.

设 $\{\mathbf{x}_i\}_{i=1}^N$ 是以满足概率密度函数 $f(X)$ 的分布按照独立同分布进行采样得到的样本集, 其中 $\mathbf{x}_i \in \Re^d$. $f(X)$ 可以通过 Parzen 窗估计器估计得到, 即

$$\hat{f}(X) = \frac{1}{N}\sum_{i=1}^{N} W_{\sigma^2}(\mathbf{x}-\mathbf{x}_i), \tag{5.32}$$

其中 $W_{\sigma^2}(\cdot)$ 为 Parzen 窗且缩放参数 σ^2 控制窗宽. 通常情况下, 将高斯核函数用作 Parzen 窗的核函数, 可得

$$W_{\sigma^2}(\mathbf{x}-\mathbf{x}_i) = G(\mathbf{x}-\mathbf{x}_i,\sigma^2) = \frac{1}{(2\pi)^{d/2}\sigma^d}\exp\left\{-\frac{(\mathbf{x}-\mathbf{x}_i)^{\mathrm{T}}(\mathbf{x}-\mathbf{x}_i)}{2\sigma^2}\right\}. \tag{5.33}$$

根据卷积定理[11], 可得

$$\int G(\mathbf{x}-\mathbf{x}_i,\sigma^2)G(\mathbf{x}-\mathbf{x}_j,\sigma^2)d\mathbf{x} = G(\mathbf{x}_i-\mathbf{x}_j,2\sigma^2). \tag{5.34}$$

利用式 (5.34) 可知式 (5.31) 中的信息势 $\hat{V}_{R^2}(X)$ 表示为

$$\begin{aligned}\hat{V}_{R^2}(X) &= \int \hat{f}^2(X)dX = \int \frac{1}{N}\sum_{i=1}^{N} G(\mathbf{x}-\mathbf{x}_i,\sigma^2)\frac{1}{N}\sum_{j=1}^{N} G(\mathbf{x}-\mathbf{x}_j,\sigma^2)d\mathbf{x}\\ &= \frac{1}{N^2}\sum_{i=1}^{N}\sum_{j=1}^{N} G(\mathbf{x}_i-\mathbf{x}_j,2\sigma^2).\end{aligned} \tag{5.35}$$

因此, $\{\mathbf{x}_i\}_{i=1}^N$ 的 Renyi 熵可以表示为

$$H_{R^2}(\{\mathbf{x}_i\}_{i=1}^N) = -\log \hat{V}_{R^2}(\{\mathbf{x}_i\}_{i=1}^N) = -\log\left[\frac{1}{N^2}\sum_{i=1}^{N}\sum_{j=1}^{N} G(\mathbf{x}_i-\mathbf{x}_j,2\sigma^2)\right]. \tag{5.36}$$

对于式 (5.36) 中的 Renyi 熵, 有两点需要说明. 首先, 因为 Renyi 二次熵是香农熵的下界, 对于熵最大化而言, 它比香农熵更为有效 (可参见文献 [23] 的第 54 页); 其次, 利用式 (5.36) 计算 Renyi 熵可以显著提高计算效率[24].

5.4.2 SVDD 的选择性集成

SVDD 在高维特征空间中的分类边界为超球形, SVDD 的集成在特征空间中也是超球形, 如图 5.19 所示. 由图 5.19 可知 SVDD 集成的性能由其半径和中心的位置决定. 因此, 所提集成方法将寻找最优的半径和集成中心, 而不是求取最高的集成多样性.

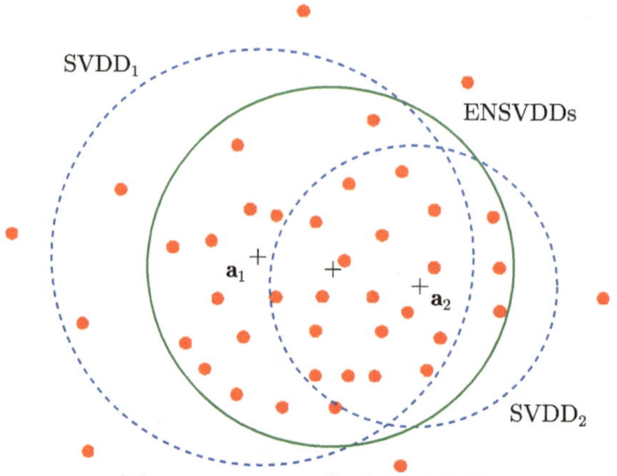

图 5.19 SVDD 集成的示意图

$\mathbf{a}_1$ 和 $\mathbf{a}_2$ 是两个 SVDD 的中心, ENSVDDs 是两个 SVDD 的集成.

定义 5.2 对于 M 个 SVDD, 它们的集成半径定义为

$$\bar{r} = \sum_{k=1}^{M} w_k r_k = \mathbf{w}^{\mathrm{T}}\mathbf{r}, \tag{5.37}$$

其中 r_k 表示第 k 个 SVDD 的半径, $\mathbf{w} = (w_1, w_2, \cdots, w_M)^{\mathrm{T}}$ 是由 M 个半径的组合权重构成的向量, $\mathbf{r} = (r_1, r_2, \cdots, r_M)^{\mathrm{T}}$ 为 M 个半径组成的向量.

为了使 SVDD 集成的分类边界尽可能地紧致, 需要最小化集成半径的平方 $\bar{r}^2$. 然而, 为了避免集成中的 SVDD 取得相同的半径和中心, 从整个训练集中有放回地随机选取部分训练样本训练每个 SVDD. 因此, 所提集成方法的初始化策略与 Bagging 相同. 由式 (5.37) 可知 $\bar{r}^2$ 可以表示为

$$\bar{r}^2 = (\mathbf{w}^{\mathrm{T}}\mathbf{r})^2 = \mathbf{w}^{\mathrm{T}}\mathbf{r}\mathbf{r}^{\mathrm{T}}\mathbf{w}. \tag{5.38}$$

设第 k 个 SVDD 的中心向量为 $\mathbf{a}_k$. 第 i 个样本 $\mathbf{x}_i$ 在特征空间中的像和 $\mathbf{a}_k$ 之间的核距离为

$$d_{ik} = \|\phi(\mathbf{x}_i) - \mathbf{a}_k\| = \sqrt{K(\mathbf{x}_i, \mathbf{x}_i) - 2\sum_{j=1}^{N} a_{kj} K(\mathbf{x}_i, \mathbf{x}_j) + \sum_{j=1}^{N}\sum_{l=1}^{N} a_{kj} a_{kl} K(\mathbf{x}_j, \mathbf{x}_l)}. \tag{5.39}$$

特征空间中 $\mathbf{x}_i$ 的像与两个不同 SVDD 的中心之间的核距离如图 5.20 所示.

定义 5.3 设 d_{ik} 表示特征空间中第 i 个样本 $\mathbf{x}_i$ 的像与第 k 个 SVDD 的中心之间的核距离. 特征空间中 $\mathbf{x}_i$ 的像与集成中心之间的核距离定义为

$$\bar{d}_i = \sum_{k=1}^{M} w_k d_{ik} = \mathbf{w}^{\mathrm{T}}\mathbf{d}_i, \tag{5.40}$$

其中 $\mathbf{d}_i = (d_{i1}, d_{i2}, \cdots, d_{iM})^{\mathrm{T}}$.

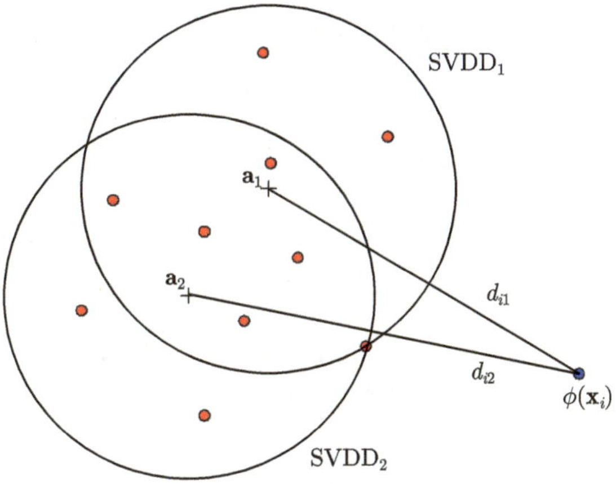

图 5.20 特征空间中 $\mathbf{x}_i$ 与两个不同 SVDD 的中心之间的核距离

对于上面两个定义, 有以下三点需要加以说明:

(1) 一旦 M 个 SVDD 训练过程完成之后, 它们将保持不变. 因此, M 个 SVDD 的中心 $\{\mathbf{a}_k\}_{k=1}^M$ 和半径 $\{r_k\}_{k=1}^M$ 在构造集成过程中保持不变;

(2) 集成中心没有明确的表达形式, 由式 (5.40) 可知集成中心的位置随 $\{\bar{d}_i\}_{i=1}^N$ 的改变而移动;

(3) 根据式 (5.37) 和 (5.40), 集成中心的位置和半径的长度都随组合权重向量 $\mathbf{w}$ 的调整而改变.

定义 5.4 距离变量 $\bar{D} = \{\bar{d}_1, \bar{d}_2, \cdots, \bar{d}_N\}$ 的多样性可由其 Renyi 熵度量, 即

$$H_{R^2}(\bar{D}) = -\log \hat{V}_{R^2}(\bar{D}) = -\log \left[\frac{1}{N^2} \sum_{i=1}^{N} \sum_{j=1}^{N} G(\bar{d}_i - \bar{d}_j, 2\sigma^2) \right]. \tag{5.41}$$

注意所提多样性度量被用于度量 N 个距离 $\bar{d}_1, \bar{d}_2, \cdots, \bar{d}_N$ 的多样性, 而非 N 个 SVDD 的多样性. 根据式 (5.41), N 个距离的高散度可以通过最大化所提的多样性度量求取. 此外, 集成中心的位置通过调整 N 个样本和集成中心之间的 N 个核距离而改变. 集成中心的最优位置通过最大化式 (5.41) 中的 $H_{R^2}(\bar{D})$ 获取. 因为对数函数为严格递增函数, 所以最大化 $H_{R^2}(\bar{D})$ 等价于最小化它的信息势 $\hat{V}_{R^2}(\bar{D})$.

为了实现选择性集成, 可以引入基于 ℓ_1 范数的正则化项. 注意组合权重向量 $\mathbf{w}$ 中的元素均不能小于零, 即 $w_k \geqslant 0 (k = 1, 2, \cdots, M)$.

综合起来, 基于 Renyi 熵多样性度量的 SVDD 的选择性集成的优化问题为

$$
\begin{aligned}
\min \quad & \mathbf{w}^{\mathrm{T}}\mathbf{r}\mathbf{r}^{\mathrm{T}}\mathbf{w} + \frac{1}{N^2}\sum_{i=1}^{N}\sum_{j=1}^{N} G(\bar{d}_i - \bar{d}_j, 2\sigma^2) - \lambda \|\mathbf{w}\|_1 \\
\text{s.t.} \quad & w_k \geqslant 0, \quad k = 1, 2, \cdots, M.
\end{aligned}
\tag{5.42}
$$

式 (5.42) 的目标函数中的第二项可以改写为

$$
\begin{aligned}
\frac{1}{N^2}\sum_{i=1}^{N}\sum_{j=1}^{N}\exp\left\{-\frac{(\bar{d}_i - \bar{d}_j)^2}{4\sigma^2}\right\} &= \frac{1}{N^2}\sum_{i=1}^{N}\sum_{j=1}^{N}\exp\left\{-\frac{(\mathbf{w}^{\mathrm{T}}\mathbf{d}_i - \mathbf{w}^{\mathrm{T}}\mathbf{d}_j)^2}{4\sigma^2}\right\} \\
&= \frac{1}{N^2}\sum_{i=1}^{N}\sum_{j=1}^{N}\exp\left\{-\frac{\mathbf{w}^{\mathrm{T}}(\mathbf{d}_i - \mathbf{d}_j)(\mathbf{d}_i - \mathbf{d}_j)^{\mathrm{T}}\mathbf{w}}{4\sigma^2}\right\}.
\end{aligned}
\tag{5.43}
$$

因为 $\|\mathbf{w}\|_1 = \sum_{k=1}^{M}|w_k|$ 且 $w_k \geqslant 0(k = 1, 2, \cdots, M)$, 可得

$$
\|\mathbf{w}\|_1 = \sum_{k=1}^{M} w_k = \mathbf{w}^{\mathrm{T}}\mathbf{1}_M, \tag{5.44}
$$

其中 $\mathbf{1}_M$ 为 M 维向量且其元素均为 1. 将式 (5.43) 和 (5.44) 代入 (5.42) 可得

$$
\min \quad \mathbf{w}^{\mathrm{T}}\mathbf{r}\mathbf{r}^{\mathrm{T}}\mathbf{w} + \frac{1}{N^2}\sum_{i=1}^{N}\sum_{j=1}^{N}\exp\left\{-\frac{\mathbf{w}^{\mathrm{T}}(\mathbf{d}_i - \mathbf{d}_j)(\mathbf{d}_i - \mathbf{d}_j)^{\mathrm{T}}\mathbf{w}}{4\sigma^2}\right\} - \lambda\mathbf{w}^{\mathrm{T}}\mathbf{1}_M. \tag{5.45}
$$

对于优化问题 (5.45), 存在多种求解方法, 如半二次优化技术[25,26]、期望最大化方法[27] 和基于梯度的方法 [28,29]. 下面介绍利用半二次优化技术对优化问题 (5.45) 进行求解的过程. 根据凸共轭函数理论[26], 可知:

命题 5.1 对于 $G(z) = \exp\left\{-\dfrac{z^2}{2\sigma^2}\right\}$, 存在一个凸共轭函数 φ, 满足

$$
G(z) = \sup_{\alpha\in\Re^-}\left(\alpha\frac{z}{2\sigma^2} - \varphi(\alpha)\right). \tag{5.46}
$$

此外, 对于固定的 z, 上确界在 $\alpha = -G(z)$ 处取得.

根据命题 5.1, 目标函数 (5.45) 可以扩充为

$$
J(\mathbf{w}, \mathbf{P}) = \max_{\mathbf{w},\mathbf{P}}\left\{-\mathbf{w}^{\mathrm{T}}\mathbf{r}\mathbf{r}^{\mathrm{T}}\mathbf{w} - \frac{1}{N^2}\sum_{i=1}^{N}\sum_{j=1}^{N}\left[p_{ij}\frac{\mathbf{w}(\mathbf{d}_i - \mathbf{d}_j)(\mathbf{d}_i - \mathbf{d}_j)^{\mathrm{T}}\mathbf{w}}{4\sigma^2} - \varphi(p_{ij})\right]\right.
$$

$$
+ \lambda \mathbf{w}^{\mathrm{T}} \mathbf{1}_M \Big\}, \tag{5.47}
$$

其中 $\mathbf{P} = (p_{ij})_{N\times N}$ 保存着半二次优化中的辅助变量.

优化问题 (5.47) 的最优解可以通过式 (5.48) 和 (5.49) 迭代求解.

$$
\hat{p}_{ij}^{\tau+1} = -\exp\left\{-\frac{(\mathbf{w}^{\tau})^{\mathrm{T}}(\mathbf{d}_i - \mathbf{d}_j)(\mathbf{d}_i - \mathbf{d}_j)^{\mathrm{T}}\mathbf{w}^{\tau}}{4\sigma^2}\right\}, \tag{5.48}
$$

$$
\begin{aligned}
\mathbf{w}^{\tau+1} &= \arg\max_{\mathbf{w}} \left\{-\mathbf{w}^{\mathrm{T}}\mathbf{r}\mathbf{r}^{\mathrm{T}}\mathbf{w} - \mathbf{w}^{\mathrm{T}}\left[\sum_{i=1}^{N}\sum_{j=1}^{N}\frac{p_{ij}(\mathbf{d}_i - \mathbf{d}_j)(\mathbf{d}_i - \mathbf{d}_j)^{\mathrm{T}}}{4N^2\sigma^2}\right]\mathbf{w} + \lambda\mathbf{w}^{\mathrm{T}}\mathbf{1}_M\right\} \\
&\quad + \mathrm{const} \\
&= \arg\max_{\mathbf{w}}\left[-\mathbf{w}^{\mathrm{T}}\left(\mathbf{r}\mathbf{r}^{\mathrm{T}} + \frac{1}{4N^2\sigma^2}\mathbf{DLD}^{\mathrm{T}}\right)\mathbf{w} + \lambda\mathbf{w}^{\mathrm{T}}\mathbf{1}_M\right],
\end{aligned} \tag{5.49}
$$

其中 τ 表示第 τ 次迭代, $\mathbf{D} = (\mathbf{d}_1, \mathbf{d}_2, \cdots, \mathbf{d}_N)$, $\mathbf{L} = \mathbf{P} - \mathbf{Q}$ 为拉普拉斯矩阵, 其主对角线上的元素为 $\mathbf{Q}_{ii} = \sum_{j=1}^{N} p_{ij}$.

优化问题 (5.49) 可通过寻找其目标函数的鞍点求解, 即求取目标函数关于 $\mathbf{w}$ 的偏导数, 并令偏导数为零求得. 因此, 优化问题 (5.49) 在第 $\tau+1$ 次迭代的局部极优解为

$$
\hat{\mathbf{w}}^{\tau+1} = \frac{\lambda}{2}\left(\mathbf{r}\mathbf{r}^{\mathrm{T}} + \frac{\mathbf{DLD}^{\mathrm{T}}}{4N^2\sigma^2}\right)^{-1}\mathbf{1}_M. \tag{5.50}
$$

此处需要说明的是 (5.47) 中的目标函数 $J(\mathbf{w}, \mathbf{P})$ 在经过一定迭代次数后收敛, 该性质可以概括为下面的命题.

命题 5.2 由 (5.48) 和 (5.49) 迭代产生的序列 $\{J(\mathbf{w}^{\tau}, \mathbf{P}^{\tau}), \tau=1,2,\cdots\}$ 收敛.

证明 根据命题 5.1 和式 (5.49), 可知 $J(\mathbf{w}^{\tau}, \mathbf{P}^{\tau}) \leqslant J(\mathbf{w}^{\tau+1}, \mathbf{P}^{\tau}) \leqslant J(\mathbf{w}^{\tau+1}, \mathbf{P}^{\tau+1})$. 因此序列 $\{J(\mathbf{w}^{\tau}, \mathbf{P}^{\tau}),\ \tau = 1, 2, \cdots\}$ 是非递减的. 此外, 文献 [28] 证明了相关熵是有界的, 所以 $J(\mathbf{w}^{\tau}, \mathbf{P}^{\tau})$ 有界. 进而可知序列 $\{J(\mathbf{w}^{\tau}, \mathbf{P}^{\tau}),\ \tau = 1, 2, \cdots\}$ 收敛.

注 5.1 所提集成方法中的基分类器取为 SVDD. 尽管 SVDD 与 OCSVM 在一定条件下等价, OCSVM 并不能直接用于替代所提集成方法中的 SVDD.

SVDD 与 OCSVM 的等价性可以用两种不同的方法加以证明. 第一种方法中, 当使用高斯核函数且 SVDD 的折中参数 C 等于 OCSVM 的训练样本数 N 与百分比估计参数 ν 乘积的逆时, SVDD 的对偶优化问题等价于 OCSVM 的对偶优化问题[30]. 第二种方法中, SVDD 和 OCSVM 的原优化问题在满足下述三个条

件下等价[31]: ① 对于 OCSVM, 其法向量的范数 $\|\mathbf{w}\|$ 等于 1; ② 对于 SVDD, 所有训练样本 $\mathbf{x}_i$ $(i=1,2,\cdots,N)$ 和中心向量 $\mathbf{a}$ 都归一化; ③ OCSVM 的截距项 ρ 等于 SVDD 的 $2-R^2$. 此外, SVDD 的 C 等于 OCSVM 的训练样本数 N 和 ν 乘积的逆.

对于第一种证明 SVDD 和 OCSVM 等价的方法, 易知 SVDD 的半径 R 和 OCSVM 的截距项 ρ 之间没有关系, 因此不能得到 OCSVM 集成的半径. 对于第二种证明方法, 尽管 R 和 ρ 之间有关系, 对 SVDD 的中心向量 $\mathbf{a}$ 进行归一化且将 OCSVM 的法向量 $\mathbf{w}$ 的范数限制为 1, 会极大地降低最终所得 SVDD 和 OCSVM 的分类性能. 此外, 对于 OCSVM, 不能得到式 (5.41) 所定义的多样性度量, 原因是在整个训练过程中并无中心向量的定义. 因此, OCSVM 不能直接代替 SVDD 作为所提集成方法中的基分类器.

所提 SVDD 选择性集成的整个训练过程概括在算法 5.6 中. 对于算法 5.6 中的第一步, 从整个训练集中有放回地随机选取部分样本用于训练 M 个 SVDD. M 个 SVDD 训练完成之后, 按照所提集成策略对集成半径的长度和集成中心的位置进行调整. 同时, 集成中多余的 SVDD 能被剔除.

算法 5.6 SVDD 的选择性集成

输入 训练样本 $\{\mathbf{x}_i\}_{i=1}^N$, SVDD 的个数 M, 最大迭代次数 I_{HQ}, 正则化系数 λ.
输出 最优组合权重向量 $\mathbf{w}^*$, M 个训练好的 SVDD.
初始化 高斯核函数的宽度参数 γ, 折中参数 C, Renyi 熵函数的宽度参数 σ.
步骤 1: 使用参数 γ 和 C 训练 M 个 SVDD.
步骤 2: 随机初始化组合权重 w_k $(k=1,2,\cdots,M)$ 并令它们的和为 1.
步骤 3: 更新组合权重.
  for $\tau=1,2,\cdots,I_{HQ}$
    (1) 根据式 (5.48) 更新辅助变量 p_{ij} $(i,j=1,2,\cdots,N)$.
    (2) 根据式 (5.50) 更新组合权重向量 $\mathbf{w}$.
  end for

众所周知, SVDD 的训练复杂度为 $O(N^3)$[32]. 因此, 算法 5.6 中的步骤 1 的计算复杂度为 $O(MN^3)$. 对于步骤 3, 每次迭代中核距离矩阵 $\mathbf{D}$ 需要 $O(MN^3)$ 次运算. 每次迭代中辅助矩阵 $\mathbf{P}$ 的计算复杂度为 $O(N^2(M^3+M^2))$. 此外, 根据式 (5.50), 每次迭代中组合权重向量 $\mathbf{w}$ 的计算需要 $O(MN^2+(N+2)M^2+M^3)$ 次运算. 因此, 步骤 3 的总计算复杂度为 $O((I_{HQ}+1)MN^3+I_{HQ}[(M^3+M^2+M)N^2+(N+2)M^2+M^3])$. 通常情况下, $I_{HQ}\gg 1$ 且 $N\gg M$. 因此, 算法 5.6 的计算复杂度近似为 $O(I_{HQ}(MN^3+M^3N^2))$.

给定一个测试样本 $\mathbf{x}_{ts}$, 它在特征空间中的像与 M 个中心 $\mathbf{a}_1, \mathbf{a}_2, \cdots, \mathbf{a}_M$ 之间的核距离按下式计算.

$$
\begin{aligned}
d_{ts}^k &= \|\phi(\mathbf{x}_{ts}) - \mathbf{a}_k\| \\
&= \sqrt{K(\mathbf{x}_{ts}, \mathbf{x}_{ts}) - 2\sum_{j=1}^{N} \alpha_{kj} K(\mathbf{x}_{ts}, \mathbf{x}_j) + \sum_{j=1}^{N}\sum_{l=1}^{N} \alpha_{kj}\alpha_{kl} K(\mathbf{x}_j, \mathbf{x}_l)}.
\end{aligned} \tag{5.51}
$$

因此, $\mathbf{x}_{ts}$ 在特征空间中的像与集成中心之间的核距离为

$$
\bar{d}_{ts} = \sum_{k=1}^{M} w_k^* d_{ts}^k. \tag{5.52}
$$

此外, 集成半径为 $\bar{r}^* = \sum_{k=1}^{M} w_k^* r_k$. 最后, 如果 $\bar{d}_{ts} < \bar{r}^*$, 则测试样本 $\mathbf{x}_{ts}$ 被判定为正常数据. 如果 $\bar{d}_{ts} \geqslant \bar{r}^*$, $\mathbf{x}_{ts}$ 被判定为异常数据.

5.4.3 实验结果

在下面的实验中, 使用几何均值 (g-mean) 度量不同方法的性能. 对于 SVDD 和 SVDD 的选择性集成 (SESVDDs), 采用高斯核函数 $K(\mathbf{x}, \mathbf{y}) = \exp\{-\gamma\|\mathbf{x} - \mathbf{y}\|^2\}$. 对于 SESVDDs, 其基分类器的训练样本均采用有放回的方式从训练集中随机选取 80%. 在训练 SESVDDs 的过程中, 组合权重满足 $\frac{w_k}{\sum_{l=1}^{M} w_l} < \frac{1}{M}$ 的基分类器从集成中被剔除.

5.4.3.1 人工数据集

为了验证 SESVDDs 的有效性, 这里使用了两个人工数据集. SESVDDs 中基分类器的个数和半二次优化的最大迭代次数均取为 20. 对两个人工数据集的描述如下.

Sine Noise: 从正弦曲线 $y = \sin\left(\frac{3}{2}\pi x\right)$ $(x \in [0, 3])$ 上随机选取 200 个不含噪声的数据. 在区域 $\{(x, y) | x \in [0, 3], y \in [-2, 2]\}$ 中随机选取 50 个噪声样本. 图 5.21(a) 展示了所有样本.

Square Noise: 从正方形区域 $\{(x, y) | x \in [0.4, 2.6], y \in [0.4, 0.6] \cup [2.4, 2.6]\} \cup \{(x, y) | x \in [0.4, 0.6] \cup [2.4, 2.6], y \in [0.4, 2.6]\}$ 中随机选取 200 个不含噪声的样本. 在区域 $\{(x, y) | x, y \in [0, 3]\}$ 中随机选取 50 个噪声样本. 图 5.21(b) 展示了所有样本.

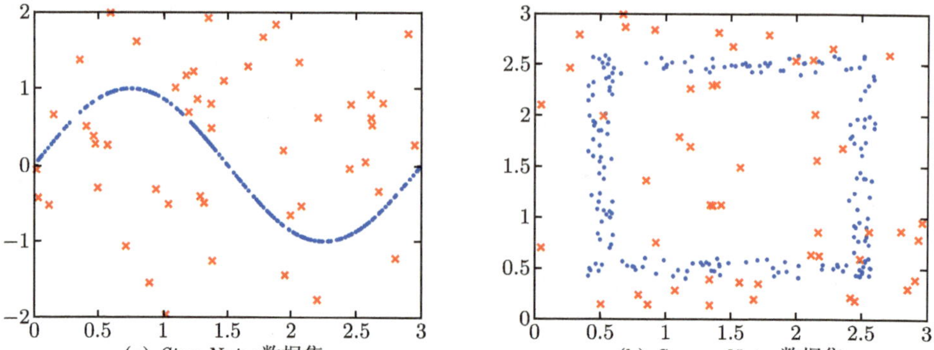

(a) *Sine Noise*数据集　　(b) *Square Noise*数据集

图 5.21　两个人工数据集

其中 "•" 表示不含噪声的样本, "×" 表示噪声样本, 余同.

对于 *Sine Noise*, 高斯核函数的参数和 SVDD 的折中参数分别取为 $\gamma = 40$ 和 $C = 0.2$. SESVDDs 的高斯核函数的参数与折中参数的取值均与 SVDD 中相应的参数取值相同. 此外, Renyi 熵函数的宽度参数和 SESVDDs 的正则化系数分别取为 $\sigma = 1$ 和 $\lambda = 1$. 两种方法的结果如图 5.22 所示. SESVDDs 的基分类器个数取为 8.

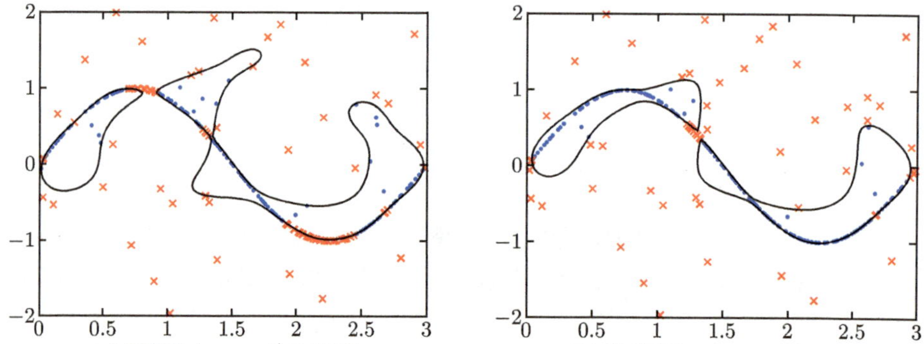

(a) SVDD (g-mean为0.6825)　　(b) SESVDDs (g-mean为0.8567)

图 5.22　两种方法在 *Sine Noise* 上的分类结果

对于 *Square Noise*, SVDD 和 SESVDDs 的参数设置均与它们在 *Sine Noise* 数据集上的参数设置完全相同. 两种方法的结果如图 5.23 所示. SESVDDs 中基分类器个数取为 11.

根据图 5.22 和图 5.23 所展示的结果和两种方法的 g-mean, 容易发现所提 SESVDDs 在两个人工数据集上比 SVDD 具有更强的抗噪声能力.

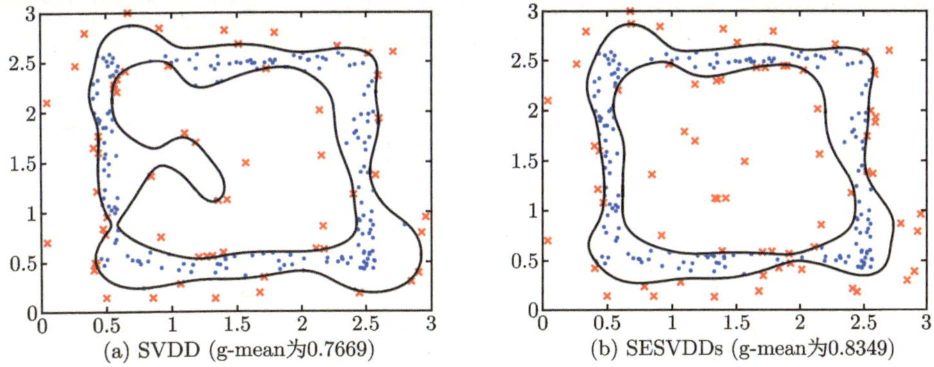

图 5.23 两种方法在 *Square Noise* 上的分类结果

为了观察 SESVDDs 的初始规模对最终分类性能的影响, SVDD 的初始数目从 10 到 300, 每次增加 10 个基分类器. 图 5.24 展示了 SESVDDs 随其集成中 SVDD 个数不同所取得的不同 g-mean. 对于 *Sine Noise*, 当 SVDD 个数为 190, 200 或 210 时, SESVDDs 的 g-mean 最优值为 0.9157. 从图 5.24(a) 可以发现当 SVDD 的初始个数大于 240 时, SESVDDs 的 g-mean 保持不变. 对于 *Square Noise*, 当 SVDD 的初始个数取 270 时, SESVDDs 的 g-mean 的最优值为 0.8442. 由图 5.24(b) 可以观察出当 SVDD 个数大于 280 时, SESVDDs 的 g-mean 保持不变. 因此, 从图 5.24 可以推断出当 SVDD 的初始个数变大时, SESVDDs 的性能变好. 当 SVDD 的初始个数达到一定值时, SESVDDs 能够取得最优性能. 最后, 当 SVDD 的个数增加到足够大时, SESVDDs 的性能保持不变.

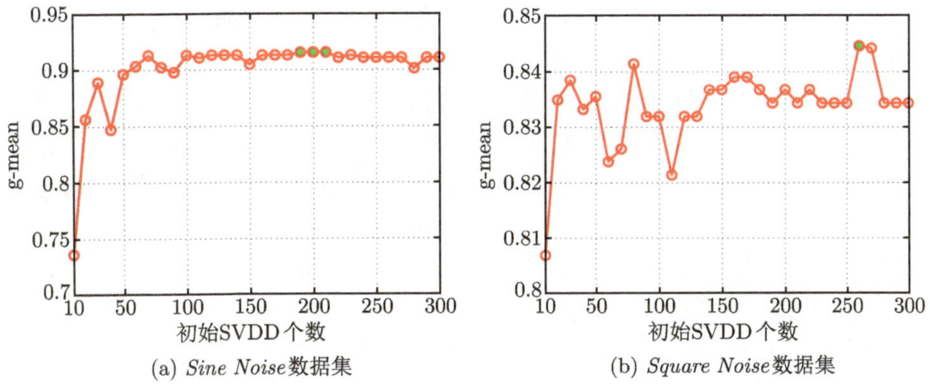

图 5.24 SESVDDs 在两个人工数据集上对应于不同初始 SVDD 个数的分类性能

在两个人工数据集上, SESVDDs 中对应于初始 SVDD 个数的最终 SVDD 个数如图 5.25 所示. 从图 5.25 可以发现, SVDD 的最终个数大致是初始个数的一半. 因此, SESVDDs 能够大量减少 SVDD 的初始个数.

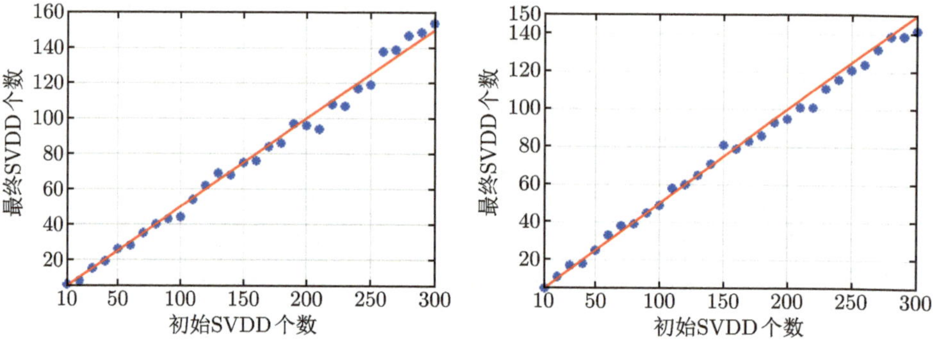

(a) *Sine Noise*数据集　　(b) *Square Noise*数据集

图 5.25　SESVDDs 在两个人工数据集上 SVDD 的初始个数和最终个数

5.4.3.2　基准数据集

为了进一步验证所提方法的性能, 将它与五种相关方法进行比较. 这五种方法分别为: 单个 SVDD、基于 Bagging 的 SVDD 集成[33]、基于 AdaBoost 的 SVDD 集成、基于随机子空间的 SVDD 集成[34]、基于聚类的 SVDD 集成[35]. 在 20 个基准数据集中, 其中 9 个取自 Rätsch 基准数据集①, 剩余 11 个取自 UCI 机器学习数据库[6]. 然而, 这 20 个基准数据集最初被用于两类分类. 为了使它们适用于单类分类, 将给定的数据集中的某一类样本用作正常数据, 另一类样本用作异常数据. 此外, 对于每个数据集, 采用不放回的方式从正常数据中随机选取 70% 用作训练集, 剩余的 30% 正常数据和所有的异常数据用作测试集. 对于 20 个基准数据集的描述概括在表 5.12 中.

为了使单个 SVDD 取得较好的性能, 它的两个参数 (即折中参数 C 和高斯核函数的宽度参数 γ) 需要采用穷举法分别在域 $\{0.01,0.025,0.05,0.075,0.1,0.2,\cdots,1\}$ 和 $\{0.0003,0.0012,0.005,0.0078,0.0312,0.125,0.5,50,5000\}$ 中进行搜索. 单个 SVDD 的 C 和 γ 在 20 个基准数据集上的最优值概括在表 5.13 中.

对于五种集成方法, 即 Bagging, AdaBoost, RSMESVDDs, CESVDDs 和所提方法, 它们的基分类器的参数设置均与单个 SVDD 的参数设置相同. 五种集成方法的基分类器个数均取为 50. 对于 RSMESVDDs, 每个训练集中保留下来的特征所占的百分比固定为 75%, 训练后的 SVDD 由多数投票策略进行组合. 对于 CESVDDs, 使用基于 PBMF 指标的模糊 c 均值[36] 对样本空间进行划分. 此外,

① http://theoval.cmp.uea.ac.uk/gcc/matlab/default.html#benchmarks

所提方法的正则化系数, 在以下实验中固定为 $\lambda = 1$. 半二次优化的迭代次数取为 20. Renyi 熵函数的宽度参数 σ 的取值范围是 $\{2^{-10}, 2^{-9}, \cdots, 2^{9}, 2^{10}\}$. 通过实验, 我们发现 SESVDDs 的宽度参数 σ 取为 2^{10} 时, 它在所有 20 个基准数据集上都取得了较优的性能.

表 5.12 实验中用到的 20 个基准数据集

数据集	正常数据个数	异常数据个数	特征个数	训练样本个数	测试样本个数
Banana	2376	2924	2	1663	3637
Banknote Authentication	610	762	4	427	945
Blood Transfusion	178	570	4	125	623
Breast Cancer	77	186	9	54	209
Cancer	239	444	9	167	516
Cleverland Heart	214	83	13	150	147
Diabetics	268	500	8	188	580
Flare Solar	94	50	9	66	78
German	300	700	20	210	790
Heart	120	150	13	84	186
Hepatitis	123	32	19	86	69
Image	1188	898	18	832	1254
Liver	145	200	6	102	243
Parkinsons	147	48	22	103	92
Pima	268	500	8	188	580
Sonar	111	97	60	78	130
Twonorm	3703	3697	20	2592	4808
Waveform	1647	3353	21	1153	3847
Wdbc	212	357	9	148	421
Wholesale Customers	298	142	7	209	231

表 5.13 SVDD 在 20 个基准数据集上的最优参数设置

数据集	C	γ	数据集	C	γ
Banana	0.1	5000	*Hepatitis*	1	5000
Banknote Authentication	0.025	0.125	*Image*	0.1	5000
Blood Transfusion	0.3	0.125	*Liver*	0.2	0.0312
Breast Cancer	0.7	5000	*Parkinsons*	0.2	5000
Cancer	0.05	5000	*Pima*	0.2	0.125
Cleverland Heart	0.2	5000	*Sonar*	0.05	50
Diabetics	0.4	50	*Twonorm*	0.1	5000
Flare Solar	0.4	5000	*Waveform*	0.1	5000
German	0.5	5000	*Wdbc*	0.075	5000
Heart	0.3	5000	*Wholesale Customers*	0.3	50

对于 20 个基准数据集, 六种方法在每个数据集的测试集上 20 次实验的平均

g-mean 和相应的标准差概括在表 5.14 中. 此外, 对 SESVDDs 和其他五种方法分别进行了配对 T 检验和 Wilcoxon 秩和检验, 以验证所提方法与其他方法是否在统计上存在显著差异.

表 5.14 中的实验结果表明, 除了 *Diabetics*, *Hepatitis* 和 *Wholesale Customers*, 所提方法与其他五种方法在其他 17 个基准数据集上存在显著差异. 此外, SESVDDs 的泛化性能优于其他五种方法. 考虑到平均测试准确率, 表 5.14 中的结果表明 SESVDDs 在所有 20 个基准数据集上比其他五种方法更为稳定. 对于表 5.14 中的结果, 有两点需要说明:

(1) 与基于 Bagging、基于 AdaBoost、基于随机子空间、基于聚类的集成方法相比, SESVDDs 取得了更优的性能. 主要原因在于最小化半径的加权组合能够使得所提方法取得最优的半径长度, 同时最大化样本的像和集成中心之间核距离的 Renyi 熵多样性度量能够使得所提集成方法取得最优的中心位置.

(2) 对于 SESVDDs, 在 20 个数据集上均剔除了约一半基分类器 (即 25/50). 因此, 在 SESVDDs 的目标函数中引入基于 ℓ_1 范数的正则化项能够有效地剔除集成中冗余的基分类器.

此外, 五种集成方法在四个基准数据集上的性能与集成规模之间的关系如图 5.26 所示. 对于 Bagging, 它在四个数据集上对应于最优 g-mean 的集成规模分别为 20, 160(320, 340 或 400), 20 和 80(或 100). 对于 AdaBoost, 最优集成规模分别为 80(或 120), 60, 160 和 260(或 400). 对于 RSMESVDDs, 最优集成规模为 200, 320, 80 和 80. 对于 SESVDDs, 最优集成规模为 280, 280(320 或 340), 20(或 60) 和 320(或 340). 对于四个数据集, CESVDDs 的 g-mean 保持不变. 根据上面的观察和图 5.26 中性能曲线的变化趋势, 可以得到如下结论:

(1) 对于 Bagging, 在 *Banknote Authentication* 和 *Pima* 上取得最优分类性能的集成规模均为 20. 然而, 在两个数据集上性能曲线的变化均非常平缓. 对于 *Cancer* 和 *Wdbc*, Bagging 的最优性能所对应的集成规模均不大于 80. 总体上, 当集成规模较大时, Bagging 能够取得较好的性能.

(2) 对于 CESVDDs, 在集成中增加 SVDD 的个数并不能获得更优的分类性能. 因此, 为了减小训练和测试损耗, CESVDDs 对较小规模的集成更为偏好.

(3) 对于 AdaBoost, RSMESVDDs 和 SESVDDs, 它们取得最优性能时的集成规模均不大于 60, 所以这三种方法在集成规模较大时能够取得更优的性能.

(4) 在集成规模的范围 [20,400] 中, 与其他四种集成策略相比, SESVDDs 在四个数据集上均取得了最优的分类性能.

表 5.14 六种不同的方法在 20 个基准数据集上的平均测试准确率和标准差

数据集	SVDD	Bagging	AdaBoost	RSMESVDDs	CESVDDs	SESVDDs
	P_1, P_2	P_1, P_2	P_1, P_2	P_1, P_2	P_1, P_2	$N_{w_{nz}}$
Banana	0.6216±0.3531	0.8086±0.0458	0.8079±0.0833	0.7805±0.1002	0.8135±0.0210	09576±0.0110
	0.0224,6.80E−008	7.01E−007,6.80E−008	0.0002,4.88E−004	2.38E−013,6.48E−008	3.36E−026,2.85E−008	26
Banknote	0.8744±0.0027	0.8803±0.0030	0.8763±0.0028	0.8547±0.0022	0.8720±0.0015	0.8818±0.0030
Authentication	1.48E−019,6.80E−008	5.11E−011,1.58E−008	3.30E−017,3.65E−008	4.75E−072,6.80E−008	1.101E−073,6.80E−008	24
Blood Transfusion	0.7242±0.0242	0.7579±0.0167	0.7408±0.0192	0.7084±0.0000	0.7446±0.0000	0.7655±0.0159
	3.70E−013,1.15E−008	3.54E−005,3.65E−008	5.90E−010,1.15E−008	2.53E−036,6.80E−008	1.24E−017,6.80E−008	25
Breast Cancer	0.7798±0.0454	0.8189±0.0288	0.8150±0.0321	0.8103±0.0598	0.8292±0.0286	0.8609±0.0292
	0.0013,0.0028	0.0026,0.0052	0.0068,0.0068	1.55E−006,1.06E−007	1.98E−010,2.80E−008	26
Cancer	0.9075±0.0046	0.9088±0.0040	0.9094±0.0038	0.9053±0.0008	0.8967±0.0000	0.9106±0.0040
	1.67E−007,1.55E−007	4.78E−008,3.65E−008	0.0003,0.0021	1.11E−009,1.15E−008	0,6.80E−008	25
Cleverland	0.5360±0.586	0.5629±0.0504	0.5519±0.0554	0.4909±0.0570	0.5490±0.0587	0.5842±0.0500
Heart	9.10E−009,1.31E−008	8.60E−009,1.31E−008	7.85E−008,1.27E−007	2.52E−008,1.58E−006	4.86E−010,3.16E−008	25
Diabetics	0.7071±0.0987	0.7207±0.0288	0.7220±0.0217	0.0057±0.0305	0.7043±0.0289	0.7293±0.0284
	0.2187,0.4028	0.0220,0.0810	0.1783,0.3143	1.64E−005,2.69E−006	2.08E−006,3.94E−007	25
Flare Solar	0.6074±0.0784	0.6118±0.0692	0.6148±0.0587	0.6633±0.0546	0.5660±0.0558	0.7006±0.0990
	0.0008,1.31E−005	0.0002,1.14E−004	0.0004,1.28E−004	0.0122,1.19E−005	2.45E−010,3.28E−008	24
German	0.7159±0.1506	0.7865±0.0131	0.7817±0.0148	0.7358±0.0228	0.7919±0.0114	0.8212±0.0209
	0.0062,1.32E−008	3.54E−009,2.21E−008	6.00E−007,3.42E−008	1.56E−006,4.18E−008	0.0042,1.31E−008	24
Heart	0.7598±0.0471	0.8117±0.0389	0.7946±0.0382	0.7480±0.0342	0.8015±0.0282	0.8435±0.0303
	7.19E−11,1.42E−008	9.89E−009,1.66E−007	3.14E−009,4.45E−008	1.02E−016,6.75E−008	1.10E−012,6.80E−008	24
Hepatitis	0.6483±0.1815	0.6439±0.0828	0.6671±0.01022	0.6508±0.0986	0.6682±0.0992	0.6760±0.0843
	0.6465,0.1075	0.0096,0.0085	0.7848,0.9246	0.0151,0.0090	0.5323,0.5250	24
Image	0.5483±0.0334	0.5582±0.0154	0.5411±0.0080	0.5318±0.0067	0.5837±0.0252	0.6077±0.0288
	4.90E−008,5.60E−008	1.47E−012,1.67E−008	1.92E−13,1.48E−008	1.66E−021,6.80E−008	1.47E−008,6.79E−008	25
Liver	0.7570±0.0179	0.83.49±0.0094	0.8044±0.0096	0.7141±0.0213	0.7906±0.0086	0.8457±0.0125
	1.08E−008,6.80E−008	0.0002,0.0008	7.34E−008,4.16E−008	3.06E−025,6.56E−008	9.78E−024,5.79E−008	25
Parkinsons	0.5251±0.0516	0.5576±0.0587	0.5421±0.0574	0.5308±0.0654	0.5204±0.0460	0.5796±0.0578
	4.16E−007,1.36E−008	0.0002,0.0144	1.27E−006,1.05E−006	6.99E−008,1.20E−006	6.14E−011,6.80E−008	25

续表

数据集	SVDD	Bagging	AdaBoost	RSMESVDDs	CESVDDs	SESVDDs
	P_1, P_2	P_1, P_2	P_1, P_2	P_1, P_2	P_1, P_2	$N_{w_{nz}}$
Pima	0.7263±0.0278	0.7992±0.0194	0.7727±0.0195	0.7050±0.0452	0.7861±0.0197	0.8081±0.0199
	9.77E−013,3.07E−008	4.98E−005,8.35E−005	7.65E−010,2.78E−008	4.88E−017,6.80E−008	2.18E−010,6.79E−008	26
Sonar	0.8679±0.0173	0.9156±0.0160	0.8936±0.0214	0.7930±0.0345	0.9048±0.0316	0.9212±0.0161
	8.32E−007,3.24E−007	0.0402,0.020	5.86E−006,1.41E−006	4.95E−021,6.80E−008	0.0004,0.0009	25
Twonorm	0.8783±0.0772	0.9074±0.0111	0.9110±0.0139	0.8965±0.0487	0.9108±0.0123	0.9617±0.0062
	0.0027,0.0088	1.95E−009,6.39E−008	1.98E−008,5.98E−008	1.28E−012,6.69E−008	1.84E−022,6.80E−008	25
Waveform	0.8722±0.0498	0.0837±0.0157	0.8901±0.0274	0.8659±0.0528	0.8760±0.0346	0.9353±0.0110
	0.0002,0.0006	8.06E−012,5.32E−008	9.69E−006,4.10E−008	1.12E−010,1.67E−008	8.83E−015,6.79E−008	25
Wdbc	0.8392±0.0422	0.8549±0.0191	0.8329±0.0173	0.8319±0.0315	0.7957±0.0812	0.8703±0.0140
	0.0003,0.0005	8.02E−012,6.91E−007	1.35E−015,2.88E−008	4.53E−012,6.80E−008	1.46E−007,1.05E−006	26
Wholesale	0.7424±0.0272	0.7535±0.0241	0.7422±0.0348	0.7071±0.0457	0.6167±0.0820	0.7797±0.0069
Customers	0.1901,0.2931	0.2685,0.4291	0.2555,0.5108	0.0978,0.2125	0.1537,0.3460	23

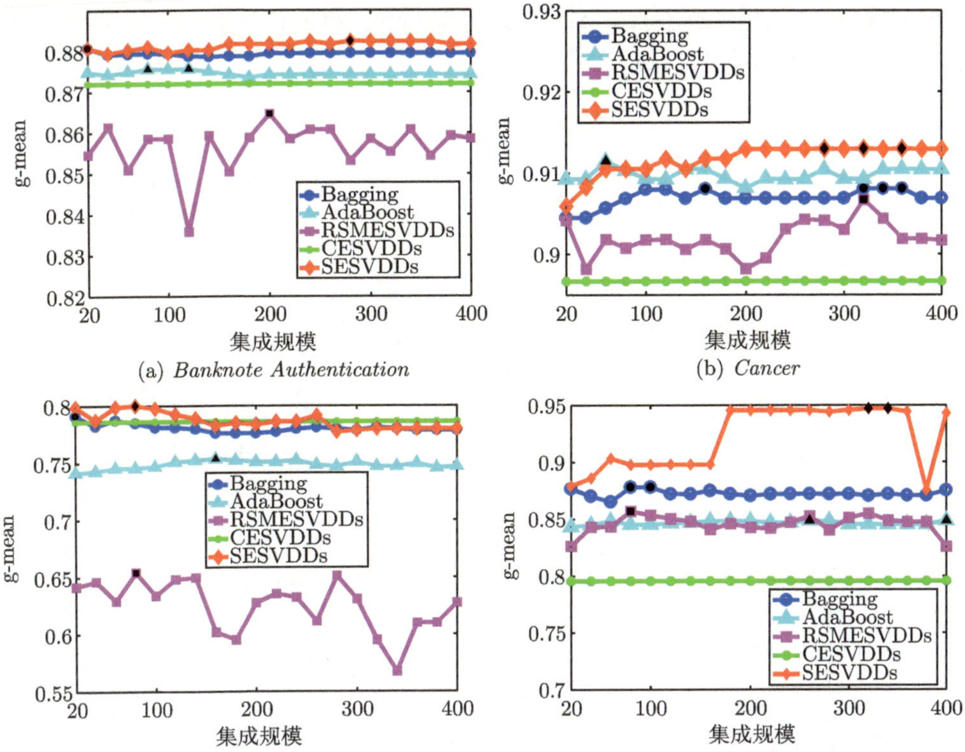

(a) *Banknote Authentication* (b) *Cancer*

(c) *Pima* (d) *Wdbc*

图 5.26 五种不同的集成方法在四个基准数据集上对应于不同 SVDD 个数的性能曲线

5.5 基于相关熵和距离方差的 SVDD 选择性集成

本节讲述我们提出的基于信息理论学习中相关熵和距离方差的 SVDD 选择性集成[37]. 利用相关熵代替均方误差, 用于度量集成的紧致性, 构造出更为紧致的分类边界; 利用距离方差集成度量集成中基分类器间的差异性, 提高集成模型的差异性; 在目标函数中增加基于 ℓ_1 范数的正则化项, 实现选择性集成. 此外, 利用半二次优化技术对所提选择性集成模型进行求解. 与单个 SVDD、基于 Bagging 的 SVDD 集成以及基于 AdaBoost 的 SVDD 集成相比, 所提方法取得了更优的分类性能.

5.5.1 相关工作

除了基分类器的精度之外, 分类器集成的性能还依赖于基分类器之间的差异性[38]. 提高基分类器之间的差异性能够有效地减少它们之间的相关性. 最近, Yin 等[39] 为神经网络集成提出了基于方差的差异性度量方法, 该方法源于处理回归问题时的误差-差异度分解 (error-ambiguity decomposition)[40].

集成模型的平均误差公式如下

$$\bar{E}=\sum_{m=1}^{M} w_m E_m, \tag{5.53}$$

其中 M 为基分类器的个数, w_m 和 E_m 分别是第 m 个基分类器的组合权重和集成误差. E_m 的表达公式如下

$$E_m=\int\left(y_m(\mathbf{x})-\bar{y}(\mathbf{x})\right)^2 p(\mathbf{x})\,d\mathbf{x}=\int\left(y_m(\mathbf{x})-\sum_{k=1}^{M} w_k y_k(\mathbf{x})\right)^2 p(\mathbf{x})\,d\mathbf{x}, \tag{5.54}$$

其中 $\mathbf{x}$ 是样本向量, 且 $p(\mathbf{x})$ 为其概率密度, $y_m(\mathbf{x})$ 是第 m 个基分类器对于 $\mathbf{x}$ 的输出, $\bar{y}(\mathbf{x})$ 是所有基分类器的加权平均输出. 假设所有样本都满足独立同分布, 则第 m 个基分类器的集成误差为

$$E_m \approx \sum_{n=1}^{N}\frac{1}{N}\left(y_m(\mathbf{x}_n)-\sum_{k=1}^{M} w_k y_k(\mathbf{x}_n)\right)^2, \tag{5.55}$$

其中 N 为样本个数. 利用 (5.53) 和 (5.55), 集成模型的差异性可表示为[39]

$$\begin{aligned} f_{diversity}(\mathbf{w}) &= N\times\sum_{m=1}^{M} w_m\left(\sum_{n=1}^{N}\frac{1}{N}\left(y_m(\mathbf{x}_n)-\sum_{k=1}^{M} w_k y_k(\mathbf{x}_n)\right)^2\right)\\ &=\sum_{n=1}^{N}\left(\sum_{m=1}^{M} w_m\left(y_n^m\right)^2-\left(\mathbf{w}^{\mathrm{T}}\mathbf{y}_n\right)^2\right), \end{aligned} \tag{5.56}$$

其中 $y_n^m=y_m(\mathbf{x}_n)$, $\mathbf{y}_n=\left(y_n^1,y_n^2,\cdots,y_n^M\right)^{\mathrm{T}}$, $\mathbf{w}=(w_1,w_2,\cdots,w_M)^{\mathrm{T}}$ 为 M 个基分类器的组合权重向量.

5.5.2 数学模型

根据定义 5.2, 设有 M 个 SVDD, 它们的集成半径定义为

$$\bar{r}=\sum_{k=1}^{M} w_k r_k=(\mathbf{w},\mathbf{r}), \tag{5.57}$$

其中 r_k 是第 k 个 SVDD 的半径, $\mathbf{r}=(r_1,r_2,\cdots,r_M)^{\mathrm{T}}$ 和 $\mathbf{w}=(w_1,w_2,\cdots,w_M)^{\mathrm{T}}$ 分别为 M 个 SVDD 的半径构成的向量及其对应的组合权重向量. 为了衡量集成模型的紧致性, 采用相关熵度量各个基分类器的半径与集成半径之间的相似性程度如下

$$\frac{1}{M}\sum_{k=1}^{M}\kappa_\sigma(r_k-\bar{r})=\frac{1}{M}\sum_{k=1}^{M}\exp\left(-\frac{(r_k-\bar{r})^2}{2\sigma^2}\right), \tag{5.58}$$

其中 σ 为宽度参数.

为了增加基分类器之间的差异性, 提出了一种基于距离方差的差异性度量方法, 其表达公式如下

$$\tilde{f}_{diversity}(\mathbf{w}) = \sum_{i=1}^{M}\sum_{n=1}^{N}\left[d_i(\mathbf{x}_n) - \overline{d}(\mathbf{x}_n)\right]^2, \tag{5.59}$$

其中 $d_i(\mathbf{x}_n)$ 为样本 $\mathbf{x}_n$ 在高维特征空间中的像 $\phi(\mathbf{x}_n)$ 到第 i 个 SVDD 中心的距离. 设第 i 个 SVDD 的中心为 $\mathbf{a}_i$, 则 $d_i(\mathbf{x}_n)$ 可表示为

$$\begin{aligned} d_i(\mathbf{x}_n) &= \|\phi(\mathbf{x}_n) - \mathbf{a}_i\| \\ &= \sqrt{K(\mathbf{x}_n, \mathbf{x}_n) - 2\sum_{j=1}^{N}\alpha_{ij}K(\mathbf{x}_n, \mathbf{x}_j) + \sum_{j=1}^{N}\sum_{l=1}^{N}\alpha_{ij}\alpha_{il}K(\mathbf{x}_j, \mathbf{x}_l)}, \end{aligned} \tag{5.60}$$

$\overline{d}(\mathbf{x}_n)$ 为 $\phi(\mathbf{x}_n)$ 到集成中心的距离

$$\overline{d}(\mathbf{x}_n) = \sum_{k=1}^{M} w_k d_k(\mathbf{x}_n). \tag{5.61}$$

为了实现选择性集成, 在集成模型中增加基于 ℓ_1 范数的正则化项, 即 $\|\mathbf{w}\|_1$, 此处要求组合权重的元素均大于零, 即 $w_k \geqslant 0\ (k = 1, 2, \cdots, M)$.

综上, 所提基于相关熵和距离方差的 SVDD 选择性集成模型为

$$\begin{aligned} \max\quad & \frac{1}{M}\sum_{k=1}^{M}\exp\left(-\frac{(r_k - \bar{r})^2}{2\sigma^2}\right) - \lambda\sum_{i=1}^{M}\sum_{n=1}^{N}\left[d_i(\mathbf{x}_n) - \sum_{k=1}^{M} w_k d_k(\mathbf{x}_n)\right]^2 - \gamma\|\mathbf{w}\|_1 \\ \text{s.t.}\quad & w_k \geqslant 0, \quad k = 1, 2, \cdots, M. \end{aligned} \tag{5.62}$$

可使用半二次优化技术[26] 对优化问题 (5.62) 进行求解, 则优化问题 (5.62) 的目标函数可以改写为

$$\begin{aligned} F(\mathbf{w}, \mathbf{P}) = & \frac{1}{M}\sum_{k=1}^{M}\left[p_k\frac{(r_k - \bar{r})^2}{2\sigma^2} - \varphi(p_k)\right] \\ & - \lambda\sum_{i=1}^{M}\sum_{n=1}^{N}\left[d_i(\mathbf{x}_n) - \sum_{k=1}^{M} w_k d_k(\mathbf{x}_n)\right]^2 - \gamma\sum_{k=1}^{M} w_k, \end{aligned} \tag{5.63}$$

其中 $\mathbf{P}$ 为对角矩阵, 其主对角线元素为 $\mathbf{P}_{kk} = p_k$, 且 $p_k\ (k = 1, 2, \cdots, M)$ 为辅助共轭变量. 根据半二次优化技术, 可对目标函数 (5.63) 分两个步骤求解:

(1) 计算辅助共轭变量 $p_k^{\tau+1}$ $(k=1,2,\cdots,M)$，

$$p_k^{\tau+1} = -\exp\left(-\frac{(r_k-\bar{r}^{\tau})^2}{2\sigma^2}\right); \tag{5.64}$$

(2) 将 p_k^{τ} 代入式 (5.63), 得到

$$\begin{aligned}
\mathbf{w}^{\tau+1} &= \arg\max_{\mathbf{w}} \frac{1}{M}\sum_{k=1}^{M} p_k^{\tau}\frac{(r_k-\bar{r})^2}{2\sigma^2} \\
&\quad - \lambda\sum_{i=1}^{M}\sum_{n=1}^{N}\left[d_i(\mathbf{x}_n) - \sum_{k=1}^{M} w_k d_k(\mathbf{x}_n)\right]^2 - \gamma\sum_{k=1}^{M} w_k \\
&= \arg\max_{\mathbf{w}} \frac{1}{2}\mathbf{w}^{\mathrm{T}}\left(\frac{\sum_{k=1}^{M} p_k^{\tau}\mathbf{r}\mathbf{r}^{\mathrm{T}}}{\sigma^2 M} - 2\lambda M\sum_{n=1}^{N}\mathbf{d}_n\mathbf{d}_n^{\mathrm{T}}\right)\mathbf{w} \\
&\quad + \left(-\frac{\sum_{k=1}^{M} p_k^{\tau} r_k\mathbf{r}}{\sigma^2 M} + 2\lambda\sum_{n=1}^{N}\mathbf{d}_n\mathbf{d}_n^{\mathrm{T}}\mathbf{1} - \gamma\mathbf{1}\right)^{\mathrm{T}}\mathbf{w} + \mathrm{const},
\end{aligned} \tag{5.65}$$

其中 τ 和 $\tau+1$ 分别表示第 τ 和第 $\tau+1$ 次迭代, $\mathbf{d}_n = (d_1(\mathbf{x}_n), d_2(\mathbf{x}_n), \cdots, d_M(\mathbf{x}_n))^{\mathrm{T}}$, $\mathbf{1}$ 为元素均为 1 的列向量, const 是与 $\mathbf{w}$ 无关的常数.

对 (5.65) 的目标函数关于组合向量 $\mathbf{w}$ 求导数, 并令导数为零, 可得

$$\mathbf{w}^{\tau+1} = \left(\frac{\sum_k p_k^{\tau}\mathbf{r}\mathbf{r}^{\mathrm{T}}}{\sigma^2 M} - 2\lambda M\sum_n \mathbf{d}_n\mathbf{d}_n^{\mathrm{T}}\right)^{-1}\left(\frac{\sum_k p_k^{\tau} r_k\mathbf{r}}{\sigma^2 M} - 2\lambda\sum_n \mathbf{d}_n\mathbf{d}_n^{\mathrm{T}}\mathbf{1} + \gamma\mathbf{1}\right). \tag{5.66}$$

实验中参数 λ 和 γ 均取值为 1.

5.5.3 算法描述

基于相关熵和距离方差的 SVDD 选择性集成的整个训练过程概括在算法 5.7 中. 集成模型训练完成之后, 将最优组合权重向量 $\mathbf{w}^*$ 中元素值小于 $1/M$ 的权重所对应的 SVDD 从集成模型中剔除, 从而实现选择性集成.

算法 5.7 基于相关熵和距离方差的 SVDD 选择性集成

输入 训练样本 $\{\mathbf{x}_i\}_{i=1}^N$, 宽度参数 σ, 最大迭代次数 $T_{\max}$, 距离方差系数 λ, ℓ_1 范数正则化项系数 γ, 基分类器 SVDD 的个数 M.

输出 最优组合权重向量 $\mathbf{w}^*$.

初始化 组合权重向量的元素 $w_k = 1/M(k = 1, 2, \cdots, M)$.

步骤 1: 训练 M 个基分类器 SVDD.

步骤 2: 由式 (5.57) 计算集成半径 $\bar{r}$, 由式 (5.60) 计算所有样本到 M 个基分类器 SVDD 的距离 $d_i(\mathbf{x}_n)(i = 1, 2, \cdots, M; n = 1, 2, \cdots, N)$.

步骤 3: 更新辅助共轭变量 $p_k(k = 1, 2, \cdots, M)$ 和组合权重向量 $\mathbf{w}$.

for $\tau = 1, 2, \cdots, T_{\max}$

(1) 根据式 (5.64) 更新辅助共轭变量;

(2) 根据式 (5.66) 更新组合权重向量.

end for

5.5.4 实验结果

为了验证所提基于相关熵和距离方差的 SVDD 选择性集成方法 (correntropy and distance variance based selective ensemble of SVDDs, CDVSE-SVDDs) 的有效性, 首先利用两个人工数据集考察其可行性, 然后在 13 个标准数据集上将 CDVSE-SVDDs 与单个 SVDD 以及其他单类分类器集成方法进行比较. 在 SVDD 和 CDVSE-SVDDs 中, 核函数使用径向基核函数 $K(\mathbf{x}, \mathbf{y}) = \exp\left(-\zeta \|\mathbf{x} - \mathbf{y}\|^2\right)$. 训练集由从所给数据集的正常数据中随机选取 70%构成. 此外, 以下实验均采用几何均值 (g-mean) 来衡量不同单类分类方法的性能.

5.5.4.1 人工数据集

本节所使用的两个人工数据集分别为 *Sine Noise* 和 *Square Noise*. 对两个人工数据集的描述如下.

Sine Noise: 该数据集包含 250 个二维样本点. 从 $\left\{(x, y) \middle| y = \sin\left(\frac{2\pi}{3}x\right) \pm \varepsilon, \varepsilon \sim N(0, 1)\right\}$ 中随机选取 200 个样本点作为正常数据, 然后从 $\{(x, y) | x \in [0, 3], y \in [0, 3]\}$ 中随机选取 50 个样本点作为噪声数据.

Square Noise: 该数据集也包含 250 个二维样本点. 200 个正常数据从范围 $\{(x, y) | x \in [0.3, 2.7], y \in [0.3, 0.6] \cup [2.4, 2.7]\} \cup \{(x, y) | x \in [0.3, 0.6] \cup [2.4, 2.7], y \in [0.3, 2.7]\}$ 中随机选取. 然后从 $\{(x, y) | x \in [0, 3], y \in [0, 3]\}$ 中随机选取 50 个样本点作为噪声数据.

对于两个数据集, CDVSE-SVDDs 的基分类器个数和半二次优化的迭代次数均设为 20, 相关熵的宽度参数 $\sigma = 0.3$. SVDD 和 CDVSE-SVDDs 基分类器的核

函数参数 $\zeta = 0.3$, 折中参数 $C = 1$. SVDD 和 CDVSE-SVDDs 在 *Sine Noise* 上的分类效果分别如图 5.27(a) 和图 5.27(b) 所示, 两者的 g-mean 分别为 0.7710 和 0.8438, 最终 CDVSE-SVDDs 的基分类器个数为 2. SVDD 和 CDVSE-SVDDs 在 *Square Noise* 上的分类效果分别如图 5.28(a) 和图 5.28(b) 所示, 两者的 g-mean 分别为 0.7909 和 0.8224, 最终 CDVSE-SVDDs 的基分类器个数为 5.

综上, CDVSE-SVDDs 在两个人工数据集上均取得了优于单个 SVDD 的分类性能.

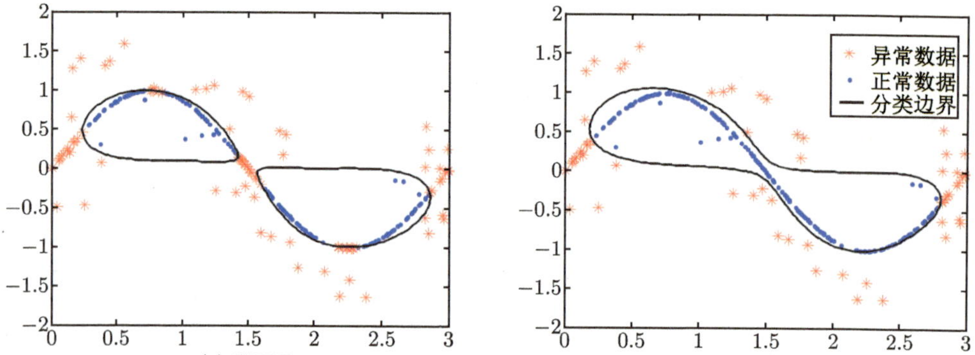

(a) SVDD　　(b) CDVSE-SVDDs

图 5.27　SVDD 和 CDVSE-SVDDs 在 *Sine Noise* 上的分类效果

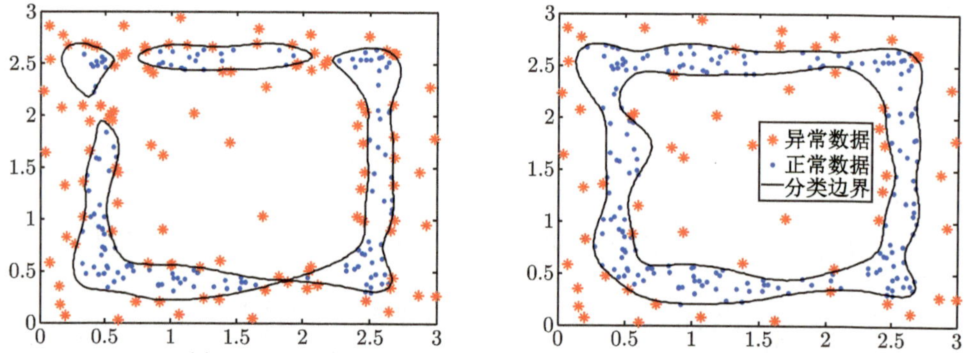

(a) SVDD　　(b) CDVSE-SVDDs

图 5.28　SVDD 和 CDVSE-SVDDs 在 *Square Noise* 上的分类效果

5.5.4.2　基准数据集

为了进一步验证所提方法的有效性, 选用 UCI 机器学习数据库[6] 中的 13 个基准数据集. 从每个基准数据集中选用其中某一类样本作为正常数据, 剩余的另一类样本作为异常数据. 所有基准数据集的信息如表 5.15 所示.

表 5.15 实验所使用 13 个基准数据集的相关信息

数据集	特征个数	正常数据个数	异常数据个数
Breast Cancer	9	186	77
Cancer	9	444	239
Cleverland Heart	13	83	214
Diabetis	8	500	268
Flare Solar	9	94	50
German	20	700	300
Heart	13	150	120
Hepatitis	19	123	32
Housing	13	261	245
Liver	6	145	200
Pima	8	500	268
Sonar	60	97	111
Thyroid	5	150	65

在以下实验中, 从正常数据和异常数据中分别随机选取 70%和 0.5%作为训练集, 剩余的正常数据和异常数据用作测试集. CDVSE-SVDDs 的基分类器的个数设置为 50. 首先在训练集上采用穷举法选取单个 SVDD 的最优参数, 即径向基核函数参数 ζ 和折中参数 C, 最优参数确定之后, 将其直接用作 CDVSE-SVDDs 中基分类器的参数. 然后, 再选取 CDVSE-SVDDs 的其他参数. SVDD 和 CDVSE-SVDDs 的最优参数值概括在表 5.16 中. 此外, 表 5.16 还给出了 CDVSE-SVDDs 最终选择的基分类器个数.

表 5.16 SVDD 和 CDVSE-SVDDs 的参数设置

数据集	C	ζ	σ	最终基分类器个数
Breast Cancer	0.4	0.01	0.7	4
Cancer	0.07	0.1	0.01	2
Cleverland Heart	0.2	0.01	0.05	17
Diabetis	0.01	2	7	2
Flare Solar	0.6	0.1	0.9	12
German	0.4	0.1	0.8	2
Heart	0.3	0.1	0.1	5
Hepatitis	0.4	0.1	7	4
Housing	0.02	0.5	0.01	3
Liver	0.5	2	0.7	6
Pima	0.4	1	0.7	2
Sonar	0.4	0.01	0.7	4
Thyroid	0.06	0.06	1	31

由表 5.16 可知, CDVSE-SVDDs 可以有效减少集成中所使用的基分类器个数, 从而有效提高测试速度. 为了减小训练集的随机选取对结果的影响, 将上述实验在每个数据集上重复 20 次, 用平均训练准确率和平均测试准确率分别作为最终

的训练准确率和测试准确率. 实验结果如表 5.17 和表 5.18 所示, 20 次实验结果的标准差也概括在表中. 此外, 两种传统分类器集成方法, 即 Bagging 和 AdaBoost 的结果也分别在表 5.17 和表 5.18 中给出.

由表 5.18 可知, 综合考虑测试准确率及其标准差, CDVSE-SVDDs 在基准数据集上取得了优于单个 SVDD、基于 Bagging 的 SVDD 集成以及基于 AdaBoost 的 SVDD 集成的测试结果.

表 5.17 四种方法在基准数据集上的训练结果

数据集	SVDD	Bagging	AdaBoost	CDVSE-SVDDs
Breast Cancer	0.7495±0.0811	0.7812±0.0644	0.7589±0.0124	0.7816±0.0472
Cancer	0.9648±0.0056	0.9583±0.0224	0.9632±0.0035	0.9670±0.0074
Cleverland Heart	0.8980±0.0373	0.9099±0.0236	0.86.32±0.0225	0.9036±0.0250
Diabetis	0.9245±0.0527	0.9078±0.0275	0.8874±0.0159	0.9248±0.0444
Flare Solar	0.6314±0.0374	0.6299±0.0417	0.5947±0.0285	0.6391±0.0546
German	0.7747±0.0121	0.7689±0.0048	0.7601±0.0057	0.7727±0.0114
Heart	0.8286±0.0386	0.8285±0.0270	0.7868±0.0189	0.8344±0.0432
Hepatitis	0.7612±0.0450	0.7588±0.0394	0.7133±0.0227	0.7653±0.0527
Housing	0.9499±0.0352	0.9228±0.0443	0.9091±0.0182	0.9357±0.0381
Liver	0.7035±0.0267	0.6946±0.0207	0.6793±0.0175	0.7097±0.0339
Pima	0.7730±0.0129	0.7691±0.0040	0.7599±0.0082	0.7748±0.0140
Sonar	0.7555±0.0208	0.7757±0.0201	0.7375±0.0151	0.7730±0.0423
Thyroid	0.9689±0.0078	0.9670±0.0128	0.9633±0.0068	0.9647±0.0148

表 5.18 四种方法在基准数据集上的测试结果

数据集	SVDD	Bagging	AdaBoost	CDVSE-SVDDs
Breast Cancer	0.5870±0.0573	0.5989±0.0291	0.5910±0.0366	**0.6006±0.0362**
Cancer	0.9495±0.0181	0.9430±0.0369	0.9502±0.0111	**0.9516±0.0141**
Cleverland Heart	0.7571±0.0275	0.7556±0.0338	0.7561±0.0354	**0.7599±0.0376**
Diabetis	0.6405±0.0214	0.6420±0.0174	0.6407±0.0159	**0.6427±0.0179**
Flare Solar	0.4230±0.0299	0.4243±0.0291	0.4251±0.0354	**0.4282±0.0381**
German	0.5539±0.0157	0.5541±0.0160	0.5546±0.0152	**0.5562±0.0157**
Heart	0.7175±0.0356	0.7140±0.0305	0.7047±0.0339	**0.7213±0.0293**
Hepatitis	0.6127±0.0464	0.6118±0.0506	0.5970±0.0548	**0.6230±0.0438**
Housing	0.7545±0.0241	0.7502±0.0229	0.7520±0.0282	**0.7602±0.0249**
Liver	0.5425±0.0333	0.5481±0.0344	0.5420±0.0369	**0.5483±0.0333**
Pima	0.6470±0.0179	0.6483±0.0175	0.6441±0.0180	**0.6495±0.0156**
Sonar	0.6015±0.0488	0.5986±0.0466	0.5873±0.0503	**0.6064±0.0469**
Thyroid	0.9406±0.0214	0.9398±0.0188	0.9380±0.0254	**0.9423±0.0181**

注：最优结果用黑色字体加粗显示.

综合以上实验结果, 所提 CDVSE-SVDDs 在基准数据集上取得了优于相关方法的性能, 并且有效地减少了基分类器的数量. CDVSE-SVDDs 的优势概括如下:

(1) 利用基分类器半径和集成半径之间的相关熵来度量 SVDD 的紧致性, 可以构造出更为紧致的分类边界.

(2) 使用距离方差作为单类分类器集成的差异性度量, 可以提高基分类器之间的差异性.

(3) 在集成模型中引入基于 ℓ_1 范数的正则化项, 可以有效地剔除对集成贡献较小的基分类器, 提高集成性能.

参 考 文 献

[1] Rodriguez J J, Kuncheva L I, Alonso C J. Rotation forest: A new classifier ensemble method. IEEE Transactions on Pattern Analysis and Machine Intelligence, 2006, 28(10): 1619-1630.

[2] Liu W T, Xing H J. Rotation based ensemble of one-class support vector machines//Proceedings of the 2018 Internetional Conference on Machine Learning and Cybernetics, 2018: 178-183.

[3] Shaheryar M, Khalid M, Qamar A M. Rot-SiLA: A novel ensemble classification approach based on rotation forest and similarity learning using nearest neighbor algorithm//Proceedings of the 2013 12th International Conference on Machine Learning and Applications, 2013: 46-51.

[4] Abraham G, Inouye M. Fast principal component analysis of large-scale genome-wide data. PLoS One, 2014, 9(4): 1-9.

[5] Guo S M, Chen L C, Tsai J S H. A boundary method for outlier detection based on support vector domain description. Pattern Recognition, 2009, 42(1): 77-83.

[6] Lichman M. UCI machine learning repository. http://archive.ics.uci.edu/ml. University of California, Irvine, School of Information and Computer Sciences, 2013.

[7] Shieh A D, Kamm D F. Ensembles of one class support vector machines//Proceedings of the 8th International Workshop on Multiple Classifier Systems. Berlin, Heidelberg: Springer-Verlag, 2009: 181-190.

[8] Wu M, Ye J. A small sphere and large margin approach for novelty detection using training data with outliers. IEEE Transactions on Pattern Analysis and Machine Intelligence, 2009, 31(11): 2088-2092.

[9] Freund Y, Schapire R E. A decision-theoretic generalization of on-line learning and an application to boosting. Journal of Computer and System Sciences, 1997, 55(1): 119-139.

[10] Chen X F, Xing H J, Wang X Z. A modified AdaBoost method for one-class SVM and its application to novelty detection//Proceedings of the 2011 IEEE International Conference on Systems, Man and Cybernetics, 2011: 3506-3511.

[11] Freund Y. Experiments with a new boosting algorithm//Proceedings of the International Conference on Machine Learning, Morgan Kaufmann, 1996: 148-156.

[12] Schapire R E. The boosting approach to machine learning: An overview//Proceedings of the MSRI Workshop on Nonlinear Estimation and Classification, 2003, 171: 149-171.

[13] Xing H J, Wu J G, Chen X F. Modified AdaBoost based OCSVM ensemble for image retrieval//Proceedings of the 2012 International Conference on Machine Learning and Cybernetics, 2012: 1048-1053.

[14] Tao D, Tang X, Li X, Wu X. Asymmetric bagging and random subspace for support vector machines-based relevance feedback in image retrieval. IEEE Transactions on Pattern Analysis and Machine Intelligence, 2006, 28: 1088-1099.

[15] Xing H J, Liu W T. Robust AdaBoost based ensemble of one-class support vector machines. Information Fusion, 2020, 55: 45-58.

[16] Li X, Wang L, Sung E. AdaBoost with SVM-based component classifiers. Engineering Applications of Artificial Intelligence, 2008, 21(5): 785-795.

[17] Henrici P. Applied and Computational Complex Analysis. New York: Wiley, 1974.

[18] Khan N M, Ksantini R, Ahmad I S, Guan L. Covariance-guided one-class support vector machine, Pattern Recognition, 2014, 47(6): 2165-2177.

[19] Schapire R E, Freund Y, Bartlett P, Lee W S. Boosting the margin: A new explanation for the effectiveness of voting methods//Proceedings of the Fourteenth International Conference on Machine Learning, 1997: 322-330.

[20] Xu H, Mannor S. Robustness and generalization. Machine Learning, 2012, 86(3): 391-423.

[21] LeCun Y, Bottou L, Bengio Y, Haffner P. Gradient-based learning applied to document recognition. Proceedings of the IEEE, 1998, 86(11): 2278-2324.

[22] Xing H J, Wang X Z. Selective ensemble of SVDDs with Renyi entropy based diversity measure, 2017, 61: 185-196.

[23] Principe J C. Information Theoretic Learning: Renyi's Entropy and Kernel Perspectives. New York: Springer, 2010.

[24] Torkkola K. Feature extraction by non-parametric mutual information maximization. Journal of Machine Learning Research, 2003, 3: 1415-1438.

[25] Yuan X T, Hu B G. Robust feature extraction via information theoretic learning// Proceedings of the 26th Annual International Conference on Machine Learning, 2009: 1193-1200.

[26] Rockfellar R. Convex Analysis. Princeton: Princeton University, 1970.

[27] Yang S, Zha H, Zhou S, Hu B. Variational graph embedding for globally and locally consistent feature extraction//Proceedings of the Europe Conference on Machine Learning, 2009: 538-553.

[28] Liu W, Pokharel P P, Principe J C. Correntropy: Properties and applicationsin non-Gaussian signal processing. IEEE Transactions on Signal Processing, 2007, 55(11): 5286-5298.

[29] Jeong K H, Liu W, Han S, Hasanbelliu E, Principe J C. The correntropy MACE filter. Pattern Recognition, 2009, 42(5): 871-885.

[30] Schölkopf B, Platt J C, Shawe-Taylor J, Smola A J, Williamson R C. Estimating the support of a high-dimensional distribution. Neural Computation, 2001, 13: 1443-1471.

[31] Tax D M J, Duin R P W. Support vector data description. Machine Learning, 2004, 54(1): 45-66.

[32] Guo S M, Chen L C, Tsai J S H. A boundary method for outlier detection based on support vector domain description. Pattern Recognition, 2009, 42(1): 77-83.

[33] Seguí S, Igual L, Vitrià J. Weighted Bagging for graph based one-class classifiers, MCS2010, 2010, 5997: 1-10.

[34] Cheplygina V, Tax D M J. Pruned random subspace method for one-class classifiers//Proceedings of the 10th International Workshop on Multiple Classifier Systems, 2011: 96-105.

[35] Krawczyk B, Woźniak M, Cyganek B. Clustering-based ensembles for one-class classification. Information Sciences, 2014, 264: 182-195.

[36] Xing H J, Hu B G. An adaptive fuzzy c-means clustering-based mixtures of experts model for unlabeled data classification. Neurocomputing, 2008, 71: 1008-1021.

[37] 邢红杰, 魏勇乐. 基于相关熵和距离方差的支持向量数据描述选择性集成. 计算机科学, 2016, 43(5): 252-256, 264.

[38] Tang E K, Suganthan P N, Yao X. An analysis of diversity measures. Machine Learning, 2006, 65(1): 247-271.

[39] Yin X C, Huang K, Yang C, Hao H W. Convex ensemble learning with sparsity and diversity. Information Fusion, 2014, 20: 49-59.

[40] Vedelsby J, Krogh A. Neural network ensembles, cross-validation and active learning//Advances in Neural Information Processing Systems, 1995, 7: 231-238.

第 6 章　基于深度学习的单类分类器

近年来, 无论是在工业界还是学术界, 深度学习均得到了广泛的研究与应用. 尽管深度学习在许多机器学习任务中取得了极大的进展, 但用于单类分类的深度学习方法却相对较少. 由于能够提供端对端的学习方式, 深度学习能够有效地学习蕴含在样本中的内在规律和表示层次. 因此, 与传统单类分类器相比, 基于深度学习的单类分类器更适于处理大规模的样本并获取样本中的复杂结构. 本章将介绍我们提出的基于生成式对抗网络的异常检测方法和基于堆栈鲁棒稀疏自编码器的单类分类器集成方法.

6.1　基于双判别器生成式对抗网络的异常检测方法

在深度学习[1] 研究领域中, 生成式对抗网络 (generative adversarial networks, GAN)[2] 是目前最活跃的研究分支, 它属于无监督学习的范畴, 通过其两个组成模块, 即生成模型和判别模型之间的博弈对抗, 进行训练. 最近, 基于 GAN 的异常检测方法也日益得到关注. 然而, GAN 在对抗学习过程中, 容易引发模式崩溃 (model collapse) 现象. 因此, 基于 GAN 的异常检测方法也不可避免地需要面临模式崩溃的难题. 为此, 本节对基于 GAN 的异常检测方法进行了改进, 提出了基于双判别生成式对抗网络的异常检测方法.

6.1.1　生成式对抗网络

GAN 是由 Goodfellow 等[2] 于 2014 年首次提出的一种无监督机器学习算法. GAN 的核心思想源于博弈论中的二人零和博弈, 其模型中的两个博弈方分别由生成模型 G 和判别模型 D 充当. 此外, 生成模型 G 和判别模型 D 可以使用多层感知器、卷积神经网络等进行参数化. 当两个模型都是多层感知器时, 对抗建模框架最容易应用. GAN 的模型结构如图 6.1 所示. 生成模型 G 用于捕捉真实样本分布, 并把噪声样本 $\mathbf{z} \sim p_{\mathbf{z}}(\mathbf{z})$ 映射到数据空间中, 生成尽可能服从真实样本分布 p_{data} 的样本. 判别模型 D 可以看作一个两类分类器, 对样本 $\mathbf{x} \sim p_{data}(\mathbf{x})$ 和生成模型 G 生成的样本进行判别, 判别结果是样本 $\mathbf{x}$ 来自真实样本分布 (而非生成样本) 的概率. 若样本来自真实样本分布, 判别模型 D 输出较大的概率, 否则输出较小的概率.

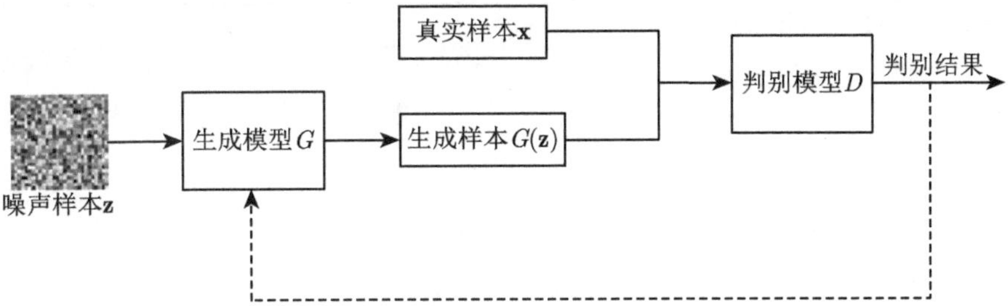

图 6.1 生成式对抗网络 (GAN) 的模型结构

GAN 的目标函数为

$$\min_G \max_D V(D,G) = E_{\mathbf{x}\sim p_{data}(\mathbf{x})}[\log D(\mathbf{x})] + E_{\mathbf{z}\sim p_{\mathbf{z}}(\mathbf{z})}[\log(1 - D(G(\mathbf{z})))], \tag{6.1}$$

其中 p_{data} 表示真实样本分布, $\mathbf{x}$ 为服从 p_{data} 的真实样本, $p_{\mathbf{z}}$ 表示先验分布, 一般采用高斯分布, $\mathbf{z}$ 是服从 $p_{\mathbf{z}}$ 的噪声样本.

对于判别模型 D, 对其优化的目标是希望它能够正确区分真实样本和生成模型生成的样本. 因此, 可以利用梯度上升法极大化损失函数 $V(D,G)$, 可知 $V(D,G)$ 关于判别模型 D 的梯度为

$$\nabla_{\theta_D} \frac{1}{m} \sum_{i=1}^{m} \left[\log D\left(\mathbf{x}^{(i)}\right) + \log\left(1 - D\left(G\left(\mathbf{z}^{(i)}\right)\right)\right)\right]. \tag{6.2}$$

对于生成模型 G, 对其优化的目标则是希望它能够生成尽量服从分布 p_{data} 的真实样本. 因此, 由梯度下降法可知 $V(D,G)$ 关于生成模型 G 的梯度为

$$\nabla_{\theta_G} \frac{1}{m} \sum_{i=1}^{m} \log\left(1 - D\left(G\left(\mathbf{z}^{(i)}\right)\right)\right). \tag{6.3}$$

对 D 和 G 交替更新, 直到目标函数收敛. 此时, 判别模型 D 将不再能区分样本来自真实样本分布 p_{data} 还是来自生成模型 G 生成的样本, 而此时生成模型 G 也学习到了真实样本分布 p_{data}.

GAN 的整个训练过程概括在算法 6.1 中. 算法 6.1 中 K_d 为超参数, 通常设置为 $K_d = 1$.

GAN 通过交替更新判别分布和生成分布进行训练. 如图 6.2 所示, 图中虚线表示判别分布, 黑点 (比虚线中的点符号稍大) 表示真实的数据分布, 实线表示生成分布. 在这种情况下, 下水平线为噪声向量 $\mathbf{z}$ 的采样区域, 上水平线是真实样本 $\mathbf{x}$ 采样区域的一部分. 向上的箭头表示如何通过映射 $\mathbf{x} = G(\mathbf{z})$ 把服从非均匀分布的生成分布转换成样本数据. 图 6.2(a) 表示生成分布已经和真实的数据分布有些相似, 接近于收敛. 而此时判别模型则是一个部分精确的分类器.

算法 6.1 GAN 的训练过程

输入 服从噪声先验分布的噪声样本集 $\mathbf{z} = \{\mathbf{z}^{(1)}, \mathbf{z}^{(2)}, \cdots, \mathbf{z}^{(m)}\}$, 服从数据分布的训练样本集 $\mathbf{x} = \{\mathbf{x}^{(1)}, \mathbf{x}^{(2)}, \cdots, \mathbf{x}^{(m)}\}$, 训练迭代次数 K_a, 判别模型训练次数 K_d.

for $i = 1$ **to** K_a **do**

  for $k = 1$ **to** K_d **do**

    通过随机梯度上升更新判别模型:

$$\nabla_{\theta_D} \frac{1}{m} \sum_{i=1}^{m} [\log D(\mathbf{x}^{(i)}) + \log(1 - D(G(\mathbf{z}^{(i)})))]$$

  end for

  通过随机梯度下降更新生成模型:

$$\nabla_{\theta_G} \frac{1}{m} \sum_{i=1}^{m} \log(1 - D(G(\mathbf{z}^{(i)})))$$

end for

图 6.2(b) 表示对判别模型进行训练, 以区分真实样本和生成的样本, 直至收敛到 $D^*(\mathbf{x}) = \dfrac{p_{data}(\mathbf{x})}{p_{data}(\mathbf{x}) + p_{\mathbf{z}}(\mathbf{z})}$. 图 6.2(c) 表示在对生成模型更新以后, 判别模型的梯度引导着生成模型生成的样本更接近于真实数据, 以至于判别模型更有可能将其分类为来自真实数据分布的样本. 图 6.2(d) 表示经过训练以后, 若生成模型和判别模型都得到了充分的训练, 它们将达到纳什均衡点, 此时生成分布和真实的数据分布完全一致, 判别模型无法再对它们进行区分, 此时判别模型的输出恒等 0.5.

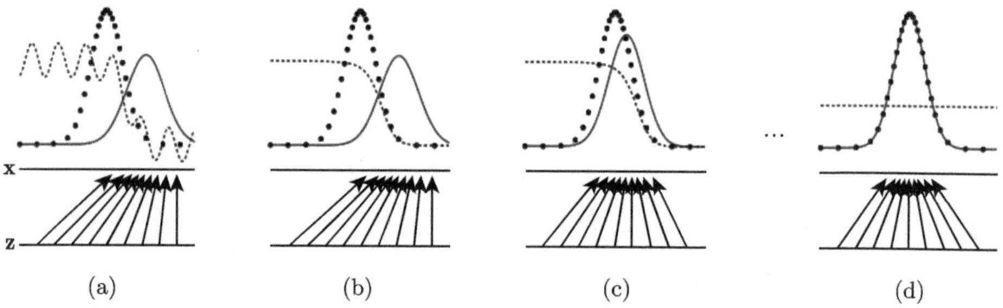

图 6.2 生成式对抗网络 (GAN) 训练过程中各种分布之间的关系图

6.1.2 D2GANND

所提出的基于双判别器 GAN 的异常检测方法利用双判别器 GAN 生成与训练集中的少量异常数据分布相同的样本, 然后将原训练集和新生成的异常数据混合在一起, 构成新的训练集, 学习一个两类分类器. 因为引入了双判别器, 可以有效地避免对抗机制中可能出现的模式崩溃问题.

6.1.2.1 模型结构

传统的异常检测方法属于单类分类的范畴, 多用于处理类别极端不均衡的样本. 某些情况下, 异常检测算法允许其训练集中存在少量的异常数据[3]. 因此, 训练集中正常数据的个数会远远大于异常数据的个数, 为了使训练集中正常数据和异常数据所占的比例大致相同, 可利用双判别器生成式对抗网络 (dual discriminator generative adversarial nets, D2GAN)[4] 生成大量服从异常数据分布的新样本, 与原训练集中的正常数据及异常数据混合在一起, 并利用所得的新训练集学习一个两类分类器. 在测试阶段, 使用该两类分类器将待测样本判定为正常数据或异常数据.

所提出的基于双判别器 GAN 的异常检测 (D2GAN based novelty detection, D2GANND) 方法的模型结构由两部分组成: 用于生成服从异常数据分布的样本的 D2GAN 网络和用于区分正常数据和异常数据的两类分类器. 其中 D2GAN 的模型结构如图 6.3 所示, 该模型由三部分组成: 生成器 G 和两个判别器 D_1 及 D_2. 值得一提的是, 该模型将 KL 散度和反向 KL 散度合并为一个统一的目标函数, 利用散度的互补统计特性, 能够在捕捉多模式时分散预估密度, 从而有效地避免模式崩溃现象的发生.

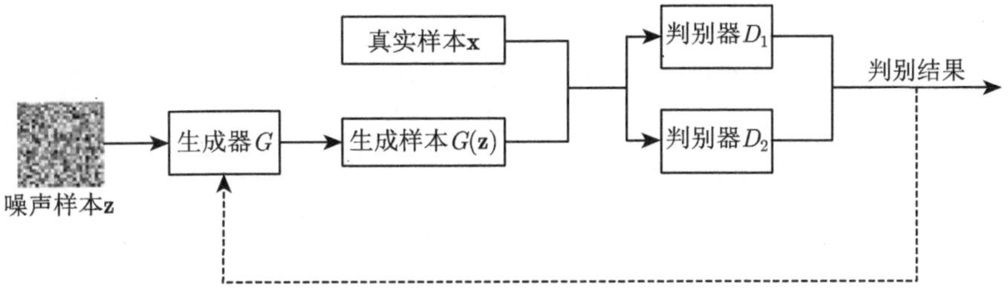

图 6.3 双判别器生成式对抗网络 (D2GAN) 的模型结构

具体地, 在训练过程中, 判别器 D_1 会赋予来自真实分布的样本一个较高的得分, 但是会给生成器生成的样本一个较低的得分. 与此相反, 判别器 D_2 会赋予生成器生成的样本一个较高的得分, 却会赋给服从真实分布的样本一个较低的得分. 生成器 G 会根据两个判别器的得分结果更新网络权重, 以生成新的样本来欺骗两个判别器. 与 GAN 类似, 生成器 G 也是把噪声向量从噪声空间映射到数据空间中, 再把生成器 G 生成的数据与真实数据混合后欺骗判别器. 与 GAN 所不同的是, D2GAN 的评分表现形式不是区间 [0, 1] 内的概率值.

因此, D2GAN 模型可被看成三人间的极大极小博弈游戏, 其目标函数可表示为

$$\begin{aligned}\min_{G}\max_{D_1,D_2} J(G,D_1,D_2) = {} & \alpha\times E_{\mathbf{x}\sim p_{data}}[\log D_1(\mathbf{x})] + E_{\mathbf{z}\sim p_{\mathbf{z}}}[-D_1(G(\mathbf{z}))] \\ & + E_{\mathbf{x}\sim p_{data}}[-D_2(\mathbf{x})] + \beta\times E_{\mathbf{z}\sim p_{\mathbf{z}}}[\log D_2(G(\mathbf{z}))]. \end{aligned} \tag{6.4}$$

与传统的两类分类器相似, D2GANND 的分类器也是使用包含两个类别的训练集进行训练. 不同之处在于 D2GANND 的训练集通过 D2GAN 生成的服从异常数据分布的样本和原训练集混合而成.

在 D2GANND 的训练过程中, 由于原训练集中异常数据的数量非常少, 直接用于 D2GAN 的训练会导致训练过程十分困难. 为了解决该问题, 可以使用数据增强的方式对异常数据进行扩充. 数据增强是一种扩充数据规模的方法, 一般情况下, 由于深度学习要求所使用的数据集规模较大且质量较好, 然而, 通常很难获取大量满足上述要求的可用数据. 数据增强可被认为是解决此问题的有效办法. 数据增强的方法大致可以分为以下两类:

(1) 离线增强, 指直接对数据集进行处理, 然后直接使用处理后的数据集进行训练. 该类方法仅可用于数据集规模较小的情形, 如果数据集规模较大, 会使得数据集中的样本数量以线性级别增长;

(2) 在线增强, 指在模型获得每个批量数据的时候, 仅对一个批量的数据进行数据增强, 对数据集进行平移、翻转、旋转等操作, 以此对数据集进行扩充. 该类方法适用于大规模数据集的情形.

在对灰度图像数据集进行数据增强时, 可以对图像进行空间几何变换 (水平和垂直翻转、随机裁剪、旋转、缩放变换、仿射等)、高斯噪声以及高斯模糊等. 对于彩色图像可以使用 RGB 颜色扰动, 将图片从一个颜色空间变换到另一个颜色空间等.

本节实验中所使用的图像数据集为 MNIST[5] 和 Fashion-MNIST[6] 手写数据集, 这两个数据集中的样本均为 28×28 像素的灰度图像, 所以仅对图片进行了空间几何变换, 所作变换不仅扩充了数据集规模, 而且还可以避免在神经网络模型的训练过程中普遍容易出现的过拟合现象的发生.

虽然数据增强方法可以在一定程度上增加训练集的规模, 但是并不能达到训练两类分类器的数量要求, 因此需要使用 D2GAN 对训练集中的异常数据进一步扩充, 即将数据增强后的数据集用于 D2GAN 的训练, 训练完成之后, D2GAN 可以将随机噪声向量映射到异常数据的数据空间中, 使得 D2GAN 生成大量服从异常数据分布的新样本, 将生成的新样本和原训练集混合到一起, 组成新的训练集, 此时的训练集中正常数据和异常数据的个数基本持平, 然后使用该训练集训练一个传统的两类分类器, 训练过程结束后, 两类分类器即可对正常数据和异常数据进行判别. 在测试阶段, 即可使用该两类分类器鉴别出待测样本中的异常数据.

6.1.2.2 算法描述

D2GANND 的整个训练过程概括在算法 6.2 中. 由于训练集中异常数据数目较少, 直接用于 D2GAN 的训练容易导致过拟合现象的发生, 所以算法 6.2 中的异常数据为数据增强后的异常数据. 算法第 3 行到第 5 行是利用 D2GAN 产生大量服从异常数据分布的新样本, 由于 D2GAN 中引入了双判别器, 可以有效地避免对抗学习中普遍存在的模式崩溃现象的发生. 最后一行使用 D2GAN 产生的样本和原训练集合并后的样本集作为两类分类器的训练集, 训练结束后, 该两类分类器可以将待测样本分类为正常数据或异常数据.

算法 6.2 D2GANND 的训练过程

输入 含有少量异常数据的训练集 $\{\mathbf{x}_1, \mathbf{x}_2, \cdots, \mathbf{x}_m, \mathbf{x}'_1, \mathbf{x}'_2, \cdots, \mathbf{x}'_n\}$, 其中 $\mathbf{x}_i$ 表示正常数据, $\mathbf{x}'_j$ 表示异常数据; D2GANND 的训练次数 K_d.

for $i = 1$ **to** K_d **do**

  通过 D2GAN 生成服从异常数据分布的新样本.

end for

使用扩充后的训练集对两类分类器进行训练.

6.1.3 实验结果

实验使用了 NVIDIA GTX Titan X GPU, 实验平台为 Linux 16.04, 环境为 Python3.6 以及对应的 GPU 版 TensorFlow 1.13.1.

D2GANND 引入的 D2GAN 模型中的生成器 G 和两个判别器 D_1 及 D_2 均使用了全连接神经网络, 其中生成器 G 是一个含有两个隐含层的多层感知器, 两个隐含层均使用了 Relu 激活函数. 判别器 D_1 和 D_2 均为含有一个隐含层的多层感知器, 隐含层亦是使用了 Relu 激活函数. 此外, 两个判别器的输出层均使用了 Softplus 激活函数, 其函数表达式为

$$y = \log\left(1 + e^x\right). \tag{6.5}$$

Softplus 激活函数的形状如图 6.4 所示.

由于判别器 D_1 和 D_2 的输出层均使用了 Softplus 激活函数, 所以它们的输出均为正实数, 而不再是与 GAN 相同的 0 到 1 之间的概率值. D2GAN 中的三个多层感知器均使用 Adam 训练算法[7] 进行训练, 学习率均设置为 0.0002, 训练时的批量大小 (batch size) 取为 64.

为了验证所提方法的有效性, 使用 MNIST[5] 和 Fashion-MNIST[6] 两种不同的手写数据集来评估 D2GANND 的鉴别异常数据的能力. 对于两个手写数据集, 仅使用数据集中的某一类别的图像作为正常数据, 再从其他类别的图像中选取少量图像作为异常数据并用于训练 D2GAN 模型. 异常数据占训练集中样本总数的 5%左右. 所使用类别的样本数量以及几何变换后的样本数量信息总结在表 6.1 中. 在测试阶段, 使用两类分类器将测试集中所有的图像判定为正常数据或异常数据. 对于 MNIST 数据集, 将训练集中的数字 0, 1, 2, 3 和 4 分别用作正常数

据. 与上述数字顺序对应, 数字 5, 6, 7, 8 和 9 分别用作异常数据, 取少量异常数据添加到正常数据中构成训练集. 对于 Fashion-MNIST, 将训练集中的 t-shirt, trouser, pullover, dress 和 coat 分别用作正常数据, 与上述类别顺序对应, sandal, shirt, sneaker, bag 和 ankle boot 分别用作异常数据, 取少量异常数据添加到正常数据中构成训练集.

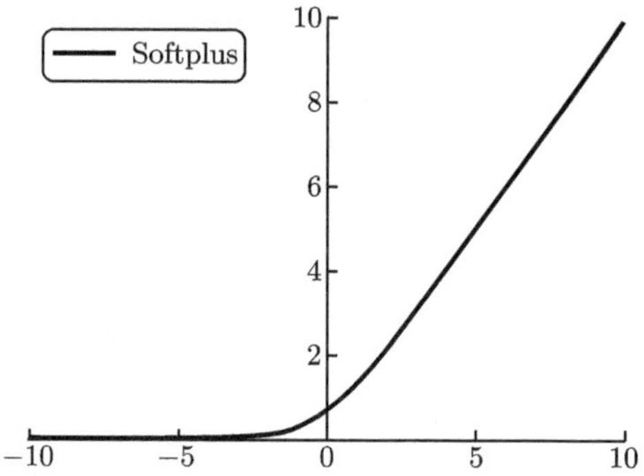

图 6.4　Softplus 激活函数

表 6.1　实验中所使用的数据集

数据集	正常数据个数	异常数据个数	数据增强后异常数据个数
MNIST(0)	5444	286	1430
MNIST(1)	6179	325	1625
MNIST(2)	5470	287	1435
MNIST(3)	5638	296	1480
MNIST(4)	5307	279	1395
Fashion-MNIST(t-shirt)	5543	291	1455
Fashion-MNIST(trouser)	5444	286	1430
Fashion-MNIST(pullover)	5496	289	1445
Fashion-MNIST(dress)	5499	289	1445
Fashion-MNIST(coat)	5512	290	1450

由表 6.1 可以发现, 在模型训练时, 无论使用哪个类别作为正常数据, 所对应的异常数据的数量都比较少, 如果直接将数量过少的样本用于 D2GAN 的训练, 很容易导致过拟合现象的发生, 从而为异常模型的训练增加困难. 为了解决该问题, 利用数据增强对异常数据进行空间几何变换, 使异常数据的数目呈线性增长. 使用数据增强后的异常数据训练 D2GAN 模型, 使得 D2GAN 的生成器产生大量服从异常数据分布的新样本, 生成的部分样本图像如图 6.5 所示. 将原训练集和 D2GAN 生成的样本混合在一起, 构成新的训练集, 用于训练两类分类器.

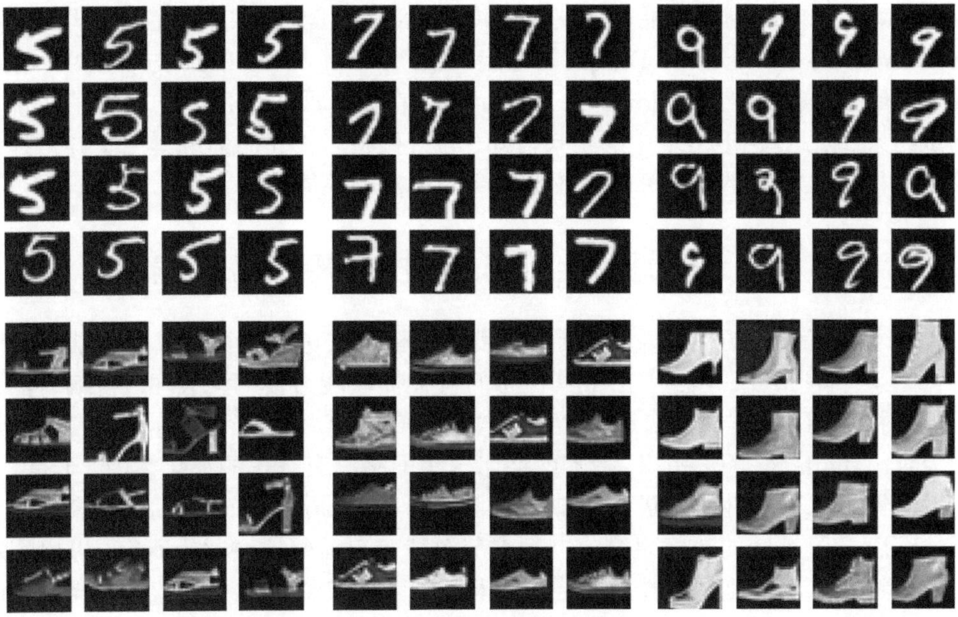

图 6.5 D2GAN 在 MNIST 和 Fashion-MNIST 上生成的服从异常数据分布的样本

第一行图像是在 MNIST 上生成的部分类别的样本,

第二行是在 Fashion-MNIST 上生成的部分类别的样本.

为了进一步验证 D2GANND 的有效性, 将它与基于自编码器的异常检测 (autoencoder based novelty detection, AEND) 方法进行了比较. 实验中使用的自编码器是一个五层前馈神经网络, 各隐含层均使用 Relu 激活函数, AEND 亦采用 Adam 训练算法, 学习率和批量大小分别设置为 0.01 和 64. 两种异常检测方法均采用几何均值 (g-mean) 作为性能度量, 它们的测试结果概括在表 6.2 中.

表 6.2 两种方法在手写数据集上的测试结果

数据集	AEND	D2GANND
MNIST(0)	0.9421	**0.9568**
MNIST(1)	0.9369	**0.9435**
MNIST(2)	0.9378	**0.9412**
MNIST(3)	0.9402	**0.9437**
MNIST(4)	0.9389	**0.9505**
Fashion-MNIST(t-shirt)	0.9397	**0.9432**
Fashion-MNIST(trouser)	0.9304	**0.9326**
Fashion-MNIST(pullover)	**0.9423**	0.9416
Fashion-MNIST(dress)	0.9325	**0.9410**
Fashion-MNIST(coat)	0.9379	**0.9468**

注：最优结果用黑色字体加粗显示.

由表 6.2 中的测试结果可以发现, 对于 MNIST, D2GANND 在五个类别的数据集上均取得了优于 AEND 的泛化性能. 对于 Fashion-MNIST, 与 AEND 相比, 除了 Fashion-MNIST(pullover), D2GANND 在其余四个类别上均取得了较优的测试结果. 据此, 由表 6.2 中的结果可知: 与直接将未扩充的训练集用于异常检测的方法相比, D2GANND 可以有效地提高异常检测性能.

6.2 基于非凸正则化项的堆栈鲁棒稀疏自编码器

随着深度学习的日益发展, 利用深度学习模型来进行特征提取的方法也逐渐流行起来, 其中自编码器[8] 由于其优秀的特征提取能力被广泛关注. 自编码器是无监督神经网络, 它能够自动地学习到样本内部的有效特征. 随着稀疏表示理论的流行, Ghaifary 等[9] 指出, 稀疏网络比密集网络具有更优的泛化性能. 于是, 为自编码器引入稀疏性思想进而构造稀疏自编码器 (sparse autoencoder) 模型成为当前深度学习领域的热门研究方向. 本节对稀疏自编码器进行了研究, 提出了基于非凸正则化项的堆栈鲁棒稀疏自编码器, 可以提取到更为有效且更具代表性的特征, 有效解决了单类分类器面对高维样本易陷入 "维数灾难" 的问题, 提升了异常检测的准确率并提高了检测效率.

6.2.1 预备知识

本节将分别对自编码器、Transfomed-ℓ_1 范数和 $\ell_{2,1}$ 范数、堆栈自编码器进行简要的回顾.

6.2.1.1 自编码器

自编码器[6] 属于无监督学习模型, 它是仅包含一个隐含层的前馈神经网络. 自编码器的目标是对给定的一组数据学习到一种表示, 也称作编码. 它通常被用于数据的降维, 其网络结构如图 6.6 所示. 由图 6.6 可知, 自编码器是具有对称结构的神经网络, 通常含有三层, 包括输入层、隐含层和输出层. 一般情况下, 隐含层的节点个数远少于输入层和输出层的节点个数. 这种网络结构的目的是迫使自编码器学习到本质特征从而达到降维的效果.

自编码器通过训练可以将输入复制到输出, 即存在编码过程和解码过程. 编码过程发生在输入层和隐含层之间, 通常称其为编码器, 这部分可以学习到输入数据的隐含特征, 并可以将隐含特征当作新的输入; 解码过程发生在隐含层和输出层之间, 通常称其为解码器, 这部分通常将隐含特征重构出原始数据, 重构后的原始数据可以去除掉冗余特征和噪声. 编码过程和解码过程可以表示为:

(1) 编码过程

$$\mathbf{h} = f_1(\mathbf{x}) = f_1(\mathbf{W}_1\mathbf{x} + \mathbf{b}_1). \tag{6.6}$$

(2) 解码过程

$$\mathbf{z} = f_2(\mathbf{h}) = f_2(\mathbf{W}_2\mathbf{h} + \mathbf{b}_2). \tag{6.7}$$

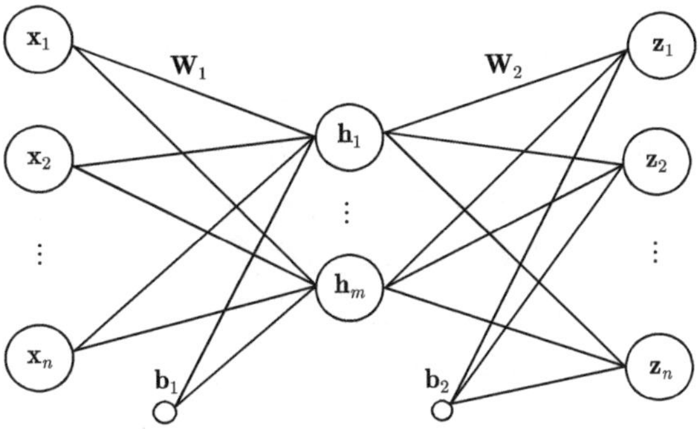

图 6.6 自编码器的网络结构

式 (6.6) 中的 $\mathbf{W}_1$ 和 $\mathbf{b}_1$ 分别表示输入层和隐含层之间的权重矩阵和偏置向量, 式 (6.7) 中的 $\mathbf{W}_2$ 和 $\mathbf{b}_2$ 分别表示隐含层和输出层之间的权重矩阵和偏置向量, $f_1(\cdot)$ 和 $f_2(\cdot)$ 是激活函数. 常用的激活函数为 sigmoid, ReLu 和 tanh, 它们的函数表达式分别为:

(1) sigmoid 激活函数

$$f(x) = \frac{1}{1+e^{-x}}. \tag{6.8}$$

(2) ReLu 激活函数

$$f(x) = \max(0, x). \tag{6.9}$$

(3) tanh 激活函数

$$f(x) = \frac{e^x - e^{-x}}{e^x + e^{-x}}. \tag{6.10}$$

自编码器的主要特点是解码后得到的 $\mathbf{z}$ 应该最大程度上和原始样本 $\mathbf{x}$ 相似, 因此需要最小化 $\mathbf{z}$ 和 $\mathbf{x}$ 之间的误差. 于是可以得到使用均方误差度量的损失函数:

$$J_1(\mathbf{W}, \mathbf{b}) = \sum_{i=1}^{n} L_{MSE}(\mathbf{x}_i, \mathbf{z}_i) = \sum_{i=1}^{n} \|\mathbf{z}_i - \mathbf{x}_i\|_2^2, \tag{6.11}$$

其中 n 为样本个数, 对自编码器经过多次迭代训练, 达到收敛后, 此时其损失函数的值足够小, 则可认为隐含特征 $\mathbf{h}$ 包含原始样本 $\mathbf{x}$ 最重要的特征, 并且重构样本 $\mathbf{z}$ 不包含冗余数据和噪声数据.

除了使用均方误差作为度量函数, 交叉熵也可以作为度量函数, 即

$$J_2(\mathbf{W},\mathbf{b}) = \sum_{i=1}^{n} L_{CE}(\mathbf{x}_i,\mathbf{z}_i) = -\sum_{i=1}^{n}[\mathbf{x}_i\log(\mathbf{z}_i)+(1-\mathbf{x}_i)\log(1-\mathbf{z}_i)]. \tag{6.12}$$

图 6.6 所示的传统自编码器, 需要通过人工设置隐含层节点个数来迫使网络学习输入的压缩表示, 然而这种设置需要经验并且不同的数据集需要设置不同的隐含层节点个数, 因此这种人工设置的方式并不能最大程度的发挥自动编码器的性能, 无法学习到鲁棒的特征. Ng[10] 发现若隐含层节点个数大于输入维数并引入稀疏性的约束, 即可发现特征中一些有趣的结构. 于是, 通过在损失函数中加入稀疏惩罚项, 进而对隐含层权重矩阵或者隐含层节点起到一定的限制作用, 促使模型可以学习到数据中有用的特征并剔除冗余特征, 此类自编码器可称作稀疏自动编码器或者正则化自编码器.

在自编码器损失函数中经常加入的稀疏性约束是 KL 散度, 其表达式为

$$KL(\rho||\hat{\rho}_j)=\rho\log\frac{\rho}{\hat{\rho}_j}+(1-\rho)\log\frac{1-\rho}{1-\hat{\rho}_j}, \tag{6.13}$$

其中 $\hat{\rho}_j$ 为隐含层节点对所有训练样本的平均激活度, ρ 为期望平均激活度, 通常是一个很小的值. 因此可以得到稀疏自编码器的损失函数:

$$J(\mathbf{W},\mathbf{b}) = \sum_{i=1}^{n}\|\mathbf{z}_i-\mathbf{x}_i\|_2^2+\beta\sum_{j=1}^{m}KL(\rho||\hat{\rho}_j), \tag{6.14}$$

其中 β 是折中参数, m 是隐含层节点的个数.

自编码器广泛地应用于数据可视化、特征学习和数据去噪等领域中. 相较于主成分分析、线性判别分析等传统特征提取, 自编码器可以更加灵活地处理线性特征和非线性特征, 此外通过设置合适的参数, 可以学习到比传统降维算法更加有意义的结构. 随着深度学习的日益流行, 自编码器也受到了学术界和工业界的广泛关注, 并取得了很多成功的应用.

6.2.1.2 Transformed-ℓ_1 范数和 $\ell_{2,1}$ 范数

Fan 和 Li[11] 指出将非凸函数用作正则化项需要满足三个性质: 无偏性、稀疏性和连续性, 并提出了一种满足上述三个性质的非凸函数——平滑剪切绝对偏差 (smoothly clipped absolute deviation, SCAD) 惩罚函数. Transformed-ℓ_1(T-ℓ_1) 范数也是满足上面三个性质的非凸函数, 它是截断 ℓ_1 范数的平滑版本, 最早由 Nikolova[12] 提出. Zhang 和 Xin[13] 从理论角度证明了 T-ℓ_1 范数可以产生稀疏解, 并推导出 T-ℓ_1 范数的阈值公式和阈值迭代算法. T-ℓ_1 范数的表达形式如下

$$\rho_a(x) = \frac{(a+1)|x|}{a+|x|}, \tag{6.15}$$

其中 $a > 0$ 是控制函数形状的参数. 进一步定义:

$$P_a(\mathbf{x}) = \sum_{i=1}^{N} \rho_a(x_i) = \sum_{i=1}^{N} \frac{(a+1)|x_i|}{a+|x_i|}, \tag{6.16}$$

其中 $\mathbf{x} = (x_1, x_2, \cdots, x_N)^{\mathrm{T}}$. 当参数 $a \to 0^+$ 和 $a \to \infty$ 时, 则有

$$\lim_{a\to 0^+} P_a(\mathbf{x}) = \sum_{i=1}^{N} \mathbb{I}(x_i \neq 0) = \|\mathbf{x}\|_0 \tag{6.17}$$

和

$$\lim_{a\to\infty} P_a(\mathbf{x}) = \sum_{i=1}^{N} |x_i| = \|\mathbf{x}\|_1 . \tag{6.18}$$

根据式 (6.17) 和式 (6.18) 可知 T-ℓ_1 范数是介于 ℓ_0 和 ℓ_1 之间的范数.

选择 T-ℓ_1 范数作为自编码器正则化项的原因如下:

(1) 相较于将 ℓ_1 范数用作正则化项, T-ℓ_1 范数可以产生更为稀疏的解, 并且具有更优的抗噪声能力;

(2) 相比于类似 ℓ_p 范数 $(0 < p < 2)$ 的非凸函数, T-ℓ_1 范数可以通过其参数灵活地控制其变化趋势;

(3) 相较于分段非凸函数 (如 SCAD), T-ℓ_1 范数的表达公式更为简洁.

T-ℓ_1 范数可被用于消除自编码器中无用的连接 (即权重). 然而, 为了使自编码器更加稀疏, 可以利用基于 $\ell_{2,1}$ 的正则化项进一步剔除其网络中的节点. $\ell_{2,1}$ 范数的表达形式如下

$$\|\mathbf{X}\|_{2,1} = \sum_{i=1}^{M} \|\mathbf{x}_i\|_2 = \sum_{i=1}^{M} \left(\sum_{j=1}^{N} x_{i,j}^2 \right)^{1/2}, \tag{6.19}$$

其中 $\mathbf{X} = [\mathbf{x}_1, \mathbf{x}_2, \cdots, \mathbf{x}_M]^{\mathrm{T}}$ 且 $\mathbf{x}_i \in \Re^N$. $\ell_{2,1}$ 范数又被称为组稀疏范数. 由式 (6.19) 可以看出 $\ell_{2,1}$ 范数是计算矩阵中每一行元素所构成向量的 ℓ_2 范数. 此外, $\ell_{2,1}$ 范数作为正则化项具有行稀疏性质. 根据文献 [14] 可知, 利用基于 $\ell_{2,1}$ 范数的正则化项可以有效地删除部分输入节点, 其功能类似于去噪自编码器, 有利于对有效特征的选取.

6.2.1.3 堆栈自编码器

堆栈自编码器是由多个单隐含层的自编码器堆叠组合而成的网络模型, 它一般采用逐层训练来学习网络参数[15], 其网络结构如图 6.7 所示. 堆栈自编码器首

先利用给定的训练集作为输入向量学习输入层和第一个隐含层之间的网络参数, 在训练时, 仅保留输入层和第一隐含层, 其余层全部去掉, 然后加入一个输出层, 该输出层的输出节点个数与输入节点个数相同, 从而构成一个自编码器, 训练该自编码器, 即可得到第一层 (即输入层和第一隐含层之间) 的网络参数. 然后, 仅保留第一隐含层和第二隐含层, 其余层全部去掉, 添加一个输出层, 输出节点个数和第一隐含层节点个数相同, 从而构成一个自编码器, 训练该自编码器, 即可得到第二层 (即第一隐含层和第二隐含层之间) 的网络参数. 以此类推, 即可完成堆栈自编码器的预训练. 因为每个自编码器仅学习了一层网络参数, 所学得的这些参数都是局部极优的. 因此, 仍需要对整个网络进行微调, 直至收敛.

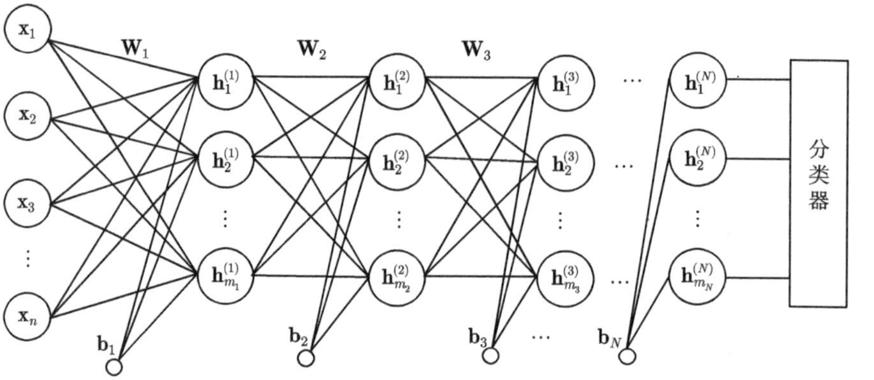

图 6.7　堆栈自编码器的网络结构

6.2.2　基于 T-ℓ_1 范数和 $\ell_{2,1}$ 范数组合正则化项的鲁棒稀疏自编码器

自编码器是一种无监督神经网络, 它可以学习到数据中的隐含特征, 并利用这些隐含特征对输入数据进行重构. 与输入样本相比, 由自编码器重构后的样本仅含有有用特征, 剔除了冗余特征以及噪声. 自编码器通常具有全连接的网络结构, 通常含有两种参数: 节点和权重. 随着自编码器中网络层数加深和网络节点的增多, 会使得需要学习的权重参数呈指数级增长, 从而使自编码器面临过拟合问题, 进一步会引发无法提取样本中的有用特征、网络训练时间过长以及参数不易调整等难题.

为了提高深度神经网络的稀疏性, 常用的策略有以下三种:

(1) 剪枝策略, 通过删除对网络学习能力影响较小的连接获得稀疏网络;

(2) Dropout, 按照所设定的概率参数随机剔除网络节点. 近年来又提出了 Shakeout[16], 有效地规避了 Dropout 的缺点, 降低了网络的复杂度;

(3) 稀疏正则化, 即为损失函数增加稀疏正则化项, 在训练中将网络中无意义的参数设置为零.

通常采用第三种策略增加自编码器的稀疏性，如在自编码器的损失函数中增加基于 KL 散度的稀疏性约束，从而构造出基于 KL 散度的稀疏自编码器. 然而，这种稀疏自编码器需要人工设置稀疏性参数且易于出现欠拟合问题. 此外，常见的稀疏自编码器还有基于 ℓ_1 范数正则化项的稀疏自编码器[17]，然而 ℓ_1 范数对离群点非常敏感，且处理高维数据时容易产生较大的估计误差. 近年来，将非凸函数用作正则化项的模型越来越多，这归因于非凸正则化项具有较好的理论基础和应用效果.

为了弥补基于 KL 散度的稀疏自编码器和基于 ℓ_1 范数正则化项的自编码器的不足，受文献 [18] 的启发，将综合利用 T-ℓ_1 范数和 $\ell_{2,1}$ 范数的优点，构造鲁棒稀疏自编码器模型. 给定训练集 $\mathbf{X} = [\mathbf{x}_1, \mathbf{x}_2, \cdots, \mathbf{x}_M]^{\mathrm{T}}$ 且 $\mathbf{x}_i \in \Re^N$，将基于 T-ℓ_1 范数和 $\ell_{2,1}$ 范数的组合正则化项引入自编码器的损失函数 (6.11)，可得

$$\tilde{J}(\mathbf{W}, \mathbf{b}) = \sum_{i=1}^{M} L_{MSE}(\mathbf{x}_i, \mathbf{z}_i) + \lambda_1 P_a(\mathbf{W}) + \lambda_2 \|\mathbf{W}\|_{2,1}, \tag{6.20}$$

其中 $\mathbf{W}$ 为权重矩阵，λ_1 和 λ_2 为正则化系数，用于平衡自编码器损失和稀疏正则化项. 因为式 (6.20) 中的稀疏正则化项非凸且非光滑，所以无法使用常用的梯度下降法或随机梯度下降法对 (6.20) 进行优化. 为了求取式 (6.20) 的最优解，可以采用近端梯度下降法，该优化方法的基本思想是求取目标函数的近端算子作为近似梯度，进而使用梯度下降法求解.

具体地，对于优化问题:

$$\min_{\mathbf{W}} \ f(\mathbf{W}) + g(\mathbf{W}), \tag{6.21}$$

其中 $f(\cdot)$ 为光滑函数，而 $g(\cdot)$ 为非光滑函数. 近端梯度下降法不直接对 (6.21) 中的目标函数进行求解，而是求解如下优化问题:

$$\arg\min_{\mathbf{W}} \frac{1}{2\eta} \left\|\mathbf{W} - (\mathbf{W}^{(\tau)} - \eta \nabla f(\mathbf{W}^{(\tau)}))\right\|_2^2 + g(\mathbf{W}), \tag{6.22}$$

其中 η 表示步长，τ 表示第 τ 次迭代. 一般而言，优化问题 (6.22) 的解被称为函数 $g(\mathbf{W})$ 在 $\mathbf{W}^{(\tau)} - \eta \nabla f(\mathbf{W}^{(\tau)})$ 处的近端算子. 因此，优化问题 (6.22) 的解的迭代公式可以表示为

$$\mathbf{W}^{(\tau+1)} = prox_{\lambda\eta g}(\mathbf{W}^{(\tau)} - \eta \nabla f(\mathbf{W}^{(\tau)})). \tag{6.23}$$

令 $f(\mathbf{W}) = \sum_{i=1}^{M} L_{MSE}(\mathbf{x}_i, \mathbf{z}_i)$ 且 $g(\mathbf{W}) = \lambda_1 P_a(\mathbf{W}) + \lambda_2 \|\mathbf{W}\|_{2,1}$，则式 (6.20) 可以被看作光滑函数与非光滑函数的和，即可使用近端梯度法求取使其达到最小值的最优解.

对于光滑凸函数 $f(\mathbf{W})$, 可采用随机梯度下降法进行优化, 即

$$\hat{\mathbf{W}}^{(\tau)} = \mathbf{W}^{(\tau)} - \eta\nabla f(\mathbf{W}^{(\tau)}). \tag{6.24}$$

对于非光滑函数 $g(\mathbf{W})$, 它可以看作一个组合正则化项, 计算组合正则化项的近端算子非常困难. 然而, 根据近端算子的性质, 可分别计算两个正则化项的近端算子, 进而可得

$$\mathbf{W}^{(\tau+1)} = prox_{\lambda\eta\rho g}(\mathbf{W}^{(\tau)}) = prox_{\lambda\eta\rho\ell_{2,1}}(prox_{\lambda\eta\rho\text{T-}\ell_1}(\hat{\mathbf{W}}^{(\tau)})). \tag{6.25}$$

因此, 首先求解 T-ℓ_1 范数. 根据式 (6.22) 可知, 要获得 T-ℓ_1 范数在 $\hat{\mathbf{W}}^{(\tau)}$ 处的近端算子, 需要求解:

$$\arg\min_{\mathbf{W}} \sum_{i=1}^{M}\sum_{j=1}^{N}\frac{1}{2\lambda_1\eta}\left\|w_{i,j} - \hat{w}_{i,j}^{(\tau)}\right\|_2^2 + \sum_{i=1}^{M}\sum_{j=1}^{N}\rho(w_{i,j}), \tag{6.26}$$

其中 $w_{i,j}$ 表示权重矩阵 $\mathbf{W}$ 的第 i 行第 j 列元素. 根据文献 [15] 可知优化问题 (6.26) 的解为

$$prox_{\lambda\eta\rho\text{T-}\ell_1}(\hat{\mathbf{W}}^{(\tau)}) = \begin{cases} 0, & |\hat{w}_{i,j}| \leqslant t, \\ g_{\lambda_1\eta}(\hat{w}_{i,j}^{(\tau)}), & |\hat{w}_{i,j}| > t. \end{cases} \tag{6.27}$$

式 (6.27) 中的阈值 t 取值为

$$t = \begin{cases} \lambda_1\eta\dfrac{a+1}{a}, & \lambda_1 \leqslant \dfrac{a^2}{2(a+1)\eta}, \\ \sqrt{2\lambda_1\eta(a+1)} - \dfrac{a}{2}, & \lambda_1 > \dfrac{a^2}{2(a+1)\eta}, \end{cases} \tag{6.28}$$

并且

$$g_{\lambda_1\eta}(\hat{w}_{i,j}^{(\tau)}) = \text{sign}(\hat{w}_{i,j}^{(\tau)})\left\{\frac{2}{3}\left(a + \left|\hat{w}_{i,j}^{(\tau)}\right|\right)\cos\left(\frac{\phi(\hat{w}_{i,j}^{(\tau)})}{3}\right) - \frac{2a}{3} + \frac{\left|\hat{w}_{i,j}^{(\tau)}\right|}{3}\right\}, \tag{6.29}$$

其中 $\phi(\hat{w}_{i,j}^{(\tau)}) = \arccos\left(1 - \dfrac{27\lambda_1\eta a(a+1)}{2\left(a + \left|\hat{w}_{i,j}^{(\tau)}\right|\right)^3}\right)$.

然后求解组稀疏范数, 即 $\ell_{2,1}$ 范数. 由式 (6.22) 可知, 若求取 $\ell_{2,1}$ 范数在 $\hat{\mathbf{W}}^{(\tau)}$ 处的近端算子, 需要解决以下优化问题:

$$\arg\min_{\mathbf{W}} \sum_{i=1}^{M}\sum_{j=1}^{N} \frac{1}{2\lambda_2\eta}\left\|w_{i,j}-\hat{w}_{i,j}^{(\tau)}\right\|_2^2+\sum_{i=1}^{M}\|\mathbf{w}_i\|_2. \tag{6.30}$$

根据文献 [19] 可得

$$prox_{\lambda\eta\rho\ell_{2,1}}(\hat{\mathbf{W}}^{(\tau)})=\begin{cases}\left(1-\dfrac{\lambda_2\eta}{\left\|\hat{\mathbf{w}}_i^{(\tau)}\right\|_2}\right)\hat{w}_{i,j}^{(\tau)}, & \left\|\hat{\mathbf{w}}_i^{(\tau)}\right\|_2\geqslant\lambda_2\eta,\\ 0, & \left\|\hat{\mathbf{w}}_i^{(\tau)}\right\|_2<\lambda_2\eta.\end{cases} \tag{6.31}$$

综上, 优化问题 (6.20) 的整个求解过程概括在算法 6.3 中.

算法 6.3 基于 T-ℓ_1 范数和 $\ell_{2,1}$ 范数组合正则化项的鲁棒稀疏自编码器

输入 训练集 $\mathbf{X}$, 初始化权重矩阵 $\mathbf{W}$, 正则化系数 λ_1, λ_2.

输出 权重矩阵 $\mathbf{W}$.

repeat

(1) 使用随机梯度下降法对式 (6.24) 进行更新, 即: $\hat{\mathbf{W}}^{(\tau)}=\mathbf{W}^{(\tau)}-\eta\nabla f(\mathbf{W}^{(\tau)})$;

(2) 根据式 (6.27) 计算近端梯度 $\mathbf{W}^{\text{T-}\ell_1}=prox_{\lambda\eta\rho\text{T-}\ell_1}(\hat{\mathbf{W}}^{(\tau)})$;

(3) 根据式 (6.31) 计算近端梯度 $\mathbf{W}^{\ell_{2,1}}=prox_{\lambda\eta\rho\ell_{2,1}}(\mathbf{W}^{\text{T-}\ell_1})$;

(4) $\mathbf{W}^{(\tau+1)}=\mathbf{W}^{\ell_{2,1}}$.

until convergence

return $\mathbf{W}^{(\tau+1)}$.

6.2.3 基于堆栈鲁棒稀疏自编码器的单类分类器集成

随着深度学习的发展, 仅含一个隐含层的自编码器在进行特征提取时具有表达能力不足的局限性. 堆栈自编码器所产生的多层特征可以突破浅层自编码器的局限性, 最终所得到的特征可以大幅提高后续分类任务的性能. 然而, 堆栈自编码器仅使用最后一个隐含层所产生的输出作为特征向量, 并将这些特征向量作为分类器的输入向量, 而其他隐含层的输出形成的特征向量仅参与堆栈自编码器的微调过程, 在后续的分类任务中未发挥作用. 为了充分利用各隐含层的输出所形成的特征向量, 提出了堆栈鲁棒稀疏自编码器的单类分类器集成. 该集成模型可以充分利用堆栈鲁棒稀疏自编码器所产生的不同层次的特征向量, 提高单类分类任务的性能.

基于堆栈鲁棒稀疏自编码器的单类分类器集成模型如图 6.8 所示. 首先利用基于 T-ℓ_1 范数和 $\ell_{2,1}$ 范数组合正则化项的鲁棒稀疏自编码器逐层学习集成模型中各隐含层上的网络参数, 然后将各隐含层输出构成的特征向量用作单类分类器的输入向量, 最后利用特定的组合策略将单类分类器的输出加以集成. 实验部分所使用的单类分类器为 OCSVM, 组合策略为多数投票法.

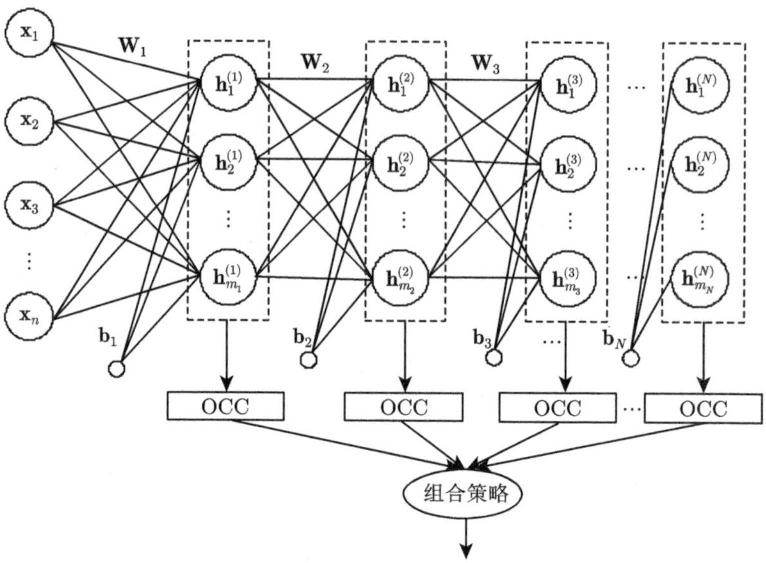

图 6.8　基于堆栈鲁棒稀疏自编码器的单类分类器集成模型

6.2.4　实验结果

实验使用了 Intel(R) Core(TM) i7-8550U CPU@1.80GHz 处理器、8.0G 内存、64 位 Windows 操作系统. 所使用数据集包括 10 个 UCI 基准数据集[20] 和两个手写数据集, 并且两个手写数据集分别为 MNIST 数据集[5] 和 C-Cube 数据集[21]. 对 MNIST 和 C-Cube 的描述可参看 4.5.4.3 节. 下面首先使用 MNIST 的部分数字图像检验所提出的基于组合正则化项的鲁棒稀疏自编码器的去噪性能, 然后利用所有的数据集检验所提基于堆栈鲁棒稀疏自编码器的单类分类器集成的泛化性能.

6.2.4.1　图像去噪

为了验证所提基于组合正则化项的鲁棒稀疏自编码器的去噪性能, 将它与基于 KL 散度的稀疏自编码器进行了比较. 两种自编码器均仅含有一个隐含层. 图像中加入的噪声均服从高斯分布. 图 6.9 展示了被具有不同标准差的高斯噪声污染后的部分 MNIST 数字图像, 其中标准差的取值范围为 $\sigma \in \{0.1, 0.2, 0.3, 0.4, 0.5\}$, 数字图像从 MNIST 中随机选取.

图 6.10 和图 6.11 分别展示了基于 KL 散度的稀疏自编码器和基于组合正则化项的鲁棒稀疏自编码器在图 6.9 中五幅图像上的重构效果.

根据图 6.10 和图 6.11 中的去噪效果可以看出, 即使噪声标准差逐渐增大, 基于组合正则化项的鲁棒稀疏自编码器都具有更优的去噪效果. 尤其是当 $\sigma = 0.5$ 时, 基于 KL 散度的稀疏自编码器的重构图像中仍然存在噪声且不清晰, 而基于组合正则化项的鲁棒稀疏自编码器则取得了较为理想的去噪效果. 因此基于组合正则化项的鲁棒稀疏自编码器具有更优的去噪性能, 能够构造出更为鲁棒的特征向量.

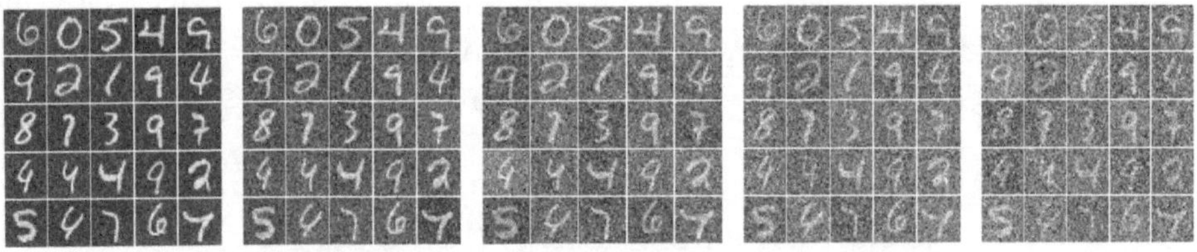

(a) $\sigma=0.1$ (b) $\sigma=0.2$ (c) $\sigma=0.3$ (d) $\sigma=0.4$ (e) $\sigma=0.5$

图 6.9 被不同标准差的高斯噪声污染的 MNIST 手写数字图像

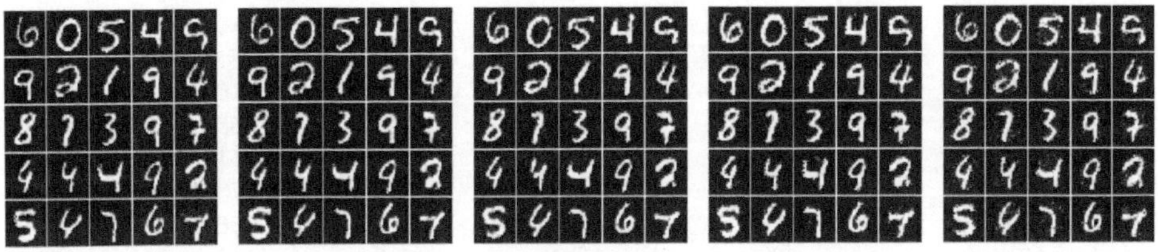

(a) $\sigma=0.1$ (b) $\sigma=0.2$ (c) $\sigma=0.3$ (d) $\sigma=0.4$ (e) $\sigma=0.5$

图 6.10 基于 KL 散度的稀疏自编码器的图像去噪效果

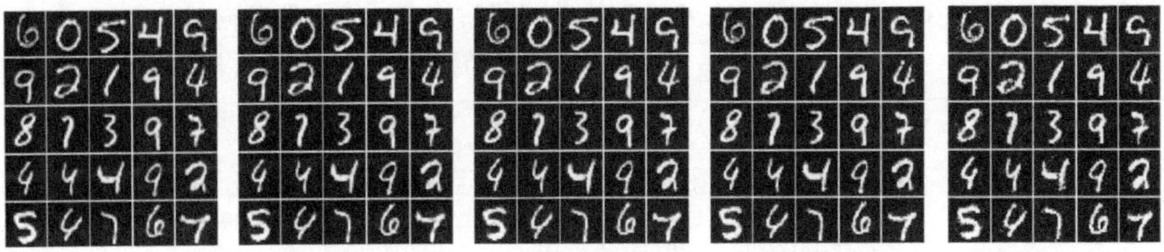

(a) $\sigma=0.1$ (b) $\sigma=0.2$ (c) $\sigma=0.3$ (d) $\sigma=0.4$ (e) $\sigma=0.5$

图 6.11 基于组合正则化项的鲁棒稀疏自编码器的图像去噪效果

6.2.4.2 异常检测

为了验证所提基于堆栈鲁棒稀疏自编码器的单类分类器集成的性能, 基分类器选用 OCSVM, 简称为 SRSAE-OCSVME. 与它进行比较的其他四种方法分别为: OCSVM、基于自编码器的 OCSVM (AE-OCSVM)、基于去噪自编码器的 OCSVM (DAE-OCSVM)、基于 KL 散度的稀疏自编码器的 OCSVM (KLSAE-OCSVM). 所有的自编码器均使用四层堆栈自编码器. 对于 OCSVM 及其他四种方法中的 OCSVM, 宽度参数 σ 和百分比估计参数 ν 的最优取值均使用五折交叉验证进行选取. 此外, 将几何均值 (g-mean) 用作性能度量标准.

所使用的 10 个 UCI 基准数据集均属于两类分类的数据集, 为了使它们适用于单类分类, 选择其中某一类作为正常数据, 另一类用作异常数据. 然后, 从正常数据中随机选取 70%的样本和异常数据中随机选取 5%的样本作为训练集, 剩余的 30%正常数据和 95%的异常数据用作测试集. 所使用的 10 个基准数据集的信息概括在表 6.3 中.

五种方法在每个数据集上均重复 20 次实验, 将测试集上取得的平均 g-mean 和标准差概括在表 6.4 中. 此外, 为了检验 SRSAE-OCSVME 与其他四种方法是否存在显著性差异, 并将它与其他方法之间的配对 T 检验所取得的 p 值概括在表 6.4 中.

表 6.3　实验中所使用的 10 个 UCI 基准数据集

数据集	正常数据个数	异常数据个数	特征个数	训练样本个数	测试样本个数
Astralian	307	383	13	264	426
Banknote Authentication	610	762	4	465	907
Cancer	239	444	9	189	494
German	300	700	20	245	755
Image	1188	898	18	876	1210
Ionosphere	225	126	34	158	193
Liver	145	200	6	111	134
Pima	268	500	8	213	555
Wdbc	212	357	9	166	403
Wholesale Customers	208	142	7	153	197

表 6.4　五种方法在 UCI 基准数据集的测试集上所取得的平均 g-mean 及相应的标准差

数据集	OCSVM p 值	AE-OCSVM p 值	DAE-OCSVM p 值	KLSAE-OCSVM p 值	SRSAE-OCSVME
Australian	0.6015±0.0392 7.10E−011	0.6147±0.0291 5.98E−005	0.6585±0.0320 0.0201	0.6729±0.0103 8.10E−008	**0.6884±0.0632**
Banknote Authentication	0.7355±0.0329 4.83E−010	0.7481±0.0732 0.0076	0.7625±0.0016 8.02E−006	0.7752±0.0753 1.87E−13	**0.7821±0.0012**
Cancer	0.8251±0.0893 9.38E−006	0.8281±0.0145 0.0037	0.8474±0.0073 9.38E−015	0.8551±0.0382 0.0053	**0.8795±0.0932**
German	0.5756±0.0103 0.0083	0.5982±0.0351 0.0036	0.6125±0.0063 4.98E−008	0.6209±0.0702 0.0431	**0.6781±0.0201**
Image	0.7021±0.0392 0.0426	0.7486±0.0932 5.75E−005	0.7623±0.0932 0.0403	0.7768±0.0210 8.90E−010	**0.7823±0.0103**
Ionosphere	0.8456±0.0439 7.03E−012	0.8391±0.0563 3.45E−012	0.8515±0.0320 0.0392	0.8578±0.0839 0.0019	**0.8678±0.0329**
Liver	0.6785±0.0320 0.0108	0.7018±0.0092 6.30E−006	0.7185±0.0182 8.32E−011	0.7152±0.0310 0.0130	**0.7289±0.0932**
Pima	0.6316±0.0632 6.92E−006	0.6782±0.0180 0.0183	0.7038±0.0399 7.89E−008	0.7185±0.0201 3.21E−008	**0.7304±0.0022**
Wdbc	0.7519±0.0289 8.64E−010	0.764±0.0983 3.07E−005	0.7762±0.0329 2.89E−010	0.7826±0.0072 0.0021	**0.8068±0.0021**
Wholesale Customers	0.7425±0.0103 3.11E−018	0.7671±0.0193 6.30E−010	0.7835±0.0083 4.02E−007	0.7852±0.0302 5.98E−006	**0.8051±0.0039**

注：最优结果用黑色字体加粗显示.

从表 6.4 中的测试结果可以看出, 所提 SRSAE-OCSVME 在所有 10 个 UCI 基准数据集上均取得了优于其他四种相关方法的泛化性能, 且与其他方法均存在统计上的显著性差异. 此外, 将平均 g-mean 考虑在内, 由标准差的取值可以发现 SRSAE-OCSVME 比其他方法更为稳定.

对于 MNIST 手写数据集, 选取其中某一个数字的所有图像作为正常数据, 其余九个数字的所有图像作为异常数据. 此外, 在训练图像中随机选取 2000 个正常数据, 并从训练图像中随机抽取 200 个异常数据, 将这 2200 幅图像用作训练集. 在测试阶段, 将测试图像中的所有正常数据和异常数据中每个数字的前 150 幅图像组合在一起, 构成测试集.

对于 C-Cube 手写数据集, 选择某一个字母的所有图像作为正常数据, 其他 51 个字母的所有图像作为异常数据. 在训练图像中随机选取 1760 个正常数据, 并在训练图像中随机选取 88 个异常数据, 将这 1848 个训练图像用作训练集. 在测试阶段, 将测试图像中所有的正常数据和异常数据中每个字母的前 35 幅图像用作测试集. 值得一提的是, 训练图像中仅有四类正常数据多于 2000 个样本. 因此, 在下面的实验中考虑了四个异常检测问题.

五种方法在 MNIST 和 C-Cube 数据集的测试集上的平均 g-mean 和相应的标准差概括在表 6.5 中, 所提 SRSAE-OCSVME 与其他四种方法的配对 T 检验所取得的 p 值概括在表 6.5 中. 从表 6.5 中的结果可以看出, 所提 SRSAE-OCSVME 在所有的数据集上均取得了优于其他四种方法的泛化性能, 且与其他方法均存在统计上的显著性差异. 此外, 将平均 g-mean 考虑在内, 由标准差的取值可以发现 SRSAE-OCSVME 比其他方法更为稳定.

表 6.5 五种方法在 MNIST 和 C-Cube 的测试集上所取得的平均 g-mean 及相应的标准差

数据集	OCSVM p 值	AE-OCSVM p 值	DAE-OCSVM p 值	KLSAE-OCSVM p 值	SRSAE-OCSVME
MNIST(0)	0.7495±0.0443 5.32E−007	0.7667±0.0051 2.72E−013	0.7588±0.0904 7.83E−009	0.8185±0.0623 5.80E−011	**0.8628±0.0108**
MNIST(1)	0.8335±0.0474 0.0108	0.8501±0.0832 9.30E−005	0.8577±0.0103 8.08E−008	0.8670±0.0830 0.0012	**0.8851±0.0824**
MNIST(2)	0.6374±0.0932 5.32E−010	0.6681±0.0492 0.00720	0.6857±0.0761 0.000049	0.6931±0.0532 7.80E−008	**0.7496±0.0410**
MNIST(3)	0.6495±0.0121 0.0081	0.6712±0.0822 7.80E−010	0.6967±0.0320 0.0290	0.6630±0.0972 2.09E−007	**0.7026±0.0108**
MNIST(4)	0.7276±0.0908 0.0108	0.7365±0.0381 2.19E−006	0.7472±0.0043 0.0258	0.7385±0.0335 4.40E−005	**0.8035±0.0006**
MNIST(5)	0.7051±0.0532 3.77E−008	0.7285±0.0073 0.0481	0.7417±0.0631 4.04E−008	0.7645±0.0932 3.20E−005	**0.7838±0.0512**
MNIST(6)	0.6935±0.0265 8.47E−007	0.7031±0.0892 0.0031	0.7546±0.0670 2.95E−009	0.7231±0.0635 6.09 E−012	**0.7786±0.0419**

续表

数据集	OCSVM p 值	AE-OCSVM p 值	DAE-OCSVM p 值	KLSAE-OCSVM p 值	SRSAE-OCSVME
MNIST(7)	0.6846±0.0840 0.0094	0.6761±0.0872 0.0435	0.7208±0.0709 8.32E−006	0.7051±0.0900 0.0295	**07466±0.0023**
MNIST(8)	0.6706±0.0026 8.84E−018	0.6839±0.0069 7.04E−009	0.7051±0.078 1.17E−006	0.7585±0.0010 3.95E−009	**0.8151±0.0326**
MNIST(9)	0.6765±0.094 0.00843	0.6631±0.0004 1.14E−010	0.6975±0.003 6.87E−007	0.6830±0.0103 1.49E−010	**0.7290±0.0096**
C-Cube(a)	0.7136±0.0830 0.0028	0.7184±0.0032 6.80E−008	0.7306±0.0983 0.0012	0.7384±0.0109 2.12E−008	**0.7565±0.0073**
C-Cube(e)	0.6835±0.0083 1.09E−010	0.6981±0.0731 0.00430	0.6880±0.0182 5.67E−006	0.7107±0.0580 7.34E−012	**0.7314±0.0076**
C-Cube(l)	0.6971±0.0987 0.0019	0.6784±0.0031 3.30E−015	0.7146±0.0338 7.63E−006	0.7186±0.0102 0.0053	**0.7253±0.0672**
C-Cube(n)	0.6535±0.0930 3.21E−011	0.6781±0.0103 7.40E−007	0.6605±0.0716 0.0085	0.6971±0.0056 5.50E−009	**0.7058±0.0605**

注：最优结果用黑色字体加粗显示.

参 考 文 献

[1] Goodfellow I, Bengio Y, Courville A. Deep Learning. Cambridge: MIT Press, 2016.

[2] Goodfellow I, Pouget-Abadie J, Mirza M, Xu B, Warde-Farley D, Ozair S, Courville A, Bengio Y. Generative adversarial nets//Advances in Neural Information Processing Systems, 2014: 2672-2680.

[3] Lee H J, Cho S. SOM-based novelty detection using novel data//Proceedings of the 2005 International conference on Intelligent Data Engineering and Automated Learning, 2005: 359-366.

[4] Nguyen T, Le T, Vu H, Phung D. Dual discriminator generative adversarial nets// Advances in Neural Information Processing Systems, 2017: 2671-2681.

[5] LeCun Y, Bottou L, Bengio Y, Haffner P. Gradient-based learning applied to document recognition. Proceedings of IEEE, 1998, 86(11): 2278-2324.

[6] Xiao H, Rasul K, Vollgraf R. Fashion-MNIST: A novel image dataset for benchmarking machine learning algorithms. 2017, arXiv: 1708.07747.

[7] Kingma D P, Ba J. Adam: A method for stochastic optimization//Proceedings of the 3rd International Conference on Learning Representations, 2015: 1-13.

[8] 袁非牛, 章琳, 史劲亭, 夏雪, 李钢. 自编码神经网络理论及应用综述. 计算机学报, 2019, 42(1): 203-230.

[9] Ghifary M, Kleijn W B, Zhang M. Sparse representations in deep learning for noise-robust digit classification//Proceedings of the 28th International Conference on Image and Vision Computing, 2013: 340-345.

[10] Ng A. Sparse autoencoder. CS294A Lecture notes, 2011, 72(2011): 1-19.

[11] Fan J, Li R. Variable selection via nonconcave penalized likelihood and its oracle properties. Journal of the American Statistical Association, 2001, 96(456): 1348-1360.

[12] Nikolova M. Local strong homogeneity of a regularized estimator. SIAM Journal on Applied Mathematics, 2000, 61(2): 633-658.

[13] Zhang S, Xin J. Minimization of transformed L_1 penalty: Closed form representation and iterative thresholding algorithms. COMMUN. MATH. SCI., 2017, 15(2): 511-537.

[14] Yoon J, Hwang S J. Combined group and exclusive sparsity for deep neural networks//Proceedings of the 34th International Conference on Machine Learning, 2017, 70: 3958-3966.

[15] Bengio Y, Lamblin P, Popovici D, Larochelle H. Greedy layer-wise training of deep networks. Advances in neural information processing systems, 2007: 153-160.

[16] Kang G, Li J, Tao D. Shakeout: A new approach to regularized deep neural network training. IEEE Transactions on Pattern Analysis and Machine Intelligence, 2017, 40(5): 1245-1258.

[17] Zhang L, Lu Y, Zhang Z, Wang B, Li F. Sparse auto-encoder with smoothed L_1 regularization//Proceedings of the 2016 International Conference on Neural Information Processing, 2016: 555-563.

[18] Ma R, Miao J, Niu L, Zhang P. Transformed ℓ_1 regularization for learning sparse deep neural networks. Neural Networks, 2019, 119: 286-298.

[19] Parikh N, Boyd S. Proximal algorithms. Foundations and Trends®in Optimization, 2014, 1(3): 127-239.

[20] Lichman M. UCI machine learning repository. http://archive.ics.uci.edu/ml. University of California, Irvine, School of Information and Computer Sciences, 2013.

[21] Camastra F, Spinetti M, Vinciarelli A. Offline cursive character challenge: A new benchmark for machine learning and pattern recognition algorithms//Proceedings of the 18th International Conference on Pattern Recognition, 2006, 2: 913-916.

索　引

S

T

W

X

Y

Z

其他